U0344489

Communication
Network Technology

 现代通信网络技术丛书

现代网络
新技术概论 （精装版）

敖志刚　编著

人民邮电出版社
北京

图书在版编目（ＣＩＰ）数据

现代网络新技术概论 / 敖志刚编著. -- 北京 : 人
民邮电出版社，2017.4（2021.8重印）
　（现代通信网络技术丛书）
　ISBN 978-7-115-45293-1

　Ⅰ．①现… Ⅱ．①敖… Ⅲ．①计算机网络－高技术－
概论 Ⅳ．①TP393

　中国版本图书馆CIP数据核字(2017)第057383号

◆ 编　　著　敖志刚
　责任编辑　李　强
　责任印制　彭志环

◆ 人民邮电出版社出版发行　　北京市丰台区成寿寺路 11 号
　邮编　100164　电子邮件　315@ptpress.com.cn
　网址　http://www.ptpress.com.cn
　北京捷迅佳彩印刷有限公司印刷

◆ 开本：787×1092　1/16
　印张：18　　　　　　　　2017 年 4 月第 1 版
　字数：449 千字　　　　　2021 年 8 月北京第 6 次印刷

定价：59.00 元

读者服务热线：**(010)81055493**　印装质量热线：**(010)81055316**
反盗版热线：**(010)81055315**

内容提要

　　本书系统地讲述了当前使用广泛、最有发展前景的 20 余种网络新技术，内容包括：新一代因特网、IPv6、宽带移动因特网、宽带接入新技术、10 吉比特以太网、宽带智能网、网格计算、网络存储、无线自组织网络、无线 Mesh 网络、无线传感器网络、家庭网络、智能代理、移动代理、全光网络、智能光网络、自动交换光网络、主动网络、下一代网络和软交换等。

　　本书取材广泛、构思新颖、内容丰富，完整地反映了国际上近几年来高速宽带网络的新理论、新技术、新方法和新应用，可以帮助读者梳理其知识结构，尽快掌握网络新技术的重要内容，跟踪网络学科的最新发展，全面了解网络最新前沿技术。

　　本书适用于网络技术人员和爱好者阅读，也可作为高校学生选修课和专业培训的教材或教学参考书。

前　言

　　网络创造财富，带来商机；网络让我们没有距离，把世界连在了一起；网络让我们的生活飞翔，对未来充满希望和梦想。神奇的网络可以说是继语言、书信、电波之后的第四代由人类发明的交流工具，它使不同地域、不同肤色的人们拥有了精神上的"地球村"。21 世纪，以网络为特征的知识经济、信息经济已经成为世界经济的最新特征。网络产业毋庸置疑成为新世纪开始的最强音。随着我国网民数量的迅速增长，网络不仅魅力不减，而且越来越受到人们的青睐。网络带来的不仅是一场信息技术革命，而且是全球性的商品流通方式、购销方式、人际交往、娱乐活动、工作方式、生活习惯和思维模式的革命。网络正推动人类社会走向文明，不断进步。

　　网络技术的发展是一个新老更替、优胜劣汰的过程。网络的现有技术必然被新的、更加先进的技术所取代。以因特网为代表的新技术革命正在深刻地改变着传统的网络观念和体系结构。IPv6 的出现使网络摆脱了地址和空间的限制，成为三网（电话网、计算机网、有线电视网）融合的粘接剂。宽带移动因特网实现移动网和固定网络的融合，为固网运营商快速进入宽带移动数据市场提供机会。高速宽带的骨干网固然重要，然而，宽带接入到千家万户才是网络建设的真正目的，同时也将创造一个庞大的宽带接入市场。由于不断更新技术，已有30 多年历史的以太网已发展到 10 吉比特以太网、移动和光以太网，从而为网络注入了新的活力，以太网仍然焕发着勃勃生机。网格计算是因特网发展的前沿领域，其本质是全球万维网升级到全球大网格。网络存储的出现为备份系统从单机备份发展到集中备份和网络备份，打破了信息孤岛现象，使无盘服务器成为可能。无线自组织网络不需要固定设备支持，各节点和终端自行组网，突破了传统无线蜂窝网络的地理局限性；无线 Mesh 网络是一种新型的无线网络架构，代表着无线网络技术的又一大跨越；进一步发展起来的无线传感器网络，把传感器、嵌入式计算、分布式信息处理、无线通信技术和通信路径自组织能力融合在一起，将感知信息传输给用户。正在研发的家庭网络使我们穿越网络、透过时空、享受快乐，使学习生活更加多姿多彩。智能代理是另外一种利用互联网络信息的机制，使用自动获得的领域模型、用户模型等知识进行信息收集、索引、过滤，并自动地将用户感兴趣的、有用的信息提交给用户，从而提供个性化的服务和一种新的计算模式；移动代理是一种能在异构计算机网络中的主机之间自主迁移、自主计算的计算机程序，能够自主地选择何时迁往何地，即所谓的"编译一次，到处移动"。光网络作为一株亮丽的奇葩，凭借其接近无线的带宽潜力和卓越的传送性能而备受关注；智能光网络的出现是光传送网络从静态连接的电路向动态连接的电路的转化，导致网络管理向自动化、智能化、综合化的方向发展。作为全新网络计算模型的主动网络将可编程性、计算性、开放性、灵活性、动态配置等发挥得淋漓尽致，提供了功能强大的网络平台和用户参与网络保护的可能性，大大加快了网络基础结构更新的步伐。未来理想的网络模式是下一代网络，这是全球信息基础设施的具体实现，是一种多业务的高效融合网，通过软交换结合媒体网关和信令网关，可统一提供管理和加快扩展部署业务。

　　信息化带动工业化离不开网络环境的改善和全体公民网络素质的全面提高。要想发展具有我国自主知识产权的网络新技术和新产品，就要不断了解网络系统中有关基础设施方面的新知识，了解网络发展的新趋势，深入理解其体系结构和运行机制，掌握相关理论、算法、组网技术和软硬件设计方法。

我常说，学网络的人太累了，因为网络的发展太快了，真有一种一天不学就要落后，就要被新技术淘汰出局的感觉。我想，一定会有许多读者与我有同感。本书正是为那些渴望网络新技术知识，想尽快全面了解网络最新前沿技术的人写的。我们希望通过对本书的学习，读者朋友们可以建立完整的网络新技术的知识结构，为进一步深入学习打下扎实的科学基础。

本书经过对网络新技术的宏观分析和研究以及对材料的精心选取和构思，从理论和实践相结合的角度，系统地介绍了网络新技术的概念、方法、标准、基本理论、系统组成、体系结构、发展与展望、应用和实现等关键问题。本书适用于网络爱好者；也可作为高校学生选修课和专业培训的教材或教学参考书；还可供从事网络规划、设计、安装、管理的工程技术人员，从事网络研究、开发、教学的科研人员和教师研读。

本书的完稿和出版是集体智慧的结晶和成果。解放军理工大学的余品能教授、沈克勤高工、康兴档、王冠、王真军和吴海平同志参加了本书部分内容的讨论和写作；我的妻子吴迎花费了许多心血和付出许多劳动，解放军理工大学信息技术系、信息化中心、指挥控制技术教研室的领导和同事们给予了许多支持和帮助。借此机会向他们表示衷心的感谢和敬意。

网络新技术的研究和开发刚刚开始，许多问题目前尚不明了，其标准化工作和新的产品开发也正在紧锣密鼓地进行中；同时由于作者对网络的许多新技术的理解尚欠深入，文中难免有许多遗憾和错误之处，恳请广大读者批评指正，并反馈至本书责任编辑的信箱liqiang@ptpress.com.cn。

作　者

于解放军理工大学

2016 年 12 月

目　录

第1章　网络新技术及其发展

1.1　发展中的网络技术

1.1.1　信息时代的网络技术

网络是人们获取信息的基础设施，在人们的生活中发挥着越来越重要的作用。如今的网络技术，不仅为人们提供了社交、学习、工作、休闲和娱乐的全新模式，如远程教育、远程医疗、电视会议、居家购物、电子邮件等；而且也为经济运行，政府工作，突发事件应对，灾害的预警、处置、救助等提供了快速高效的平台。可以说网络给人类社会带来巨大变革，已成为衡量一个国家综合国力强弱的重要标志之一。网络技术的发展，正推动着社会不断进步。

21世纪是一个以网络化为核心的信息时代。以电话网为代表的电信网络和以因特网为代表的计算机通信网络已成为现代信息社会最重要的基础设施。我国电话用户总数已经达到15.3亿户，互联网宽带用户达到2.97亿户，移动宽带用户达到9.4亿户，农村"村村通电话，乡乡能上网"已成为现实。可见，研制与开发网络新技术对我们每一个人都很重要。

回顾网络发展的历史，网络技术的进步是一个新老更替、优胜劣汰的过程。例如，有人认为程控交换机是经典的技术，异步转移模式（ATM，Asynchronous Transfer Mode）是落后的技术，其实并非如此。综合业务数字网（ISDN，Integrated Services Digital Network）的发展曾一度被全世界所看好，但事实上发展很慢，越走越窄。宽带综合业务数字网（B-ISDN，Broadband ISDN）曾被看作是走向宽带的必由之路，相关标准写了一大堆，但结果是这些标准被束之高阁，随着因特网的发展，B-ISDN也夭折了。消息处理系统（MHS，Message Handling System）是严格按开放系统互连参考模型（OSI/RM，Open System Interconnection Reference Model）七层模型开发的，当时被认为是最完善的消息转发系统，但结果只被极少数地方采用，现在已经被E-mail等因特网技术所替代。此外，帧中继（FR，Frame Relay）原先是为ISDN开发的，属于ISDN的协议族；而ATM是为B-ISDN开发的，是B-ISDN协议族。然而这两种技术后来都只用到了数据网络中，并没有提供综合服务。为什么世界上会有那么多的大家都看好的技术，其结果并不成功（或者有点成绩也很不理想）呢？其实原因很简单，就是原有的网络技术必然会被新的、更加先进的技术所取代。这也是网络新技术不断产生的原因。

1.1.2　引领网络新技术潮流的驱动力

1. 技术的作用

科技进步与技术创新推动了网络的发展。理论研究的突破，科技成果的发明，新型专利的提出，国际标准的制定，加速了网络新技术的出现和新产品的上市。不断涌现的先进设计技术使产品的设计更加快捷，先进的管理技术的不断推广也使得产品的适应性得以提高。近几年，发明专利增加最多的是计算机、通信和生物技术领域。近30年来，计算机技术得到了持续发展，其处理能力、内存和传输能力以每18～24个月翻一番的速率增加，每个芯片的晶体管的数量每隔1.5年翻一番，新机型如雨后春笋般涌现，令人目不暇接。

核心技术的发展体现在更高的传输速率、更大的存储容量和更强的处理能力上；另外为了降低成本和提高收益，小型化目前仍然是电子产品设计的主要驱动力。上述这些方面的发展促使更大和更为复杂的网络系统出现。

2. 政府的作用

政府的作用就是宏观调控、政策指导、统筹规划、因势利导、拓宽市场和弥补市场的不足，利用激励措施来调动人们的积极性，创造一个宽松的创新环境和氛围。政府行为的强制性和协调性是我们有目共睹的，通过政策引导、法律规范、行业自律、专业组织辅助管理来施加影响，利用经济手段和法律手段约束企业和各方主体的行为，保障买卖双方及市场专家的合理利益，并在其中充当调解人的角色。全国网络整体资源建设和其他的资源一样需要政府的作用来保障。

以电报和电话形式出现的传统通信服务是由政府管制的，尽管总的趋势是取消管制，但电信业不可能完全脱离政府的调控。政府还在解决通过网络为人们提供何种信息的问题上发挥着重要的作用，例如防止儿童访问因特网上的色情内容、信息保密、扫黄打假等。

3. 业务需求和市场的作用

业务需求和市场是开发网络新技术的主要驱动力。随时随地通过任意方式进行通信的需求越来越大；希望能够享受全面的通信服务，并能对业务进行个性化定制和组合；希望更多的资源共享、更好的通信服务质量和更高的安全性以及统一的服务支撑；希望通过各种接入方式实现无缝接入；用户对于内容和应用的需求也在逐步增加，包括网络电视、内容搜索、网络游戏、电子商务、远程教学、远程医疗等。

业务的成功与否最终由顾客是否愿意购买来决定的，当然这依赖于服务的成本、效用和吸引力。对于基于网络的服务，服务的效用经常依赖于是否存在一定数量的用户。例如，如果可访问的对象数量很少，用途会大大受限。另外，由于规模经济的模式，服务的成本通常会随着用户基数的增加而减少。市场的配置部署可先吸收一批关键用户，然后再发展到较大的规模。

例如在20世纪70年代初期，美国有大量的投资者致力于发展可视电话服务，以提供音频和视频通信。但是开展这种服务的市场并不成熟，随后的多次尝试也相继失败。只是最近随着个人计算机的广泛应用，我们才开始看到这种服务的可用性。又例如蜂窝式无线电话最早出现在20世纪70年代后期。这种部署成功地建立起最初的市场，能够在移动时进行通信的效用又具有如此广泛的吸引力，使得该服务在短的时间内得到了迅速发展。蜂窝式电话用户数量的爆炸式增长促使了新的无线技术的发展。

企业驱动力是靠企业在竞争中自发增强的，并在各企业的不断竞争中得以发展。谁在营销手段、技术开发或价格上占有优势，谁就会赢得市场。在一个多运营商竞争的环境下，网络运营商为了吸引用户，获得更多的市场份额，一方面要使自己的网络能够不断满足用户对业务的需求，开发各种使运营商获利的业务；另一方面还要不断减少网络成本和维护管理成本，并向用户提供综合的服务，因此如何开发更加先进的网络新技术也是网络运营商需要探讨的问题。

4. 标准的作用

标准的作用范围是整个行业，可能是一个国家，也可能是全世界范围的，它使不同的厂商制造的设备可以实现互操作。网络的价值在很大程度上取决于标准所能影响的用户群。另外，有时网络需要的投资非常高昂，所以网络运营者特别关心从多个相互竞争的供应商处购买设备的选择权，而不是只能从一个唯一的供应商处购买设备。

标准的存在使得小公司能够进入像通信网络一样的大市场。这些公司可以专注于开发核心产品，例如实现某种协议的芯片。标准保证这些产品能够在整个网络中运转。标准提供了框架，用以指导与网络发展相关的各种商业、工业和政府组织的各种活动。这种环境产生的结果就是技术和标准都以更快的速度更新和发展。

1.2　网络新技术体系和三网融合

1.2.1　网络新技术体系

网络新技术是指近年来出现的、有关计算机网络和通信网络的先进技术，其内容非常广泛，包括传送网新技术、接入网新技术、交换网新技术、因特网新技术、互联网络新技术、无线网络新技术和移动网新技术。

1. 传送网新技术

传送网新技术主要是以光纤传输为基础的传送网技术，包括光传输网、全光网络和智能光网络（包括自动交换传送网和自动交换光网络）。目前波分复用（WDM，Wavelength Division Multiplexing）系统发展迅猛，被大量商用，但是普通点到点波分复用系统只提供原始的传输带宽，需要有灵活的网络节点才能实现高效灵活的组网能力。随着网络业务量继续向动态的网际协议（IP，Internet Protocol）业务量的加速汇聚，自动交换光网络（ASON，Automatic Switched Optical Network）将成为以后传送网发展的重要方向。

2. 接入网新技术

接入网新技术是指多元化的无缝宽带接入网技术，主要包括基于公众交换电话网（PSTN，Public Switched Telephone Network）的接入、宽带以太网接入、下一代光接入、下一代无线接入和综合接入等。当前，接入网已经成为全网宽带化的最后瓶颈，接入网的宽带化已成为接入网发展的主要趋势。

3. 交换网新技术

交换网新技术是指网络的控制层面采用软交换或IP多媒体子系统（IMS，IP Multimedia

Sub-system）作为核心架构。软交换首先打破了传统的封闭交换结构，将网络进行分层，使得业务、控制、接入和承载相互分离，从而使网络更加开放，建网灵活，网络升级容易，新业务开发简捷快速。IMS 体系同样将网络分层，各层之间采用标准的接口来连接。相对于软交换网络，它的结构更加分布化，标准化程度更高，能够更好地支持移动终端的接入，可以提供实际运营所需要的各种能力。软交换和 IMS 是传统电路交换网络下一代网络演进的两个阶段，两者将以互通的方式长期共存。

4. 因特网新技术

因特网新技术是以 IP 版本 6（IPv6，IP version 6）为基础，高速、高带宽的国际互联网络先进技术。内容涉及 IPv6、下一代因特网、光因特网、量子因特网、全息网、语义万维网或语义网、宽带高速因特网、宽带移动因特网和网格技术等。

5. 互联网络新技术

互联网络泛指由多个计算机网络相互连接而成的一个网络。涉及的新技术是一个基于分组的网络技术，内容包括下一代网络、家庭网络、主动网络、网络存储技术、宽带智能网、10 吉比特以太网、40/100 吉比特以太网、传感器网络、网络代理（智能代理和移动代理）等先进技术。

6. 无线网络新技术

所谓无线网络就是利用无线电波作为信息传输媒介构成的信息网络。主要的新技术具有分布式、自适应、自组织特性的无线自组织（Ad hoc）网络、无线 Mesh 网络、无线传感器网络和无线上网等技术。

7. 移动网新技术

移动网新技术是指以 3G、B3G 和 4G 为代表的移动网络，内容还涉及下一代移动网、宽带移动因特网和互联网络、移动代理等。总的来看，下一代移动网将开拓新的频谱资源，最大限度地实现全球统一频段、统一制式和无缝漫游，应付中高速数据和多媒体业务的市场需求以及进一步提高频谱效率，增加容量，降低成本，扭转业务下降的趋势。

1.2.2 从不同角度看网络新技术

从国家信息基础设施建设的角度来看，网络在注重业务和应用需求的前提下，应向高速化、宽带化的方向发展。统一、高效、先进、健壮的国家信息网络基础设施将为开展各类信息业务与应用提供强有力的支撑。

从业务和使用的角度来看，要求更高的灵活性、更大的容量、更快的速度、更强的生存力、更好的互通性、更强大的业务支撑能力，需要更加易用、有效、价格低廉的网络。

从产业角度来看，网络运营商需要新的网络演进的关键技术及装备并保持网络的可持续发展能力；服务提供商需要开放、竞争的网络环境，以引入新的商业模式参与竞争；设备制造商需要能够提升产业竞争力的核心技术，包括技术标准、专利等。

从运营商的角度来看，网络新技术应该是能为各种业务提供有保证的服务质量，在与网络传送层及接入层分开的服务平台上提供服务与多种应用，最大限度地增加资产回报、创造利润，具有开放性与灵活性的网络技术。

从业界的角度来看，网络新技术应该是一个能够充分发挥容量潜力，保护运营商已有投资，能平滑演进，通过高速公共传输链路和路由器等节点，利用 IP 承载能够综合开放的多业务（如语音、数据、视像、所有比特流等）网络。

从技术角度来看，网络技术在可扩展性（如体系结构、地址、性能等），对实时业务的支持（如服务质量）、网络的安全性和可信性，对移动性的支持、业务支撑能力等方面均面临着严峻的挑战，需要发展新的技术来应对这些挑战。

从专家的角度来看，在新型网络中将包括 3 个世界：服务层面上，将是 IP 的世界；传送层面上，将是光的世界；接入层面上，将是无线的世界。

1.2.3 三网融合的技术与构建

三网融合是指将电信网、计算机网和广播电视网进行融合。现阶段的所谓三网融合主要是指高层业务应用的融合。其表现为技术上趋向一致；网络层上可以实现互联互通，形成无缝覆盖；业务层上互相渗透和交叉；应用层上趋向使用统一的 IP；在经营上互相竞争、互相合作，朝着向人类提供多样化、多媒体化、个性化服务的同一目标逐渐交汇在一起；行业管制和政策方面也逐渐趋向统一。通过三大网络技术改造，都能够提供语音、数据、图像等综合多媒体通信业务。所以目前实施的并不是现有三大网络的物理融合。真正的三网物理融合，除了会消除三网的不同底层之外，还将在业务层和应用层中繁衍出大量新的业务和应用。另外，图像、语音和数据也不是简单地融合在一个传统终端（电视、电话和计算机）中，而是要求更加有机地融合并衍生出更具特色的个性化终端。三网融合的最终结果，不是现有三网的简单延伸和叠加，而是各自优势的有机融合。

1. 三网融合的技术基础

就目前的情况来看，三网融合的基本技术包括数字技术、大容量光纤通信技术、IP 技术等。

（1）电信网承载数据和电视业务的技术基础

电信网的基本业务是话音。要走向三网融合，电信网还要能够承载数据和电视业务。对于固定电话网络来说，主要是通过非对称数字用户环线（ADSL，Asymmetrical Digital Subscriber Line）/甚高速数字用户线（VDSL，Very-high-bit-rate Digital Subscriber Loop）/光纤到户（FTTH，Fiber To The Home）接入来完成对数据业务的承载。对于移动通信网络来说，主要是通过无线应用协议（WAP，Wireless Application Protocol）等技术来实现对互联网络业务的承载。WAP 可以使移动用户接入因特网，而手机终端只需内置一个微型浏览器。

（2）计算机网承载话音和电视业务的技术基础

计算机网的基本业务是数据业务。要走向三网融合，计算机网必须能够承载话音与电视业务。对于计算机网承载话音业务的技术，目前已经出现并获得了广泛应用的在 IP 上的话音（VoIP，Voice over IP）技术。VoIP 又称 IP 电话，它首先通过对语音信号进行编码数字化并压缩处理成压缩帧，然后转换为 IP 数据包在 IP 网络上传输，从而达到在 IP 网络上进行语音通信的目的。对于利用计算机网络来传送电视节目来讲，可以在对电视节目数字化之后，通过 IP 直接承载在计算机网上。

（3）广播电视网承载数据和话音业务的技术基础

广播电视网的基本业务是电视节目传输。要想走向三网融合，广播电视网还应能够承载数据与话音业务。从技术上分析，广播电视网已经由初期的共用天线系统朝着混合光缆/光纤同轴电缆（HFC，Hybrid Fiber Coaxial）的方向逐步过渡。HFC 是一种新型的宽带网络，采用光纤到服务区，而在进入用户的"最后一公里"采用同轴电缆。HFC 的优点是频带宽、容量大、抗干扰性能好。

广播电视网一般都是通过 IP over DVB（Digital Video Broadcast）技术来提供互联网络业务，在有线网络侧关键的节点中安装新的数字设备，在用户侧先用机顶盒（或分线器）将进到用户室内的电缆分为两个分支，一个接普通电视机，另一个通过电缆调制解调器接到电脑。这样，电视机同样能收看有线电视节目。

2. 基于 HFC 网三网融合的构想

如何实现三网融合?这里从 HFC 网出发，讨论一种现在可能的实现方案。这种方案实际上是现代通信技术和因特网技术在 HFC 网中的应用。

（1）系统结构

在 HFC 网结构中，采用光缆将信号传输到小区光节点，再用同轴分配网络将信号送到用户家中。由于用光纤代替同轴干线电缆，网络性能可获得极大的改进，完全可以实现高效宽带交互式通信，为宽带信号进入家庭铺平了"最后一公里"的道路。

HFC 网本身是一个有线电视网络，视频信号可以直接进入用户的电视机，采用新的数字调制技术和数字压缩技术后，可以向用户提供数字电视/高清晰度电视节目。同时，还可以采用高效的调制、解调制技术，将话音和高速数据在不同的频段上传送，来提供数字通信业务。这样，HFC 网就成为了能支持窄带/宽带业务的全业务宽带网络。而且，HFC 网极容易过渡到 FTTH 网，为光纤用户环建设提供了一种循序渐进的手段。

基于 HFC 网实现三网合一是通过电缆调制解调器（CM，Cable Modem）技术实现的，其系统结构如图 1-1 所示。CMTS（Cable Modem Termination System）为电缆调制解调器终端系统。

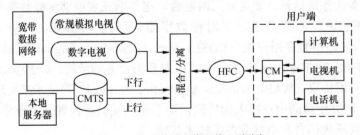

图 1-1　基于 HFC 网实现的三网融合

（2）数据传输

在 CM 技术中，采用双向非对称技术进行数据传输。这是因为目前数据业务的信息量主要集中在下行链路中（如因特网浏览）。系统遵照国际标准 MCNS 的规定，通信协议采用传输控制协议（TCP，Transport Control Protocol）/IP，其频谱分配如下。

① 90～860MHz 频段——下行数据信道。对 6MHz 带宽的模拟信号进行 64QAM/256QAM 数字调制，传输速率为 27～36Mbit/s。

② 5～50MHz 频段——上行回传。对 200kHz～3.2MHz 带宽的模拟信号进行正交（四相）相移键控 QPSK/ 16QAM 调制，传输速率为 0.3～10Mbit/s。

通过上/下行数据信道形成数据传输回路。实现的业务有因特网的高速接入、E-mail、计算机互联以及家用办公等。

（3）话音传输

通过 VoIP 技术可提供 IP 话音业务。

（4）HFC 网与 PSTN 互通

实现的话音业务只局限在 HFC 网络中，或通过因特网实现用户的因特网电话功能。目前，大多数电话业务还是由电信网提供的，因此要在 HFC 网络中真正提供话音业务，就必须实行与 PSTN 的互通。

实现互通有两种方法，如图 1-2 所示。图中的①表示从局端系统 CMTS 经由因特网通过IP 电话网关与 PSTN 相连。图中的②表示从 HFC 的局端系统 CMTS 通过 IP 电话网关直接与PSTN 相连。

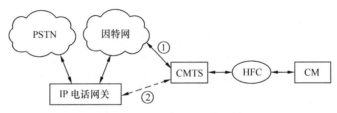

图 1-2　HFC 网与 PSTN 的互通

上面分析了基于 CM 技术在 HFC 网络中提供的电视、电话和因特网接入功能。其实，在实现三网融合后，还可派生开发出许多新的通信业务。

1.3　网络技术的发展趋势与展望

网络技术的演变可归纳为：①低速网络→高速网络→超高速网络；②窄带网络→宽带网络→新型宽带网络；③专用网→公用网→下一代网络；④面向终端的网→资源共享网；⑤电路交换→报文交换→分组交换；⑥各种通信控制规程→国际标准；⑦单一的数据通信网→综合业务数字通信网；⑧微机→主机→对等通信→客户机/服务器→网站/浏览器；⑨IP 版本 4（IPv4，IP version 4）→IPv6；⑩固定、有线互联网络→宽带固定、有线/无线互联网络；⑪接入技术→10 吉比特以太网接入、下一代光接入和多种宽带接入方式融合；⑫移动通信→3G（第三代移动通信）→4G（第四代移动通信）；⑬以太网→10 吉比特以太网→100 吉比特以太网；⑭大型组网→网格计算组网和三网（电话网、计算机网、有线电视网）融合；⑮信息存储→网络存储→基于 IPv6 的融合网络存储；⑯现代网络模式→宽带智能网、智能代理、主动网络、传感器网络→下一代融合网络；⑰光网络→全光网络→智能光网络和自动交换光网络。这些转变深刻地影响着网络技术的走向。

1.3.1 网络通信技术的发展趋势

网络通信技术发展的基本方向是开放、集成、融合、高性能、智能化和移动性。通信网络正逐步朝着高速、宽带、大容量、多媒体、数字化、多平台、多业务、多协议、无缝连接、安全可靠的保证质量的新一代网络演进，同时充分考虑固定与移动的融合。

① 开放是指开放的体系结构、开放的接口标准，使各种异构系统便于互联和具有高度的互操作性，归根结底是标准化问题。

② 集成表现在各种服务与多种媒体应用的高度集成上。在同一个网络上，允许各种消息传递，既能提供单点传输，也能提供多点投递；既能提供尽力而为的无特殊服务质量要求的信息传递，也能提供有一定时延和差错要求的确保服务质量的实时传递。

③ 高性能表现在网络应当提供高速的传输、高效的协议处理和高品质的网络服务。高性能网络应具有可缩放功能，即能接纳增长的用户数目，而不降低网络的性能；能高速低延迟地传送用户信息；按照应用要求来分配资源；具有灵活的网络组织和管理。

④ 融合将成为网络通信发展的"主旋律"。融合将体现在"话音与数据""传输与交换""电路与分组""有线与无线""移动与固定""管理与控制""电信与计算机""集中与分布""电域与光域"等多个方面。

⑤ 智能化表现在网络的传输和处理上能向用户提供更为方便、友好的应用接口，在路由选择、拥塞控制和网络管理等方面显示出更强的主动性。尤其是主动网络（AN，Active Network）的研究，使得网络内执行的计算能动态地变化，该变化可以是"用户指定"或"应用指定"，且用户数据可以利用这些计算。

⑥ 移动技术从 3G 向 4G，从单一移动环境向通用移动环境发展。尽管 3G 能提供 Mbit/s 量级的传输速率，但远远不能满足未来个人通信的要求。具有高数据率、高频谱利用率、低发射功率、灵活业务的 4G 可将无线通信的传输容量和速率提高十倍甚至数百倍。构建分层的无缝隙全覆盖整合系统，形成通用无线电环境，并实现各系统之间的互通，将是通往未来无线与移动通信系统的必然途径。

1.3.2 接入网的发展

接入网的发展主要表现在接入网的复杂程度在不断增加，服务范围在不断扩大，标准化程度日益提高，可支持更高档次的业务，支持接入网的技术更加多样化，光纤技术将更多的应用于接入网等方面。具体地说，在以下几点表现最为明显。

（1）网络容量高速增长

目前核心网商用化的 WDM 系统的带宽已达 400Gbit/s，太比特路由器已经问世，网络容量正在高速增长。

（2）终端的速率快速增长

用户侧终端的速率在迅速提高，其中央处理器（CPU，Central Processing Unit）的性能每 18 个月翻一番。带宽要求正以几倍、几十倍的速度增长。然而面对核心网和用户侧带宽的快速增长，位于中间的接入网却仍停留在窄带水平，宽带化和 IP 化将成为未来接入网发展的主要大趋势。

（3）多种接入技术共存互补

目前，用于接入网的技术很多，包括 VDSL、HFC、宽带无线接入等方式。宽带无线接入是工作在 20～40GHz 频段的本地多点分配业务（LMDS，Local Multipoint Distribution Service）系统，可用带宽在 1GHz 以上。新一代宽带无线接入（BWA，Broad-band Wireless Access）标准是一项针对微波及毫米波频段的新的空中接口标准，速率更可达 10Mbit/s 以上。

另外，光纤接入+以太网的接入方式是最普遍采用的一种组网方式。尽管 ADSL 和局域网（LAN，Local Area Network）技术近来发展势头很猛，但从整体看，无论是 HFC、无线本地环（WLL，Wireless Local Loop）系统还是无源光网络（PON，Passive Optical Network），均是在不同的环境、接入的不同部分、在不同的阶段扮演特定的角色。在同一设备上应能支持 ADSL2+、VDSL2、吉比特以太网无源光网络（GEPON，Gigabit Ethernet PON）/吉比特无源光网络（GPON，Gigabit-Capable PON）、全球微波接入的互操作性（WiMAX，Worldwide Interoperability for Microwave Access）/无线局域网（WLAN，Wireless LAN）等多种接入技术，支持 H.248/SIP（会话发起协议）等功能。在相当长时间内接入网领域都仍将呈现多种技术共存互补，竞争发展的基本态势。

但有一点是共同的，即面对多元化的接入技术，需要采用模块式结构公共的接入平台，诸如采用公共的用户线路卡、公共的开放网络接口和网管接口以及其他一些公共子系统，以简化网络结构和配置，减少重复的元部件，降低接入网成本，加快提供业务服务的步伐。

（4）全业务和综合传送

要求在一个接入网内实现专线/虚拟专用网（VPN，Virtual Private Network）、Stream Video/视频点播（VOD，Video on Demand）、可视电话/ VoIP、高速因特网接入（HSIA，High Speed Internet Access）等，这不仅要求接入网络能够实现各种接入，更需要一个有机的平台能够很好地承载各类业务，并保证业务质量。目前，综合宽带接入平台大力的发展正体现了这种趋势。

接入网将采用与核心网保持一致的分组承载方式来实现所有的业务（语音、数据和视频等）的综合传送，是一个低成本实现服务质量保证（QoS，Quality of Service）的网络，并向用户提供不同的业务和服务。

（5）开放性接口和统一性管理

接入网是一个通过开放性的接口实现集中统一管理、管理维护方便的网络。由于接入网用户端设备的分散和数量庞大，下一代网络（NGN，Next Generation Network）的接入网管理系统可实现对设备的统一自动配置和安全认证来降低网络的运行维护成本。

（6）扁平化网络架构

网络结构扁平化，简单、清晰、扩展方便。接入模块尽量靠近用户，保障带宽。这个要求与全网的扁平化要求相一致。

1.3.3 光通信技术的基本发展方向

光通信是现代通信的基础，对光纤网络的铺设将成为未来通信技术的增长点。贝尔实验室小组发现，单股光纤理论上可一次传输 100Tbit/s 的信息。先前，法国阿尔卡特公司实现了 10.24Tbit/s（256 波×40Gbit/s）实验系统，日本 NEC 公司实现了 10.96Tbit/s（274 波×40Gbit/s）实验系统，OFC-2003 报导的最长传输距离是 11 000km，现有的商用光纤网络每秒传输容量则低于 2Tbit/s。可见，现有商用光纤网络系统距离其最大传输容量仍相当遥远。

光网络技术的发展趋势体现在三个方面：从形态上看，走向传输与交换的融合；从软技术上看，走向智能网，即 ASON；从硬技术上看，走向全光网。

未来传输网的特征，一是大容量，二是多业务、网络化、智能化以及多种技术的融合和发展。其具体研究的问题包括 EPON 系统技术、动态带宽分配方案与实现技术、具有高性价比的宽带接入解决方案与实用化技术、相关性能指标与测试技术等。

光业务网的优势是高带宽、高质量、多业务，支持具有全光交换能力的光交换节点。其主要研究的问题集中在光交叉连接器（OXC，Optical Cross Connector）、光分插复用器（OADM，Optical Add and Drop Multiplexer）等器件上，基于光突发交换的系统架构、网络模型、业务模型、路由算法、突发交换模块、突发交换信令控制、边缘路由处的突发分组适配、相关性能指标与测试等。光交换技术的最终发展趋势将是光控光交换。

智能光网络是光网络的技术发展方向，主要研究的问题集中在多粒度光交换、动态波长选路与连接类型、接口单元（NNI、UNI）、业务适配与接入、自动资源发现、控制协议、接口与信令、链路监控与管理、组网与生存性、核心功能软件与网络管理系统等关键技术。全光网的发展包括光纤放大器、光纤激光器、光纤光栅光子器件、光子回路、全光纤集成等的发展。在这方面，很多进展取决于光器件的进展。光器件的发展主要有支持智能化的光可变换器件（包括可调谐光源、可调谐光滤波器、全光波长转换器、光可变衰减器等），支持全光网实现的平面光波导技术以及新一代的光电子材料——光子晶体及光子晶体光纤的发展。下面简单介绍光通信技术发展的一些特点。

（1）SDH 走向网络边缘

光网络结构正在为适应业务量的数据化趋势而调整，中间层正在逐步消失或越来越薄。比如说 ATM 将要逐步淡出，而 SDH 还将会长久存在，但其市场将逐渐缩小，并将逐渐退出核心骨干网，转移到网络边缘。独立的 SDH 设备将减少，其主要功能将逐渐融合到光传送网（OTN，Optical Transport Networks）中，少量功能则融合到路由器中。

（2）40Gbit/s 技术由成熟走向应用

从 20 世纪 90 年代开始，光传输由 622Mbit/s 到 2.5Gbit/s 再到 10Gbit/s 的大规模应用仅用了几年时间，但由 10Gbit/s 到 40Gbit/s 的发展相对缓慢。2008 年 40Gbit/s WDM 技术取得较大进展，经中国电信测试，我国京广线以东地区敷设的多数光缆的性能基本能够满足 40Gbit/s 的传输要求。40Gbit/s 彩光口主要适用于城域网领域且已经成熟可用，而 40Gbit/s 白光口主要适用于长途网领域，目前已经趋近成熟。40Gbit/s 光网络将逐步由成熟走向应用。

（3）向超大容量超长距离 WDM 系统的发展

传输电路的容量继续按照光纤定理前进，事实上，传输成本在过去的几年里已经下降为原来的几十分之一，而且这个趋势还在继续。从技术上看，实用化的最大传输链路容量有可能达到 5～10Tbit/s 乃至 20Tbit/s。研究表明，单波长容量达到 100Tbit/s 是可能的，网络容量将不会受限于传输链路，焦点将集中在网络节点上。

（4）城域网 WDM 技术需要继续改进性价比

随着通信技术和业务的发展，WDM 技术正从长途传输领域向城域网领域扩展。城域网WDM 系统容许网络运营者提供透明的以波长为基础的业务，因而要求其光接口可以自动接收和适应从 10Mbit/s 到 2.5Gbit/s 范围的所有信号，包括 SDH、ATM、IP、管理系统连接（ESCON，Enterprise Systems Connection）、光纤分布式数据接口（FDDI，Fiber Distributed Data Interface）、吉比特以太网和光纤通路等。而对于应用在城域网核心的系统，将来有可能还会要求支持 10Gbit/s 的 SDH 信号和以太网信号。为了进一步降低城域网 WDM 系统的成本，有人提出了粗波分复用（CWDM，Coarse WDM）系统的概念。

（5）光联网从静态方式向智能化的动态联网方式发展

人们已经不再满足于静态的联网方式，而是希望采用动态的联网方式，以更快的速度实现联网。靠光层面上的波长连接来解决节点的容量扩展问题，其带宽颗粒从 VC-4 增加到一个波长，1 000 个端口的单个节点容量可以从 160Gbit/s 增加到 10Tbit/s 乃至 40Tbit/s。

（6）组网的方式开始从点到点和环网向网状网方向发展

过去光通信大多数都是点到点或者是环网，但从发展的眼光来看，IP 的出现和发展要求任意点到任意点的通信，因此网状网成为更加有效的组网方式，并将会获得越来越多的应用。

（7）传送网正逐渐向业务网方向发展

传送网光靠卖连接已经不能满足市场需求了，而且这种方式的成本和利润越来越低，唯一的办法是把传送网从纯粹的连接提供者变成各种业务的提供者，而动态指配和光交换是关键突破口，当然还有一些其他的措施。

（8）IP 层与光传送层的融合

IP 层与光传送层的融合目前主要有两种基本的网络演进结构，即重叠模型和集成模型。对于多数传统的全业务运营者来说，采用重叠模型是目前最现实的选择。而对于仅提供 IP 业务并拥有自己的 IP 网和光传送网的运营者，采用集成模型则是一种直截了当的选择。从长远看，特别是 IP 成为网络绝对主导的业务后，集成模型将成为统一的最佳选择。

从上述光纤通信的发展现状与趋势来看，光纤通信的发展所涉及的范围、技术、影响力和影响面已远远超越其本身，势必对整个网络产生深远的影响。它的演变和发展结果将在很大程度上决定着网络未来的大格局，也将对 21 世纪的社会经济发展产生巨大影响。

1.3.4　网络的总体发展趋势与演变

1. 融合是网络发展总体趋势的关键技术

（1）网络结构上的融合

从网络的分层结构上来看，融合指以下四个层次的融合。

① 传送层的融合。在统一的基于 SDH、密集波分复用（DWDM，Dense Wavelength Division Multiplexing）的光网络上借用多业务传输平台（MSTP，Multi-Service Transport Platform）、ASON 等控制、接入机制实现大容量、多业务、多节点的统一接入和统一传送。

② 承载层的融合。在基于分组的承载网络上，通过 IP、多协议标签交换（MPLS，Multiprotocol Label Switching）、VPN、InterServ/DiffServ 等技术和机制，实现 QoS、流量工程和资源的有效利用等。

③ 业务的融合。业务核心控制的融合，在开放的业务平台上，能够实现业务的统一开发和控制。

④ 运营支撑的融合。维护、管理、计费的统一和融合，实现基于业务、用户、服务质

量等多重因素的统一的运营支撑系统。

（2）不同网络间的融合

① 三网融合，即电话网、计算机网、有线电视网等的逐步融合，并向具有功能分层、接口开放、结构扁平特征的 NGN 演进。

② 传输网络与数据网络的融合。网络发展导致传输网与业务网的关系越来越紧密，传输节点支撑多种业务的传送和处理已是必然趋势。

③ 基础数据网络与 IP 网络的融合。基础数据网（包括 ATM、数字数据网（DDN，Digital Data Network）、FR 等）已提供以太网口，支持 IP 业务的提供；而 IP 网络设备也应提供 ATM 等的业务接口。

④ 3G 网络的全 IP 化与 IP 网络的融合。3G 网络的演进策略已明确定位于以 IP 为基础的 IP 网络，移动通信宽带 IP 化和 IP 通信无线移动化已经是大势所趋。

⑤ 3G 网络与固定网络的融合。IMS 最初是 3G 网络的核心技术标准，目前被认为是实现未来固定/移动网络融合的重要技术基础。

（3）融合点

NGN 的融合点如表 1-1 所示。

表 1-1   **NGN 的融合点**

融 合 点	融合点描述	融合层面
智能业务平台	构建综合智能业务平台，开展综合智能、固定智能、移动智能业务	业务层
数据业务平台	构建综合数据业务平台，同时服务 3G 用户和宽带接入用户，实现内容共享，开展综合数据业务	业务层
增值业务平台	构建综合增值业务平台，向外提供 Parlay/开放业务接入/SIP 等开放接口，开展综合增值/移动增值/固定增值业务	业务层
OSS（运维支撑系统）	计费系统、客户系统的融合，实现资费打包、业务包装等，提升业务品牌和客户体验	运维层
传输网	建立一张同时为固网、移动网服务的 IP 承载网，实现 IP 承载网资源共享	承载层
承载网控制面	建立一张同时为固网、移动网服务的 IP 宽带信令网，实现 IP 信令网资源共享	承载层
承载网用户面	融合固网接入网关/中继网关（AG/TG，Access Gateway/Trunk Gateway）和移动网 MGM 功能的媒体交换设备	承载层
汇接局	融合固网 AG/TG 和移动网 MGW 功能的综合 MGW	呼叫控制层
关口局	融合固网呼叫服务器和移动网（G）MSC（模块化服务卡）服务器功能的综合软交换，作为综合关口局/端局的控制设备	呼叫控制层
端局	可同时接入码分多址（CDMA，Code Division Multiple Access）和全球移动通信系统（GSM，Global System for Mobile Communication）的无线部分，根据用户归属的网络自动完成位置登记、鉴权、呼叫功能，实现双网互助	呼叫控制层

2. 新技术集成是网络发展总体趋势的重要环节

① 电信技术、数据通信和移动通信技术、有线电视技术及计算机技术等高度集成。

② 网络新技术是一个建立在 IPv6 技术基础上的新型公共电信网络，它将话音、数据、视频等多种业务集于一体。

③ IMS 是 NGN 中核心的体系架构，作为主要的会话控制业务提供宽带、窄带、移动、

固定等多种终端接入方式，业界希望能够建立一个统一的 IMS，用于避免重复工作以及相互之间产生冲突所带来的风险。

④ 软交换（Softswitch）技术是 NGN 的核心技术，它吸取了 IP、ATM、智能网（IN，Intelligent Network）和时分复用（TDM，Time Division Multiplexing）等众家之长，形成分层、全开放的体系架构。

⑤ 建设 NGN 需要光（子）技术（线路交换）与电子技术（分组交换）互补结合。

全新的因特网是 NGN 的主体，新的 IP 将成为三网融合的粘接剂，在统一管理平台下，真正实现窄带宽带一体化，从而使 NGN 成为跨三方无所不能的新型网络。计算机与无线通信的融合发展，将实现个人移动计算，可随时、随地、随意通过各类信息终端产品与互联网络相连，实现无所不在的计算时代。宽带与无线化为满足业务的高速增长，增加网络带宽，并支持多种业务奠定了良好基础。网络接入方式多样化，无线接入网络将成为主要方式之一。专用化和功能综合化计算机的联网应用将进入千家万户，资源的共享使得网端设备进一步专用化和功能趋于综合化，产品种类和功能更加多样化，以满足不同层次的需要，成为网络产品的发展趋势之一。在对现有的网络进行扩容或建设一个新的因特网时，无论是在网络结构设计、技术选择和设备选择等方面，都需要考虑向 NGN 演进。既不能超前发展，也不能固步自封。

第 2 章　新一代因特网协议与技术

20 世纪 90 年代兴起的因特网异常迅速地发展，其影响之广、普及之快是前所未有的。在人类历史上，我们发现还从没有一种技术能像因特网一样，迅速而剧烈地改变着人们的工作、学习、生活、娱乐、人际交往和各种习惯方式。在计算机网络技术的发展历史中，曾经涌现出各种各样的计算机网络体系结构和技术，它们努力提供类似于因特网的功能和服务，但是都没有像因特网那样能够在技术上和实践上适应于各种变化，获得今天这样的巨大成功，并且正在对网络技术的未来发展趋势产生深刻的影响。正是由于不断创造，不断推陈出新，带来了因特网的辉煌。要打造新一代因特网，关键技术就是 IPv6。IPv6 取代 IPv4，宽带固定、有线/无线因特网取代固定、有线因特网将是不可改变的趋势。

2.1　新一代因特网及其相关技术

因特网的发展创造了人类前所未有的因特网经济、文化、科研等新事物，因特网经济、文化和科研等又成为因特网向宽带、高速发展的巨大推动力。而下一代因特网、光因特网、量子因特网、语义网和全息网正是适应了这一发展的强烈需求。

2.1.1　下一代因特网

1. 下一代因特网的发展

美国 1996 年启动下一代因特网（NGI，Next Generation Internet）研究计划；1998 年 4 月中国建立国内第一个 IPv6 试验网 CERNET-IPv6，并获得中国第一批 IPv6 地址；2000 年 9 月在清华大学建成中国第一个下一代因特网交换中心 DRAGONTAP；2001 年 3 月，首次实现了与国际下一代因特网 INTERNET2 的互连；2002 年 1 月，国家启动"下一代因特网中日 IPv6 合作项目"；2003 年 8 月，国家启动了"中国下一代因特网示范工程（CNGI）"；2004 年第一个 IPv6 全国主干网 CERNET2 试验网开通。

2. 下一代因特网的概念

从协议角度来看，下一代因特网是基于 IPv6 的因特网；从资源角度来看，下一代因特网是网格；从内容角度来看，下一代万维网是语义万维网或语义网；从带宽角度来看，下一代因特网是宽带因特网或高速因特网；从移动角度来看，下一代因特网是宽带移动因特网。

下一代因特网技术是崭新的，从光纤到路由、交换器，再到上层的服务器，甚至操作系统、各种系统软件以及与此相关的各种标准，都将产生革命性的变革。下一代因特网将不仅仅是一个网站的集合，而是一个应用和信息发布的全球性计算平台，并将取代传统的客户机/服务器模式。在下一代因特网中，各种家电、汽车电子、通信设备都将全面联网，使数据、语音和视频等网络实现真正意义上的融合。它将把人类带进真正的数字化时代：家庭中的每一个物件都将可能分配一个 IP 地址，一切都可以通过网络来调控。下一代因特网还是一类社会概念的因特网，互联的不仅是终端（PC、手机等），而且是真实的社会需要。作为最有竞争力的主流媒体，下一代因特网的赢利能力将是现在因特网的 100 倍以上。

从另一个角度来说，下一代因特网是一个"无所不在"的网络，网络环境包含五个"A"，即"任何时间（Any time）""任何地点（Any where）""任何设备（Any device）""任何服务（Any service）"以及"安全性（All Security）"，其传播环境如图 2-1 所示。业界认为下一代因特网应当是"即插即用、无处不在、无所不达、永远在线、应用为先、我行我素、可信可管、资源共享、良性互动"的网络。

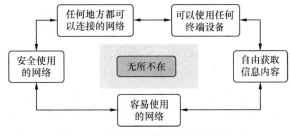

图 2-1 "无所不在"传播环境示意图

3. 下一代因特网的主要特征

相对于现在的因特网，下一代因特网的主要特征已达成如下共识。

① 更大。采用 IPv6，使下一代因特网具有非常大的地址空间。网络规模将更大，接入网络的终端种类和数量更多，实现人与物、物与物的对话，网络应用更广泛。

② 更快。下一代因特网的传输速度及传输方式均有明显改变。一是速度更快，下一代因特网将比现在的网络速度提高 1 000～10 000 倍，下载 2.5h 的电影《泰坦尼克号》只需 1/15s 即可完成；二是采用端到端的无障碍传输，节点更少，效率更高，实现真正的数字化。

③ 更安全。可进行网络对象识别、身份认证和访问授权，具有数据加密和完整性，实现一个可信任的网络。在确保网络畅通的同时，保证对黑客、病毒攻击更有据可查。

④ 更及时。提供多播服务，进行服务质量控制，可开发大规模实时交互应用。

⑤ 更方便。无处不在的移动和无线通信应用，具有智能化，提供个性化服务。人们可以随时、随地、用任何一种方式高速上网，任何可能的东西都会成为网络化生活的一部分。

⑥ 更容易管理。有序的管理、有效的运营和及时的维护。

⑦ 更有效。有盈利模式，可创造重大社会效益和经济效益。

4. 下一代因特网的典型应用

下一代因特网有以下典型应用。

① 计算网格、数据网格：大规模科学计算。

② 大规模点到点的视频通信。

③ 无线/移动应用：智能交通。

④ 大规模视频会议、高清晰度电视。

⑤ 环境监测、地震监测。

⑥ 远程仪器控制、虚拟实验室。

⑦ 远程教育、数字图书馆。

⑧ 远程医疗。

2.1.2　光因特网

1.　光因特网的概念

光因特网也称光 IP 网或 IP over DWDM。简而言之，直接在光上运行的因特网就是光因特网。其基本原理和工作方式是：在发送端，将不同波长的光信号组合（复用）送入一根光纤中传输；在接收端，又将组合波长的光信号分开（解复用），并做进一步的处理，恢复出原信号后送入不同的终端。

光因特网是一个真正的链路层数据网。其中，高性能路由器（一般是吉比特/太比特交换路由器）取代传统的基于电路交换概念的 ATM 和 SDH 电交换与复用设备，成为关键的统计复用设备，主要用作交换/选路，由它控制波长接入、交换、选路和保护。高性能路由器通过光分插复用器（ADM，Add and Drop Multiplexer）或 WDM 耦合器直接连至 WDM 光纤，通过 WDM 耦合器，将各个波长进行复用/解复用，光纤内各波长在链路层互联。光因特网由于使用了指定的波长，在结构上更加灵活，并具有向光交换和全光选路结构转移的趋势。

图 2-2 所示为光因特网模型的演进。显然，由 B-ISDN 向 IP over WDM 的逐步演变简化了结构，降低了网络的复杂性和开销，也减少了投资。

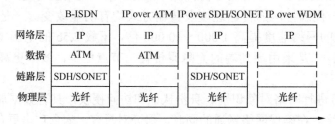

图 2-2　光因特网模型（下三层）的演进

2.　光因特网的优缺点

（1）优点

① 可以适应 IP 数据业务的不对称性，不同波长上的数据速率可以不同。

② 充分利用光纤的带宽资源，极大地提高了带宽和相对的传输速率。

③ 对传输码率、数据格式及调制方式透明，可以传送不同码率的 ATM、SDH/同步光纤网络（SONET，Synchronous Optical Network）和吉比特以太网格式的业务。

④ 不仅可以与现有通信网络兼容，还可以支持未来的宽带业务网及网络升级，并具有可推广性、高度生存性等特点。

⑤ 光纤环的两侧都能使用，使路由可获得全部带宽，在传输突发数据时就不需要缓存，也不会有分组丢失，只有当光纤断裂时才会发生分组丢失现象。

⑥ 网内有工作光纤和保护光纤，保护光纤中的空间带宽在业务高峰时也可用来传数据，不会引起抖动、时延或分组丢失。恢复工作在 IP 层而不在物理层上完成。在光纤断裂时，对抖动和时延敏感的实时业务可给予高的优先级。使用工作光纤和保护光纤的网络还可以建立直通或旁路波长。

（2）缺点

① 目前，还没有实现波长标准化。一般取 193.1THz 为参考频率，间隔取 100GHz。

② WDM 系统的网络管理应与其传输信号的网管分离。但在光域上开销和光信号的处理技术还不完善，从而导致 WDM 系统的网络管理还不成熟。

总之，光因特网对传送大量 IP 业务是比较理想的。它能够极大地拓展现有的网络带宽，最大限度地提高线路利用率，并且在外国网络以吉比特以太网成为主流的情况下，这种技术能真正地实现无缝接入。应该说，光因特网将代表宽带 IP 主干网的明天。但是，由于路由器本身对传送高质量业务的局限性，目前最有可能的解决办法是先建设混合网，让 IP over ATM 和 IP over WDM 等并存，以满足用户的各种需求。

3. 光因特网的基本网络模型

光因特网系统由光纤、激光器、光放大器、光耦合器、光再生器、光中继器、转发器、光分插复用器、光交叉连接器和高速路由交换机等网元构成。

光因特网可由多个光网络构成，每个光网络由不同的管理实体管理，而每一个光网络又由多个通过光链路互联的子网构成。这些光子网络中的 OXC 可以是全光的，也可以是具有光/电/光转换的。子网间的互联通过可兼容的物理接口，也可以适当采用光电转换，光因特网的基本网络模型如图 2-3 所示。

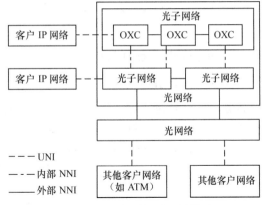

图 2-3 光因特网的基本网络模型

在该模型中存在两类逻辑接口，分别为用户—网络接口（UNI，User-Network Interface）和网络—网络接口（NNI，Network-Network Interface）。这些接口定义的业务在很大程度上决定了经过它们的控制信息的种类和数量。从理论上来说，如果在两种接口处有一种统一的业务定义，则通过这两种接口的控制信息的类型就完全没有区别。但实际上，UNI 和 NNI 在某些方面（控制信息的类型和数量）是不同的。

每个接口都可以定义为公有或是私有的，这取决于其所处的网络状况和业务模型。路由信息可以通过私有接口交互，而没有任何限制。相对地，通过公有接口交互的路由信息数量和类型可能受到一些限制条件的约束。公有接口和私有接口的这种差别类似于域内和域间涉及的不同路由信息和协议，不同互联模型的提出正是源于接口的这些差别。

对 WDM 核心网络来说，它可以为客户 IP 网络提供单跳和多跳连接。这里的单跳和多跳都是针对通过核心光网络的数据流来说的。单跳连接是指在核心光网络的入节点和出节点之间建立一条光通道。多跳连接则是指在两个 IP 网络之间建立的连接不仅涉及光层处理，而且包含 IP 层中间节点处理，可以认为多跳连接是由多个单跳连接以及中间的 IP 路由器构成的。

4. 光因特网的分层模型和协议模型

光因特网的分层模型如图 2-4 所示。它包括数据网络层、光网络层以及层间适配和管理功能。数据网络层提供数据的处理和传送；光网络层负责提供通道；层间适配和管理功能用于适配数据网络和光网络，使数据网络和光网络相互独立。数据网络层的组成设备主要是 ATM 交换机、路由器等；光网络层的组成设备主要是 WDM 终端、光放大器以及光纤等。在光因特网中，高性能的数据互连设备（如交换机和路由器等）既可以直接连接在光纤上，也可以连接在向各类客户（如 ATM 交换机、路由器或 SDH 网元设备等）提供光波长路由的光网络层上。

光因特网的协议模型如图 2-5 所示，包括 IP 层（客户层）协议、IP 适配层协议、光通路层协议以及 WDM 光复用层协议和 WDM 光传输层协议等。IP 层协议包括 IPv4、IPv6 等；IP 适配层协议用于 IP 多协议封装、分组定界、差错检测以及服务质量控制等；光通路层协议包括数字客户适配和带宽管理（比特率和数字格式透明）、连接性证实等功能；光复用层功能包括带宽复用、线路故障分段和保护切换以及其他传送网维护功能；光传输层功能包括高速传输（色散补偿）、光放大器故障分段等功能。

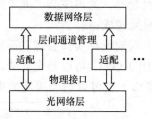

图 2-4　光因特网的分层模型

图 2-5　光因特网的协议模型

5．光因特网的物理结构

在光因特网中，光网络以粗粒度、固定带宽传送信道（光通道）的形式，为外部实体提供服务，只有光通道建立后，光网络边缘的路由器才能进行通信。这些光通道的集合构成路由器互连的虚拓扑，数据传送就是通过重叠在光通道上的虚拓扑实现的。图 2-6 所示为一种典型的环形光因特网的基本网络结构。利用无源光复用器将波长耦合进光纤或从光纤中去耦合，然后再将有关波长携带的信息送给路由器或 SDH 设备。这种结构具有许多优点。

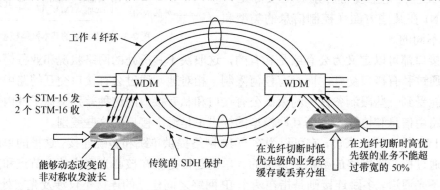

图 2-6　光因特网的基本物理结构

① 靠 WDM 波长配置，光因特网业务量工程设计可以与非对称的因特网业务量相匹配。例如图 2-6 中所示的 9 个波长，5 个在工作光纤上，4 个在保护光纤上，其中工作光纤上有两个波长用于 SDH 设备，保护光纤上有两个保留波长作为保护。去掉 SDH 设备上所用的两对波长后，总共从右向左有 3 个波长，从左向右有 2 个波长，可以支持比例为 3∶2 的非对称业

务量。

② 可利用光纤环保护光纤上的空闲带宽来吸收突发业务量，且不会产生抖动、延时和分组丢失。

③ 光因特网可以在 IP 层上实现不同的恢复，而不局限于物理层恢复。这样就可为不同的业务提供不同的恢复能力，例如，优先恢复、缓存和重选路由恢复。

④ 利用工作光纤和保护光纤可以配置直通波长或旁路波长，而不必担心交换机或路由器中缓存所带来的延时，其缺点是非动态配置，必须预先设计。

6. 光因特网有待解决的主要问题

① 数据网络层与光网络层的适配。现在数据网络的速率远远低于光传送网络的速率。光因特网的关键技术在于如何进行数据网络层和光网络层的适配。IP 数据以何种方式成帧，并通过 WDM 传输，都是研究的重点问题。适配功能可以单独实现，也可以在数据网或光网络中同时实现。

② 物理接口规范。要求能够将各种类型的业务通过开放式光接口接入到 WDM 传送网中，接口必须具有横向兼容性、速率高、数据传输效率高和价格低廉等优点。因此需要对物理接口的比特率、协议、帧结构、开销字节、同步以及光纤媒质特性等进行恰当的规范。

③ 层间管理功能。层间管理功能是指在数据网络层和光网络层之间交换状态和配置信息，并通过控制接口对业务和通路进行管理。具体内容包括保护和恢复、故障管理、性能管理、连接管理及会话管理等。

④ 网络保护恢复。光因特网的保护恢复倾向于在 IP 层（而非物理层）进行，然而，IP 层恢复是靠普通的路由协议完成的，显然不如物理层恢复来得快。如果将保护恢复功能分别在 IP 层和物理层实施，则必须解决如何分工和协调的问题。

7. 光因特网的应用方案

波分复用技术是以点到点通信为基础的系统，其灵活性和可靠性还不够理想。如果在光路上也能实现类似 SDH 在电路上的分插复用功能和交叉连接功能，IP 就能直接在光网络上运行。考虑到对 IP over SDH 网络、IP over ATM 网络以及传统 IP 数据网络的兼容性，光因特网论坛（OIF，Optical Internet working Forum）确定了一种可能的光因特网应用方案，如图2-7 所示。

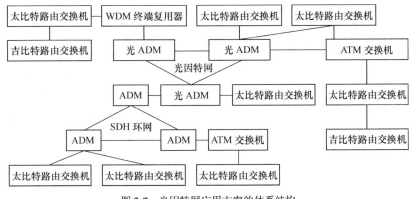

图 2-7　光因特网应用方案的体系结构

在核心网中（光因特网），几个吉比特（太比特）骨干网路由器之间通过光 ADM 系统或 WDM 终端复用器互联。光 ADM 允许不同光网络的不同波长的信号可以在不同的地点分叉复用。当然，OXC 可以取代光 ADM 的作用，在更大规模的网络中应用。在次核心网中（SDH 环网），几个吉比特（或太吉比特）骨干网路由器之间通过 ADM（也可能用到 ATM 交换机）互联。核心网和次核心网可通过高速、单信道的专线相连。

随着 IP 业务的不断增长和光因特网系统设备（主要是 WDM 终端复用器、光 ADM 和 OXC 设备等）性能价格比的进一步提高，光因特网的主干网将可能完全放弃 SDH 网络，成为全光通信网。目前，正在建设的加拿大 CANET3 网是世界上第一个直接在 DWDM 光缆网上建设的宽带 IP 网。该网以 IP 业务为主进行优化设计，不用 SDH 和 ATM 设备，其同等带宽的造价仅仅是传统电信网的 1/8。国内由中国科学院牵头，联合广播电视总局、铁道部、上海市组建的运营公司，利用基于 IP 的高速路由器和 DWDM 技术，首先在全国 15 个城市进行了"高速因特网示范工程"的建设和运营。

目前，从数据通信业务的发展以及光通信技术发展的趋势看，以 IP over WDM 技术为核心的第三代因特网——光因特网，必将成为技术发展的主流。可以预见，第三代因特网必将是多种 IP 技术的混合体，是一个多协议光因特网，并且在不久的将来，会逐步过渡到全光因特网络。

2.1.3 量子因特网

量子理论和信息技术在 20 世纪创造了辉煌，引起了信息技术的革命，推动了网络不断创新，不断地前进。在传统因特网的基础上，科学家们提出建立一种新奇的网络，它能够传输宇宙间最奇特的物质，其传送速度无与伦比，其计算速度超乎寻常，这种网络叫量子因特网，这种奇特的物质称为"缠结"信息。量子因特网将以惊人的计算和超快速通信能力迈入新时代，展现其新的魅力。

1. 量子因特网的概念

（1）量子的概念

物理学中认为在量子世界里，物质可以从空无中产生。这里量子是指单个的、不连续的、最小的能量单位。1900 年，德国物理学家普郎克提出量子论学说，认为物体在辐射和吸收能量时，能量是不连续的，而是有一个最小能量单元，被称"能量子"，简称量子。1905 年爱因斯坦认为光也是不连续的，提出了"光量子"，认为光是由不连续运动的光量子（粒子）组成。

（2）缠结信息的概念

所谓"缠结"是指具有交互作用的粒子之间几乎是无与伦比或"心灵感应"的神奇连接效应，即使交互粒子位于宇宙空间的相对两边，这种连接效应都能使其以极快的速度连接。所谓"量子缠结"指的是两个或多个量子系统之间存在非定域、非经典的强关联。量子缠结涉及实在性、定域性、隐变量以及测量理论等量子力学的基本问题。

（3）量子因特网的概念

根据"缠结"原理，人们发现，可以将处于量子态的原子所携带的信息转移到一组别的原子上去，从而实现量子信息的传递；还可以将量子计算机连接起来，构成功能强大的量子因特网，进行极其强大的数字处理，其计算速度超过当前任何的理论计算速度。"缠结"信息能够通过量子因特网，被瞬间传送到全球各个角落。可见量子因特网可能会引发计算、通信以至人类认识宇宙的新革命。

量子计算机是利用原子所具有的量子特性进行信息处理的一种全新概念的计算机。量子计算最本质的特征为量子叠加性和相干性。与经典计算机相比，量子计算机在存储容量、运算速度上都会有指数数量级的提高。运用量子调控技术开发出来的量子计算机将比现有同体积计算机快 1.5 万倍以上。

2. 量子信息的优势

（1）存储量大及并行计算

经典的信息用二进制的 0、1 来存储的，信息本身与存储介质完全无关。量子信息存储在量子态中，同样 3 个量子比特可以存储 8 个状态。以此类推。300 个量子比特可存储的状态是 2 的 300 次方，相当于整个宇宙中的原子数。这就奠定了运用量子计算机进行海量并行运算的基础。

（2）保密性强

按照量子力学的观点，如果两个自旋处于"缠结态"中，不管它们相距多远，对其中一个自旋进行"测量"，发现自旋向上，那另一个自旋就一定也是向上。最近，已经观察到了光子的"隐形传输"，它可以用来开发保密通信。

3. 量子因特网的理论研究概况

（1）需要突破传统的香农信息理论

香农理论解决了任何通信信道的理论容量的计算问题，并阐述了有效传送信息的压缩技术。但是，香农理论只应用于经典信息论。量子缠结信息的出现，使香农理论面临新问题，要求香农理论的新突破，为量子因特网的发展开辟道路。

① 解决量子信息奇特的脆弱性的测量问题。量子因特网面临的问题是信息容易丢失，只要能看到量子粒子，它就已经有了被破坏的可能性。此问题不仅涉及能够存储的信息数量，而且涉及能够检索的信息数量。解决此问题的办法是测量量子，掌握量子的变化特性。

② 解决量子的消相干问题是取得突破的关键。"量子态不可克隆原理"指明了环境不可避免地破坏量子的相干性。这个所谓的消相干的问题，会使量子计算机的运行失效。

（2）如何利用量子缠结信息的奇妙特性

① 经典信息论是 0 和 1 组成的序列，通过改变导线上的电压可以实现这种序列编码。在一定的电压电平之上是 1，反之则是 0。

② 量子粒子（如光子）中的部分信息的编码则具有完全不同的特点。光子在同一时间有两种或多种存在状态。例如，能够将光子的电场加以滤波，这样它就在一个特定的平面产生极化振荡。当振荡平面变成垂直极化时，此平面称为 0，当振荡平面变成水平极化时，此平面称为 1。然而，由于"量子叠加"，光子可能同时垂直和水平极化，可能同时为 0 和 1。

③ 缠结使得这一切都发生了改变。缠结粒子的奇妙之处在于测量一对粒子中的一个，便能确定另一个的测量结果，而不管这两个粒子相距多远。这种在时间和空间内魔术般地连

接两点，充分说明了缠结将会给未来的网络通信带来巨大的变化。

④ 量子隐形传送。美国物理学家贝尼特等人提出了量子隐形传送的方案：将某个粒子的未知量子态（即未知量子比特）传送到另一个地方，把另一个粒子制备到这个量子态上，而原来的粒子仍留在原处。基本思想是：将原物的信息分成经典信息和量子信息两部分，它们分别经由经典通道和量子通道传送给接收者。经典信息是发送者对原物进行某种测量而获得的，量子信息是发送者在测量中未提取的其余信息。接收者在获得这两种信息之后，就可制造出原物量子态的完全复制品。这个过程中传送的仅仅是原物的量子态，而不是原物本身。发送者甚至可以对这个量子态一无所知，而接收者是将别的粒子（甚至可以是与原物不相同的粒子）处于原物的量子态上。原物的量子态在此过程中已遭破坏。

（3）量子因特网的实验进展

① 目前发现量子因特网至少可将信道容量提高一倍。这是因为在量子信道中传送的每个光子都可能有水平和垂直两种状态，所以把一对光子连接在一起，就可能变成 4 种状态。利用缠结技术，一个光子可以发送 2 位信息，从而使信道容量提高一倍。这种现象称为量子超密集编码。

② 最近，应用缠结技术又有新进展，研究人员开始研究粒子 3 重缠结和 4 重缠结，使粒子实现更多的组合状态，可以使量子信息以极快的速度通过网络。

③ 这种极快的信息传送速度要建立在纠正可能出现的错误上。由于上述的量子缠结状态是脆弱的，任何外力都可能产生破坏作用，以致许多专家误认为不可能可靠地传送量子信息。但是在最近，研究人员对量子缠结状态的脆弱性问题提出了完善的解决方案。其解决方案是利用执行量子计算的软件保护量子信息，使量子信息不会产生错误。

4. 量子因特网将指日可待

（1）1997 年奥地利的因斯布鲁克大学的研究人员提出了第一个量子因特网计划。

（2）2000 年 3 月美国麻省理工学院和马萨诸塞州林肯空军研究室的研究人员提出了更加接近实现量子因特网的设想。他们的设想是生成一对光子，并沿着两条光纤传送，即一个光子传送给甲地的研究人员，另一个传送给乙地的研究人员。甲乙两地的研究人员都拥有包含超冷却原子的激光俘获器，而原子能吸收光子。研究人员可以确定原子何时吸收光子而不会干扰它，并在原子吸收缠结的一对光子时，检查甲乙两地研究人员是否能够发现同时吸收的光子。当确定原子确实吸收光子时，原子本身也就变成了缠结的粒子。当原子没有电荷时，它们不受电场和磁场的影响，这样就容易保护缠结的粒子不受外力的影响。这在因特网发展史上，成为第一次利用缠结的极其珍贵的网络资源。

（3）麻省理工学院发布了建立量子因特网的详细计划，并宣布现在已具备建立量子因特网技术，该计划打算在 3 年内建成量子因特网，并首先在麻省理工学院建立 3 个节点。

（4）提出了许多基于有序量子点，纳米结构或量子原胞机来实现量子网络或量子逻辑门的方案。在目前世界纳米线研究逐渐走热的形势下，提出了利用量子线相干原理来实现量子逻辑门的设想，为发展基于纳米线的量子网络的理论和实验提供了借鉴。

从传统因特网到量子因特网是一种越来越神奇的力量，它是人类的一种高超的创新，既具有摧毁旧世界的力量，又具有善于建设一个新世界的能力。

2.1.4 语义网

1. 语义网的提出

万维网（WWW，World Wide Web）存在两个明显的不足：一是计算机不理解网页内容的语义；二是网上有用信息难找，即使借助搜索引擎，查准率也较低，它在帮助网民得到成批相关网页的同时，也夹杂了许多网民所不需要的信息垃圾。原因是大多数页面的设计仅仅是针对人类自身的，不便于机器自动处理。现在网页信息的表现方式多为自然语言、图片、声音等方式，这适应于人们的阅读（收听）需求。但是，这些媒介固有的不确定性引起数据格式的多样性，从而无法被计算机理解。因特网中海量的信息让我们疲劳不已，我们常常花费了几个小时，输入了几百个关键词，点开了成千上万个网页，却依旧不能找到想要的信息。万维网的未来怎么办？在这个需要天才的时刻，TimBerners-Lee 站了出来，提出了"语义网"这一概念，并在 XML2000 会上提出了语义网的体系结构，之后引起了国内外对语义网的一系列研究、开发和探讨。

2. 语义网的概念

"语义"原意是指词语的意义。所谓"语义网"，通俗地说，是按照能表达网页内容的"词语"链接起来的全球信息网，或者说是用机器很容易理解和处理的方式链接起来的全球数据库。

2001 年 5 月，TimBerners-Lee 在《科学美国人》杂志上系统地论述了下一代万维网架构——语义网的设想。他认为，"语义网并非一个完全不同的万维网，而是现在万维网的一个延伸，是将现行万维网上的信息加以明确的语义定义，更利于人机之间的合作。"

简单地说，语义网是第三代 Web，是一种能理解人类语言，根据语义进行判断的智能网络。其出发点是试图从规则和技术标准上使因特网更加有序；其目标是实现机器自动处理信息、程序自动操作、集成以及重复使用整个网络上的信息。它提供诸如信息代理、搜索代理、信息过滤、信息共享、再利用等智能服务。它好比一个巨型的大脑，智能化程度极高，协调能力非常强大。在语义网上连接的每一部计算机不但能够理解词语和概念，而且还能够理解它们之间的逻辑关系，可以做人所从事的工作。语义网中的计算机能利用自己的智能软件，在万维网上的海量资源中找到你所需要的信息，从而将一个个现存的信息孤岛发展成一个巨大的数据库。

总之，语义网是一种更丰富多彩、更个性化的网络。它可以帮助你滤掉你不喜欢的内容，使 Web 页面文件本身更加数据化，使搜索软件与 Web 页面之间的沟通更有效，从而使网络更像是你自己的网络。如果语义网被广泛采用，那么"精细、准确和自动化"的搜索就能够实现。

下面这个场景就是语义网应用的一个典型案例：某天早上你突然想去可可西里旅游，于是你打开计算机，连通语义网，输入"预订今天下午两点到六点之间任意时刻到可可西里的飞机票"，此刻你的计算机代理将先与你所住地点航空公司的代理进行联系，获得符合你要求的飞机票信息，然后联系航空公司的订票代理，完成订购。你不必像现在这样上网查看时间表，并进行复制和粘贴，然后打电话或在线预订机票和宾馆等，安装在你计算机上的软件会自动替你完成上述步骤，你所做的仅仅是用鼠标按几个按钮，然后等着送飞机票的人上门甚至直接去机场登机就可以了。

3. 语义网的研究现状

万维网联盟（W3C，World Wide Web Consortium）是语义网主要的推动者和标准制定者。2001 年 7 月 30 日，美国斯坦福大学召开了题为"语义网基础设施和应用"的学术会议，这是有关语义网的第一个国际会议。2002 年 7 月 9 日，在意大利召开了第一届国际语义网大会。此后语义网大会每年举行一次，形成惯例。同时，HP、IBM、微软、富士通等大公司，斯坦福大学、马里兰大学、德国卡尔斯鲁厄大学、英国曼彻斯特维多利亚大学等教育机构都对语义网技术展开了广泛深入的研究，开发出了 Jena、KAON、Racer、Pellet、Protégé 等一系列语义网技术开发应用平台、基于语义网技术的信息集成以及查询、推理和本体编辑系统。

我国也非常重视语义网的研究，早在 2002 年，语义网技术就被国家"863 计划"列为重点支持项目，清华大学、东南大学、上海交通大学和中国人民大学都是国内语义网及其相关技术的研究中心。清华大学的语义网辅助本体挖掘系统 SWARMS、上海交通大学的本体工程开发平台 ORIENT 都代表了国内语义网的研发水平。

语义网的研究内容越来越广泛而深入，大致可分为以下 3 个层次：

第一层次是对语义网及其关键技术的描述与介绍，主要包括语义网的含义、体系结构、关键技术（RDF、Ontology）、面临的挑战等；

第二层次是关于语义网及其关键技术对相关学科或研究领域的影响与启示，包括信息管理、信息检索、知识库系统、数字图书馆、数据挖掘、电子商务、机器翻译、智能代理、需求分析、元数据描述与交换、网络信息资源和知识的表达等；

第三个层次则是针对语义网及其关键技术所做的具体试验与应用，包括 RDF 的应用与存储、基于 RDF/XML 的搜索引擎的设计与实现、语义网的试探性实现、Ontology 的构建、基于 Ontology 的查询系统设计、Ontology 在图书服务网络、知识图书馆和数字图书馆中的应用、Ontology 与主题词表相结合实现对元数据的查询等。

4. 语义网的体系结构

语义网的体系结构共分七层，自下而上分别是编码定位层（Unicode + URI）、 XML 结构层（XML+NS+xml Schema）、资源描述层（RDF+rdf Schema）、本体层（Ontology vocabulary）、逻辑层（Logic）、证明层（Proof）和信任层（Trust）。各层之间相互联系，通过自下而上的逐层拓展形成了一个功能逐渐增强的体系，如图 2-8 所示。它不仅展示了语义网的基本框架，而且以现有的 Web 为基础，通过逐层的功能扩展，为实现语义网构想提供了基本的思路与方法。下面详细介绍一下该体系结构各层的含义、功能以及它们之间逻辑关系。

第一层，编码定位层。Unicode 是一个字符集，这个字符集中所有字符都用两个字节表示，可以表示 65 536 个字符，基本上包

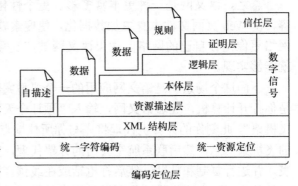

图 2-8　语义网的体系结构

括了世界上所有语言的字符。数据格式采用 Unicode 的好处就是它支持世界上所有主要语言的混合，为语义网提供了统一的字符编码格式，有利于不同字符集在语义网上的统一操作、存储和检索。统一资源定位符（URI，Uniform Resource Identifier）用于标识、定位网络上的资源，我们可以用 URI 唯一地标识任一事物。在语义网体系结构中，该层处于最底层，是整个语义网的基础，其中 Unicode 负责处理资源的编码，URI 负责资源的标识。

第二层，XML 结构层。可扩展标记语言（XML，eXtensible Markup Language）是一个精简的标准通用标记语言（SGML，Standard Generalized Markup Language），它综合了 SGML 的丰富功能与超文本标记语言（HTML，Hypertext Markup Language）的易用性，允许用户在文档中加入任意的结构，而无需说明这些结构的含意。用户可以在 XML 中创建自己的标签、对网页进行注释，脚本（或程序）可以利用这些标签来获得信息。命名空间（NS，Name Space）由 URI 索引确定，目的是为了简化 URI 的书写，避免不同的应用使用同样的字符描述不同的事物。XML Schema 是文档数据类型（DTD，Document Data Type）的替代品，它本身采用 XML 语法，但比 DTD 更加灵活，提供更多的数据类型，能更好地为有效的 XML 文档服务并提供数据校验机制。正是由于 XML 灵活的结构性、由 URI 索引的 NS 而带来的数据可确定性以及 XML Schema 所提供的多种数据类型及检验机制，其成为语义网体系结构的重要组成部分。该层负责从语法上表示数据的内容和结构，通过使用标准的语言将网络信息的表现形式、数据结构和内容分离。

第三层，资源描述层。资源描述框架（RDF，Resource Description Framework）是一种描述万维网上的信息资源的一种语言，其目标是建立一种供多种元数据标准共存的框架。该框架能充分利用各种元数据的优势，进行基于 Web 的数据交换和再利用。RDF 解决的是如何采用 XML 标准语法无二义性地描述资源对象的问题，使得所描述的资源的元数据信息成为机器可理解的信息。如果把 XML 看作为一种标准化的元数据语法规范的话，那么 RDF 就可以看作为一种标准化的元数据语义描述规范。RDF schema 使用一种机器可以理解的体系来定义描述资源的词汇，其目的是提供词汇嵌入的机制或框架，在该框架下多种词汇可以集成在一起实现对 Web 资源的描述。

第四层，本体层。该层是在 RDF（S）基础上定义的概念及其关系的抽象描述，用于描述应用领域的知识，描述各类资源及资源之间的关系，实现对词汇表的扩展。在这一层，用户不仅可以定义概念而且可以定义概念之间丰富的关系。

第五至七层，逻辑层、证明层和信任层。逻辑层负责提供公理和推理规则，而逻辑层一旦建立，便可以通过逻辑推理对资源、资源之间的关系以及推理结果进行验证，证明其有效性。通过证明层交换以及数字签名，建立一定的信任关系，从而证明语义网输出的可靠性及其是否符合用户的要求。

5. 语义网的关键技术

语义网的实现需要 XML、资源描述框架（RDF）和 Ontology 三大关键技术的支持。

（1）XML

XML 是一种类似于 HTML 的语言，但不是 HTML 的替代品，是一种补充和扩展。它用来描述和显示数据的标记，能使数据通过网络无障碍地进行传输，并显示在用户的浏览器上。XML 也是自解释（self describing）的语言，作为一种交换信息的格式，用来将数据保存到文件或数据库中。XML 有一套定义语义标记和自己文档结构的规则，这些标记将文档分成许多部件并对这些部件加以标识。它又是元标记语言，即定义了用于定义其他与特定领域有关的、语义的、结构化的标记语言的句法语言。

XML 根据用户自己需要定义的元标记必须根据某些通用的原理来创建，但是在标记的意义上，也具有相当的灵活性。例如，假如用户正在处理与家谱有关的事情，需要描述人的出生、死亡、埋葬地、家庭、婚姻状况等，这就必须创建用于每项的标记。新创建的标记可在 DTD 中加以描述。现在，只需把 DTD 看作是一本词汇表和某类文档的句法。

XML 定义了一套元句法，与特定领域有关的标记语言（如 MusicML、MathML 和 CML）都必须遵守。如果一个应用程序可以理解这一元句法，那么它也就自动地能够理解所有的由此元语言建立起来的语言。浏览器不必事先了解多种不同的标记语言使用的每个标记。事实上，浏览器在读入文档或是它的 DTD 时才了解了给定文档使用的标记。

有了 XML 就意味着不必等待浏览器的开发商来满足用户的需要了。用户可以创建自己需要的标记，当需要时，告诉浏览器如何显示这些标记就可以了。

XML 可以让信息提供者根据需要，自行定义标记及属性名，对网页或页面的部分文字进行注释，允许用户在文档中加入任意的结构，但无需说明这些结构的含意，从而使 XML 文件的结构可以复杂到任意程度。它功能强大、机动灵活、易于使用，具有良好的数据存储格式和可扩展性、高度结构化以及便于网络传输等优点，再加上其特有的 NS 机制及 XML Schema 所支持的多种数据类型与校验机制，使其成为语义网的关键技术之一。

（2）RDF

RDF 是 W3C 组织推荐使用的用来描述资源及其之间关系的语言规范，具有简单、易扩展、开放性、易交换和易综合等特点。但是，RDF 只定义了资源的描述方式，却没有定义用哪些数据描述资源。RDF 由三个部分组成：RDF 数据模型、RDF 计划和 RDF 句法。

RDF 数据模型提供了一个简单但功能强大的模型，通过资源、属性及其相应值来描述特定资源。模型定义如下。

① 它包含一系列的节点 N。

② 它包含一系列属性类 P。

③ 每一属性都有一定的取值 V。

④ 模型是一个三元组：{节点，属性类，节点或原始值 V}。

⑤ 每一个数据模型可以看成是由节点和弧构成的有向图。

模型中所有被描述的资源以及用来描述资源的属性值都可以看成是节点。由资源节点、属性类和属性值组成的一个三元组叫做 RDF 陈述。在模型中，陈述既可以作为资源节点，同时也可以作为值节点出现，所以一个模型中的节点有时不止一个。这时，用来描述资源节点的值节点本身还具有属性类和值，并可以继续细化。

RDF 计划使用一种机器可以理解的体系来定义描述资源的词汇，其功能就像一个字典，可以将其理解为大纲或规范。RDF 计划的作用如下。

① 定义资源以及属性的类别。

② 定义属性所应用的资源类以及属性值的类型。

③ 定义上述类别声明的语法。

④ 申明一些由其他机构或组织定义的元数据标准的属性类。

RDF 计划定义了如下 3 项。

① 3 个核心类，rdf:Resource、rdfs:Property、rdfs:Class。

② 5 个核心属性，rdf:type、rdfs:subClassOf、rdfs:seeAlso、rdfs:subPropertyOf、rdfs:is DefinedBy。

③ 4 个核心约束，rdfs:ConstrantResource、rdfs:range、rdfs:ConstraintProperty、rdfs:domain。

RDF Syntax 构造了一个完整的语法体系以利于计算机的自动处理，它以 XML 为其宿主语言，通过 XML 语法实现对各种元数据的集成。

（3）本体

Ontology 原本是一个哲学上的概念，用于研究客观世界的本质。目前 Ontology 已经被广泛应用到包括计算机科学、电子工程、远程教育、电子商务、智能检索、数据挖掘等在内的诸多领域。它是一份正式定义名词之间关系的文档或文件。一般 Web 上的 Ontology 包括分类和一套推理规则。分类用于定义对象的类别及其之间的关系；推理规则则提供进一步的功能，完成语义网的关键目标，即"机器可理解"。本体的最终目标是"精确地表示那些隐含（或不明确的）信息"。

当前对本体的理解仍没有形成统一的定义，如本体是共享概念模型的形式化规范说明，通过概念之间的关系来描述概念的语义；本体是对概念化对象的明确表示和描述；本体是关于领域的显式的、形式化的共享概念化规范等。但斯坦福大学的 Gruber 给出的定义得到了许多同行的认可，即"本体是概念化的显示规范"。概念化被定义为：C= ｛D，W，Rc｝，其中 C 表示概念化对象，D 表示一个域，W 是该领域中相关事物状态的集合，Rc 是域空间上的概念关系的集合。规范（Specification）是为了形成对领域内概念、知识及概念间关系的统一的认识与理解，以利于共享与重用。

本体需要某种语言来对概念化进行描述，按照表示和描述的形式化的程度不同，可以将本体分为完全非形式化本体、半非形式化本体、半形式化本体和严格形式化本体。有许多语言可用于表示 Ontology，其中一些语言是基于 XML 语法并用于语义网的，如 XOL（Xml-based Ontology exchange Language）、SHOE（Simple HTML Ontology Language）、OML（Ontology Markup Language）以及由 W3C 组织创建的 RDF 与 RDF 计划。还有建立在 RDF 与 RDF 计划之上的、较为完善的 Ontology 语言 DAML（DARPA Agent Markup Language）、OIL 和 DAML+OIL。

国内关于 Ontology 的研究大多涉及对 Ontology 的定义、基本含义以及在对本体语言进行简要介绍的基础上，就 Ontology 在相关学科领域的影响、应用及构造进行探讨与论述。讨论相对较多的主要有本体论与信息检索、本体论与数字图书馆、本体论与信息管理，此外还包括知识库系统、数据挖掘、电子商务、机器翻译、需求分析等。

语义网虽然是一种更加美好的网络，但实现起来却是一项复杂浩大的工程。要真正实现实用的语义网，还有很多难题亟待解决。但是，随着对语义网体系结构、支撑技术和实现方法研究上的不断突破，基于语义网支撑技术的相关应用会日趋成熟，语义网的目标一定能够尽快实现。

2.1.5 全息网

1. 全息网的概念

全息是人类走向自由王国的一扇全新之门，是因特网的终极社会目标，也是非理性科学和理性科学结合的产物。全息化的人类社会就是对以往数千年的知识成就进行阶段总结的大成社会；而全息思维是一种接近未来的人类思维，是飞向全息社会阶段的翅膀。

全息意味着信息节点之间最高效率、最广范围、最深水平的联系，是以全息链为基础，以节点自组织为手段，以整体和局部、宏观和微观为目标，全面改变人类社会的生产力革新。全息社会是以超链组织个人、生产、信息和知识、价值的发展中的社会形态。信息节点以超链进行自组织，形成3个方面的效应，即信息节点的运动被改变、信息的运动被改变、信息节点与信息的互动被改变。节点通过超链实现的自组织达到3个目的：信息运动加强；人类社会运动加强；人类与信息的相互作用加强。

区别于传统搜索，全息搜索面向人与人之间、内容与内容之间和人与内容之间的关系进行搜索和分析，在此基础上确立对于"人"的第一搜索原则，并且据以搜索出以"人"联结、标注和组织的庞大的结构化内容，其中对于人的搜索不仅仅包括人的个人信息，还包括一个人的文化、学识、涵养、个性、行为、活动计划、发展方向、希望和梦想等很多方面。

全息网是指以全息搜索为基础的因特网，其构成由"人""内容""全息关系""行为"和"目的、任务、状态"五大部分组成，其中"人"将成为组织、凝聚其他四大构成的核心枢纽。由此展开的一系列全息创新将彻底改变因特网现有的底层和顶层结构，进而改变因特网以至人类社会生活的诸多领域。全息网将为世界因特网的发展做出不可替代的贡献。

以全息思维设计、完善和改造因特网，具体任务包括分布式的分散安全结构、个人功能的强化、变体运用逻辑之间的全息融合、信息知识资源和人的价值之间的自由转换、观念意识与物质成就之间的互补融合、产供销的电子一体化、现代组织的全息化嬗变、电子化社会教育革命、社会性协调控制机制等。

2. 全息网和语义网的内在联系

全息网与语义网具有以下8个方面的内在的联系。

① 两者都试图对现有因特网进行提升，以实现更好的人机、人网协同。

② 两者都试图建立起一种全新的基于新一代因特网的、面向全人类"有用"的宏观知识管理机制。

③ 两者都致力于网络与现实更紧密的结合，让关系、内容和秩序在网络和现实之间呈现和谐前进。

④ 两者都不回避计算机智能和因特网智能的必然出现，同时都不回避相应的风险和危机。

⑤ 两者都试图以全网的公共法搜索功能来与统一而集中的商业搜索抗衡。

⑥ 两者都是对于人类现有知识的空前的历史性重构和挖掘，诞生人类前所未有的科技研发的动人前景。

⑦ 两者都具有面向逻辑关系研究的理论基础和开发传统，通过对于哲学性的普遍联系的研究来实现某种秩序和制度。

⑧ 两者都具有人类协同的社会属性，是历史上第一次具有人类性和世界性的自发的文明进步。

3. 全息网与语义网的区别

根据全息搜索理论创立的全息网与语义网具有以下六大区别。

① 更多个人化的对象体系。语义网专注于宏观的因特网环境的改造和技术端的改造，忽视了对于个人与社会、人性与技术的联系以及个人端的改造。全息网专注于整体的全息因特网环境的建设，本质上是以人类和技术机器的和谐进步为终极目标，具有个人化的对象体系，在微观的人性节点上面建立起宏观全息演进的单位基础。

② 多方向全方位的组织实施方式。语义网的目标仍然是停留于人类之外的一个整体结构，不能够推荐基于个体的网络与个人的融合。全息网的最大特征是人类历史空前的一次知识协同，这是一种涵盖网上和网下、宏观和微观、技术和人性、标准与模式、关系和内容等的全范围的组织实施。

③ 网络和现实兼顾的目标。全息搜索理论本质上是一种人类化的因特网思想，以人类的利益、方便、安全、未来为出发点，而不是以机器、网络的利益和未来为出发点。

④ 知识解决机制的前景。语义网企图以计算机智能的强大来支持人类的知识进步，企图建立覆盖全网的运行机制及其"网脑"，无法纠正现有的互联网设计思路导致的人类的思维懒惰。全息网建立起全息化的个人基础，进而构建社会化的全息智慧，最终有利于形成具有广泛个人基础的知识解决机制。

⑤ 技术和人性双重主导。语义网继续信奉先加强技术再服务人类，加强技术使因特网更加强大。全息网是以知识的自由来实现像语义网那样，以技术机器和因特网的自由来实现人类的自由。

⑥ 社会价值。语义网受到商业局限，以资本为导向推进因特网进化，其中存在着推动力不整体、不完全、不透明、不逻辑、不经济等方面的缺陷，也存在着推动结果不安全、不连续、不和谐、不平衡、不稳定、不效率等方面的缺陷。全息网思维起点从一开始就是社会性和人类性的，它注定是一种社会价值的因特网。

4. 全息网站的表现形式

首先，全息网站是具有人性、智商、对话的窗口、路径和环境，形成网站的虚拟人格。

其次，全息网站入口由两部分构成：一是登录以获得接受个性化服务的前提；二是非个性化的普遍信息，比如广告、统计数据、公告、热点等，在入口只体现非个性化的服务构成。

第三，全息网站的简单界面是以背后的强大后台为后盾的，网站减少对于网站形式的干预，而去致力于更好地提供针对用户的个性化服务。

第四，全息网站将网站的结构、内容、功能、信息、形式的决定权和选择权归还用户。

第五，全息网站必须充当用户的咨询师、顾问、朋友、引路人、心灵伙伴等角色。

第六，全息网站可以根据用户个性设计出整合的备选方案，用户连手工独立完成组合的工作量都可以节省，他只需要在几种设计模式中选择一个为修改和微调的方案即可。

第七，全息网站背后的全息既包括内容、信息、关系等，还包括派生的虚拟真实、虚拟交易、虚拟活动等强烈的运动性内涵，目标是通过形成针对每个人的不同服务，让他们更自由地参与群体和社会活动。

第八，全息网站对于浅表性的流通、传播、内容、语言的放弃，是围绕个人运用和运算而进行一系列网站运动后得出的输出结果，可以让用户提前进入未来，获得美妙感受，又可以让游侠控制商业秘密。

第九，全息网站本质上是个人与网站进行对话的记录形态，仿真的、有生命的、有活力和情感的网站角色将代替传统的网站，增加对于用户端的需求和个人化差异的思考，这将造就因特网智能的某种更加安全分散的表现形态。

第十，全息网站意味着网站不再仅仅是个内容和关系的仓库，它将变革成为具有运算中心的技术机器，原有的个人对于数据库的存取增加了网站善意的干预。

5. 全息搜索模式

（1）定位全息搜索

定位全息搜索是以搜索主体的动态行为为目的的一种功能搜索，"定位"的重要性甚至高于搜索，在"定位"体系中，既要搭建良好的"约定"搜索基础，也要搭建良好的"被搜索的权力"体系，更要搭建将全息空间视为面向未来的公共空间的基础认识，进而建设社会化的全息监督体制，以控制知识和人性的矛盾，控制知识过度进步和全息权力集中控制的潜在风险。

（2）无动机全息搜索

在全息的无动机搜索中，大量搜索行为被置入公共可控制的框架和模式之中，以被监控和全面平等共享搜索权力和搜索利益的原则被用于人类社会公共知识的秩序重建。无动机搜索是一种满足公共利益的搜索，在这种指导思想之下，现有的搜索权力和搜索资源将面临来自社会公众的非商业力量的分享，搜索的利益版图中将锲入全人类的宏观利益。

（3）全息搜索的生活路线

全息搜索的生活路线是以不同群体的生活细节、消费分类、价值取向、教育文化背景等方面的特征，结合地域、时间、质量、品牌、个性化定制等具体细节，通过与现实的供应商紧密合作建立模式开放而又数据封闭的生活信息系统，提供一种无路径、不可视、模糊非理性的网站结构。

（4）循环的全息搜索

循环的全息搜索是在不同的"个体—整体""局部—全部"的对立统一系统中，发现和挖掘联系规律，建设起不同的全息搜索模型，其中的循环性体现为不仅仅搜索个体向整体的作用和联系，更要搜索整体之于个体的作用和联系，在循环往复中实现搜索目标。

6. 全息因特网正在孕育之中

随着用户喜好、搜索行为数据库、搜索数据库的不断壮大以及人性化搜索、模糊搜索、社区搜索、关系搜索、系统搜索等全息技术的日益成熟，基于内容和关系的全息联系正通过因特网逐步浮出水面，基于全息联系的无轨迹、精确匹配、模糊动机、面向"A""B"极知识的全息服务模式的创新潮流一触即发。无论是以时间为维度的即时关系内容机制，还是以特定领域为维度的垂直关系内容机制，都是全息化搜索的内容机制的生动形式，这个领域的创新和探索空间非常大。

2.2　因特网新协议——IPv6

IPv6 是 IP 版本 6，是拥有巨大网址数量和高安全性能等特点的因特网新协议，是解决制约因特网发展瓶颈问题的重要途径，因此被称为新一代因特网的基础和灵魂。

2.2.1 IPv4 的局限性

IPv4 的局限性主要表现在以下 4 个方面。

① IPv4 地址资源的匮乏。随着因特网用户数量的雪崩式增长，IPv4 的 32 位地址空间开始显得不足，可用地址数变得非常紧张。

② IPv4 的地址结构不合理，庞大的路由表使路由器的负担沉重，网管越来越困难。

③ IPv4 安全性差。IPv4 的数据在网络上传播几乎是裸露的，只能通过高层协议或应用程序加密处理。

④ IPv4 缺乏 QoS 机制，不能很好地为实时交互、多媒体数据流提供良好的服务。

2.2.2 IPv6 的新特性分析

IPv6 继承了 IPv4 的优点，对 IPv4 进行了改进，并增加了一些新的特性。这些新特性大大改善了网络的传输性能。IPv6 的新特性主要有以下几个方面。

1. 128 位灵活的地址空间

IPv6 地址空间由 IPv4 的 32 位扩大到 128 位。这样 IPv6 的地址最大为 2^{128}（约 3.4×10^{38}）个，平均到地球表面上来说，每平方米将获得约 6.5×10^{23} 个地址。这样，未来的每一种家电、用具、终端、设备、感应器、生产流程都可以拥有自己的 IP 地址。

2. 层次化的地址结构

IPv6 支持层次化的地址结构，按照不同的地址前缀来划分，以利于骨干网路由器对数据包的快速转发。IPv6 定义了三种不同的地址类型，分别为单点传送地址（Unicast Address）、多点传送地址（Multicast Address）和任意点传送地址（Anycast Address）。所有类型的 IPv6 地址都是属于接口而不是节点。一个 IPv6 单点传送地址被赋给某一个接口，而一个接口又只能属于某一个特定的节点，因此一个节点的任意一个接口的单点传送地址都可以用来标识该节点。

3. 简化的 IPv6 数据头标（Header）

尽管 IPv6 的地址位数是 IPv4 的 4 倍，但头标位数只有 IPv4 头标的 2 倍。因为 IPv6 基本头标只携带报文传送过程中必要的控制信息，信息域从 IPv4 固定的 12 个减少为 8 个。头标的简洁使报文在传输过程中各个节点的处理速度大为提高。

4. 简化的报头和灵活的扩展

IPv6 对数据报头做了简化，以减少处理器开销并节省网络带宽。IPv6 的报头由一个基本报头和多个扩展报头（Extension Header）构成，基本报头具有固定的长度（40 字节），放置所有路由器都需要处理的信息。由于因特网上的绝大部分包都只是被路由器简单的转发，因此固定的报头长度有助于加快路由选择速度。IPv4 的报头有 15 个域，而 IPv6 的只有 8 个域，固定 40 个字节。这就使得路由器在处理 IPv6 报头时显得更为轻松。与此同时，IPv6 还定义了多种扩展报头，这使 IPv6 变得极其灵活，能提供对多种应用的强力支持，同时又为以后支持新的应用提供了可能。这些报头被放置在 IPv6 报头和上层报头之间，每一个可以通过独特的"下一报头"的值来确认。除了逐个路程段选项报头（它携带了在传输路径上每一个节点都必须进行处理的信息）外，扩展报头只有在它到达在 IPv6 的报头中所指定的目标节点时才会得到处理（当多点播送时，则是所规定的每一个目标节点）。在那里，在 IPv6 的下一报头域中所使用的标准的解码方法调用相应的模块去处理第一个扩展报头（如果没有扩展报头，则处理上层报头）。每一个扩展报头的内容和语义决定了是否去处理下一个报头。因此，扩展报头必须按照它们在包中出现的次序依次处理。一个完整的 IPv6 的实现包括下面这些扩展报头的实现：逐个路程段选项报头、目的选项报头、路由报头、分段报头、身份认证报头、有效载荷安全封装报头、最终目的报头。

5. 服务质量（QoS）保证

IPv6 报文的基本头标中的"优先级"和"流标识"两个域都是对 QoS 进行控制的。IPv6 的流标识可以在"流"信息传输的过程中使中间的一系列路由器对这些数据报做特殊处理。这种能力对支持需要固定吞吐量、开销、带宽、时延和抖动的应用非常重要，诸如多媒体应用中的视频点播、实时转播以及其他的实时交互。优先级是控制 QoS 的另一手段。4bit 长的优先级域使源地址能指定所发数据报的传送优先级。

6. 即插即用的连网方式

IPv6 把自动将 IP 地址分配给用户的功能作为标准功能。只要机器一连接上网络便可自动设定地址。它有两个优点：一是最终用户用不着花精力进行地址设定；二是可以大大减轻网络管理者的负担。IPv6 有两种自动设定功能：一种是和 IPv4 自动设定功能一样的名为"全状态自动设定"功能；另一种是"无状态自动设定"功能。

7. 提供了较完备的安全机制

广义的安全机制包括安全验证（authentication）和保密机制（confidentiality capabilities）两部分。IPv6 主要有 3 个方面的安全机制，即数据包确认、数据报的保密和数据报的完整，安全功能具体在其扩展数据报中实现。IPv6 的认证头标（AH，Authentication Header）主要提供密码验证和证明数据报是否完整无误，默认时采用消息摘录算法（MDA，Message Digest Algorithm）进行验证。

为保证数据的安全，采用封装安全载荷（ESP，Encapsulating Security Payload）的扩展数据头标。IP 定义了两种模式的 ESP：隧道模式（tunnel mode）和传输模式（transport mode）。在隧道模式中，数据发送端首先将其要发送的 IP 数据流进行加密压缩，转换后的密文称为 ESP 帧，然后将加密的 ESP 帧放入一个开放（unencrypted）的报文中，最后从发送端发送到接收端。在传输模式中，ESP 只能包含加密传输层协议的数据报文（例如 TCP、用户数据报协议（UDP，User Datagram Protocol）、因特网控制报文协议（ICMP，Internet Control Messages Protocol）。与隧道模式相比，传输模式更节省数据传输带宽。在网络中的每个合法设备中都需要具备统一的加密算法。

8. IPv4 和 IPv6 的比较

表 2-1 对 IPv4 和 IPv6 作了综合的比较。

表 2-1	IPv4 和 IPv6 的主要差别
IPv4	IPv6
地址长度 32 位	地址长度 128 位
IP 安全协议（IPSec，IP Security Protocol）为可选扩展协议	IPSec 成为 IPv6 的组成部分，对 IPSec 的支持是必须的
包头中没有支持 QoS 的数据流识别项	包头中的流标识字段提供数据流识别功能，支持不同 QoS 要求
由路由器和发送主机两者完成分段	路由器不再分段，分段仅由发送主机进行
包头包括完整性校验和	包头中不包括完整性校验和
包头中包含可选项	所有可选内容全部移至扩展包头中
ARP 使用广播 ARP 请求帧对 IPv4 地址进行解析	多播邻居请求报文替代了 ARP 请求帧
因特网组管理协议（IGMP，Internet Group Management Protocol）管理本地子网成员	由多播监听发现（MLD，Multicast Listener Discovery）报文替代 IGMP 管理本地子网
ICMP 路由器发现为可选协议，用于确定最佳默认网关的 IPv4 地址	IPv6 控制信息报文（ICMPv6，ICMP for IPv6）路由器请求和路由器发布报文为必选协议
使用广播地址发送数据流至子网所有节点	IPv6 不再有广播地址，而是使用面向链路局部范围内所有节点的多播地址
地址配置方式为手工操作或通过动态主机配置协议（DHCP，Dynamic Host Configuration Protocol）进行	地址自动配置
在 DNS 中，IPv4 主机名称与地址的映射使用 A 资源记录类型来建立	IPv6 主机名称与地址的映射使用新的 AAAA 资源记录类型来建立
IN-ADDR.ARPA 域提供 IPv4 地址-主机名解析服务	IP6.INT 域提供 IPv6 的地址—主机名解析服务
支持 576 字节数据包（可能经过分段）	支持 1 280 字节数据包（不分段）

2.2.3 IPv6 的应用

IPv6 通过自动识别机能、无限多的地址、网络安全设置，能对每个终端（包括无线终端）、每个家电、每个生产流程、每个感应器都进行 IP 全球化管理。可以说，在以 IPv6 为核心技术的下一代网络上，可以实现现有 IPv4 网络所提供的全部通信业务。更重要的是，IPv6 所提供的巨大的地址空间以及所具有的诸多优势和功能，使其提供语音、数据、视频融合的高品质、多样化通信服务的 NGN 的实现成为可能。那时，从移动终端、汽车到自动售货机、报警系统、照相机乃至钥匙环和其他各种各样的产品都可以实时在线，一个个信息孤岛最终将连成强大的网络，人们也将在以下 3 方面获得全新的通信服务体验。

1. 端到端实时通信

端到端实时通信服务主要包括应用服务提供与综合话音和数据业务，其中应用服务提供主要有应用软件的递送和支持、电子商务服务两种；综合话音和数据业务是指把话音和数据综合在一起的能力，包括 Web 使用的呼叫中心、统一消息和多媒体会议。

2. 移动互联

IPv6 与移动通信的结合形成移动因特网，人们能够随时随地以在线方式选购商品或服务并为之付款；也可以使用移动设备查询飞机的航班、风景点的简要情况，查找地图以及要参观的地方；人们还能够找到距离最近的餐馆；如果是平时驾车外出，安装在汽车里的无线设施将提供实时定位技术，同时也起到导航和安全保护的作用。

此外，在不远的未来，家电厂商们将开发出新一代信息家电，除了计算机之外，还可给电视机、冰箱、微波炉、空调、洗衣机等家用电器分配 IP 地址，以利于它们与因特网的连接。当信息家电与因特网连接后，人们不在家也可以操作家中的空调、冰箱等。

3. 宽带网络

使用 IPv6 可以从根本上优化路由器的传输效率，使得目前的各种宽带传输技术迈上一个新的台阶。到那时，困扰中国网民很久的网络速度问题将被彻底解决，人们可以舒舒服服地待在家里，享受超高速网络所带来的欢乐。信息家电连上光纤后，更可直接以交互方式收看电影、收听音乐和广播。股民即使在家中，也能通过光纤网络和证券公司等金融机构的业务员在电视上交谈，同时进行交易。

IPv6 可开发多种多样的应用，可以带来更多的商机、更大的市场，许多今天还无法想象的服务将带给人们更大的灵活性，更多的方便和自由。

IPv6 技术给网络生活、应用、安全、服务等各个方面带来了改进的契机，下一代因特网的不断发展，将带动一条大的产业链共同发展，催生新的行业。

① 新一代的网络基础设备，如支持 IPv6 的路由器、光通信设备。

② 新一代的智能网络终端，如智能手机、PDA、摄像设备。

③ 新一代智能家电，如智能家用电器、智能家用监控。

④ 新型的工业传感、检测和控制设备，如智能生产流水线和物流系统、智能交通等。

⑤ 兼容 IPv6 的软件，如支持 IPv6 的系统软件、IPv6 的综合支持系统、基于 IPv6 的系统平台、P2P 游戏。

⑥ 革命性的巨型计算系统，如基于网格的气象计算、突发事件处理系统。

⑦ 新一代的网络服务提供商，如流媒体服务、P2P 游戏服务等。

⑧ 新的系统集成服务。

⑨ IPv6 芯片制造，如无线 IPv6 芯片、IPv6 视频芯片等。

2.2.4 IPv6 的数据头标格式

1. IPv4 和 IPv6 数据头标格式的比较

IPv4 和 IPv6 的数据头标格式如表 2-2 和表 2-3 所示。

表 2-2   **IPv4 报文的基本头标**

版本号（4bit）	头标长度（4bit）	服务类型（8bit）	总长（16bit）	
标识（16bit）			分片标识（4bit）	分片偏移（12bit）
生存时间（8bit）		协议（8bit）	报文头标校验和（16bit）	
源地址（32bit）				
目的地址（32bit）				
可选项＋填充字节（32bit）				

表 2-3

表 2-3   **IPv6 报文的基本头标**

版本号（4bit）	优先级（4bit）	流标识（24bit）		
净负荷长度（16bit）			下一报文头标（8bit）	跳限（8bit）
源地址（128bit）				
目的地址（128bit）				

IPv4 与 IPv6 数据报头格式的比较如表 2-4 所示。

表 2-4   **IPv4 与 IPv6 数据报头格式比对表**

IPv4 数据报头项	作 用	IPv6 数据报头项	作 用
版本（Version）	协议版本号，IPv4 规定该字段值设置为 4	版本（Version）	IPv6 中规定该字段值为 6
头标长度（Header length）	32 位/字的数据报头长度	优先级（Priority）	当该字段为 0～7 时，表示在阻塞发生时允许进行延时处理，值越大优先级越高。当该字段为 8～15 时表示处理以固定速率传输的实时业务，值越大优先级越高
服务类型（Type of service）	指定优先级、可靠性及延迟参数		
分组总长（Total length）	标识 IPv4 总的数据报长度	流标识（Flow label）	路由器根据流标识的值在连接前采取不同的策略
标识符（Fragment identification）	表示协议、源和目的地址特征	净负荷长度（Payload length）	指扣除报头后的净负载长度
分片标识（Flags）	包括附加标志	下一报文头标（The next header）	如果该数据有附加的扩展头，则该字段标识紧跟的下一个扩展头；若无，则标识传输层协议种类，如 UDP（17）、TCP(6)
分段偏移量（Flagment offset）	分段偏移量（以 64 位为单位）		
生存时间（Time to live）	允许跨越的网络节点或 gateway 的数目	跳限（Hop limit）	即转发上限，该字段是防止数据报传输过程中无休止的循环下去而设定的。该项首先被初始化，然后每经过一个路由器该值就减一，当减为零时仍未到达目的端时就丢弃该数据报
用户协议（Protocolid）	请求 IP 的协议层		
报文头标校验和（Header checksum）	只适应于报头		
源地址（Source address）	8 位网络地址，24 位网内主机地址，共 32 位	源地址（Source address）	发送方 IP 地址，128 位
目的地址（Destination address）	8 位网络地址，24 位网内主机地址，共 32 位	目的地址（Destination address）	接收方 IP 地址，128 位
选择项（Options）	鉴定额外的业务		
填充区（Padding）	确保报头的长度为 32 位的整数倍		

2. IPv6 数据头标的简要说明

下面对 IPv6 数据头标的各项进行简单介绍。

（1）版本号

版本号是 IPv6 的版本号，在所有 IPv6 头标中，该字段的值为 6，即 IP 版本 6。

（2）优先级

在 IPv6 优先级域中首先要区分两大业务量（traffic）：即受拥塞控制（congestioncontrolled）业务量和不受拥塞控制的（noncongestion-controlled）业务量。

在 IPv6 规范中 0～7 级的优先级为受拥塞控制的业务量保留，这种业务量的最低优先级为 1，因特网控制用的业务量的优先级为 7。不受拥塞控制的业务量是指当网络拥塞时不能进行速率调整的业务量。对时延要求很严的实时话音即是这类业务量的一个示例。在 IPv6 中将其值为 8～15 的优先级分配给这种类型的业务量，如表 2-5 所示。

表 2-5   **IPv6 优先级域分配情况**

优 先 级 别	业 务 类 型	注 意 事 项
0	无特殊优先级	
1	背景（Background）业务量（如网络新闻）	
2	零散数据传送（如电子邮件）	在受拥塞控制的业务量和实时业务量（即不受拥塞控制的业务量）之间不存在相对的优先级顺序。例如高质量的图像分组的优先级取 8，SNMP 分组的优先级取 7，决不会使图像分组优先
3	保留	
4	连续批量传送（如 FTP、网络文件系统（NFS））	
5	保留	
6	会话型业务量（如 Telnet 及窗口系统）	
7	因特网控制业务量（如寻路协议及 SNMP）	
8～15	不受拥塞控制业务量（如实时语音业务等）	

（3）流标识

一个流由其源地址、目的地址和流序号来命名。在 IPv6 规范中规定"流"是指从某个源点向（单播或多播的）信宿发送的分组群中，源点要求中间路由器作特殊处理的那些分组。也就是说，流是指源点、信宿和流标记三者分别相同的分组的集合。任何的流标记都不得在此路由器中保持 6s 以上。此路由器在 6s 之后必须删除高速缓存（cache）中登录项，当该流的下一个分组出现时，此登录项被重新学习。并非所有的分组都属于流。实际上从 IPv4 向 IPv6 的过渡期间大部分的分组不属于特定的流。例如，简单邮件传输协议（SMTP，Simple Mail Transfer Protocol）、文件传送协议（FTP，File Transfer Protocol）以及 WWW 浏览器等传统的应用均可生成分组。这些程序原本是为了 IPv4 而设计的，在过渡期为使 IPv4 地址和 IPv6 地址都能处理而进行了改进，但不能处理在 IPv4 中不存在的流。在这分组中应置入由 24 位 0 组成的空流标记。

（4）净负荷长度

有效载荷长度域指示 IP 基本头标以后的 IP 数据报剩余部分的长度，单位是字节。此域占 16 位，因而 IP 数据报通常应在 65 535 字节以内。IPv6 报头的长度说明和 IPv4 有很大的不同。其一，IPv6 基本报头的长度固定为 40B，固不再需要单独对其长度作专门说明，所以就节约了类似 IPv4 中的头标长度这样一个字段。其二，净负荷长度是指包括扩展头和上层协议数据单元（PDU，Protocol Data Unit）的部分，不含基本报头。其中 PDU 是由传输头及其负载（如 ICMPv6 消息或 UDP 消息等）构成。但如果使用 Hop-by-Hop 选项扩展头标的特大净荷选项，就能传送更大的数据报。利用此选项时净荷长度置 0。

（5）下一报文头标

下一个头标用来标识数据报中的基本 IP 头标的下一个头标。该头标指示选项的 IP 头标和上层协议。表 2-6 列出了主要的下一个头标值，其中一些值是用来标识扩展头标的。

表 2-6   **IPv6 数据头标下一个头标域分配情况**

下一个头标号	0	4	6	17	43	44	45	46	50	51	58	59	60
代表含义	中继点选项头标	IP	TCP	UDP	寻路头标	报片头标	IDRP	RSVP	封装化安全净荷	认证头标	ICMP	无下一个头标	信宿选项头标

（6）跳限

跳限为 8 位无符号整数，IPv6 用分组在路由器之间的转发次数来限制分组的生命周期，分组每经一次转发，该字段减 1，减到 0 时就把这个分组丢弃。跳限决定了能够将分组传送到多远。使用跳限有两个目的，第一是防止寻路发生闭环（loop）。因为 IP 不能纠正路由器的错误信息，故无法使此数据报到达信宿。在 IP 中可以利用跳限来防止数据报陷入寻路的死循环中。跳限还用于其他目的，主机利用它在网内进行检索。PC 要向其中一个服务器发送数据报，发向哪个都行。为了减轻网络负荷，PC 希望搜索到离它最近的服务器。

（7）源地址和目的地址

基本 IP 头标中最后 2 个域是信源地址和目的地址。它们各占 128 位。在此域中置入数据报最初的源地址和最后的目的地址。

（8）IP 扩展头标

IPv4 头标中存在可变长度的选项，利用它可以处理具有指定路径控制、路径记录、时间标记（time stamp）和安全等选项的特殊分组。但因这种分组会影响网络的性能，故选项逐渐被废弃。IPv6 中规定了使用扩展头标（extention header）的特殊处理。扩展头标加在 IP 分组的基本头标之后。IPv6（extention header）规范中定义了若干种不同的扩展头标。它们由下一个头标域的值来标识。每种头部都是可选的，但一旦有多于一种头部出现时，它们必须紧跟在固有头部之后，并且最好按下列次序排序。

目前，IPv6 建议了如下可选的扩展项。

① 逐项选项头（Hop-by-Hop Option Header）：定义了途经路由器所需检验的信息。

② 目的选项头：含目的站点处理的可选信息。

③ 路由选项头（Routing）：提供了到达目的地所必须经过的中间路由器。

④ 分段（Fragmentation）头：IPv6 对分段的处理类似于 IPv4，该字段包括数据报标识符、段号以及是否终止标识符。

⑤ 认证（Authentication）头：该字段保证了目的端对源端的身份验证。

⑥ 加载安全负载（Security encrypted payload）头：该字段对负载进行加密，以防止数据在传输过程中发生信息泄露。

2.2.5 IPv6 中的地址

1. IPv6 的地址表示

IPv4 地址表示为点分十进制格式，32 位的地址分成 4 个 8 位分组，每个 8 位写成十进制，中间用点号分隔。而 IPv6 的 128 位地址则是以 16 位为一分组，每个 16 位分组写成 4 个十六进制数，中间用冒号分隔，称为冒号分十六进制格式。

下面看一个以二进制形式表示的 IPv6 地址，该 128 位地址以 16 位为一分组可表示为：

0010000111011010 0000000011010011 0000000000000000 0010111100111011

0000001010101010 0000000011111111 1111111000101000 1001110001011010

每个 16 位分组转换成十六进制并以冒号分隔：

21DA:00D3:0000:2F3B:02AA:00FF:FE28:9C5A

这是一个完整的 IPv6 地址。IPv6 地址表示有以下几种特殊情形。

① IPv6 可以将每 4 个十六进制数字中的前导零位去除做简化表示，但每个分组必须至少保留一位数字。去除前导零位后，上述地址可写成：

21DA:D3:0:2F3B:2AA:FF:FE28:9C5A

② 某些地址中可能包含很长的零序列，为进一步简化表示法，还可以将冒号十六进制格式中相邻的连续零位合并，用双冒号"::"表示。"::"符号在一个地址中只能出现一次，该符号也能用来压缩地址中前部和尾部的相邻的连续零位。例如地址 1080:0:0:0:8:800：200C:417A、0:0:0:0:0:0:0:1、0:0:0:0:0:0:0:0 分别可表示为压缩格式 1080::8:800：200C:417A、::1、:: 。

③ 在 IPv4 和 IPv6 混合环境中，有时更适合采用另一种表示形式：x:x:x:x:x:x:d.d.d.d，其中 x 是地址中 6 个高阶 16 位分组的十六进制值，d 是地址中 4 个低阶 8 位分组的十进制值（标准 IPv4 表示）。例如地址 0:0:0:0:0:0:13.1.68.3、0:0:0:0:0:FFFF:129.144.52.38 写成压缩形式为::13.1.68.3、::FFFF：129.144.52.38。

④ 要在一个 URL 中使用文本 IPv6 地址，文本地址应该用符号"["和"]"来封闭。例如文本 IPv6 地址 FEDC:BA98:7654:3210:FEDC:BA98:7654:3210 写作 URL 示例为 http://[FEDC:BA98:7654:3210:FEDC:BA98:7654:3210]:80/index.html。

2. IPv6 地址空间的分配

IPv6 地址的前几位指定了地址类型，包含前几位的变量长度域叫做格式前缀。这些前缀的分配状况如表 2-7 所示。

表 2-7　　　　　　　　　　　　　　　**IPv6 地址空间的分配**

分 配 状 况	格 式 前 缀	占寻址空间的比例	分 配 状 况	格 式 前 缀	占寻址空间的比例
保留	0000 0000	1/256	未分配	101	1/8
未分配	0000 0001	1/256	未分配	110	1/8
预留给 NSAP 分配	0000 001	1/128	未分配	1110	1/16
未分配	0000 010	1/128	未分配	1111 0	1/32
未分配	0000 011	1/128	未分配	1111 10	1/64
未分配	0000 1	1/32	未分配	1111 110	1/128
未分配	0001	1/16	未分配	1111 1110 0	1/512
可聚集全球单点传送地址	001	1/8	链路本地单点传送地址	1111 1110 10	1/1 024

分 配 状 况	格 式 前 缀	占寻址空间的比例	分 配 状 况	格 式 前 缀	占寻址空间的比例
未分配	010	1/8	节点本地单点传送地址	1111 1110 11	1/1 024
未分配	011	1/8	多点传送地址	1111 1111	1/256
未分配	100	1/8			

IPv6 的单点传送地址包括可聚集全球单点传送地址、链路本地单点传送地址、节点本地单点传送地址，共计占 IPv6 寻址总空间的 15%。

3. IPv6 的地址类型

IPv6 地址是独立接口的标识符，所有的 IPv6 地址都被分配到接口，而非节点。由于每个接口都属于某个特定节点，因此节点的任意一个接口地址都可用来标识一个节点。IPv6 有如下 3 种类型的地址。

（1）单点传送（单播）地址

一个 IPv6 单点传送地址与单个接口相关联。发给单播地址的包传送到由该地址标识的单接口上。但是为了满足负载平衡系统的需要，在 RFC 2373 中允许多个接口使用同一地址，只要在实现中这些接口看起来形同一个接口。

（2）多点传送（多播）地址

一个多点传送地址标识多个接口。发给多播地址的包传送到该地址标识的所有接口上。IPv6 不再定义广播地址，其功能可由多播地址替代。

（3）任意点传送（任播）地址

任意点传送地址标识一组接口（通常属于不同的节点），发送给任播地址的包传送到该地址标识的一组接口中，再根据路由算法度量距离为最近的一个接口。如果说多点传送地址适用于 one-to-many 的通信场合，接收方为多个接口的话，那么任意点传送地址则适用于 one-to-one-of-many 的通信场合，接收方是一组接口中的任意一个。

4. IPv6 单点传送地址

IPv6 单点传送地址包括可聚集全球单点传送地址、链路本地地址、站点本地地址和其他一些特殊的单点传送地址。

（1）可聚集全球单点传送地址

可聚集全球单点传送地址顾名思义是可以在全球范围内进行路由转发的地址，格式前缀为 001，相当于 IPv4 公共地址。全球地址的设计有助于构架一个基于层次的路由基础设施。与目前 IPv4 所采用的平面与层次混合型路由选择机制不同，IPv6 支持更高效的层次寻址和路由选择机制。可聚集全球单点传送地址的结构如图 2-9 所示。

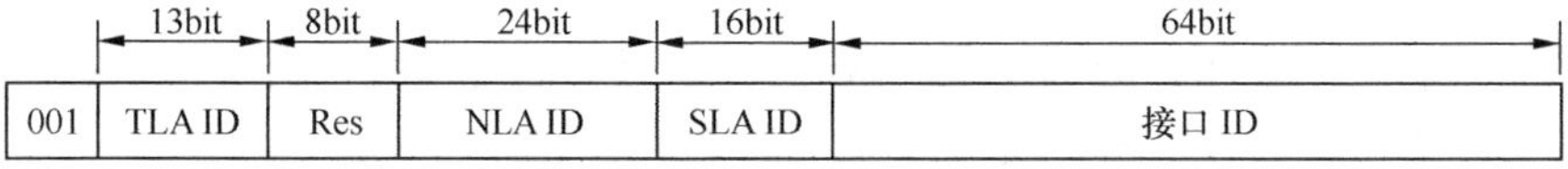

	13bit	8bit	24bit	16bit	64bit
001	TLA ID	Res	NLA ID	SLA ID	接口 ID

图 2-9 可聚集全球单点传送地址

001 是格式前缀，用于区别其他地址类型。随后分别是 13 位的 TLA ID、8 位的 Res、24 位的 NLA ID、16 位的 SLA ID 和 64 位的主机接口 ID。顶级聚合体（TLA，Top Level Aggregator）、下级聚合体（NLA，Next Level Aggregator）和节点级聚合体（SLA，Site Level Aggregator）构成了自顶向下排列的三个网络层次。TLA 是与长途服务供应商和电话公司相互连接的公共骨干网络接入点，其 ID 的分配由国际因特网注册机构 IANA 严格管理。NLA 通常是大型因特网服务提供者（ISP，Internet Service Provider），它从 TLA 处申请获得地址，并为 SLA 分配地址。SLA 也可称为订户（subscriber），可以是一个机构或一个小型 ISP。SLA 负责为属于它的订户分配地址。SLA 通常为其订户分配由连续地址组成的地址块，以便这些机构可以建立自己的地址层次结构以识别不同的子网。分层结构的最底层是网络主机。Res 是 8 位保留位，以备将来 TLA 或 NLA 扩充之用。

（2）本地使用单点传送地址

本地单点传送地址的传送范围限于本地，又分为链路本地地址和站点本地地址两类，分别适用于单条链路和一个站点内。

① 链路本地地址。链路本地地址的格式前缀为 1111 1110 10，用于同一链路的相邻节点间通信，如单条链路上没有路由器时主机间的通信。链路本地地址相当于当前在 Windows 下使用 169.254.0.0/16 前缀的 APIPA IPv4 地址，其有效域仅限于本地链路。链路本地地址可用于邻居发现，且总是自动配置的，包含链路本地地址的包永远也不会被 IPv6 路由器转发。

② 站点本地地址。站点本地地址的格式前缀为 1111 1110 11，相当于 10.0.0.0/8、172.16.0.0/12 和 192.168.0.0/16 等 IPv4 私用地址空间。例如企业专用 Intranet，如果没有连接到 IPv6 因特网上，那么在企业站点内部可以使用站点本地地址，其有效域限于一个站点内部，站点本地地址不可被其他站点访问，同时含此类地址的包也不会被路由器转发到站外。一个站点通常是位于同一地理位置的机构网络或子网。与链路本地地址不同的是，站点本地地址不是自动配置的，而必须使用无状态或全状态地址配置服务。

站点本地地址允许和因特网不相连的企业构造企业专用网络，而不需要申请一个全球地址空间的地址前缀。如果该企业日后要连入因特网，它可以用它的子网 ID 和接口 ID 与一个全球前缀组合成一个全球地址。IPv6 自动进行重编号。

（3）兼容性地址

在 IPv4 向 IPv6 的迁移过渡期，两类地址并存，我们还将看到一些特殊的地址类型。

① IPv4 兼容地址。IPv4 兼容地址可表示为 0:0:0:0:0:0:w.x.y.z 或::w.x.y.z（w.x.y.z 是以点分十进制表示的 IPv4 地址），用于具有 IPv4 和 IPv6 两种协议的节点使用 IPv6 进行通信。

② IPv4 映射地址。IPv4 映射地址是又一种内嵌 IPv4 地址的 IPv6 地址，可表示为 0:0:0:0:0:0:FFFF:w.x. y.z 或::FFFF:w.x.y.z。这种地址被用来表示仅支持 IPv4 地址的节点。

③ 6to4 地址。6to4 地址用于具有 IPv4 和 IPv6 两种协议的节点在 IPv4 路由架构中进行通信。6to4 是通过 IPv4 路由方式在主机和路由器之间传递 IPv6 分组的动态隧道技术。

5．IPv6 多点传送地址

IPv6 的多点传送（多播）与 IPv4 运作相同。多点传送可以将数据传输给组内所有成员。组的成员是动态的，成员可以在任何时间加入一个组或退出一个组。

IPv6 多点传送地址格式前缀为 1111 1111，此外还包括标志（Flags）、范围域（Scope）

和组 ID（Group ID）等字段，如图 2-10 所示。

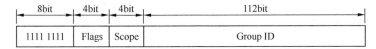

图 2-10 IPv6 多点传送地址

4 位 Flags 可表示为 000T，其中高 3 位保留，必须初始化成 0。T=0 表示一个被 IANA 永久分配的多点传送地址；T=1 表示一个临时的多点传送地址。4 位 Scope 是一个多点传送范围域，用来限制多点传送的范围。表 2-8 列出了在 RFC 2373 中定义的 Scope 字段值。

表 2-8　　　　　　　　　　　IPv6 多播地址 Scope 分配情况

值	范 围 域	值	范 围 域	值	范 围 域	值	范 围 域
0	保留	4	未分配	8	机构本地范围	C	未分配
1	节点本地范围	5	站点本地范围	9	未分配	D	未分配
2	链路本地范围	6	未分配	A	未分配	E	全球范围
3	未分配	7	未分配	B	未分配	F	未分配

Group ID 标识一个给定范围内的多点传送组。永久分配的组 ID 独立于范围域，临时组 ID 仅与某个特定范围域相关。

6. IPv6 任意点传送地址

一个 IPv6 任意点传送地址被分配给一组接口（通常属于不同的节点）。发往任意点传送地址的包传送到该地址标识的一组接口中，再根据路由算法度量距离为最近的一个接口。目前，任意点传送地址仅被用做目标地址，且仅分配给路由器。任意点传送地址是从单点传送地址空间中分配的，使用了单点传送地址格式中的一种。

子网—路由器任意点传送地址必须经过预定义，该地址从子网前缀中产生。为构造一个子网—路由器任意点传送地址，子网前缀（Subnet Prefix）必须固定，余下的位数置为全"0"，如图 2-11 所示。

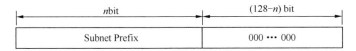

图 2-11 子网—路由器任意点传送地址

一个子网内的所有路由器接口均被分配该子网的子网—路由器任意点传送地址。子网—路由器任意点传送地址用于一组路由器中的一个与远程子网的通信。

7. IPv6 中的地址配置

当主机 IP 地址需要经常改动的时候，手工配置和管理静态 IP 地址是一件非常烦琐和困难的工作。在 IPv4 中，DHCP 可实现主机 IP 地址的自动设置。其工作过程大致如下：一个 DHCP 服务器拥有一个 IP 地址池，主机从 DHCP 服务器申请 IP 地址并获得有关的配置信息（如默认网关、域名服务器（DNS，Domain Name Server）等），由此达到自动设置主机 IP 地址的目的。IPv6 继承了 IPv4 的这种自动配置服务，并将其称为全状态自动配置。

除了全状态自动配置，IPv6 还采用了一种被称为无状态自动配置的自动配置服务。在无状态自动配置过程中，主机首先通过将它的网卡 MAC 地址附加在链接本地地址前缀 1111111010 之后，产生一个链接本地单点广播地址（IEEE 已经将网卡 MAC 地址由 48 位改为 64 位。如果主机采用的网卡的 MAC 地址依然是 48 位，那么 IPv6 网卡驱动程序会根据 IEEE 的一个公式将 48 位 MAC 地址转换为 64 位 MAC 地址）。接着主机向该地址发出一个被称为邻居探测的请求，以验证地址的唯一性。如果请求没有得到响应，则表明主机自我设置的链接本地单点广播地址是唯一的。否则，主机将使用一个随机产生的接口 ID 组成一个新的链接本地单点广播地址。然后，以该地址为源地址，主机向本地链接中所有路由器多点广播一个被称为路由器请求的数据包，路由器以一个包含一个可聚合全局单点广播地址前缀和其他相关配置信息的路由器公告来响应该请求。主机用它从路由器得到的全局地址前缀加上自己的接口 ID，自动配置全局地址就可以与因特网中的其他主机通信了。

使用无状态自动配置，无需手动干预就能够改变网络中所有主机的 IP 地址。例如，当企业更换了联入因特网的 ISP 时，将从新 ISP 处得到一个新的可聚合全局地址前缀。ISP 把这个地址前缀从它的路由器上传送到企业路由器上。由于企业路由器将周期性地向本地链接中的所有主机多点广播路由器公告，因此企业网络中所有主机都将通过路由器公告收到新的地址前缀，此后，它们就会自动产生新的 IP 地址并覆盖旧的 IP 地址。

2.2.6 移动 IPv6

移动 IPv6 是运行于 IPv6 网络中的移动通信协议，为用户提供可移动的 IP 数据服务，让用户可以在世界各地都使用同样的 IPv6 地址。

1996 年因特网工程任务组（IETF，Internet Engineering Task Force）公布了第一个移动 IPv6 草案，到 2004 年年初 IPv6 主机移动协议草案已经发展到了第 24 号版本，并于 2004 年 6 月发布的 RFC3775 成为第一个移动 IPv6 标准。移动 IPv6 利用 IPv6 自动配置、优化的报头和扩展选项，简化了主机移动协议的设计，解决了移动 IPv4 入口过滤、三角路由、网络优化等问题，并降低了网络开销，提高了工作性能。

1. 移动 IPv6 的组成

移动 IPv6 的组成如图 2-12 所示，各部分的概念概述如下。

① 移动节点（Mobile Node）指能够从一个链路的连接点移动到另一个连接点，同时仍能通过其归属地址被访问的节点。

② 归属代理（Home Agent）指移动节点归属链路上的一个路由器。当移动节点离开归属时，能截取其归属链路上的目的地址。移动节点归属地址的分组，通过隧道转发到移动节点注册的转交地址。

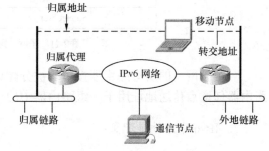

图 2-12　移动 IPv6 的组成

③ 通信节点（Correspondent Node）指所有与移动节点通信的节点，该节点不需要具备移动 IPv6 能力。

④ 归属地址（Home Address）指分配给移动节点的永久的 IP 地址，通过归属地址，移动节点一直可达，而不管它在 IPv6 网络中的位置如何。

⑤ 转交地址（Care Of Address）指移动节点访问外地链路时获得的 IP 地址。移动节点同时可得到多个转交地址，其中注册到归属代理的转交地址称为主转交地址。

⑥ 归属链路（Home Link）指产生移动节点的链路。

⑦ 外地链路（Foreign Link）指除了其归属链路之外的任何链路。

⑧ 绑定（Binding）指移动节点归属地址和转交地址之间的关联。

2. 移动 IPv6 与移动 IPv4 的比较

移动 IPv6 从移动 IPv4 中借鉴了许多概念和术语，例如 IPv6 中移动节点、归属代理，归属地址、归属链路、转交地址和外地链路等概念和移动 IPv4 中的几乎一样，但两者还是有差别的，具体比较如表 2-9 所示。

表 2-9　　　　　　　　　　　　移动 IPv4 与移动 IPv6 的概念比较

移动 IPv4 的概念	等效的移动 IPv6 的概念
移动节点、归属代理、归属链路、外地链路	相同
移动节点的归属地址	全球可选择路由的归属地址和链路局部地址
外地代理、外地转交地址	外地链路上的一个"纯" IPv6 路由器，没有外地代理，只有配置转交地址
配置转交地址，通过代理搜索、DHCP 或手工得到转交地址	通过主动地址自动配置、DHCP 或手工得到转交地址
代理搜索	路由器搜索
向归属代理的经过认证的注册	向归属代理和其他通信节点的带认证的通知
到移动节点的数据传送采用隧道	到移动节点的数据传送可采用隧道和源路由
由其他协议完成路由优化	集成了路由优化

3. 移动 IPv6 的基本工作原理

当移动节点在归属网段中时，它与通信节点之间按照传统的路由技术进行通信，不需要移动 IPv6 的介入。

当移动节点移动到外地链路时，其工作过程如图 2-13 所示，可用下面几点加以描述。

① 采用 IPv6 定义的地址自动配置方法得到外地链路上的转交地址。

② 移动节点将它的转交地址通知给归属代理。移动节点的转交地址和归属地址的映射关系称为一个"绑定"。移动节点通过绑定注册过程把自己的转交地址通知给位于归属网络的归属代理。

③ 如果可以保证操作时的安全性，移动节点也将它的转交地址通知几个通信节点。

④ 未知移动节点转交地址的通信节点送

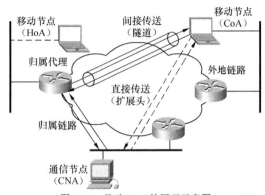

图 2-13　移动 IPv6 的原理示意图

出的数据包和移动 IPv4 一样选择路由，它们先路由到移动节点的本地网络，从那里归属代理再将它们经过隧道送到移动节点的转交地址。

⑤ 知道移动节点转交地址的通信节点送出的数据包可以利用 IPv6 选路报头直接送给移动节点，选路报头将移动节点的转交地址作为一个中间目的地址。

⑥ 在相反方向，移动节点送出的数据包采用特殊的机制被直接路由到它们的目的地。然而，当存在入口方向的过滤时，移动节点可以将数据包通过隧道送给归属代理，隧道的源地址为移动节点的转交地址。

4. 移动 IPv6 的关键过程

在移动 IPv6 的协议中，从三角路由到路由优化的通信过程包含了移动检测、获取转交地址、转交地址注册、隧道转发等机制和往返可路由等信令过程等。

（1）移动检测

移动检测分为二层移动检测和三层移动检测。不论二层移动检测用什么方法，移动 IPv6 中依靠路由通告来确定是否发生了三层移动。移动节点在归属网段时，在规定的时间间隔内能够周期性收到路由前缀通告；如果移动节点从归属网络移动到外地网络的时候，在规定的时间间隔内没有再收到归属网段的路由通告，则移动节点认为发生了网络层移动。

（2）获取转交地址

当移动节点监测到发生了网络切换时，就需要分配当前网段可达的转交地址。获得转交地址的方式可以是任何传统的 IPv6 地址分配方式，如无状态自动配置方式或者是有状态分配方式。最简单的方式之一就是无状态自动配置方式，利用所接收到外地网络的路由前缀，与移动节点的接口地址合成转交地址。

（3）转交地址注册

移动节点获得转交地址后需要将转交地址与归属地址的绑定关系分别通知给归属代理以及正在与移动节点通信的通信节点，这个过程分别称为归属代理注册以及通信节点注册。转交地址的注册主要通过绑定更新/确认消息来实现。

（4）隧道转发机制/三角路由

移动节点已经完成归属代理注册但是还没有向通信节点注册时，通信节点发往移动节点的数据在网络层仍然使用移动节点的归属地址。归属代理会截取这些数据包，并根据已知的移动节点转交地址与归属地址的绑定关系，通过 IPv6 in IPv6 隧道将数据包转发到移动节点。移动节点可以直接回复给通信节点。这个过程也叫做三角路由。

（5）往返可路由过程

往返可路由过程的主要目的在于保证通信节点接收到绑定更新的真实性和可靠性，由两个并发过程组成：归属测试过程和转交测试过程。

归属测试过程首先由移动节点发起归属测试初始化消息，通过隧道经由归属代理转发给通信节点，以此告知通信节点启动归属测试所需的工作。通信节点收到归属测试初始化消息后，会利用归属地址及两个随机数 Kcn 与 nonce，进行运算生成 home keygen token，然后会利用返回给移动节点的归属测试消息把 home keygen token 以及 nonce 索引号告诉移动节点。

转交测试首先是移动节点直接向通信节点发送转交测试初始化消息，通信节点会将消息中携带的转交地址与 ken 和 nonce 进行相应运算生成 care-of keygen token，然后在返回移动节点的转交测试信息中携带 care-of keygen token 以及 nonce 索引号。

移动节点利用 home keygen token 和 care-of keygen token 生成绑定管理密钥 Kbm，再利用 Kbm 和绑定更新消息进行相应运算生成验证码 1，携带在绑定更新消息中。通信节点收到绑定更新消息后利用 home keygen token，care-of keygen token 以及 nonce 数，与绑定消息进行相应运算，得出验证码 2。比较两个验证码，如果相同，通信节点就可以判断绑定消息真实可信；否则，将视为无效。

（6）动态归属代理地址发现过程

通常归属网络的前缀和归属代理的地址是固定的，但也可能因为故障或其他原因出现重新配置。当归属网络配置改变时，身在外地的移动节点需要依靠动态归属代理地址发现过程，发现归属代理的地址。这主要借助目的地为一个特殊 anycast 地址的 ICMP 特别消息。

图 2-14 所示为移动 IPv6 的过程。

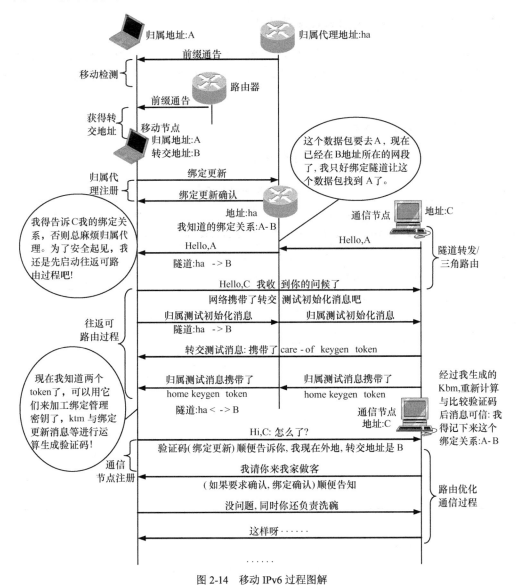

图 2-14　移动 IPv6 过程图解

5. 有待解决的问题

要真正实现全球范围内的移动网络，还需要完成以下几个方面的工作。

① 在协议的发展方面，还需要进一步完善以下几个协议：IPv6、移动 IPv6、IPSec、SCTP、Diameter（RADIUS 协议的升级版本）。

② 在协议的改进方面，需要研究服务质量，包括差分服务质量和端到端服务质量的支持；研究增强 TCP，以支持移动 IP。

③ 在移动本身方面，还需要解决认证、授权及计费（AAA, Authentication、Authorization、Accounting）的机制和服务、资源的有效管理、与无线通信技术的融合以及无缝切换等问题。

移动 IPv6 的前景诱人，但要实现全球范围的真正的移动网络，需要整个移动 IPv6 体系结构的协调。除了解决路由选择问题以外，整个移动 IPv6 体系的完善还有很多工作要做。

2.2.7 IPv6 试验和商用网络及其发展趋势

IPv6 标准颁布之后，全球有了实验床，一些大的电信公司也有了半商用网和商用网。示范网发展的总趋势是提供以国家乃至洲际为单位的纯 IPv6 连接。下面从三个方面来介绍 IPv6 网络的研究、使用和发展情况。

1. 国外 IPv6 网的发展现状

表 2-10 给出了国外 IPv6 试验和商用网络的主要信息。

表 2-10　　　　　　　　　　　　国外 IPv6 试验和商用网络

网络名称	区域	网络描述	网络名称	区域	网络描述
6Bone	全球	全球范围的 IPv6 研究与试验网	Japan Telecom	日本	商用 IPv6 网络
6REN	全球	全球范围的 IPv6 教育与科研网	Global Crossing	日本	商用 IPv6 网络
6INIT	欧洲	研究与试验网	KDDI	日本	商用 IPv6 网络
6NET	欧洲	大容量 IPv6 研究网络	JGN	日本	IPv6 研究与试验网
Euro6IX	欧洲	泛欧本地 IPv6 研发骨干网	NTT	日本	全球第一个商用 IPv6 网络
Eurov6	欧洲	IPv6 多厂商展示和测试台	IIJ	日本	商用 IPv6 网络
ANDOID	欧洲	IPv6 研究与试验网	Powered Com	日本	商用 IPv6 网络
Skanova	欧洲	欧洲第一个 IPv6 商用网络	RENATER 2	法国	IPv6 研究与试验网
6POWER	欧洲	供电线路上采用 IPv6	AIRS ++	法国	IPv6 科研与试验网
6QM	欧洲	IPv6 QoS 测量	INSC	北约	IPv6 科研与试验网
StarTap	美国	IPv6 研究与试验网	6NGIX	韩国	韩国第一个商用 IPv6 网络
VBNS	美国	IPv6 研究与试验网	6KANet	韩国	研究与试验网，连接政府及公众服务机构
Internet2	美国	IPv6 研究与试验网			

2. 国内 IPv6 网的发展现状

我国对 IPv6 的研究始于 1998 年，并于当年在中国教育科研网（简称 CERNET）上建立了 IPv6 试验床。1999 年国家自然科学基金联合项目"中国高速互联研究试验网 NSFCNET"启动。在 2000 年，天地互连建立了 IPv6 商用试验床；原信息产业部"下一代 IP 电信试验网（6TNet）"项目启动；湖南电信 IPv6 试验网项目启动；中国电信在北京、上海、广州和湖南进行 IPv6 试验与测试工作；科技部 863 信息领域建立专项"高性能宽带信息网（3Tnet）"；"下一代互联网中日 IPv6 合作项目"启动。2003 年，6TNet 启动 IPv6 城域网建设；原信息产业部颁发首张 IPv6 核心路由器入网试用批文；"全球 IPv6 论坛"中国工作组成立；协和医院等 SARS 定点医院采用"IPv6 新一代网络远程医疗、探视系统"；中国 IPv6 网络与应用演示中心建立；CNGI 全面启动；CERNET2 网络建设启动；"IPv6 推进开放实验室"揭牌。2004 年，中国首个 IPv6 演示网络推出并提供服务；各大运营商全面启动 IPv6 核心网络建设；IPv6 支持的远程监控系统落户智能小区、酒店、写字楼、学校以及特殊行业。以 CNGI 为代表的 IPv6 的 CNGI 取得了标志性的成果。现在的中国电信、原中国网通、中国移动、原中国联通所负责 CNGI 总代码在 2008 年已经完成，覆盖了 39 个节点，20 多个城市，建成一个很多人认为全球最大的 IPv6 的 CNGI，第一批的 CNGI 项目已经陆续验收，并开始在网上出现。

中国企业把 IPv6 看成了一次与世界顶级因特网霸主争夺话语权的竞赛，现在，国内的一些研究机构已掌握了大量关于 IPv6 的技术和专利，我国由政府牵头要求运营商参与 IPv6 网络建设，并由八大部委出面投资 14 亿支持 IPv6 网络建设、核心技术研究、应用示范及推广。

3. 未来 IPv6 网的发展趋势

未来 IPv6 的发展主要呈现以下趋势。

① 标准制定上的协作和联合。IPv6 相关标准的制定从以 IETF 为主体向 IETF 与 ITU-T、3GPP 等其他标准化组织协作和联合的方向发展。

② 产品研发更具广度与深度。IPv6 产品的研发主要集中在操作系统、网络设备、协议软件和应用软件等领域。未来 IPv6 网的研发将不仅重视基础设施产品的开发，还将注重应用软件、终端产品的研发，同时在支持 IPv6 方面具有更完善的功能。

③ 科学研究与商业应用并重。未来的科学研究试验床和商业试验床将共存发展，一些科研试验床在条件成熟时将转为商用或试验商用网，以推进 IPv6 的商用化进程。

④ 业务创新将成为主题。目前缺少 IPv6 的创新应用阻碍了 IPv6 的发展，而需要大量的终端设备和地址的应用，像 VPN、家庭用户上网游戏、VOD 和多播等没有得到普及也影响了对 IPv6 的需求。只有"杀手级的应用"才能真正把 IPv6 带入网络并满足人们的需要。

2.3 宽带移动因特网

移动电话和因特网是当今信息业发展的两个热点，这两者的融合产生了新的发展热点——移动因特网。越来越多的人希望在移动的过程（如运动中的军队、航天中的飞行器、航行中的轮船、移动中的汽车和火车等）中，以一种相对稳定和可靠的形式，高速接入因特网，以便获取急需的信息，完成所想做的事情。目前，移动因特网正逐渐渗透到人们生活和工作的各个领域，从而改变我们与他人运作业务、购物、娱乐以及理财的方式。

2.3.1 移动因特网的基本概念

移动因特网主要指由蜂窝移动通信系统通过终端，如手机、通用分组无线业务（GPRS，General Packet Radio Services）卡、CDMA 1X无线上网卡等，向因特网接入，和3G、B3G、4G等可以构成一个统一的无线、移动、因特网系统，使用户既可以在任何地点、任何时间都能方便地接入，又可获得因特网上丰富的信息资源和成千上万种服务。

根据移动网和无线网的现状，人们一般认为"移动因特网"是指移动终端通过移动网接入因特网，支持终端的移动性（漫游和运动状态）；而"无线因特网"主要是指无线终端通过无线网接入因特网，不支持终端的移动性（实际上有的可支持漫游）。在实际应用中，前者主要是指手机可以在移动状态下接入因特网，后者主要是指笔记本和其他无线终端在静止状态下接入因特网。目前，采用新技术手机的功能增强并向电脑化发展，制造商陆续推出了功能强大的智能手机。在智能手机向电脑化方向发展的同时，将整合个人数字助理（PDA，Personal Digital Assistant）、数码相机、游戏机、MP3音乐播放机及其他消费类电子产品的功能。根据用户个性化需求，智能手机将向智能电脑手机、智能商务手机和智能娱乐手机三个主要方向发展。

因特网的核心网具有相应的外部接口分别与PSTN、ISDN、PDN和因特网相连。同时，各种无线网络（如WLAN、高性能无线局域网（HIPERLAN，High Performance Radio LAN）、无线个域网（WPAN，Wireless Personal Area Network）、无线自组织网络（自组织网络也就是对等网络，即人们常称的Ad hoc网络）都采用IP技术与因特网相连。因此，各种类型的移动网和无线网成为因特网的无线扩展或因特网的无线接入网，使得它们的各种移动和无线终端可以通过无线方式接入因特网，从而可以获得因特网的各种信息服务，并能在因特网平台上进行通信。这种扩展了的因特网也称为移动因特网或无线因特网。

固定因特网的无线扩展包含两层含义：形式上的扩展和内容上的扩展。前者是指移动网的网络结构和基础设施与固定因特网互联互通，因特网信息服务的范围扩展到移动网无线覆盖的区域；而后者是指固定因特网信息服务类型、内容和质量扩展到无线覆盖的区域。由于移动网是无线网络，与固定因特网相比是异质异构网络，网络技术发展具有渐进性和阶段性，因此，固定因特网的无线扩展（形式和内容两方面）也是逐步演进的。

移动因特网的接入手段通常有以下几类。

① 无线接入：WAP、GPRS、高速电路交换数据（HSCSD，High-Speed Circuit-Switched Data）、增强型数据传输的全球演进（EDGE，Enhanced Data rates for Global Evolution）、Bluetooth与WPAN的结合。

② 固定无线接入：个人手机系统也称为小灵通（PHS，Personal Handyphone System）、欧洲数字无绳电话标准（DECT，Digital European Cordless Telecommunication）、LMDS、WLAN、宽带卫星接入。

移动因特网最重要的意义在于它把锁定在一个个固定站点中的信息释放到时空中去了；每一个活动的个体都成了移动的网络节点，随时随地获取所需信息。在有线因特网里，是人找网、人上网，个体不得不受制于网络节点的固定性；在移动因特网里，这种关系发生了逆转，形象地说是"网追人""移动而互连"的愿望变为现实。

基于移动因特网平台开展各种业务，优势体现在个性化、实用化以及时间和位置的高度灵活性上。这些独具魅力的特征是极大的优势，将产生巨大的市场。

首先，移动因特网业务创造了一种全新的个性化服务理念和商业运作模式。对于不同用户群体和个人的不同爱好和需求，为他们量身定制出多种差异化的信息，并通过不受时空地域限制的渠道，随时随地地传送给用户。终端用户可以自由自在地控制所享受服务的内容、时间和方式等，移动因特网充分实现了个性化的服务。

其次，相对于固定因特网，移动因特网灵活、便捷、高效。移动终端体积小而且易于携带，移动因特网里包含了各种适合移动应用的各类信息。用户可以随时随地进行采购、交易、质询、决策、交流等各类活动。移动通信技术本身具有的安全和保密性能与因特网上的电子签名、认证等安全性协议相结合，为用户提供服务的安全性保证。另外，不受时空限制一直是人们追求的梦想。移动因特网目前在最大程度上实现了社会资源更自由、更大范围的调配和更快速、更便捷的流通，从而影响和改变着财富增长的速度和分配的方式。这种变化所释放出来的巨大能量将必定影响未来信息社会人们数字化生活中方方面面的需求，进而滚雪球般地创造出越来越多的机会和财富。

2.3.2 移动因特网的应用与业务

移动因特网从应用角度看，可以分为小范围慢速移动（或相对静止）、大信息量的区域移动和大范围的快速移动等。其主要的应用与业务包括以下方面。

（1）短消息业务（SMS，Short Messaging Service）

SMS 不占用语言信道（用信令信道），可以在不同的经营者间互通，可以经因特网互通，具有方便、快捷、廉价的特点，因而深受用户欢迎。

（2）手机上网业务

手机上网主要提供两种接入方式：手机+笔记本电脑的移动因特网接入和 WAP 手机上网。在 WAP 业务覆盖的城市，移动用户通过使用 WAP 手机的菜单提示可直接通过数字移动通信网接入移动因特网上，如 Nokia 的 9110 手机上网。

（3）无线电子钱包

无线电子钱包有一系列的软件，其内容包括电子货币（虚拟货币）、银行账务、信用卡号码、个人数据、数字签名认证、票据等。

（4）移动银行

移动银行通过移动网络（如 GSM 网络）将客户手机连至银行，实现用手机界面直接完成各种金融、理财等业务，主要有信息类业务、交易类业务。

（5）移动商务业务

① 移动订票。购买、支付、发票和收据可以采用电子票据的"虚拟票据"，可广泛用于航空、铁路、收费公路、货运公司、剧院、体育场所、动物园等。

② 移动购物、电子商务。

③ 娱乐服务，如 MP3 下载、游戏下载、卡通贺卡、幽默、时尚资讯、游戏和博弈等。

④ 移动炒股。

⑤ 移动调度与物流。

（6）移动因特网的支付手段——移动支付

移动支付通常有以下的方式。

①	电子支票与电子现金。

②	网上银行的移动支付主要有支票、货币、信用卡业务以及划拨资金、网上投资、个人理财等支付。

（7）移动多媒体

移动多媒体的应用是指用手机实现移动因特网的接入，而用功能更强的掌上电脑和笔记本电脑等完成大量的数据处理和显示，真正实现移动地打电话、传数据、阅览、计算等移动多媒体业务，实现存储和转发视频片段、图片、声音、文字等多媒体信息，使用户能用手机发送贺卡及图片短信、浏览色彩丰富的网上相片和编辑图片等多媒体服务。

（8）自动设置规范系统

自动设置规范系统用于设置手机上网参数及解决 WAP 手机配置问题，可将以前需要人工设定的 WAP 系统参数，如网关地址、接入号码等直接发送到用户手机，完成自动设置。

（9）移动门户

业务内容包括天气、股市行情、新闻、商业服务等信息服务，在线购物、拍卖、游戏、通过聊天室进入感兴趣的社区、瞬时信息和新闻组传递以及基于万维网的邮件等。

（10）移动定位应用

移动定位应用有基于位置的信息服务、车队管理、财产跟踪、警队管理、寻找朋友、个人安全保障、物流调度、急救等。

（11）私人领域

电子邮件、浏览 Web 页、在线聊天、移动可视电话、视频新闻等。电子邮件服务包括移动网络邮件、定时邮件、阻止垃圾邮件、邮件过滤、邮件整形、自动回复、邮件分发确认、邮件广告插入和邮箱管理等应用业务。

（12）广告分发业务

制订广告计划，确保广告最高的点击率。分析用户信息和每个广告接入历史，创建和更新计划（目标手机用户、时间段、分发时间），按照运营商和广告商合同条款，以期获得最高点击率。广告将根据次序安排插入到“门户站点”和“我的收藏夹”。

（13）爱好分析服务

分析每个用户的信息和内容接入历史，按照用户的爱好推荐内容。

（14）视频摘要

为手机用户提供电影广告和新闻等视频信息摘要的介绍。在大量的视频信息中摘录部分图像和声音，并经过智能化的剪接处理，传递给手机用户。

（15）CRM 用于移动互联

客户关系管理（CRM，Customer Relationship Management）软件提高销售和系统支撑人员在移动中获得信息的能力。如可以通过笔记本及掌上电脑获得消费者账户的信息。

（16）IP 电话应用

IP 电话将声音压缩打包以数字形式进行传输。可以利用移动因特网开办 IP 电话“一机多网”业务。在用户操作界面上，移动用户拨打移动 IP 电话时将采取比拨打其他运营者的旧电话更简单、更快捷的方式。

（17）信息服务

①	公用事业（水、电、气）。

② 公共信息服务（为公众提供信息和咨询）。

③ 紧急公务（公安、消防、速递、救灾、急救）。

④ 固定应用（POS 机、无人售货机、水文气象交通数据遥测）等。

（18）办公领域

移动办公、现场电视会议等。

2.3.3 MWIF 体系结构

为了发展移动无线因特网，移动无线因特网论坛（MWIF, Mobile Wireless Internet Forum）提出了移动因特网体系结构框架，如图 2-15 所示。MWIF 体系结构采用现有或演化的 IETF 协议扩展无线因特网服务，并和其他下一代固定和移动网络和媒体网关互通。MWIF 体系结构的主要特点是采用 IP 实现端到端（包括终端）连接，在接入网和核心网中使用 IP 进行传输和控制。在这一系统中，移动通信将只提供接入功能，其他功能全部由统一的 IP 信息网来完成。

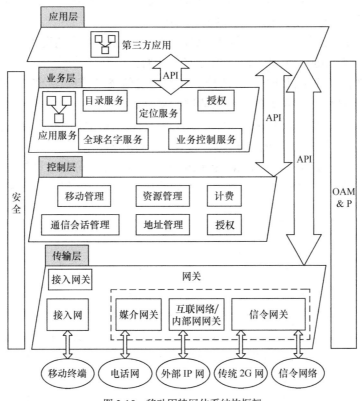

图 2-15 移动因特网体系结构框架

从图 2-15 可以看出，MWIF 给出的传输采用四层网络架构，各层之间通过应用编程接口（API，Application Programming Interface）访问，而安全性和网络操作维护管理与提供（OAM&P，Operation，Administration，Maintainance and Provisioning）等属于控制，终端通过接入网和接入网关连接到网络，而已有的外部网络设备则可以通过各种媒体网关和 Internet/Intranet 网关接入到网络。MWIF 体系结构还具有以下一些特点。

1. MWIF 体系结构在以下方面扩展使用因特网技术

① 在接入网和核心网中使用 IP（3 层）协议进行传输和控制。
② 采用因特网官方协议标准（目前的 RFC 2600）。
③ 影响 IETF 协议的制定，以满足潜在的移动环境。
④ 采用 IP 实现端到端（包括终端）连接。

2. 网络至少需要具有以下能力和服务才能满足 MWIF 原理

鉴定、授权、财会、命名和目录服务、IP 移动性、网络管理、服务质量 QoS（基础设施中支持 QoS）、安全性和会晤管理。

3. 功能分开

服务、控制和传输分开，这样可以为运营商的分系统提供独立的升级能力，而对其他分系统影响很小，并允许 ISP 等建立多供应商系统。这种体系结构具有更大的灵活性，使得运营商在同一或不同系统中可以采用多种供应商的产品。

① 传输和控制的逻辑分开。它可以用来优化 MWIF 体系结构的可扩展性（和减少拥塞）。消费者带信人流量与相应信令可以以不同的速率增加。

② 会晤控制和服务控制分开。会晤控制和网络通信资源管理（会晤管理器）进行交易；服务控制和用户特性服务器或服务代理功能进行交易。

③ 在与传统有线和无线网络互通时，媒体网关和媒体网关控制器分开。其目的是保证维持在 MWIF 体系结构内的信令流的带信人和其他网络分开。

④ 移动性管理（MM，Mobility Management）和会晤管理分开。目的在于允许将会晤管理和用户的移动性隔离。移动性管理将允许不同的接入网具有一组共同的特征。

4. 开放全部相关的 3G 界面

（1）RAN 内部界面、核心网界面
① 无线接入网（RAN，Radio Access Network）界面。开放在 3GPP2 中的 A&Abis 界面；开放 3GPP 中的 Iu & Iub 界面；在 RAN 中允许收发基站（BTS，Base Transceiver Station）和节点 B 分别独立于基站控制器（BSC，Base Station Controller）和无线网络控制器；能够即插即入的部件；OAM&P 的开放界面；在 3GPP2 和 3GPP 内推进现有的 RAN 的演化。
② 核心界面。功能实体之间的开放界面；OAM&P 的开放界面；能够即插即入的部件。
（2）浮动的码转换器功能
灵活的码转换器功能配置。合成的 MWIF 体系结构将允许运营商在网络的最实际、有效部位放置码转换器。

5. 核心网适用的各种接入技术

核心网适用各种接入技术包括无线接入技术，如通用移动通信系统（UMTS，Universal Mobile Telecommunication System）、UMTS 地面无线接入网（UTRAN，UMTS Terrestrial Radio Access Network）、IS-2000、无线局域网等和有线接入技术，如 x 数字用户环线（xDSL，x Digital

Subscriber Line）、有线电视电缆、数字广播等。

① 核心网络和接入网络可以独立演化。

② 公共核心网络移动性管理功能适应各种接入技术。

③ 公共核心网络移动管理功能支持接入网络之间的会晤保持。

④ 和其他 IP 网络互通。

6. 全世界结盟

（1）消除地区/国家之间在关键界面上的差异

采用全 IP 核心网界面，推荐一个全球全 IP 网体系结构适应各种 RAN 或其他接入技术。

（2）全球接入服务

为了保证用户服务有足够宽的范围，通过公共漫游（不管接入类型）支持全球接入，并保证鉴定、授权、移动性、命名和目录服务、安全性和收费。

（3）全球可接入服务

支持开放 API（如 Parlay、JAIN）服务；使用用户服务轮廓的公共表示，即可扩展标记语言；利用服务经纪人跨过任何网络接入服务。

（4）与 2G 和非 IP 网络和服务互通

① 通过网关连接现有网络。支持现有网络和终端；支持漫游的终端（具有适当的多模和多频功能）；提供现有网络和 MWIF 网络之间的移交。

② 允许运营商实现一组 2G 兼容服务以满足其业务需求。

7. 可扩展分布式体系结构

① 可扩展。使运营商可以在其网络内增加特性功能，而不需要增加在公共传统网络中的其他功能。

② 促进分布式功能实体。MWIF 的分布式体系结构的目标是允许运营商拥有以下优势：可扩展性和灵活性导致降低成本，开创新的业务和缩短上市时间，但是也存在由于增加接口和单元数目导致调整干扰增加的风险。

8. 质量和可靠性

① 对某些服务的端到端 QoS 机制。这种机制能够在体系结构中适当的地方灵活地为各种服务申请 QoS。

② 可靠性。平台、单元和系统（或分系统）的可靠性是由运营商、用户和调整（潜在的应用）的需要决定的，必须考虑这些变化和期望。

9. 安全性

① 采用因特网信赖（安全）模型。它将根据应用，采用多层次安全模型。

② 支持鉴定、机密性、完整性、不可复制性。

10. OAM&P

① 标准的、兼容的网络管理接口。在接入和核心网络提供这一功能，将能够使用工业

标准协议，如简单网络管理协议（SNMP，Simple Network Management Protocol）。

② 灵活、可扩展的财会和计费。它将提供多级、灵活计费。

③ 空中服务。它将支持空中服务，如终端码下载或空中供应。

11. 服务方面

① 有支持各种服务的能力，包括实时、非实时、多媒体业务。

② 快速建立服务。能够快速建立服务（从实时到几周甚至几年）。

③ 支持发展第三方服务，使得运营商和第三方能够按照用户专门需要来提供服务。

④ 支持软件重复使用和再使用性。

⑤ 用户客户化的服务使得用户可以改变其服务行为，提供既有动态（实时），又有静态（批发）的服务。

⑥ 改变用户对于地区服务商的归属关系，使得各种终端都可以支持个人的移动性。

12. 支持不同地区、国家或本地的调整要求

例如合法的中断、号码的便携性（服务便携性）、恶意呼叫的跟踪、同一性的限制等。

MWIF 的体系结构框架比较完满地解决了 3G 和移动无线因特网的融合问题。但是 3G 的标准是否能够按照这个方向发展还是个问题，这有待于时间去解决。3G 的演进也有可能按照原来的路线进行，而把问题留给 4G 解决。

2.3.4 移动终端

1. 移动终端产品

各种移动终端已经出现在市场上，这些移动终端有：PDA+GPRS/GSM、便携式计算机+802.11/GPRS、GSM/GPRS+802.11、GPRS（或 CDMA）+摄像功能。由此可见，品种虽有不同，但计算、通信与消费产品之间互相渗透已经成为主流，多少年的期盼即将变为现实。推动这场移动终端变革的是电信运营商之间的激烈竞争。

移动终端大致上可分为 5 类。这些移动终端在许多方面是非常相近的，不同的仅仅是它们所用的操作系统、尺寸和价格等。它们都有一个共同点，那就是移动网产品和因特网的结合。无线电话、手持计算机和车载计算机并不是新产品，但是把这些与因特网结合在一起就成了新产品，开创了新的市场机会。移动终端也有一个共同的问题，那就是电源消耗。由于移动终端都要用电池，一个关键的问题是如何降低功耗，以使电池使用的时间更长。

（1）智能电话

智能电话是手机与因特网结合的产物。它具备手机的功能，同时用 WAP 的无线标记语言（WML，Wireless Markup Language）上网。智能电话的功能首先是打电话，然后是上网浏览。它们有一个小的单色屏幕和一个数字盘。一般在 ROM 中有一些应用程序，包括一个存储联系人姓名、号码的联系人管理器，一个约会日历和无线上网浏览器。

智能电话不显示超文本标记语言（HTML，Hypertext Markup Language）内容，而是用WAP 从网站服务器中提取 WML 文件。WML 在语法上与 HTML 类似，虽然它是基于较新的XML。智能电话上网是受到限制的，因此不能用作通用上网工具，因为智能电话不能显示

HTML 内容，不能显示 GIF 或 JPEG 格式，也不能显示 Java 内容。

（2）手持计算机

手持计算机或叫"掌上电脑"可用手写输入，可以进行字迹识别。手持计算机一般没有电话功能。有的手持计算机带有无线调制解调器，这样就可直接上网；而有的带有网页浏览功能，却不能直接上网，需要从一台普通计算机上先下载网页，然后再带出去浏览。这种同步浏览功能实际上满足了大部分移动用户的要求，即他们想上网，但不是"立即"上网。用一个同步浏览器，可以把新闻、财经、公司内部信息等都下载到手持计算机中，当你浏览时，就好像正在上网。同步浏览也算是一种上网，但不管怎样，小屏幕、相对较慢的处理器、低成本使手持计算机不具有真正的上网浏览功能。它们也不支持 Java 或 Javascript，不能显示分成几个框的较复杂的网页。

（3）蛤壳电脑

蛤壳电脑和手持计算机一样大小，但包含一个屏幕和一个键盘。大部分蛤壳电脑是基于微软的 Win CE 或者是 Symbian 的 EPOC 操作系统，包括串口和红外口。这些计算机也有一个触摸屏，但输入数据用键盘。把它称为"蛤壳"电脑是因为打开和关闭时它像一个蛤壳。它可以带一个内置调制解调器，屏幕尺寸比手持计算机稍大，清晰度也可以是手持计算机的两倍。由于多了一个键盘，数据输入可以很快。

（4）超级电话

超级电话是手持计算机（或蛤壳电脑）和手机的组合。使用手持计算机的接口，可以用手持计算机的平台运行许多应用程序，包括联系人管理程序、时间管理程序、一个 E-mail 用户或网页浏览器。用它可以和手机一样打电话。与智能电话不同，用超级电话可访问传统的 HTML 网页，也可访问 WML 格式的网页。超级电话包含一个普通网页浏览器和一个 WAP 浏览器，因此可以看两种格式的内容。

（5）车载计算机

车载计算机已经越来越引起人们的兴趣。车载的已不再是立体声放音机，而是可以上网的计算机。车载计算机一般带有语音识别，然后就会把这条指令输入到计算机中去，这种接口用到文字转到语音的算法。现在已可做到把对计算机的语音指令与车载乘客的背景谈话、收音机喇叭声、电动机的声音等区别开来。这样的算法需要高速运算，并需要大容量内存，这些（体积、电源）对车载计算机来说问题不大。

车上的驾驶员或乘客的上网需求与普通情况不一样。他们一般都是找一些很特定的信息或娱乐，如实时交通信息、路径指南等。车载计算机被大部分厂商和内容提供商看作是一种发展极好的汽车配件。但是在大量普及之前，还有两个问题需要解决，一个是车内的人机界面，目前的车载计算机还是主要面向乘客的，而不是面向驾驶员的；另外一个是无线网络，目前仅仅覆盖城市区域，如果汽车开到偏远郊外区域，就不能满足移动上网的需求。

2. 需解决的问题

对于用户来说，最关键的是移动因特网的终端设备是否好用。目前来说还需解决大量问题，最急需解决的问题是输入（人机界面）、输出（显示屏幕）和电源（电池）。

（1）输入——语音识别

由于键盘的体积问题以及手持终端的移动性，最适合的输入方法应该是语音。语音识别系统有两个功能：一是理解所说的字句，然后把它们转换成文字；二是把文字转换成语音。语音识别技术由捕捉和预处理、识别和功能提取、与其他应用软件和硬件通信 3 部分组成。语音识别技术如果与 WAP 结合在一起，将可创造上百个新的应用例子。例如，由语音和基于 WML 所组成的菜单，用户只需点击很少几步按钮就可找到所需信息。

语音识别系统的功能还可用 VXML 语言来完成。VXML 的全称是"语音 XML"，设计的目的是用于产生声音对话，包括语音综合、声音数字化、语音及双音多频（DTMF，Dual Tone Multiple Frequency）键输入的识别、输入语音的记录等，从而把电话、PDA 或 PC 机产生的语音与基于网页的内容与应用进行交互对话。"语音 XML"把网页制作和内容提供提高到了语音这一层次，把语音业务与数据业务集成在一起。

（2）输出——显示屏幕

现在的移动屏幕对于上网来说显然是不合适的。可以想象，以后的上网手机屏幕是可以像书本一样打开，或可卷在手机里，要用的时候拉出来，变成很大的屏幕。电子墨水就可满足这样的需求。电子墨水是类似于墨水的材料，由 3 部分组成：微包裹（粒子载体，相当人的头发直径这么大）、充在微包裹内的墨或油和浮在微包裹内的充电粒子。电子墨水可以印在表面上，就像普通的墨水。通过充电来改变印刷的颜色。

现在施乐公司正在开发电子墨水。这种电子墨水将具有极大的市场潜力。一旦在表面上进行了充电，就可不再需要电源，也就是说只要屏幕上的内容不改变，它就不会消耗电源。目前的技术水准已可做到是目前的移动终端上的液晶显示屏（LCD，Liquid Crystal Display）功耗的 1/100。

（3）电源

移动终端需要用到电池。电池要小、轻和耐用，并且要求有供长时间使用的容量。目前在移动终端中普遍使用的锂离子电池，已经不能满足这样的要求。一些厂商目前正在开发完全新型的电池，主要是锌气电池和燃料电池。

锌气电池是助听器中已使用的电源。目前已越来越多地引起人们注意，并用于移动终端。锌气电池是一次性可使用，不包含重金属，有利于环保。锌气电池使用空气中的氧来达到能量密度，通过控制锌的氧化来工作。目前的产品也可使电源能量达到锂电池的 5 倍。

燃料电池包含两个组件：氢气和氧气。只要氢燃料放进电池并且里面有氧，电池就产生电。目前，这样的燃料电池已有几个版本，将用于手机等移动终端。这样的电池的容量可达到锂电池的 10 倍（理论值是 30 倍）。

2.3.5 第三代移动通信

第三代移动通信系统在国际上统称为 IMT-2000（简称 3G）。3G 的主流技术标准主要有三种：WCDMA、cdma2000 和时分同步码分多址（TD-SCDMA，Time Division Synchronous Code Division Multiple Access），其中 TD-SCDMA 是由中国提出的。3G 通信的关键技术主要包括智能天线、软件无线电、切换技术、初始同步与 Rake 多径分集接收技术、高效信道编译码技术、多用户检测、功率控制、扩频通信、系统资源管理和高速数据传输等。

3G 系统的构成如图 2-16 所示，它主要有 4 个功能子系统构成，即由核心网（CN）、无线接入网（RAN）、移动终端（MT，Mobile Terminal）和用户识别模块（UIM，User Identify Module）组成。分别对应于 GSM 系统的交换子系统（SSS，Switching Sub-System）、基站子系统（BSS，Base Station Subsystem）、移动台（MS，Mobile Station）和用户识别模块（SIM，Subscriber Identify Module）。

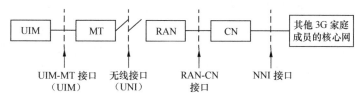

图 2-16　IMT-2000 的功能模型及接口

ITU 定义了 4 个标准接口，即：①网络—网络接口（NNI），此接口是指不同家族成员之间的标准接口，是保证互通和漫游的关键接口；②无线接入网与核心网之间的接口（RAN-CN），对应于 GSM 系统的 A 接口；③用户—网络接口（UNI），也即无线接口；④用户识别模块和移动终端之间的接口（UIM-MT）。

3G 通信系统可使全球范围内的任何用户所使用的小型廉价移动台实现从陆地到海洋到卫星的全球立体通信联网，保证全球漫游用户在任何地方、任何时候与任何人进行通信。3G 通信系统综合了蜂窝、无绳、寻呼、集群、无线扩频、无线接入、移动数据、移动卫星、个人通信等各类移动通信功能，提供的业务主要有视频电话、实时数据通信、无线点播业务、互动游戏业务、移动电子商务，能提供具有有线电话的语音质量，提供智能网业务，多媒体、分组无线电、娱乐及众多的宽带非话业务。3G 通信的基本特征有以下几点。

① 全球漫游。用户能以低成本的多模手机在整个系统和全球漫游。

② 适应多环境。采用多层小区结构，即微微蜂窝、微蜂窝、蜂窝、宏蜂窝，将地面移动通信系统和卫星移动通信系统结合在一起，可移动使用和固定使用。

③ 可以灵活地引入新的业务。能够提供高质量的多媒体业务，如可变速率、高分辨率的图像等业务。

④ 系统具有高性能。高频谱利用率、足够的系统容量、强大的多用户管理能力、高话音质量、高保密性能和服务质量，这些构成第三代移动通信系统的高性能。

⑤ 宽松的性能范围。从语音到低速数据、到甚高速的分组和电路数据互联网络业务。

⑥ 具有先进的多媒体 QoS 控制能力。支持多路语音、高速分组数据同时传输。

⑦ 全球范围设计上的高度一致。IMT-2000 家族成员内部以及 IMT-2000 与固定电话网络之间各种业务的相互兼容，并且与现存的 2G 系统具有无缝的互操作性和切换能力。

⑧ 低价格的设备和服务满足通信个人化的要求。

⑨ 以数据量、QoS 和使用时间为收费参数，而不是以距离为收费参数。

2.3.6　第四代移动通信

1. 基本概念

21 世纪，移动通信技术及其市场飞速发展，未来的移动通信技术将呈现以下几大趋势：①网络业务数据化、分组化，移动因特网逐步形成；②网络技术数字化、宽带化；③网络设备智能化、小型化；④应用于更高的频段，有效利用频率；⑤移动网络的综合化、全球化、个人化；⑥各种网络的融合；⑦高速率、高质量、低费用。

移动通信技术已经历了 3 个主要发展阶段。每一代的发展都是技术的突破和观念的创新。第一代起源于 20 世纪 80 年代，主要采用模拟和 FDMA 技术。第二代（2G）起源于 20 世纪 90 年代初期，主要采用 TDMA 和 CDMA 技术。第三代移动通信系统（3G）可以提供更宽的频带，不仅能传输话音，还能传输高速数据，从而提供快捷方便的无线应用。然而，第三代移动通信系统仍是基于地面标准不一的区域性通信系统，尽管其传输速率可高达 2Mbit/s，但仍无法满足多媒体通信的要求，因此，第四代移动通信系统（4G）的研究随之应运而生。

目前对于 4G 的概念还没有统一的定义，但比较认同的解释是：4G 的概念可称为广带接入和分布网络，包括广带无线固定接入、广带无线局域网、移动广带系统和互操作的广播网络（基于地面和卫星系统）。此外，4G 将是多功能集成的宽带移动通信系统，也是宽带接入 IP 系统。从理论上讲，4G 移动通信可以在任何地点、任何时间以任何方式不受限的接入网络中；能够提供信息通信之外的定位定时、数据采集、远程控制等综合功能；移动终端可以是任何类型的；用户可以自由选择业务、应用和网络；可以实现非常先进的移动电子商务；新的技术可以非常容易的被引入到系统和业务中来。

4G 的特征是非常明显的。4G 集 3G 与 WLAN 于一体，并能够传输高质量视频图像，其图像传输质量与高清晰电视不相上下；4G 系统能够以 100Mbit/s 的速度下载，比目前的拨号上网快 2 000 倍，上传的速度也能达到 20Mbit/s，移动速率从步行到车速，并能够满足几乎所有用户对于无线服务的要求；4G 具有灵活多样的业务功能，可以想象的是，眼镜、手表、钢笔、项链、化妆盒、手套、帽子、旅游鞋都有可能成为 4G 的终端；4G 具有完全集中的服务，个人通信、信息系统、广播和娱乐等各项业务将结合成整体，服务和应用将更加广泛、安全、方便和个性化；4G 是个高度智能化的网络，具有很好的重构性、可变性、自组织性、自适应性，可以自治管理、动态改变自己的结构，以满足系统变化和发展的要求；而在用户最为关注的价格方面，4G 与固定宽带网络不相上下，计费方式更加灵活机动，用户完全可以根据自身的需求确定所需的服务；未来的 4G 移动通信系统还具备全球漫游、大区域覆盖、无缝隙服务、接口开放且实现简单等功能，能跟多种网络互联；未来的 4G 移动通信系统也称为"多媒体移动通信"，它提供的无线多媒体通信服务将包括语音、数据、影像等大量信息透过宽频的信道传送出去。很明显，4G 有着不可比拟的优越性。

但是要顺利、全面地实施 4G 通信，可能会遇到一些困难。首先是标准难以统一，世界各大通信厂商将会对此一直争论不休；其次是技术难以实现，例如，如何保证楼区、山区及其他有障碍物等易受影响地区的信号强度等技术问题；再次是容量受到限制，手机的速度将受到通信系统容量的限制，如手机用户越多，速度就越慢；然后是市场难以消化，对于 4G 移动通信系统的接受还需要一个逐步过渡的过程；最后是设施难以更新，要全部取缔 3G，那么全球的许多无线基础设施都需要经历大量的变化和更新。

2. 各国和地区 4G 研发的现状与比较

4G 是渐近地由 3G 发展过来的，即 4G 需向前兼容 3G，IMT-2000 过渡到增强性 IMT-2000 之后，发展到 4G。国际电联的 ITU-R 中 WP8F 组 2000 年年初成立，主要研究 4G 或称 B3G 的无线技术、频谱、业务等内容。2002 年年底，IEEE 设立了 IEEE 802.20 标准化项目，主要目标是建立一个 MBWA 的标准。2003 年年初，IEEE 移动无线城域网标准化项目成立（IEEE 802.16e）。韩国与日本的研究机构正在研究 4G 的技术特征、业务特征、发展方向、标准化方向、国际国内合作计划。欧盟论坛的主要目标是未来无线通信的特征研究等。中国"863"未来移动通信研究项目——FuTURE 项目，持续时间为 2001—2010 年，主要涉及 B3G/4G 的关键技术研究、实验系统验证、RTT 提案及建议、标准化等几项任务。

目前全球范围内有多个组织正在进行 4G 系统的研究和标准化工作，如 IPv6 论坛、SDR 论坛、3GPP、无线世界研究论坛、IETF 和 MWIF 等。一些全球著名的移动通信设备厂商也在进行 4G 的研究和开发工作。AT&T 已经开发了名为 4G 接入的实验网络。NORTEL 正在进行软件无线电功率放大器技术的研究，而 HP 实验室正在进行实验网络上传输多媒体内容的相关研究。Ericsson 在加州大学投入了 1 000 万美元从事下一代 CDMA 和 4G 移动通信技术的研究。下面把一些企业已经推出的 4G 技术进行比较。表 2-11 为现有 4G 技术比较表。

表 2-11 现有 4G 技术比较

公司名称/技术（产品）名称	Wi-LAN/WOFDM	NextNet Wireless/Expedi-ce	Flarion/Flash-OFDM	Broadstorm/Broad@ir	NTT DoCoMo/VSF-OFCDM	Navini网络公司/Ripwave	IP Wireless/IP Wireless
频谱宽度（GHz）	3.5	2.5～2.7	0.22～3.5	0.7～3.4	5	2.596～2.686	1.9, 2, 2.5～2.7, 3.4
复用/多址接入	OFDM-TDMA/TDD	OFDM-TDMA/TDD	FH-OFDMA	OFDMA/TDD	OFDM-CDMA/FDD	SCDMA/TDD	TC-CDMA/TDD
调制方式	QPSK, 16QAM, 64QAM	QPSK（16QAM, 64QAM）	QPSK, 16QAM	QPSK, 8PSK, 16QAM, 64QAM	QPSK, 16QAM, 64QAM	QPSK, 8PSK, 16QAM, 64QAM	QPSK, 8PSK, 16QAM
天线	单天线	定向天线	Opportuni-sticBeam forming	发射分集	适配性天线, MIMO	自适应相位阵天线	发射分集
误码修正保护	RS	RS-CC	矢量-LDPC	CC（Turbo, LDPC）	Turbo	RS	CC, Turbo
目标对象/市场	MMDS	MMDS	蜂窝系统	MMDS, 固定无线电系统, 蜂窝系统	蜂窝	固定无线电	MMDS, 固定无线电

3. 4G 系统的网络结构

在 4G 系统中，各种针对不同业务的接入系统通过多媒体接入系统连接到基于 IP 的核心网中，形成一个公共的、灵活的、可扩展的平台，网络的连接如图 2-17 所示。

从图 2-17 中可以看出，基于 IP 技术的网络架构使得用户在 3G、4G、WLAN、固定网之间的无缝漫游可以实现。我们可将系统网络体系结构分为 3 层，如图 2-18 所示。

从图 2-18 可以看出，上层是应用层，中间是网络业务执行技术层，下层是物理层。物理层提供接入和选路功能，中间层作为桥接层提供 QoS 映射、地址转换、即插即用、安全管理、有源网络。物理层与中间层提供开放式 IP 接口。应用层与中间层之间也是开放式接口，用于第三方开发和提供新业务。

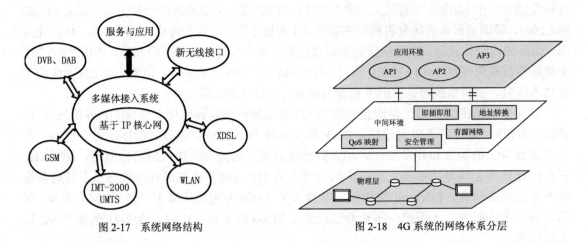

图 2-17　系统网络结构　　　　　　　图 2-18　4G 系统的网络体系分层

4. 4G 的关键技术

（1）正交频分复用

正交频分复用（OFDM，Orthogonal Frequency Division Multiplexing）技术实际上是多载波调制（MCM，Multi-Carrier Modulation）的一种。它的主要思想是：将信道分成若干正交子信道，将高速数据信号转换成并行的低速子数据流，调制在每个子信道上进行传输。正交信号可以通过在接收端采用相关技术来分开，这样可以减少子信道之间的相互干扰。每个子信道上的信号带宽小于信道的相关带宽，因此每个子信道上数据可以看成平坦性衰落，从而可以消除符号间干扰。而且由于每个子信道的带宽仅仅是原信道带宽的一小部分，信道均衡变得相对容易。OFDM 系统的实现框图如图 2-19 所示。

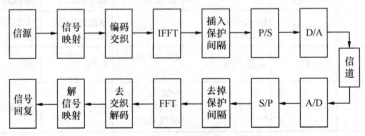

图 2-19　OFDM 系统的实现框图

OFDM 技术之所以越来越受关注，是因为 OFDM 有很多独特优点，如频谱利用率很高，频谱效率比串行系统高近一倍；抗衰落能力强；适合高速数据传输；抗码间干扰（ISI，Inter-Symbol Interference）能力强。OFDM 也有其缺点，如对频偏和相位噪声比较敏感。

（2）软件无线电

所谓软件无线电（SDR，Software Defined Radio）就是采用数字信号处理技术，在可编程控制的通用硬件平台上，利用软件来定义实现无线电台的各部分功能：包括前端接收、中频处理以及信号的基带处理等，即整个无线电台从高频、中频、基带直到控制协议部分全部由软件编程来完成，使其成为一种多工作频段、多工作模式、多信号传输与处理的无线电系统。

其核心思想是在尽可能靠近天线的地方使用宽带的"数字/模拟"转换器，尽早地完成信号的数字化，从而使得无线电台的功能尽可能地用软件来定义和实现。总之，软件无线电是一种基于数字信号处理器（DSP，Digital Signal Processor）芯片，以软件为核心的崭新的无线通信体系结构。

软件无线电的优势主要体现在以下几个方面。

① 系统结构通用，功能实现灵活，改进升级方便，集中处理信号的能力强。

② 提供了不同系统间互操作的可能性。

③ 更易于采用新的信号处理手段，从而提高了系统抗干扰的性能。

④ 模块的物理和电气接口技术指标符合开放标准。

⑤ 拥有较强跟踪新技术的能力。

目前，实现软件无线电还需克服一些技术难点，如多频段天线的设计，宽带模/数、数/模转换，高速数字信号处理器的实现等。

（3）智能天线

智能天线定义为波束间没有切换的多波束或自适应阵列天线。多波束天线在一个扇区中使用多个固定波束，而在自适应阵列中，多个天线的接收信号被加权并且合成在一起使信噪比达到最大。与固定波束天线相比，天线阵列的优点是除了提供高的天线增益外，还能提供相应倍数的分集增益。但是它们要求每个天线有一个接收机，才能提供相应倍数的分集增益。

智能天线具有抑制信号干扰、自动跟踪以及数字波束调节等智能功能，其基本工作原理是根据信号来波的方向自适应地调整方向图，跟踪强信号，减少或抵消干扰信号。智能天线可以提高信噪比，提升系统通信质量，缓解无线通信日益发展与频谱资源不足的矛盾，降低系统整体造价，因此其势必会成为 4G 系统的关键技术。智能天线的核心是智能的算法，而算法决定电路实现的复杂程度和瞬时响应速率，因此需要选择较好的算法实现波束的智能控制。

（4）网络结构与协议

4G 系统网络体系结构包括了适用于 IP 分组传输的空中接口、位置寄存、基站网络配置、无线 QoS 控制、网络配置和集成式 3G-WLAN 无缝业务控制等功能模块。为了解决城区密集业务问题，频率复用是关键，而且用微蜂窝实现无缝覆盖要比热点覆盖策略好。在处理多媒体业务时，智能无线资源管理是关键技术。无线资源管理者首先检查可用资源、前/后向链路质量、应用类别以及 QoS 业务用户级别，然后再指配适当的前/后向链路速率和发射功率，关键是选路/切换和鉴权策略。若从架构上来看，目前第一、第二、第三代移动通信基础架构均是交换层架构，而第四代不仅要考虑到交换层级技术，还必须涵盖不同类型的通信接口，也就是说第四代主要是运用路由技术为主的网络架构。

我们相信，在不久的将来，4G 在业务、功能、频宽上均有别于 3G，将会实现将所有无线服务综合在一起，能在任何地方接入因特网，包括定位定时、数据收集、远程控制等功能。移动无线因特网会是无边无际的，而 4G 将会是多功能集成的宽带移动通信系统，是宽带接入 IP 的系统，是新一代的移动通信系统。

第3章 新型宽带网络及其技术

宽带网络是具备较高通信速率和吞吐量的通信网络，是指传输、交换和接入的宽带化、智能化。网络带宽越宽，数据传输速率就越高，由此宽带技术应运而生。宽带技术包括主干网技术和接入网技术。宽带接入网主要有光纤接入、铜线接入、混合光纤/铜线接入、无线接入等。宽带网络对接入技术的要求包括两个方面：网络的宽带化和业务的综合化。为体现宽带网络的新趋势，本章主要介绍宽带接入、10吉比特以太网和宽带智能网的新技术。

3.1 宽带接入新技术

把一个终端系统连接到一个网络系统的过程称为接入。接入网（AN，Access Network）是连接核心网与用户或用户驻地网的桥梁，是本地交换机到用户终端的实施系统。接入网在电信中的位置如图3-1所示。整个通信网络被分成三个部分：核心网（CN，Core Network）、AN和用户驻地网（CPN，Customer Premises Network）。通常CPN只是一个用户终端设备，Q是网络管理接口。

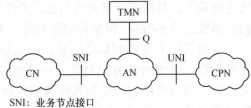

SNI：业务节点接口
UNI：用户网络接口
TMN：电信管理网

图3-1 接入网在公用电信网中的位置

核心网是国家信息基础设施中承载多种信息的主体部分，通常由传输网和交换网（业务网）组成。核心网频繁地更换新技术，以支持各类窄带和宽带、实时和非实时、恒定速率和可变速率，尤其是多媒体业务；而接入网作为语音、数据和活动图像等全业务综合的主要部分和必经之路，已成为制约整个通信网发展的瓶颈，市场竞争也已从核心网转向接入网。

3.1.1 接入网与宽带接入网

接入网有窄带接入和宽带接入之分。将用户网络接口上的最大接入速率超过2Mbit/s的用户接入称为宽带接入，否则为窄带接入。图3-2所示为接入网的组成及物理位置。其中主干系统为传统的电缆和光缆，一般长数千米；配线系统也可能是电缆和光缆，其长度一般为几百米；而引入线通常长几米到几十米。

接入网技术包括以电话网铜线为基础的xDSL技术、以有线电视产业为基础的电缆调制解调器技术、以光纤为基础的

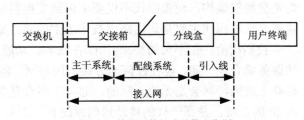

图3-2 接入网的组成及物理位置

光纤接入网技术、以5类双绞线为基础的以太网接入技术、以扩频通信为基础的无线接入技术。根据使用媒体不同，接入网技术分为光纤接入、铜线接入、HFC和WLL。

接入网的特点包括：①完成复用、交叉连接和传输功能；②提供开放的 V5 标准接口，可实现与任何种类的交换设备进行连接；③光纤化程度高；④提供各种综合业务；⑤对环境的适应能力强；⑥组网能力强；⑦可采用 HSDL、ADSL、有源及无源网络、HFC 和无线等多种接入技术；⑧接入网可独立于交换机进行升级，灵活性高，有利于引入新业务和向宽带网过渡；⑨接入网提供了功能较为全面的网管系统，给网管带来方便。

接入网的主要功能有用户口功能（UPF，User Port Function）、业务口功能（SPF，Service Port Function）、核心功能（CF，Core Function）、传送功能（TF，Transport Function）、系统管理功能（SMF，System Management Function）。

骨干网一般采用光纤结构，传输速度快，因此，接入网便成了整个网络系统的瓶颈。可以说接入网的速度直接决定了用户的上网速度。因此，接入网的宽带化已经迫在眉睫。

宽带接入网的基本功能除保留窄带接入网的全部功能外，还应包括以下几个方面的功能。

① 将来自用户的业务流传输、寻径和多路复用至核心网。
② 依据 QoS 将来自用户的业务流分类。区别带宽有保证和尽力而为的业务流。
③ 执行 QoS。
④ 提供导航帮助和目录服务。
⑤ 内容提供者的缓冲服务器。
⑥ 执行媒介访问控制（MAC，Medium Access Control）协议。
⑦ 用户认证。
⑧ 提供用于调用的管理。

下面从几个方面来介绍宽带接入技术。

3.1.2　基于 PSTN 的接入技术

PSTN 的接入技术主要包括如下几类。

1. xDSL 技术

（1）ADSL

ADSL 利用现有的电话线路和 ADSL 专用调制解调器，将数字信号的传输速率提升到下传 1.5～9Mbit/s、上传 64～640kbit/s。实现时的具体差异主要由所采用的调制解调器、传输方式和传输距离（最主要因素）决定。ADSL 将一条双绞线上的用户频谱分为 3 个频段：① 0～4kHz 频段，传送话音基带信号实现电话业务；② 20～200kHz 频段，传送上行或下行的低速数据（144～576kbit/s）；③ 250～1 000kHz 频段，传送下行高速数据（速率可达 8Mbit/s）。

ADSL 的关键在于高速信道的调制技术，目前采用 3 种调制技术：正交幅度调制（QAM，Quadrature Amplitude Modulation）、无载波幅度—相位调制（CAP，Carrierless Amplitude-Phase modulation）、离散多频调制（DMT，Discrete Multitone）。CAP 与 QAM 基本相同，是无载波的 QAM，而 DMT 则可提供更高的工作速率。DMT 是一种多载波调制方法，它将电话网中的双绞线的可用频带分为 256 个子信道，每个子信道带宽为 4kHz，它可根据各子信道的性能来动态分配各信道的数据速率。

（2）高数据率数字用户环线

高数据率数字用户环线（HDSL，High data rate Digital Subscriber Line）利用两条双绞线

进行数字资料的传输,不过上下传输速度对称。在一条双绞线的状况下,HDSL速率可达784~1 040kbit/s;如果以两条双绞线传输,则可将速率提高到T1(1.544Mbit/s)或E1(2.048Mbit/s)的水准。它采用高速自适应数字滤波技术和先进的信号处理器,进行线路均衡,消除线路串音,实现回波抑制,不需要再生中继器,适合所有非加感用户环路,设计、安装和维护方便、简捷。HDSL采用的编码类型为2B1Q码或CAP码,可以利用现有电话线缆用户线中两对或三对双绞线来提供全双工的T1/E1信号传输,对普通0.4~0.6mm线径的用户线路来讲,传输距离为3~6km,比传统的脉冲编码调制(PCM,Pulse Code Modulation)要长一倍以上。如果线径更粗些,传输距离可接近10km。

HDSL广泛用于移动通信基站中继、无线寻呼中继、视频会议、ISDN基群接入、远端用户线单元(RLU,Remote Line Unit)中继及局域网互联等业务。由于它要求传输介质为2~3对双绞线,因此常用于中继线路或专用数字线路,一般终端用户线路不采用该技术。

（3）VDSL

VDSL为甚高速的传输方式,即ADSL的快速版本。它采用频分复用方式,将窄带语音、ISDN以及VDSL的上、下行信号放在不同的频段传输。VDSL采用CAP、DMT和离散子播多音调制(DWMT,Discrete Wavelet Multi-Tone)等编码方式,在一对铜质双绞线上实现信号传输,其下行速率为13~55Mbit/s,上行速率为1.5~19Mbit/s,传输距离为300~1 500m。不过,VDSL的传输速率依赖于传输线的长度,所以上述的数据是相对而言的。

（4）对称数字用户环线

对称数字用户环线(SDSL,Symmetric Digital Subscriber Line)是对称的DSL技术,是HDSL的一个分支,与HDSL的区别在于只使用一对铜双绞线对在上下行方向上实现E1/T1传输速率。它采用2B1Q线路编码,上行与下行速率相同,传输速率由几百kbit/s到2Mbit/s,传输距离为3km左右。

（5）速率自适应数字用户环线

速率自适应数字用户环线(RADSL,Rate Adaptive Digital Subscriber Line)是速率可调的ADSL,能够自动地、动态地根据所要求的线路质量调整自己的速率,支持同步和非同步传输方式,支持同时传输数据和语音,支持的下行速率最高可以达到7Mbit/s,上行速率最高可达到1.5Mbit/s,为远距离用户提供质量可靠的数据网络接入手段。RADSL是在ADSL基础上发展起来的新一代接入技术,其传输距离为5.5km左右。

（6）单线对HDSL

单线对HDSL(SHDSL,Single-line HDSL)是HDSL单线版本的升级技术,也就是说可以节省一对双绞线(也可以使用两对双绞线),传输速率更快,传输距离更远,安装更为方便。SHDSL采用PAM16编码,能提供上下行同为2.3Mbit/s的带宽,最长传输距离可达7km。更具市场价值的是,SHDSL设备与ADSL设备的兼容性可以使得不同的设备在同一平台提供不同的服务。

（7）ISDN数字用户环线

ISDN数字用户环线(IDSL,ISDN DSL)是DSL和ISDN技术结合的产物,使用与ISDN设备相同的2B1Q数字编码技术,并且提供144kbit/s的带宽,最长传输距离可达5km。IDSL与ISDN的不同之处在于,IDSL不支持模拟电话,其信号绕过了拥塞的电话网,而使用数据网。另外,使用IDSL也没有ISDN的呼叫建立连续的时延。IDSL的主要应用场合有远程通信和远程办公室连接。

（8）多速率数字用户环线

多速率数字用户环线（MDSL，Multi-rate Digital Subscriber Line）是一种类似 SDSL 的多速率对称传输技术，它可以在一对铜质双绞线上支持从 128kbit/s～2.3Mbit/s 的速率。在 0.4mm 线径上最远可以提供 9.4km 的传输距离，用户可以根据距离和实际需求来选择不同的速率。

当前，xDSL 技术成为宽带接入网中非常活跃、热门的技术，除上述几种比较典型的技术以外，目前还存在其他一些数字用户环路技术，如超高速数字用户环线（UDSL，Ultrahigh bit-rate DSL）、消费数字用户环线（CDSL，Consumer DSL）、以太数字用户环线（EDSL，Ethernet DSL）。XDSL 的主要性能如表 3-1 所示。

表 3-1   **xDSL 的主要性能**

接入技术	调制技术	下行速率	上行速率	传输距离（实际距离取决于线路质量）	基带模拟话音	双绞线对数	是否对称传输
IDSL	2B1Q	56kbit/s、64kbit/s、128kbit/s、144kbit/s	56kbit/s、64kbit/s、128kbit/s、144kbit/s	最长 5km	无	1	是
HDSL	2B1Q	2Mbit/s	2Mbit/s	最长 3.5km	无	2	是
SHDSL	PAM16	2.3Mbit/s	2.3Mbit/s	最长 7km	无	1 或 2	是
SDSL	2B1Q	最高 2Mbit/s	最高 2Mbit/s	最长 3.5km	无	1	是
MDSL	2B1Q	2.3Mbit/s	2.3kbit/s	最长 9.4km	无	1	是
ADSL（全速率）	DMT	最高 8Mbit/s	最高 800kbit/s	最长 3.5km	有	1	否
ADSL（全速率）	CAP	最高 8Mbit/s	最高 800kbit/s	最长 3.5km	有	1	否
ADSL（G.lite）	DMT	最高 1.5Mbit/s	最高 800kbit/s	最长 4.5km	有	1	否
RADSL	CAP、DMT	最高 7Mbit/s	最高 1.5Mbit/s	最长 5.5km	有	1	否
VDSL	CAP、DMT	最高 55Mbit/s	最高 19Mbit/s	最长 1.5km	有	1	否

近年来，xDSL 技术仍在不断向着高速率、远距离和多样化的趋势发展。其中 VDSL 与 ADSL2+或 ADSL2++是高速率 xDSL 技术的主要代表。ADSL2 和 ADSL2+都属于第二代的 ADSL 技术，与第一代 ADSL 相比，增强了传输能力，拓展了应用范围，提高了线路诊断能力，优化了节能特性，互通性得到进一步改善，将是未来 ADSL 市场的主流技术。

xDSL 技术的发展策略如下。

① 以 ADSL 技术为主，并积极推动更高速率的 VDSL 技术。

② ADSL 的发展趋势将是以 ADSL2/ADSL2+取代 ADSL1，但 ADSL2/ADSL2+大规模应用的时间应视其技术成熟度、互通性以及成本等因素综合统筹考虑。ADSL1 与 ADSL2/ADSL2+将在一段时期内共存。

③ VDSL 主要适用于一些对下行带宽有很高需求（超过 12Mbit/s）或需要双向对称带宽（如双向需要超过 6Mbit/s）的用户，并以 FTTx+VDSL 形式出现。

④ 各种 xDSL 技术也在融合，xDSL 技术的最终发展将是采用一种统一的调制方式和频谱方案，根据线路的衰减、噪声等情况，灵活地提供目前 ADSL 和 VDSL 所具有的能力，从而实现各种 xDSL 技术的能力综合——通用 xDSL。

2. 用户线接入多路复用器

用户线接入多路复用器（HomePNA，Home Phoneline Network Alliance）系统在现有的铜线和光纤网络上提供每个用户 1~10Mbit/s 的高速数据传输。HomePNA 技术能够分离通过一条电话线传送的声音和数据业务。声音传送的波段在 20Hz~3.4kHz 之间，设备则利用 5.5~9.5MHz 波段传送数据业务，因此当用户利用同一条电话线访问因特网时可以使用电话或发传真，不会相互影响。它采用频分复用技术。

3. 3DDS

3DDS 是一种提供 IP 网络增值业务的宽频带多媒体应用系统，全称是三维数字交互宽带网络系统，它充分利用现有电话线网络向用户提供宽带多媒体服务。3DDS 网络系统是通过将 3DDS 数字环路技术、IP 技术和 ATM 技术结合，采用点对点方式、星形结构在铜质双绞线上实现高速链接，从而建立一种基于 PSTN 的宽带多媒体应用系统。目前的上下行频段带宽已达 10MHz，并且具有双向传输性，传输距离和抗干扰性方面优于现有其他技术。

3.1.3　宽带以太网接入

以太网接入的特点是简单，易于管理，建设代价低，共享带宽程度高。随着吉比特以太网（GbE，Gigabit Ethernet）和 10 吉比特以太网的成熟和广泛应用，以太网开始进入局域网、城域网和广域网领域。如果接入网也采用以太网将形成从局域网、接入网、城域网到广域网全部是以太网的结构。采用与 IP 一致的统一的以太网帧结构，各网之间无缝连接，中间不需要任何格式转换，将可以提高运行效率、方便管理、降低成本。

但由于接入网是一个公用的网络环境，因此其要求与局域网这样一个私有网络环境会有很大不同，它仅借用了用于局域以太网的帧结构和接口，网络结构和工作原理完全不一样，其差别主要反映在用户管理、安全管理、业务管理和计费管理上。

用户管理指的是用户需要到接入网运营商那里进行开户登记，并且在用户进行通信时对用户进行认证、授权，保证合法用户正常通信，杜绝非法用户入侵。安全管理是指接入网需要保障用户数据（单播地址的帧）的安全性，隔离携带有用户个人信息的广播消息（如地址解析协议（ARP，Address Resolution Protocol）、DHCP 消息等），防止关键设备受到攻击。业务管理指的是接入网需要支持多播业务，需要为保证 QoS 提供一定手段。计费管理指的是接入网需要提供有关计费的信息，计费问题对于任何一种接入方式都是必需的。

基于以太网技术的宽带接入网由局侧设备和用户侧设备组成，局侧设备一般位于小区内或商业大楼内，用户侧设备一般位于居民楼内。通常以太网接入提供的带宽是：对商业用户来说，1Gbit/s 到大楼、100Mbit/s 到楼层、10Mbit/s 到桌面；对住宅用户来说，1Gbit/s 到社区、100Mbit/s 到楼、10Mbit/s 到家庭。基于以太网技术的宽带接入网结构如图 3-3 所示。

局侧设备提供与 IP 骨干网的接口，用户侧设备提供与用户终端计算机相接的以太网接口。局侧设备具有汇聚用户侧设备网管信息的功能，用户侧设备只有链路层功能，工作在多路复用器方式下，各用户之间在物理层和链路层相互隔离，从而保证用户数据的安全性。另外，用户侧设备可以在局侧设备的控制下动态改变其端口速率，从而保证用户最低接入速率，

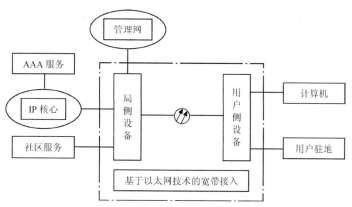

图 3-3　基于以太网技术的宽带接入网结构

限制用户最高接入速率，支持对业务的 QoS 保证。对于多播业务，由局侧设备控制各多播组状态和组内成员的情况，用户侧设备只执行受控的多播复制，不需要多播组管理功能。局侧设备还支持对用户的 AAA 以及用户 IP 地址的动态分配。为了保证设备的安全性，局侧设备与用户侧设备之间采用逻辑上独立的内部管理通道。

基于以太网技术的宽带接入网还具有强大的网管功能，能进行配置管理、性能管理、故障管理和安全管理；还可以向计费系统提供丰富的计费信息，使计费系统能够按信息量、按连接时长或包月制方式等进行计费。

3.1.4　下一代光接入网

所谓光接入网（OAN，Optical Access Network）就是采用光纤传输技术的接入网，泛指本地交换机或远端模块与用户之间采用光纤通信或部分采用光纤通信的系统。通常，OAN 指采用基带数字传输技术并以传输双向交互式业务为目的的接入传输系统，将来应能以数字或模拟技术升级传输宽带广播式和交互式业务。

光纤通信具有通信容量大、质量高、性能稳定、防电磁干扰、保密性强等优点。它在干线通信方面已有广泛体现。在接入网中，光纤接入也将成为发展重点。

当前有多种光纤接入方式，例如：

光纤到远端单元（FTTR，Fiber To The Remote unit）、光纤到大楼（FTTB，Fiber To The Building）、光纤到路边（FTTC，Fiber To The Curb）、光纤到小区（FTTZ，Fiber To The Zone）、光纤到办公室（FTTO，Fiber To The Office）、光纤到户（FTTH）。

1. 光接入网的原理和结构

ITU-T 在新制定的标准 G.982 中定义光接入网为光传输系统支持共用同一网络侧接口的接入链路。图 3-4 所示为 OAN 的一种通用参考配置，它适合于 FTTC、FTTB、FTTO 和 FTTH 等各种情况。光线路终端（OLT，Optical Line Terminal）为 OAN 提供网络侧接口并连至一个或多个光配线网（ODN，Optical Distribution Network）。ODN 为 OLT 和光网络单元（ONU，Optical Network Unit）提供光传输手段，主要功能是完成光信号的分配。ONU 为 OAN 提供用户侧接口并和 ODN 相连，其网络侧为光接口，用户侧为电接口。ONU 需要光/电和电/光转换功能，还要完成对语音信号的数/模转换、复用、信令处理和维护管理功能。AF 为适配

功能。光纤接入网的网络结构有单一星形、双星形（包括有源和无源）和环形，而环形结构
中又包括环形＋大楼综合布线和环形＋星形＋引入线。

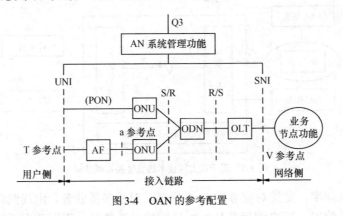

图 3-4　OAN 的参考配置

2. PON

PON 是实现 FTTH 的关键技术之一。目前最简单的网络拓扑是点到点连接，如图 3-5（a）
所示，但是如果要全面铺开则成本太高。为了减少光纤数量，可以在街区附近放置一个远端交
换机（或集线器），但是这么做就要在中心局与远端交换机之间增加两对光收发信机，如图 3-5
（b）所示，而且还要解决远端交换机供电和备用电源等维护问题，成本也很高。因此，采用便
宜的无源光器件代替有源的远端交换机是合乎逻辑的，PON 技术就应运而生。PON 可最大程
度地减少光收发机、中心局终端和光纤的数量。它是点到多点的光网，在源到宿的信号通路
上全是无源光器件，如光纤、接头和分光器等。基于单纤 PON 的接入网只需要 $N+1$ 个收发信
机和 Lkm 光纤，如图 3-5（c）所示。这里 N 是用户数，L 是用户到中心局的距离。

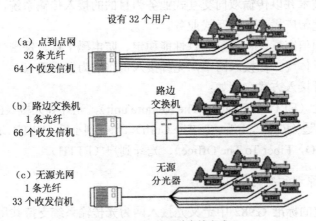

图 3-5　FTTH 的三种实施方式

逻辑上，第一千米是点到多点的，一个中心局一般服务几千个用户。适合于接入网的多点
拓扑有树形、双树干树形、环形和总线型，如图 3-6 所示。使用 1：2 光抽头耦合器和 1：N 分
光器，PON 可以灵活地用于该图中任一拓扑。此外，PON 还可以按冗余配置建设，如双环形
或双树干树形等。只对 PON 的某一部分设冗余也可以，如双树干树形。

PON 上的所有传输是在 OLT 和 ONU 之间进行的。OLT 设在中心局，把光接入网接至城

域骨干网。ONU 位于路边或最终用户所在地，提供宽带话音、数据和视像服务。在下行方向（从 OLT 到 ONU），PON 是点到多点网，在上行方向则是多点到点网。在用户接入网中使用 PON 的优点很多，例如传输距离长，可超过 20km；中心局和用户环路中的光纤装置减至最少；提供的带宽可高达吉比特量级；在下行方向的工作好像一个宽带网，允许作视像广播，利用波长复用既可以传 IP 视像，又可以传模拟视像；在进行光分路的地方不需安装有源复用器，而使用小型的无源分光器作为光缆设备的一部分，安装简便，同时避免了电力远供问题；具有端到端的光透明性，允许升级到更高速率或增加波长。

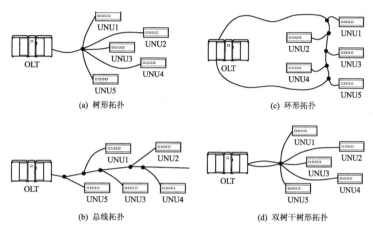

图 3-6　PON 拓扑

3. 从 APON 到 EPON 及 GPON

国际电信联盟（ITU，International Telecommunication Union）的全业务接入网（FSAN，Full Service Access Networks）ITU-T G.983 建议定义了基于 PON 的光接入网，它使用 ATM 作为 2 层协议，故称 ATM 无源光网络（APON，ATM PON）。许多公司（如 SBC、US West、Bell South 和 Bell Canada 等）都看好 APON。但后来的事实是以太网大大超越了 ATM，成为普遍接受的标准。目前，全世界已经安装的以太网端口数超过了 3.2 亿，高速吉比特以太网正在广泛加速实施，10 吉比特以太网产品也开始提供。考虑到现在 95% 的局域网都使用以太网，ATM 显然已经不是连接以太网的最佳选择。

以太网是一种到处都有的便宜技术，能与各种设备互操作，故选择以太网作为最优的接入网是十分理想的。所谓以太网无源光网络（EPON，Ethernet PON）就是把全部数据装在以太网内来传送的一种 PON。新采纳的 QoS 技术使以太网能够支持话音、数据和视像，这些技术包括全双工支持、优先等级化（P802.1P）和虚拟局域网标记（P802.1Q）等。

吉比特无源光网络（GPON，Gigabit-capable PON）综合和兼顾了 ATM/Ethernet/TDM 分组传送技术。ITU 在 2003 年正式通过并颁布了 GPON 标准系列中的三个标准：G.984.1、G.984.2 和 G.984.3。由于 GPON 标准是 ITU 在 APON 标准之后推出的，因此 G.984 标准系列不可避免地沿用了 G.983 标准的很多思路。GPON 与 EPON 都是吉比特级的 PON 系统，与 EPON 力求简单的原则相比，GPON 更注重多业务和 QoS 保证，因此更受运营商的青睐。

对 EPON、GPON、APON 三种无源光网络技术主要参数的比较，如表 3-2 所示。

表 3-2　　　　　　　　　EPON、GPON 和 APON 技术主要参数的比较

主 要 参 数	IEEE EPON	ITU-T GPON	ITU-T APON
下行线路速率（Mbit/s）	1 250	1244.16 或 2488.32	155.52 或 622.08 或 1244.16
上行线路速率（Mbit/s）	1 250	155.52 或 622.08 或 1244.16 或 2488.32	155.52 或 622.08
线路编码	8B/10B	NRZ（+扰码）	NRZ（+扰码）
最小分路比(在传统汇聚层)	16	64	32
最大分路比(在传统汇聚层)	N/A	128	64
TC 层支持的最大逻辑传送距离（km）	10 或 20	60	20
数据链路层协议	Ethernet	基于 GEM 和/或 ATM 承载的 Ethernet	ATM
TDM（时分复用）支持能力	基于分组承载的 TDM	原始的 TDM 和/或基于 ATM 承载的 TDM 和/或分组承载的 TDM	基于 ATM 承载的 TDM
PON 支持的最大业务流/个	取决于每个 ONT 支持的 LLID 数	4 096	256
上行带宽[①]（Mbit/s）（以 IP 数据传输为业务）	760~860	1 160 （1.244Gbit/s 双向对称系统）	500（622Mbit/s 双向对称系统）
运行维护管理	Eth OAM（SNMP 可选）	PL OAM+OMCI	PL OAM+OMCI
下行数据流加密	无定义	AES（计数器模式）	扰码或 AES

注：① 该带宽是根据不同大小的 IP 包分布模型算出的平均值，仅供参考。

3.1.5　基于无线的接入方式

无线接入技术可以分为移动接入和固定接入两大类，其中移动接入又可分为高速和低速两种。高速移动接入一般可用蜂窝系统、卫星移动通信系统、集群系统等。低速移动接入系统可用指定分区组号码（PGN，Partitioned Group Number）的微小区和毫微小区，如 CDMA 的 WiLL、个人访问通信系统（PACS，Personal Access Communications System）、PHS 等。固定接入是从交换节点到固定用户终端采用无线接入。其目标是为用户提供透明的 PSTN/ISDN 业务，固定无线接入系统的终端不含或仅含有限的移动性。接入方式有微波一点多址、蜂窝区移动接入的固定应用、无线用户环路及卫星甚小口径终端（VSAT，Very Small Aperture Terminal）网等。主要的固定无线接入技术有两类，即已经投入使用的多信道多点分配业务（MMDS，Multichannel Multipiont Distribution Service）和 LMDS。

1. 移动接入

（1）GSM 接入技术

GSM 是个人通信的一种常见技术代表，用的是窄带 TDMA，允许在一个射频（即蜂窝）同时进行 8 组通话。它是根据欧洲标准而确定的频率范围在 900~1 800MHz 之间的数字移动电话系统，频率为 1 800MHz 的系统也被美国采纳。GSM 网具有较强的保密性和抗干扰性，音质清晰，通话稳定，并具备容量大、频率资源利用率高、接口开放、功能强大等优点。

（2）CDMA 接入技术

CDMA 与 GSM 一样，也是一种比较成熟的无线通信技术，CDMA 的运作是利用展频技术。所谓展频就是将所想要传递的信息加入一个特定的信号后，在一个比原来信号还大的宽带上传输开来。当基地接收到信号后，再将此特定信号删除还原成原来的信号。这样做的好处在于其隐密性与安全性好。与 GSM 不同，CDMA 并不给每一个通话者分配一个确定的频率，而是让每一个频道使用所能提供的全部频谱。CDMA 数字网具有以下优势：高效的频带利用率和更大的网络容量、简化网络规范、提高通话质量、增强保密性、提高覆盖特性、延长用户通话时间、软音量和软切换，而且 CDMA 手机话音清晰，接近有线电话，信号覆盖好，不易掉话。另外，CDMA 系统采用编码技术，其编码有 4.4 亿种数字排列，每部手机的编码还随时变化，使盗码只能成为理论上的可能，实际上这种可能性是微乎其微。

（3）蓝牙技术

蓝牙的英文名称为"Bluetooth"，关于蓝牙这个名称的由来也是众说纷纭，有的说狼牙在黑夜里会发出蓝光，因此得名"蓝牙"。但权威版本的解释是说，蓝牙是丹麦国王 Viking（940—981 年）的"绰号"，他统一了丹麦和挪威，因为他爱吃蓝莓，牙齿被染蓝，因此而得这一"绰号"。而蓝牙技术也在计算机行业和通信行业得到普遍认可，因此命名为"蓝牙"。其实蓝牙技术是由移动通信公司与移动计算公司联合起来开发的传输范围约为 10m 的短距离无线通信标准，用来设计在便携式计算机、移动电话以及其他的移动设备之间建立一种小型、经济、短距离的无线链路。蓝牙协议能使蜂窝电话、掌上电脑、笔记本电脑、相关外设和家庭 Hub 等包括家庭无线射频的众多设备之间进行信息交换。蓝牙用于手机与计算机的相连，可节省手机费用，实现数据共享、因特网接入、无线免提、同步资料、影像传递等。

（4）WCDMA 接入技术

宽带码分多址（WCDMA，Wideband CDMA）是一种由 3GPP 具体制定的，以频谱效率技术构建的基于 GSM MAP 核心网。WCDMA 采用的先进技术包括 DS-CDMA、频分双工（FDD，Freguency Division Duplex）方式、ATM 微信元传输协议、精确的功率控制、自适应天线阵列、多用户检测、分集接收（正交分集、时间分集）、分层式小区结构、同步解调等。WCDMA 需要把不同比特率、不同服务种类和不同性质要求的业务混合在一起。在反向信道上，采用导频符号相干 RAKE 接收的方式，解决了 CDMA 中反向信道容量受限的问题。

WCDMA 技术的最高数据传输速率为 2Mbit/s。它的优势在于码片速率高，能够提供广域的全覆盖，无需基站间严格同步。采用连续导频技术，支持高速移动终端。相比第二代移动通信技术，WCDMA 具有更大的系统容量、更优的话音质量、更高的频谱效率、更快的数据传输速率、更强的抗衰落能力、更好的抗多径性，能够用于高达 500km/h 的移动终端的技术优势。WCDMA 能顺畅地处理声音、图像数据，与互联网络快速连接；此外 WCDMA 和第 4 动态图像专家组（MPEG-4，Moving Picture Experts Group 4）技术结合还可处理动态图像。

2. 固定无线接入

固定无线接入是指从交换节点到固定用户终端部分或全部采用无线方式，是有线接入的一个有效补充手段。通常我们谈论的固定无线接入是指接入到 PSTN 网，提供电话、传真、语音带数据业务及一些补充业务等。固定无线接入技术的特点主要体现在多址方式、调制方式、双工方式、对电路交换与分组交换支持、动态带宽分配、空中无线协议、OFDM 等方面。使用较多的技术主要有微波点到点系统、微波点到多点系统、固定蜂窝系统、固定无绳系统、MMDS、LMDS 和 VSAT 等。下面主要就后三种技术做一简单介绍。

（1）MMDS

MMDS 是由单向的无线电缆电视微波传输技术发展而来的，是国外电话公司与有线电视公司竞争视频业务的重要手段。微波 MMDS 被称为无线电缆网，是一种性能优异的宽带用户接入网，可使用的无线电缆频段在 900MHz～40GHz 之间。在这种系统中，每一个小区设一个本地 MMDS 微波收发前端，将光信号转为电信号发送出去。MMDS 前端将信号微波调制从空中传送到用户而不是通过同轴电缆，用户通过无线信道，经无线电缆调制器解调后，将数据送至计算机。在这种应用中，MMDS 以单向下行广播方式工作，用户通过电话模拟调制解调器的前端建立上行通道，并进行连接。MMDS 一般采用正交幅度调制，工作频率应为 2.5～2.7GHz，但近来一些厂商的产品工作于 2～4GHz（甚至 1～10GHz）频段。MMDS 的配置及所采用的技术与 LMDS 相似，一般也由骨干网、基站、用户终端设备和网管系统组成。MMDS 工作在 3GHz 左右频段，因而可用的频谱资源比 LMDS 少，但其传输距离则远远超过 LMDS。

（2）LMDS

LMDS 是一种微波的宽带业务，工作在 28GHz 附近频段，在较近的距离双向传输话音、数据和图像等信息。LMDS 采用一种类似蜂窝的服务区结构，将一个需要提供业务的地区划分为若干服务区，每个服务区内设基站，基站设备经点到多点无线链路与服务区内的用户端通信。每个服务区覆盖范围为几千米至十几千米，并可相互重叠。LMDS 的宽带特性决定了它几乎可以承载任何种类的业务，包括话音、数据和图像等。

LMDS 用户端设备包括室外安装的微波发射和接收装置以及室内网络接口单元（NIU，Network Interface Unit），NIU 为各种用户业务提供接口，并完成复用/解复用功能。P-COM 公司的 LMDS 系统可提供多种类型用户接口，包括电话、交换机、图像、帧中继、以太网等，速率也非常全，如 ISDN、$N \times 64$kbit/s、2Mbit/s、$N \times 2$Mbit/s 等，基本上目前常见的业务都可直接接入。

LMDS 系统的参考结构如图 3-7 所示。

LMDS 系统通常由 3 部分组成：基站（中心站）、用户端设备（远端站或服务站）和网管系统。LMDS 系统通过基站的接口模块连接到基础骨干网。基础骨干网由光纤或微波传输网实现，包括 ATM 交换或 IP 交换或 IP+ATM 的核心交换平台，与因特网、PSTN 等模块互连。

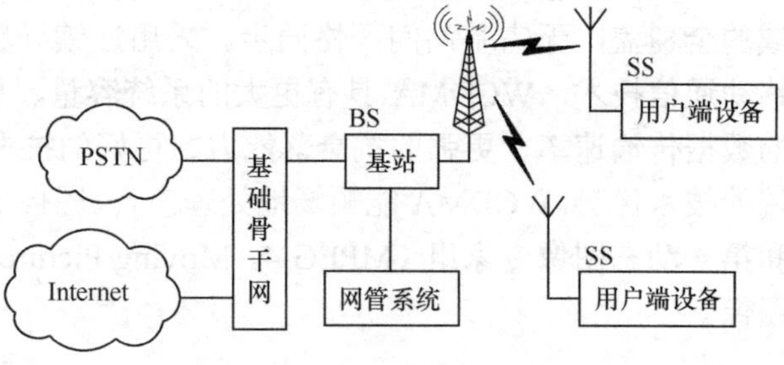

图 3-7　LMDS 系统结构框图

（3）VSAT

VSAT 通常指卫星天线孔径小于 3m（1.2～2.8m）、具有高度软件控制功能的地球站。VSAT 已广泛应用于新闻、气象、民航、人防、银行、石油、地震和军事等部门以及边远地区通信。VSAT 有以下两个主要特点。

① 地球站通信设备结构紧凑牢固，全固态化，尺寸小，功耗低，安装方便，价格便宜。VSAT 通常只有户外单元和户内单元两个机箱，占地面积小，对安装环境要求低，可以直接安装在用户处（如安装在楼顶甚至居家阳台上），便于移动卫星通信，不必汇接中转，可直接与通信终端相连，并由用户自选控制，不再需要地面延伸电路。

② 组网方式灵活、多样。在 VSAT 系统中，网络结构形式通常分为星形式、网状式和混合式三类。通常情况下，星形网以数据通信为主兼容话音业务，网状网和混合网以话音通信为主兼容数据传输业务。VSAT 系统综合了诸如分组信息传输与交换、多址协议、频谱扩展等多种先进技术，可以进行数据、语音、视频图像、图文传真等多种信息的传输。

3.1.6　综合宽带接入平台

综合宽带接入平台的日趋成熟是宽带接入网发展的另一个亮点。如图 3-8 所示，新一代的综合接入设备基于纯 IP 内核，具有带宽扩展、新业务支持、新功能升级等优点。其内置物理层适配、ONU、DSL 接入复用器（DSLAM，DSL Access Multiplexer）、接入网关（AG，Access Gateway）等功能。下行提供不同的物理接口、带宽及 QoS 能力，提供 POTS、ADSL、ADSL2/2+、SHDSL、VDSL、LAN、E1、ATM 反向多路复用（IMA，Inverse Multiplexing for ATM）E1、G/EPON 甚至 WiMAX 等多种宽带接入方式。上行通过标准接口连接到不同的业务网络，包括传统电信网络、因特网及 NGN。该平台的成熟为多种业务接入及综合业务模式的实现提供了便利，使得全业务成为可能。综合接入平台将是宽带接入网的重要组成内容。

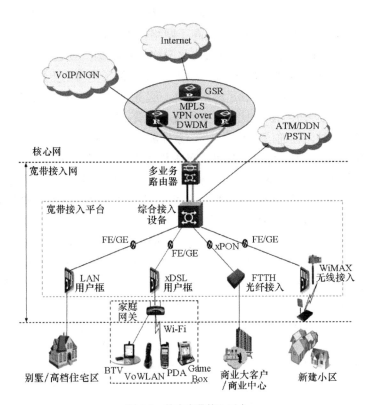

图 3-8　综合宽带接入平台

3.2 10 吉比特以太网

10 吉比特以太网是以太网世界的最新技术，它不仅速度比 GbE 提高了 10 倍，在应用范围上也得到了更多的扩展。10 吉比特以太网不仅适合所有传统局域网的应用场合，而且能延伸到传统以太网技术受到限制的城域网和广域网范围。

3.2.1 10 吉比特以太网的优势

10 吉比特以太网技术的主要优越性表现为以下几点。

① 更公平，更兼容。10 吉比特以太网获得了许多厂家的支持，互操作性强，在同一个网络中可允许存在众多销售商不同的以太网产品共同运行，其产品功能和接口符合统一的 IEEE 802.3 系列标准。用户选购产品时再也不用担心不同厂商产品间的兼容性问题。

② 简单方便，升级容易。10 吉比特以太网技术基本承袭了传统以太网技术，采用人们熟悉的管理工具和基本通用技术，因此在用户普及率、使用方便性、网络互操作性及简易性上皆占有极大的引进优势。另外 10 吉比特以太网技术可将原 10Mbit/s/l00Mbit/s/1 000Mbit/s 以太网的速率方便地提升到 10Gbit/s，升级的风险非常低，同时在未来升级到 40Gbit/s 甚至 100Gbit/s 都将具有很明显的优势。

③ 更高的带宽和更远的传输距离。10 吉比特以太网具有更高的带宽（10Gbit/s）和更远的传输距离（最长传输距离可达 40km）。

④ 结构简化，性能提高。在企业网中采用 10 吉比特以太网可以最好地连接企业网骨干路由器，这样大大简化了网络拓扑结构，提高了网络性能。10 吉比特以太网技术可通过建立虚拟局域网（VLAN，Virtual LAN）的方法优化网络拓扑结构，使连接用户数目不受限制。

⑤ 功能加强，安全得到保障。10 吉比特以太网技术提供了更多的更新功能，大大提升 QoS，具有相当的革命性，因此，能更好的满足网络安全、服务质量、链路保护等多个方面的需求。

⑥ 成为融合的工具。使用 10 吉比特以太网技术能满足局域网、城域网和广域网传输的关键需求。10 吉比特以太网技术让通信业界找到了一条能够同时提高以太网的速度、可操作距离和连通性、可靠性和可伸缩性的途径，10 吉比特以太网技术的应用必将为三网发展与融合提供新的动力。

⑦ 以太网使用 SNMP 提供网络管理和维护功能。SNMP 的第 3 版提供了基于以太网设备的强大的 OAM&P 方法，能加密 SNMP 包数据单元，从而确保网络管理设备的安全性。

⑧ 成本低廉。10 吉比特以太网技术与现有的其他网络技术相比，使网络拥有者花费的更少。以太网速率提升到 10Gbit/s 后，网络软硬件增加的费用、培训、安装和网络管理与维护的费用都相对低廉，另外就速度价格比而言，10 吉比特以太网也相对合算。

⑨ 为网络设计者带来充分的灵活性。网络设计者在采用统一 10 吉比特以太网技术的基础上，可选择不同的工作速率、不同的传输介质和各类接口，使之实现灵活全网布局。

⑩ 可充分利用互联和捆绑技术。过去有时需采用数个吉比特捆绑以满足交换机互连所需的高带宽，因而浪费了更多的光纤资源；现在可以采用 10Gbit/s 互连，甚至 4 个 10Gbit/s 捆绑互连，达到 40Gbit/s 的宽带水平。

⑪ 采用 10 吉比特以太网，网络管理者可以用实时方式，也可以用历史累积方式轻松地看到第 2 层到第 7 层的网络流量。允许"永远在线"监视，能够鉴别干扰或入侵监测，发现

网络性能瓶颈，获取计费信息或呼叫数据记录，从网络中获取商业智能。

尽管社会的发展对信息高速传输的需求使得 10 吉比特以太网面临前所未有的发展机遇，但结合现在的实际情况，10 吉比特以太网存在一些"过热"迹象，10 吉比特以太网走进大众，还有诸多问题有待解决。

10 吉比特以太网继承了以太网一贯的弱 QoS 特点，如何进行有保障区分业务承载的问题，仍然没有解决。10 吉比特以太网技术相对其他替代的链路层技术（例如 2.5G POS、捆绑的吉比特以太网）优势不是很明显。也有人认为，目前城域网的瓶颈并不是在于带宽，而是在于如何将城域网建设成为可管理、可运营和可盈利的网络。因此，10 吉比特以太网技术的应用将取决于宽带业务的开展。只有广泛开展宽带业务，如视频电波、视频多播、高清晰度电视和实时游戏等，才能促使 10 吉比特以太网技术广泛应用和网络健康有序发展。

3.2.2 10 吉比特以太网的技术要点

10 吉比特以太网的技术要点主要表现在以下几个方面。

（1）全双工的工作模式

10 吉比特以太网只支持全双工模式，不支持单工模式，而以往的各种以太网标准均支持单工/双工模式。

（2）不支持载波监听多路访问/冲突检测（CSMA/CD，Carrier Sense Multiple Access with Collision Detection）协议

10 吉比特以太网不满足 CSMA/CD 协议，因为这种技术属于较慢的单工以太网技术。

（3）物理层（PHY，Physical Layer）特点

由于 10 吉比特以太网可作为 LAN 也可作为广域网（WAN，Wide Area Network）使用，而由于 LAN 和 WAN 工作环境不同，对于各项指标的要求存在许多的差异，主要表现在时钟抖动、比特差错率、QoS 等要求不同，就此制定了两种不同的物理介质标准。

10Gbit/s 局域以太网物理层的 MAC 时钟可选择工作在 1Gbit/s 方式下或 10Gbit/s 方式下，允许以太网复用设备同时携带 10 路 1Gbit/s 信号，帧格式与以太网的帧格式一致，工作速率为 10Gbit/s。10Gbit/s LAN 可用最小的代价升级现有的局域网，并与 10Mbit/s/100Mbit/s/1 000Mbit/s 兼容，使局域网的网络范围最大达到 40km。

10Gbit/s 广域网物理层的特点：由于局域以太网采用以太网帧格式，传输速率为 10Gbit/s，而 10Gbit/s 广域以太网采用 OC-192c（OC-192c 是 STS-192c 的光对应物）帧格式在线路上传输，传输速率为 9.584 64Gbit/s，所以 10Gbit/s 广域以太网 MAC 层有速率匹配功能。通过 10Gbit/s 介质无关接口（MII，Medium Independent Interface）提供 9.584 64Gbit/s 的有效速率。线路比特误码率可为 10^{-12}。与 OC-192c 的 SONET 再生器协同工作，并利用 OC-192c 帧格式和最少的段开销与现有的网络兼容，当物理介质采用单模光纤时，传输距离可达 300km；采用多模光纤时，可达 40km。而以往的以太网只支持 LAN 应用，有效传输距离不超过 5km。其有效作用距离的增大为 10 吉比特以太网在 WAN 中的应用打下了基础。

（4）帧格式

在帧格式方面，由于 10Gbit/s 的高速率造成骨干网络管理较弱，传输距离短并且对物理线路没有任何保护措施，所以当以太网作为 WAN 进行长距离高速传输时，必然导致线路信号频率和相位较大地抖动。而以太网的传输是异步的，在宿端实现同步比较困难。因此，如果以太网帧在广

域网中传输，需要对以太网帧格式进行修改。为此，对帧格式进行了修改，添加长度域和 HEC 域。

（5）速率适配

10Gbit/s 局域以太网和广域以太网物理层的速率不同，LAN 的数据率为 10Gbit/s，WAN 的数据率为 9.584 64Gbit/s，这是物理编码子层（PCS，Physical Coding Sublayer）未编码时的速率。但两种速率的物理层共用一个 MAC 层，MAC 层的工作速率为 10Gbit/s，采用怎样的调整策略将与介质无关。10 吉比特接口（XGMII，10 Gigabit Media Independent Interface）的传输速率 10Gbit/s 降低，使之与物理层的传输速率 9.584 64Gbit/s 匹配，是 10Gbit/s 以太网需要解决的问题。目前将 10Gbit/s 适配为 9.584 64Gbit/s 的 OC-192c 的调整策略有 3 种。

① 在 XGMII 接口处发送 HOLD 信号，MAC 层在一个时钟周期停止发送。

② 利用 "Busy idle"，物理层向 MAC 层在数据包之间的间隔（IPG，Interpacket Gap）期间发送 "Busy idle"，MAC 层收到后，暂停发送数据。物理层向 MAC 层在 IPG 期间发送 "Normal idle"，MAC 层收到后，重新发送数据。

③ 采用 IPG 延长机制。MAC 每次传完一帧，根据平均数据速率动态调整 IPG 间隔。

（6）接口方式

10 吉比特以太网作为新一代宽带技术，在接口类型及应用上提供了更为多样化的选择。LAN PHY、城域网（MAN，Metropolitan Area Network）PHY 及 WAN PHY 可以适用于不同的解决方案。

10 吉比特以太网在 LAN、MAN、WAN 不同的应用上提供了多样化的接口类型，在 LAN 方面，针对数据中心或服务器群组的需要，可以提供多模光纤长达 300m 的支持距离，或针对大楼与大楼间/园区网的需要提供单模光纤长达 10km 的支持距离。在 MAN 方面，可以提供 1 550nm 波长单模光纤长达 40km 的支持距离。在 WAN 方面，更可以提供 OC-192c WAN PHY，支持长达 70~100km 的连接。

（7）编码方式

10 吉比特以太网使用 64B/66B 和 8B/10B 两种编码方式，而传统以太网只使用 8B/10B 编码。64B/66B 编码主要用于基于 DWDM 技术的 10 吉比特以太网的 LAN PHY 接口。在该编码技术中，将 1Gbit/s 以太网的吉比特媒体独立接口（GMII，Gigabits Medium Independent Interface）的主频率提高 2.5 倍后，分 4 路传输以达到 10Gbit/s 的总速率。这种编码技术较简单，但系统互连很复杂。单路 64B/66B 编码技术是一种高效的新编码技术。在该编码技术中，从上层 MAC 子层传来的 64bit 数据块，加上物理层的用于控制的 2bit（"01" 表示 MAC 数据，"10" 表示物理层的控制帧），这样就组成了 66bit 的数据块。在物理层中便以 66bit 数据块为基础进行数据传输。由于 64B/66B 编码技术具有均匀的 4bit 汉明（Hamming）保护距离，平均分组出错率非常低，而且该编码技术的统计直流平衡性好，因此，在 IEEE 802.3ae 标准中作为 10 吉比特以太网的主流编码技术。

（8）捆绑互连

过去有时需采用数个吉比特捆绑以满足交换机互连所需的高带宽，因而浪费了更多的光纤资源，现在采用 10Gbit/s 互连，甚至 4 个 10Gbit/s 捆绑互连，达到 40Gbit/s 的宽带水平。

3.2.3 10 吉比特以太网的协议标准

人们用 5 年习惯了百兆比特，3 年普及了吉比特。2002 年 6 月 12 日，10 吉比特以太网标准被 IEEE 正式通过。图 3-9 所示为 10 吉比特以太网的发展简史，表 3-3 所示为 10 吉比特以太网协议推出的时间表及其描述。

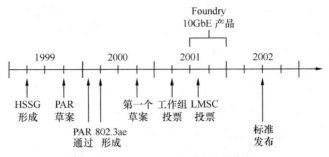

图 3-9 IEEE 802.3ae 标准的发展简史

表 3-3   **10 吉比特以太网协议推出的时间表及描述**

年代	IEEE 802.3 标准	技术描述	对应标准代码
2002	IEEE 802.3ae	10 吉比特以太网标准	10 吉比特以太网
2004	IEEE 802.3ak	同轴铜缆 10 吉比特以太网标准	10GBase-CX4
2006	IEEE 802.3an	双绞线铜缆 10 吉比特以太网标准	10GBase-T
2006	IEEE 802.3aq	传统多模光纤 10 吉比特以太网标准	10GBase-LRM
2007	IEEE 802.3ap	背板吉比特、10 吉比特以太网标准	10GBase-KX4、10GBase-KR

IEEE 802.3ae 10 吉比特以太网标准主要包括以下内容：兼容 802.3 标准中定义的最小和最大以太网帧长度；仅支持全双工方式；使用点对点链路和结构化布线组建星形物理结构的 LAN；支持 802.3ad 链路汇聚协议；在 MAC/物理层信令（PLS，Physical Layer Signaling）服务接口上实现 10Gbit/s 的速度；定义两种 PHY，即局域网 PHY 和广域网 PHY；定义将 MAC/PHY 信令的数据传送速率对应到 WAN PHY 数据传送速率的适配机制；定义支持特定物理介质相关子层（PMD，Physical Medium Dependent sublayer）的物理层规范，包括多模光纤和单模光纤以及相应传送距离；支持 ISO/IEC 11801 第 2 版中定义的光纤介质类型等。

IEEE 802.3ae 标准并不适用于企业局域网所普遍采用的铜缆连接。因此，为了满足 10 吉比特铜缆以太网的需求，IEEE 于 2004 年 3 月正式通过了 802.3ak（10GBase-CX4）标准，该标准允许在同轴铜缆上实现 10 吉比特以太网传输。由于传输距离限制在 15m 内，10GBase-CX4 多被应用于机房内的机架和堆栈设备的短距离互连。为了使双绞线铜缆能够在 100m 的距离上实现 10 吉比特以太网，IEEE 紧接着开始起草 802.3an 标准。

2002 年 11 月，IEEE 发起成立工作组，讨论建立基于 100m 4 对 5 类以上布线系统传输 10 吉比特以太网标准。2003 年年初，IEEE 得到了来自 TIA TR-42 和 ISO/IEC SG25/WG3 布线标准组织的反馈，支持改善现有布线性能。同年 9 月，IEEE 确定把 10GBase-T 定义为支持 100m CLASS F（7 类）或 55～100m CLASS E（6 类）的信道模型。2004 年，工作组 802.3an 正式成立，10GBase-T 草案同年 6 月完成初稿，之后又经过了多次调整，其中重要的技术问题是外部串扰一直很难突破。在 2006 年 6 月 8 日举行的 GlobalComm 大会中，由 IEEE 802.3an 项目组负责的 10GBase-T 被批准为正式的 IEEE 标准，实现了高品质双绞线传输 10 吉比特以太网可达 100m，这使得基于铜缆的楼宇 10 吉比特以太网实施成为可能。

以太网还作为一种用于不同设备（包括刀片服务器机架、核心 LAN、城域以太网交换机和路由器、宽带无线以及 DSL 接入设备）的背板技术开始流行。2004 年，IEEE 成立了 802.3ap 任务小组来帮助实现这项技术的标准化。802.3ap 任务小组已完成了 1000Base-KX、10GBase-KX4 和 10GBase-KR 的细节。这些规范分别是用于利用 4 道印刷互联线路在最远 1m 的距离上进行吉比特和 10Gbit/s 速率传输。

另外，IEEE 也成立了 802.3aq 工作小组，该小组的主要任务是为多模光纤（MMF，Multi Mode Fiber）承载的 10 吉比特以太网（10GBase-LRM）编写标准。该标准定义了一种可以在传统 MMF 进行 10 吉比特以太网传输的低成本物理层接口，可以帮助企业从现有光纤架构升级到 10G 网络。使用电子色散补偿技术及 10Gbit/s 串行以太网光纤收发器，通过传统 MMF 经济地驱动 300m 的传输距离。该小组于 2006 年 1 月完成了标准的初稿工作，10GBase-LRM 在 2006 年 9 月于新泽西举行的一次标准大会上获得批准。

3.2.4　10 吉比特以太网的产品系列

随着 10 吉比特以太网标准的制定，市场上出现了许多支持 10 吉比特以太网的产品。从其产品体系结构来看，目前的 10 吉比特以太网产品可以分为三大种类：10 吉比特以太网接口模块、10 吉比特以太网交换机/路由器、10 吉比特以太网边缘网卡。

1. 10 吉比特以太网接口模块

目前市场上大多数支持 10 吉比特以太网的产品是在 GbE 交换机/路由器的基础上增加 10 吉比特以太网接口模块。许多 10 吉比特以太网设备提供商为了尽快进入 10 吉比特以太网市场，便直接在 GbE 产品上增加 10 吉比特以太网模块。10 吉比特以太网技术和 GbE 技术定义了 MAC 层和物理层规范，对上层协议透明。而 GbE 体系结构的交换机加上 10 吉比特以太网接口模块是比较经济的网络解决方案。

但是，由于 GbE 交换机在体系结构设计、背板带宽、交换能力和专用集成电路（ASIC，Application Specific Integrated Circuit）处理能力等方面是根据吉比特的要求设计的，当接口速度提高 10 倍达到 10Gbit/s 时，通常不能很好地胜任，更没有足够的扩展能力以满足未来的网络升级。例如，大多数 GbE 交换机的线卡插槽和背板之间的接口带宽只有 8Gbit/s，即便每个线卡只有 1 个 10 吉比特以太网接口，在理论上也不可能达到 10Gbit/s 的速度。另外，交换矩阵容量、包转发能力以及包处理芯片等都将严重影响到整个交换机支持 10 吉比特以太网的能力。因此，仅支持 10 吉比特以太网模块的 GbE 交换机还不能称为真正意义上的"10 吉比特以太网交换机"。

2. 10 吉比特以太网交换机/路由器

真正为 10 吉比特以太网技术而重新设计体系结构的交换机/路由器通常被生产厂商称为"下一代"产品。目前，已有许多公司和厂商推出了多款 10 吉比特以太网交换机/路由器产品，这些单位包括思科、友讯网络、力腾网络、网捷网络、港湾网络、惠普网络、华为 3Com、阿尔卡特、神州数码网络、中兴通讯、清华紫光比威、锐捷网络、新格林耐特、凯创网络、美国极进网络、北方网络等厂商，成就了今天以太网技术的全新局面。

第一代 10 吉比特交换机就是在原有吉比特交换机的基础上添加了 10 吉比特端口，如今，这样的产品已经淡出市场。各 10 吉比特设备厂商都相继推出了从机箱到背板设计到操作系统真正符合 10 吉比特应用的第二代产品。第二代 10 吉比特交换机由于厂商的不同设计而呈现出不同的产品特征。

3. 10 吉比特以太网边缘网卡

英特尔是第一家推出 10 吉比特网卡的厂商，Chelsio 通信、Neterion、IBM、HP 和 SGI 公司等其他厂商此后也推出了 10 吉比特网卡产品。英特尔 PRO/10 吉比特以太网 SR 服务器网卡采用了 XPAK（工业标准名）光技术，其成本与以前的网卡相比降低了 40%。除英特尔外，Chelsio 通信等公司也推出了一系列高速低成本 10 吉比特网卡。10 吉比特网卡产品的成熟进一步加快了网络部署 10 吉比特的步伐，而且 10 吉比特的实施也将变得更加简单。

3.2.5　10 吉比特以太网的帧结构

IEEE 802.3ae 专业研究组在制定 10 吉比特以太网标准中，力图使 10 吉比特以太网技术既适合于 LAN 网络环境，也适合于 WAN 干线网络环境。由于两者网络环境技术要求不同，就帧结构来说也有差别。

10 吉比特以太网技术运用于 LAN 网络环境，其 MAC 帧结构与现行传统标准以太网帧格式相一致，并与传统标准以太网（10Mbit/s、100Mbit/s、1Gbit/s）速率兼容，从而为现行传统标准以太网升级到 10 吉比特以太网创造了便利条件。LAN 网络环境 10 吉比特以太网物理层对于 MAC 帧的处理过程如下。

当 MAC 需要发送数据时，首先将其帧送入 PCS 进行 8B/10B 线路编码（或 64B/66B 线路编码），发现帧头和帧尾时自动在此帧前后加入特殊码组，即数据流起始标识符（SSD，Start of Stream Delimiter）和数据流结束标识符（ESD，End of Stream Delimiter）。这样，在 PCS 形成经编码的以太网帧。在 SSD 和 ESD 之间是帧前序（Preamble）（7 个字节）、帧起始符（SOF，Start Of Frame）（1 个字节）、目的地址（DA，Destination Address）（6 个字节）、源地址（SA，Source Address）（6 个字节）、长度/类型字段（L/T）（2 个字节）、客户数据（DATA）字段（46～1 500 个字节）、填充字段（Pad）（视帧长而定，填充字段确保帧长不少于 64 个字节）和帧校验序列（FCS，Frame Check Sequence）（4 个字节）。

在 10 吉比特以太网物理层的下层，通过对接收 10 吉比特以太网数据帧进行编码/译码处理后，利用 SSD、Preamble、SOF 和 ESD 等 10 个字节准确地进行帧定位，从而将数据帧一帧一帧地接收下来并送入上层进行分帧处理，得到原发送数据。

在 WAN 网络环境中，发端首先将 10 吉比特以太网数据帧映射到 SDH/SONET 同步复用体制的 STM-64/STS-192c 信号帧结构的存载荷字段内，即 STM-64/STS-192c 信号帧成为 WAN 以太网物理层 PMA 子层的一部分。因此，在将 10 吉比特以太网数据帧映射入 SDH/SONET 的 STM-64/STS-192c 信号帧结构的存载荷字段内之前，需将其进行 64B/66B 线路编码和相关的扰码，并且必须将其 SSD 和 ESD 去掉。因此，这时仅靠 Preamble 和 SOF 进行帧定位。由于客户数据（DATA）字段中出现 Preamble 和 SOF 码组的概率相当大，为了尽量降低在收端产生帧误定位的概率，必须对其传统的现行以太网帧结构进行改进。

鉴于上述情况，IEEE 802.3ae 专业组提出 10 吉比特以太网数据帧结构的改进意见，将原以太网数据帧结构中的帧前序 Preamble 由原 7 个字节压缩为 5 个字节，又增加了长度（H）和帧头错误校验（HEC，Header Error Check）两个字段。长度（H）字段在每帧的最前边，占用 2 个字节（用于表示修改后的 MAC 帧长度，由于最大帧长是 1 526 个字节，需要 11 个比特位来表示，所以只好用 2 个字节表示）；接着是占用 5 个字节的 Preamble、占用 1 个字节的 SOF、占用 2 个字节的 HEC 字段。HEC 字段的作用是对于帧头前 8 个字节实行循环冗余校验运算（CRC，Cyclic Redundancy Check），将其运算得到的校验位放置在此字段内。

图 3-10 是在 WAN 网络环境中 10 吉比特以太网数据帧结构及其到 SDH/SONET STM-64/STS-192c 信号帧结构存载荷字段的映射示意图。

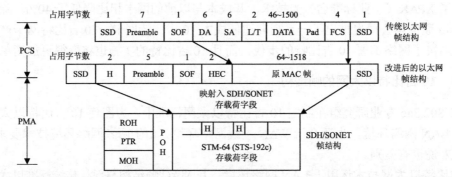

DATA：客户数据字段（46~1 500 个字节）；L/T：长度/类型字段；POH：通道开销；Preamble：帧前序；
Pad：填充字段（视帧长而定，填充字段确保帧长不少于 64 个字节）；PTR：指针；
ROH：中继段开销；MOH：复用段开销。

图 3-10　10 吉比特以太网数据帧结构及映射示意图

3.2.6　10 吉比特以太网物理层规范实体

目前主流的 5 种 10 吉比特以太网传输标准是 10GBase-R、10GBase-W、10GBase-X、10GBase-CX4 和 10GBase-T。5 种传输标准在数据链路层以上都相同，差别在于物理层。10GBase-R 和 10GBase-CX4 用于传统的以太网环境；10GBase-R 采用光纤作为传输介质；10GBase-CX4 采用铜缆作为传输介质；10GBase-T 采用双绞线作为传输介质；而 10GBase-W 可与 OC-192 电路、SONET/SDH 设备一起运行，保护传统基础投资，使运营商能够在不同地区通过城域网提供端到端以太网。10GBase-X 只有唯一的 10GBase-LX4 成员，10GBase-LX4 使用 WDM 波分复用技术进行数据传输。它们与 ISO OSI 参考模型之间的关系如图 3-11 所示。

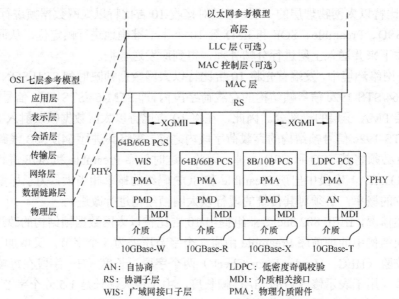

AN：自协商　　　　　　　　LDPC：低密度奇偶校验
RS：协调子层　　　　　　　MDI：介质相关接口
WIS：广域网接口子层　　　　PMA：物理介质附件

图 3-11　10 吉比特以太网层次结构、规范实体与 ISO OSI 参考模型之间的关系

表 3-4 描述了 10 吉比特以太网规范实体所采用的介质与编码以及它们与各物理子层之间存在的关系，其中 M（Mandatory）表示必选项。

表 3-4　　　　　　　　10 吉比特以太网规范实体与编码、子层、介质之间的关系

规范术语	8B/10B PCS&PMA	64B/66B PCS	WIS	串行 PMA	850nm 串行 PMD	1 310nm 串行 PMD	1 550nm 串行 PMD	1 310nm WDM PMD	4 通道电子 PMD	双绞线 PCS&PMD
10GBase-SR		M		M	M					
10GBase-SW		M	M	M	M					
10GBase-LX4	M							M		
10GBase-CX4	M								M	
10GBase-LR		M		M		M				
10GBase-LW		M	M	M		M				
10GBase-ER		M		M			M			
10GBase-EW		M	M	M			M			
10GBase-T										M

下面简要介绍 10 吉比特以太网标准的几种技术规范。

1. IEEE 802.3ae 10 吉比特以太网标准规范

IEEE 802.3ae 10 吉比特以太网标准定义了两种类型的 LAN，即 10GBase-X 和 10GBase-R；规范了 4 个标准接口，它们分别是串行机制的 10GBase-SR、10GBase-LR 和 10GBase-ER 及基于波分复用机制的 10GBase-LX4。面向 WAN 的有 10GBase-SW、10GBase-LW 和 10GBase-EW 三种。

（1）10GBase-X。这是使用一种特紧凑包装，含有 1 个较简单的波分复用器件、4 个接收器和 4 个在 1 300nm 波长附近以大约 25nm 为间隔工作的激光器，每一对发送器/接收器在 3.125Gbit/s 速度（数据速率为 2.5Gbit/s）下工作，采用 8B/10B 线路码型。

（2）10GBase-R（SR/LR/ER）。这是一种使用 64B/66B 编码（不是在吉比特以太网中所用的 8B/10B）的串行接口，数据速率为 10.000Gbit/s，因而产生的时钟速率为 10.3Gbit/s。

（3）10GBase-W（10GBase-SW/LW/EW）。这是广域网接口，采用 64B/66B 线路码型，与 SONET OC-192 兼容，其时钟速率为 9.953Gbit/s，数据速率为 9.585Gbit/s。

（4）10GBase-SR。该网络为星形拓扑结构，采用 64B/66B 线路码型，数据速率为 10Gbit/s，传输速率达 10.312 4Mbit/s，传输方式为全双工，使用成本最低的光纤（850nm）支持 33m 和 86m 标准多模光纤上的 10Gbit/s 传输。SR 标准在使用全新的 2 000MHz·km 多模光纤（激光优化）时可支持长达 300m 的传输。SR 在定义的所有 10Gbit/s 光纤中成本最低。

（5）10GBase-LR。这是遵守 IEEE 802.3 标准的 LAN 物理层标准简称。网络为星形拓扑结构，采用 64B/66B 线路码型，数据速率为 10Gbit/s，传输速率达 10.312 4Mbit/s；使

用成本高于 SR 的单模光纤（1 310nm），需要更复杂的光纤定位以支持长达 10km 的单模光纤。

（6）10GBase-ER。10GBase-ER 网络为星形拓扑结构，采用 64B/66B 线路码型，数据速率为 10Gbit/s，传输速率达 10.312 4Mbit/s；使用最昂贵的光纤（1 550nm）支持长达 30km 的单模光纤。如果距离为 40km，则光纤连接必须为定制的链路。

（7）10GBase-LX4。10GBase-LX4 网络为星形拓扑结构、8B/10B 线路码型，数据速率为 10Gbit/s，传输速率达 3.125×4Mbit/s。它采用了一个由 4 束激光组成的阵列，每个以 3.125Gbit/s 发射，并且 4 个接收器以 WDM 的方式排列。该 PMD 工作在 1 300nm 频段，可以在传统的 FDDI 级 MMF 上支持 300m 的连接距离，在单模光纤上支持 10km 的连接距离。LX4 比 SR 和 LR 的成本都要昂贵，因为除了光多路复用器之外，它还需要 4 倍长的光路和电路。从长期使用而言，实施该技术所需要的组件数量可能会限制其适应较小外形的能力。

（8）10GBase-SW。10GBase-SW 网络为星形拓扑结构； WAN PHY 传输介质为多模光纤（850nm）串行接口/WAN 接口；采用 64B/66B 线路码型；数据速率为 9.294 2Gbit/s，传输速率达 9.953 28Mbit/s；在指定单位带宽情况下最大网段长度为全双工，（62.5μm 多模光纤）28m 或 35m/160MHz· km 或 200MHz·km；（50μm 多模光纤）69m、86m 或 300m/0.4GHz·km。

（9）10GBase-LW。这是遵守 IEEE 802.3ae 标准的 WAN 物理层标准简称。网络为星形拓扑结构，WAN PHY 传输介质为单模光纤（1 310nm），采用 64B/66B 线路码型，数据流速率为 9.294 2Gbit/s，传输速率达 9.953 28Mbit/s，最大网段长度为 10km。

（10）10GBase-EW。10GBase-EW 网络为星形拓扑结构，WAN PHY 传输介质为单模光纤（1 550nm），采用 64B/66B 线路码型，数据速率为 9.294 2Gbit/s，传输速度达 9.953 28Mbit/s，最大网段长度为 40km。

IEEE 802.3ae 兼容了以前的标准，不改变上层协议，其变化都体现在 PHY 层和 MAC 层。10 吉比特以太网支持 LAN 和 WAN 的 PMD 层，它们都支持 3 种波长：850nm、1 310nm 和 1 550nm。不同类型标准之间的差异列于表 3-5 中。

表 3-5　　　　　　　　　　　　10 吉比特以太网 7 种类型标准的比较

标准名称	PHY	数据速率 Gbit/s	PCS	传输速率 Gbit/s	PMD/nm	光纤类型	传输距离
10Gbase-LX4	LAN-PHY	10	8B/10B	3.125×4	1 310WWDM	MMF/SMF	300m/10km
10GBase-SR	LAN-PHY	10	64B/66B	10.312 4	850	MMF	300m
10GBase-LR	LAN-PHY	10	64B/66B	10.312 4	1 310	SMF	10km
10GBase-ER	LAN-PHY	10	64B/66B	10.312 4	1 550	SMF	40km
10GBase-SW	WAN-PHY	9.294 2	64B/66B+WIS	9.953 28	850	MMF	300m
10GBase-LW	WAN-PHY	9.294 2	64B/66B+WIS	9.953 28	1 310	SMF	10km
10GBase-EW	WAN-PHY	9.294 2	64B/66B+WIS	9.953 28	1 550	SMF	40km

从表 3-5 可以看到，10GBase-S（S 代表短波）是为 MMF 上 850nm 光传输设计的；10GBase-L（L 代表长波）是为单模光纤（SMF，Single Mode Fiber）上 1 310nm 光传输设计的；10GBase-E（E 代表超长波）是为单模光纤上 1 550nm 光传输设计的。

2. 同轴铜缆 10 吉比特以太网规范——10GBase-CX4

IEEE 802.3ak 是第一个不采用 5/6 类电缆技术的铜缆以太网标准。802.3ak 也称 10GBase-CX4，它被规定在 CX4（即 4 对双轴铜线）上传输，采用由 Infiniband 贸易协会制定的 IBX4 连接器标准，为机房内距离不超过 15m 的以太网交换机和服务器集群提供了一个以 10Gbit/s 速度互联的经济的方式。

10GBase-CX4 技术扩展了 10 吉比特以太网附加单元接口（XAUI，10 Gigabit Ethernet Attachment Unit Interface），它使用预加重、均值化和双轴电缆。该项技术使用了相同的 10 吉比特 MAC、XGMII 和 802.3 中指定的 XAUI 编码器/解码器，以 3.125G 的波特率将信号分解为 4 个不同的路径。传输的预加重着重于高频成分以补偿 PC 组件的损耗。被电缆组件减弱的信号由接收均衡器进行最后一次升压。CX4 适用于机架间系统，因为它支持的距离太短，而不能用于数据中心。CX4 的另一个缺点是屏蔽电缆的体积太大，使得布线难度加大。

3. 双绞线铜缆 10 吉比特以太网规范——10GBase-T

铜缆 10 吉比特以太网的另外一个标准 10GBase-T 是指在双绞铜线上实施 10 吉比特以太网，可以在 6 类非屏蔽双绞线（UTP，Unshielded Twisted Paired）（CAT6）线缆上支持 55～100m 的距离，在 7 类线（CAT7）和增强 6 类线（即 CAT6a 线缆）上支持 100m 的距离。此外，一个通道模型定义了电缆性能的单个测量，从而使 CAT5e 实现了支持 45m 的距离。

10GBase-T 能使用更新颖的算法和结构提供高出 1000Base-T 所需要的取消级别，另外还推动了对最先进校正过的模/数转换（ADC，Analog to Digital Converter）需求，改进了高性能转换器的功率性能点，使其提升到 10 倍。10GBase-T 本身包含高性能前向纠错（FEC，Forward Error Correction）代码，使编码超越了 10 年前认为可行的编码，采用最流行的解码结构，超出了基本的性能极限。

回顾线缆标准范围，6a 类和 6 类的主要区别在于 6a 类将扩展至 500MHz 频率之外，6 类可能停步于 350MHz。6a 类中保证 100m 性能的是其设计用于改进电缆到电缆异类串扰。10GBase-T 和 10GBase-CX4 的性能比较如表 3-6 所示。

表 3-6　　　　　　　　　　　10GBase-T 和 10GBase-CX4 的性能比较

性能指标	内核功耗	速度	信令	延时	电缆长度	工艺	内核尺寸
10GBase-cx4	400～500mW	10Gbit/s	PAM2	<200ns	15m	130nm	约 6mm²
10GBase-T	10～12W	10Gbit/s	PAM12 或 PAM16	>2µs	100m	90nm	30～40mm²

10GBase-T 允许最终用户使用相同的协议以 10/100Mbit/s 速率到桌面，1 000Mbit/s 速率到工作组交换，10Gbit/s 速率到大楼或建筑群主干。以 LAN 观点来看，10GBase-T 的应用正是高速互连所必需的，有助于采用以太网作为 WAN/MAN 技术。另外 10GBase-T 对评估 SAN、服务器群、数据中心和混合技术间有效高速互连的成本也有积极意义。

4. 传统多模光纤 10 吉比特以太网规范——10GBase-LRM

目前，已有两种 10 吉比特以太网端口支持多模光纤，即 10GBase-SR 和 10GBase-LX4。为什么 IEEE 802.3 创建另一种多模光纤端口类型 10GBase-LRM 呢？部分原因如下。

① 只有安装新型高带宽 OM3（50μm 纤芯）多模光纤，10GBase-SR 才能支持 300m 的距离。在通常安装的带宽较低的多模光纤 OM1（62μm 纤芯）和 OM2（50μm 纤芯）上，10GBase-SR 只能用于机房中的设备间互连。

② 10GBase-LX4 是一种昂贵的波分复用解决方案。对于早期市场，它是一种具有健壮性的解决方案。但是，它不能满足成熟市场的要求，即低成本、大批量、低功率和小型化。

③ OM1 和 OM2 光纤的安装数量庞大，而且正在不断增长，要求经济的 10 吉比特以太网解决方案。

10GBase-LRM 的目标可归纳如下。

① 利用现有的 10 吉比特以太网串行 LAN PHY 编码子层。

② 支持好于或等于 10^{-12} 的误码率。

③ 支持 62.5μm 纤芯的多模光纤：160/500MHz·km 和 200/500MHz·km（OM1）。

④ 支持 50μm 纤芯的多模光纤：400/400MHz·km、500/500MHz·km（OM2）和 1 500/500MHz·km（OM3）。

⑤ 提供一个物理层规范，支持下述链路长度：在已安装的 500MHz·km 多模光纤上最低支持 220m 的链路；在选定的多模光纤上最低支持 300m 的链路；在已安装的 OM1 和 OM2 多模光纤上实现 300m 的链路距离。

5. 背板吉比特和 10 吉比特以太网规范

依据摩尔定律，市场趋势正朝着更高密度的方向发展，互连不再是在设备之间，而是在机箱内进行，以太网仅在设备内传输数据。系统的背板扮演的是板卡和子系统之间通信高速公路的角色，而这些板卡和子系统正是构建路由器或刀片服务器（刀片服务器是指在集成了网络等 I/O 接口和供电、散热、管理等功能的机柜内，插入多个卡式（刀片状）服务器单元。刀片本身具有处理器、内存、硬盘、主板等部件，每个刀片可以独立安装自己的操作系统，因此可以把一个刀片看成一个简化的机架式服务器）等复杂设备的关键组件。标准的以太网背板能够在同一个机箱中混用来自多家厂商的刀片服务器，背板连接长达 1m，其目的是利用普通的铜背板，不依靠光介质，在线路卡间传送 10Gbit/s 的以太网信号。

10 吉比特背板目前已经存在并行和串行两种版本。并行版是背板的通用设计，它将 10 吉比特信号拆分为 4 条通道，每条通道的带宽都是 3.125Gbit/s。而在串行版中只定义了一条通道，串行可达 1Gbit/s、10Gbit/s，甚至 4 路 10Gbit/s，可带来 10^{-12} 或更低的误码率。在串行版中，为了防止信号在较高的频率水平下发生衰减，背板本身的性能就需要更高，而且可以在更大的频率范围内保持信号的质量。

802.3ap 规范保留了 802.3 以太网中的一些完善定义，包括 MAC 接口的帧格式以及最大和最小帧尺寸。由于符合 802.3 的 MAC 定义，这项背板标准与其他 802 标准相互兼容。

3.2.7 10GBase-X 物理层的工作原理

10GBase-X 物理层的功能框图如图 3-12 所示，PMD 采用 4 通道并行光收发模块，在收发方方向上总带宽为 12.5Gbit/s，净荷带宽为 10Gbit/s。PMD 与 PMA 接口为 XAUI，在发送方向上，PMA 完成 20：1 并串转换；在接收方向上，PMA 完成时钟数据恢复（CDR，Clock Data Recovery）和 1：20 串并转换。XGMII 接口的数据分为 4 个通道，每个通道为 8bit 数据和 1bit 控制字，4 个通道共用 1 个时钟。在发送方向上，PCS 对 XGMII 数据进行适配采样，在数据眼图睁开最大时双沿双倍的数据速率（DDR，Double Data Rate）采样；采样后的数据进入发送先入先出（FIFO，First In First Out），每个通道 FIFO 位宽 10bit，深度为 4 个字长，用于分离串行和并行接口的时钟域；同时，插入调整字符/A/（K28.3）用于在接收时进行通道数据对齐，接着进行 8B/10B 编码，从而保证物理层的数据流中有足够多的电平转换，方便接收端进行时钟恢复。在接收方向上，PCS 把串并转换后的数据进行通道对齐，经 10B/8B 解码后送接收 FIFO，用于对输入数据相位调整，与接收时钟（RXCLK，Receive Clock）同相，同时双沿采样，形成 32bit 数据和 4bit 控制位。

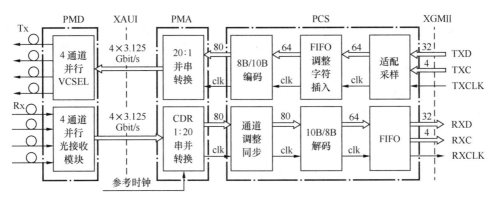

图 3-12　10GBase-X 物理层的功能框图

IEEE 802.3 标准对于 10Base-X 的 PMD 类型未规定是并行或是串行形式，在图 3-12 中 PMD 采用了并行收发模式。对于串行单纤工作模式，PMD 可采用 XENPAK 光模块实现，其电口与 XAUI 标准一致。

3.2.8 10GBase-R 物理层的工作原理

10GBase-R 物理层的功能框图如图 3-13 所示，其中 PMD 和 PMA 可采用 10Gbit/s 收发一体光模块。PMA 与 PCS 电接口为 10 吉比特 16bit 接口（XSBI，10G Sixteen Bit Interface）。在发送方向上，PCS 对 XGMII 数据双沿采样后进行 64B/66B 编码。64B/66B 码不具有高 0、1 转换密度，直流不平衡，开销小的特点。为了便于时钟提取，需对 64B/66B 编码后的数据加扰码。在 66bit 编码后的数据的起始两位为同步头，这 2bit 不参与加扰，加扰的生成多项式为 $G(x) = 1 + X^{39} + X^{58}$，与解扰生成多项式一致；加扰后的 64bit 数据和 2bit 同步头送入变速箱，其功能是把 66×156.25Mbit/s 数据转换成 16×644.53Mbit/s 数据。在接收方向上，同步模块对 XSBI 数据检测，检出起始 2bit 同步信号，当误码率低于 10^{-4} 时给出失同步指示重新搜索同步；同步头不参与解扰，然后进行 66B/64B 解码，由 FIFO 双沿采样速率匹配后送

XGMII 完成接收。

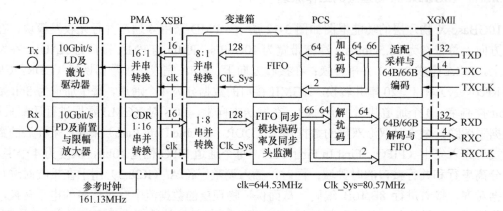

图 3-13 10GBase-R 物理层的功能框图

3.2.9 10GBase-W 物理层的实现机制

10GBase-W 是 10 吉比特光以太网的 WAN 类型物理层规范组，包括 10GBase-SW（短波长）、10GBase-LW（长波长）和 10GBase-EW（超长波长）3 个规范。它们都采用 64B/66B 编码方案和单波长传输技术。

10GBase-W 的分层结构如图 3-14 所示，从上至下由 4 个子层和 3 个接口构成。这 4 个子层分别是 10GBase-R PCS、WIS、PMA 和 PMD，3 个接口分别是 10Gbit/s XGMII、XSBI、MDI。

10GBase-W 定义 WIS 的目的可归结为以下几点。

① 支持 10 吉比特光以太网 MAC 层的全双工模式。

② 支持 10GBase-W 规范组中对 PCS、PMA、PMD 子层的要求。

③ 给 PMA 子层提供 9.484 64Gbit/s 的等效数据速率，以便与 SDH VC-4-64c/SONET OC-192c 帧的数据速率匹配。

④ 提供成帧、扰码和故障检测等功能，以便与 SDH/SONET 传输网的基本需求相匹配。

⑤ 维持 PCS 和 PMD 子层对全双工模式和误码率的要求。

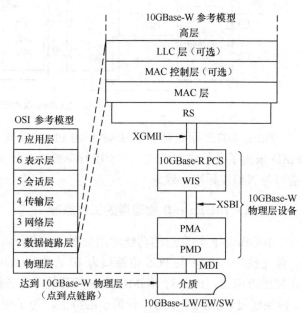

图 3-14 10GBase-W 的分层结构

与 10GBase-R 相比，10GBase-W 的 PMA 和 PCS 子层是相同的，它在 PMA 和 PCS 子层间加入 WAN 接口子层——WIS 子层，其目的是允许 10GBase-W 设备产生以太网的数据流，以便在物理层可以直接映射到 STS-192c 或 VC-4-64c，而无需 MAC 或上层的处理。

3.2.10　10GBase-T 的实施

10GBase-T PHY 在 4 对平衡电缆上使用全双工基带传输，同时在每个方向每个线对上传输 2 500Mbit/s 来获得总计 10Gbit/s 的数据速率，如图 3-15 所示。基带 16 级脉冲幅度调制（PAM，Pulse Amplitude Modulation）信令具有每秒 800 兆符号的调制速率。以每 PAM16 符号 3.125 信息比特的速率与辅助信道比特一起对以太网数据和控制字符编码。两个连线传送的 PAM16 符号被认为是一个二维（2D）符号，从受约束的一群最大 128 空间的 2D 符号中选择被称为 DSQ128[7]（128 的加倍平方）的 2D 符号。在链路启动以后，连续发送由 512 个 DSQ128 符号组成的 PHY 帧，DSQ128 由 7 比特标号确定，每个符号由 3 个未编码的比特和 4 个 LDPC 编码比特组成。一个物理层的帧包括 512 个 DSQ128 符号，在 4 条线对上作为 4×256 PAM16 来传输，在帧方案中嵌入了数据和控制符号，帧在链路启动后连续地运行，每秒 800 兆符号的调制速率导致符号的周期为 1.25ns。

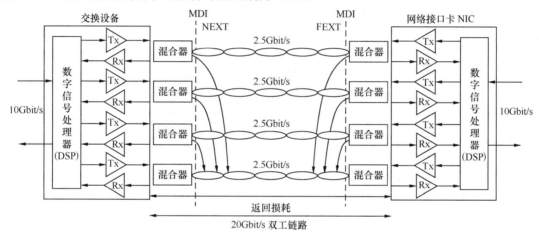

近端串扰（NEXT，Near-End Crosstalk）、远端串扰（FEXT，Far-End Crosstalk）

图 3-15　10GBase-T 的拓扑

10GBase-T PHY 设定为 MASTER PHY 或 SLAVE PHY，共享一条链路段的两站之间的主-从（MASTER-SLAVE）关系。MASTER PHY 使用局部时钟确定发送操作的定时。MASTER-SLAVE 包括环定时，若环定时得以实现，来自接收信号的时钟恢复 SLAVE PHY，使用它确定发送操作的定时。若环定时不能够实现，SLAVE PHY 发送时钟和 MASTER PHY 发送时钟是相同的。

3.2.11　10 吉比特以太网物理子层与接口之间的关系

10 吉比特以太网有两种物理层标准，即 LAN PHY 和 WAN PHY 标准。两者一方面承继了现存以太网物理层结构，在其结构中都有 PCS、PMA、PMD 和 RS 4 个子层以及 XGMII、MDI 两个物理层接口。另一方面为适应速率的提高与高速光模块的配合，并且也为 10 吉比特以太网技术进入广域网的需要，10 吉比特以太网物理层又增加了新的内容，其中包括 WIS，在 PCS 和 PMA 子层之间又增加了 XSBI；为拓展 10 吉比特以太网局域网的功能，在 MAC 与 PHY 层之间增加了 XAUI 和 XSBI 接口以及 XAUI 扩展子层（XGXS，XAUI Extender Sublayer）。各子层及其接口的位置关系如图 3-16 所示。

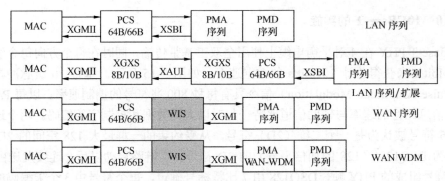

图 3-16 10 吉比特以太网各子层及其相关接口的位置关系

（1）MAC

在 MAC 用户之间提供一条逻辑链路，主要负责初始化、控制和管理这条链路。10 吉比特以太网 MAC 层不采用 CSMA/CD 碰撞检测机制，不必使用冲突探测协议，只支持两个站点对点全双工的传送数据。这样，其全双工链路中没有分组冲突，链路距离由光纤决定而非以太网冲突域直径。也就是说，全双工的工作模式原理上不产生距离限制，限制链路距离的只有传输特性和物理介质。10 吉比特以太网 MAC 具有以下功能。

① 验证帧的完整性（FCS 和长度检查）。

② 提供出口以太网帧封装（填充至最小字节、添加前导、帧间隔（IFG，Interframe Gap）和 CRC 生成）。

③ 支持 VLAN 标志帧。

④ 提供 8 个精确匹配地址过滤器，以便根据 SA、DA 或 VLAN 标识符过滤帧。

⑤ 提供基于散列消息的 64 位二进制算法，用于过滤多点广播地址。

⑥ 最小帧尺寸为 64Byte。

⑦ 提供统计计数器以支持远程监控（RMON，Remote MONitoring）/SNMP。

⑧ 支持最大为 9.6KB 的超长帧。

⑨ 提供 IPG。

⑩ 实施带内"暂停发送"流控制，并支持带外流控制。

⑪ 上层芯片可以使用特定管脚或主机信令生成暂停帧发送，以此实现流控制。

（2）RS 子层

它的功能是将 XGMII 的通路数据和相关控制信号映射到原始 PLS 服务接口定义的（MAC/PLS）接口上。XGMII 接口提供了 10Gbit/s MAC 和物理层间的逻辑接口。XGMII 和协调子层使 MAC 可以连接到不同类型的物理介质上。

（3）XGXS 子层

它的功能是扩展芯片与芯片之间的互连，4×3.125Gbit/s XAUI，8B/10B 编码和 10B/8B 解码，窄通道之间的同步，系统测试的反馈模式，XGMII 和 XAUI 接口之间的转换。

（4）PCS 子层

PCS 子层位于协调子层（通过 XGMII）和 PMA 子层之间。PCS 子层完成将经过完善定义的以太网 MAC 功能映射到现存的编码和物理层信号系统的功能上去。PCS 子层和上层 RS/MAC 的接口由 XGMII 提供，与下层 PMA 接口使用 PMA 服务接口。

（5）WIS 子层

WIS 子层是可选的物理子层，可用在 PMA 与 PCS 之间，产生适配美国国家标准化组织（ANSI，American National Standards Institute）定义的 SONET STS-192C 传输格式或 ITU 定义 SDH VC-4-64c（表示 64 个 VC-4，速率为 150.336Mbit/s，绑定在一起）容器速率的以太网数据流。该速率数据流可以直接映射到传输层而不需要高层处理。

（6）PMA 子层

PMA 子层提供了 PCS 和 PMD 层之间的串行化服务接口。和 PCS 子层的连接称为 PMA 服务接口。另外 PMA 子层还从接收比特流中分离出用于对接收到的数据进行正确的符号对齐（定界）的符号定时时钟。

（7）PMD 子层

PMD 子层的功能是支持在 PMA 子层和介质之间交换串行化的符号代码位。PMD 子层将这些电信号转换成适合于在某种特定介质上传输的形式。PMD 是物理层的最低子层，标准中规定，物理层负责从介质上发送和接收信号。

（8）XGMII 接口

XGMII 为 10 吉比特全双工接口，其宽度为 74bit，其中数据通道为 64bit（单向数据通道为 32bit），其余的为时钟和控制信号比特，它是连接以太网 MAC 层和物理层的桥梁。

（9）XAUI 接口

该接口是一个全双工低针数、自发时钟串行总线接口，能极大地改进和简化互连的路由选择。它分别在两个方向上使用 4 对自同步串行链路来实现 10Gbit/s 的吞吐量，并通过印刷电路板上的铜线等常用介质提供高质量的完整数据，如图 3-17 所示。在 XAUI 接口的信号源侧，74 针的 XGMII 接口可以减少成 8 对即 16 针的

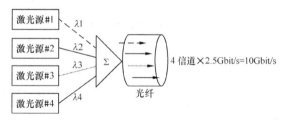

图 3-17　XAUI 接口的信号传输

XAUI 接口；XAUI 所产生的电磁干扰极小；具有强大的多位总线变形补偿能力；可实现更远距离的芯片对芯片的传输；具备较强的错误检测和故障隔离功能；功耗低，能够将 XAUI 输入/输出集成到互补金属氧化物半导体（CMOS，Complementary Metal-Oxide Semiconductor）中等。

（10）XSBI 接口

它是 16 位低电压差分信号（LVDS，Low-Voltage Differential Signals）接口，用于连接物理编码子层 PCS 和物理介质附件子层 PMA。XSBI 接口包括 622Mbit/s SDH 接口，645Mbit/s 10Gbit/s 以太网、667Mbit/s 强 FEC、781Mbit/s 超级 FEC 接口。

（11）MDI 接口

其用于将 PMD 子层和物理层的光缆相连接。10GBase-R 和 10GBase-W PMD 在 MDI 处与光缆耦合。MDI 是 PMD 和光缆之间的接口，包括连接化的光缆和 PMD 插座。当 MDI 是连接器插头和插座连接时，它能满足下面的接口性能规范。

① IEC 61753-1-1——光纤连接器件和无源构件性能标准—部分 1-1：一般和制导互联器件（连接器）。

② IEC 61753-021-2——光纤无源构件性能标准—部分 021-2：在 C 类单模光纤方面终止

和控制环境的光纤连接器。

③ IEC 61753-022-2——光纤无源构件性能标准—部分 022-2：在 C 类多模光纤方面终止和控制环境的光纤连接器。

3.2.12 10 吉比特以太网物理层的主要接口

1. XGMII 接口的界面

XGMII 接口的界面与其他接口、物理子层和信号之间的关系如图 3-18 所示。

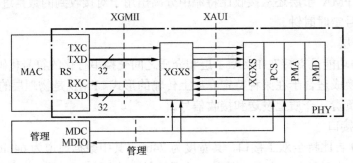

图 3-18　XGMII 接口的界面

32 比特数据 TXD<31：0>和 4 比特 TXC<3：0>划分为 4 个通道，同样，接收信号 RXD<31：0>和 RXC<3：0>也划分为 4 个通道。4 个通道共享统一的时钟信号 TX-CLK 和 RX-CLK。4 个通道根据 round-robin 算法分配流量。例如：在发送数据时，第 1 个字节分配给通道 0，第 2 个字节分配给通道 1，第 3 个字节分配给通道 2，第 4 个字节分配给通道 3，然后从头开始分配，第 5 个字节分配给通道 0，依此类推。通道的分配如表 3-7 所示。

表 3-7　XGMII 接口通道分配

TXD RXD	TXC RXC	通道
<7：0>	<0>	0
<15：8>	<1>	1
<23：16>	<2>	2
<31：24>	<3>	3

2. 10 吉比特附加单元接口 XAUI

10 吉比特以太网工作组在多方面发展了以太网技术，其中比较突出的是一种称为 XAUI 的接口。"AUI"借用了原来的以太网附加单元接口的简称（Ethernet Attachment Unit Interface），而"X"源于罗马数字中的 10，代表每秒传输 10 吉比特的意思。XAUI 被设计成既是一个接口扩展器，又是一个接口。它是对 XGMII 的扩展。XAUI 还可以在以太网的 MAC 层和 PHY 的互联方面代替或作为 XGMII 的扩展。

XAUI 直接从吉比特以太网标准中 1000Base-X 的 PHY 发展而来，它具有自带时钟的串行总线和一个全双工接口，自同步特性消除了时钟和数据的相位偏移。XAUI 接口的速率是 1000Base-X 的 2.5 倍，通过 4 条串行通道使数据吞吐量达吉比特以太网的 10 倍。

XAUI 和 1000Base-X 一样，采用可靠的 8B/10B 传输代码，保证信号在通过互联的接口处（一般是铜介质）后依然完好如初，方便了芯片印制电路之间的直接连接。XAUI 的优越性还包括由于自钟控特性带来的固有低电磁干扰、由于多比特总线漂移补偿性能带来的允许芯片间连接有更长的距离、具有误码检测和故障隔离能力、低功率损耗及其 I/O 通道容易和可使用通用的 CMOS 工艺集成 XAUI 输出/输入的能力。

XAUI 是 10 吉比特以太网的重大变化之一，能极大地改进和简化路由选择。由于 XAUI 接口结构紧凑，性能健壮，因此很适合用于芯片之间、各种板之间以及芯片和光学组件之间互连。

XAUI 用来把 MAC 中的点到点的 XGMII 扩展成为典型的物理互连的结构。XAUI 在 MAC 和 PCS 之间扮演的角色如图 3-19 所示。

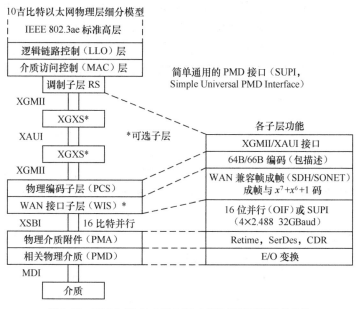

图 3-19　XAUI 在 MAC 和 PCS 之间扮演扩展接口的角色

由于 XGMII 接口信号比较多以及电气特性的限制，最多只能传输 7cm。为了扩展 XGMII 接口的传输长度，并且减少接口信号的数量，IEEE 802.3ae 标准在调和子层和物理编码子层之间添加了 XGXS。XGXS 是成对出现的，分别位于调和子层端和物理编码子层端。XGXS 与调和子层以及物理编码子层之间的连接通过 XGMII 接口，XGXS 之间的连接通过 XAUI 接口。XAUI 的一个优点就是，由于它自锁的特性而具有极低的电磁干扰，从而能够通过误码检测、故障隔离和较低的功耗来保证传输更长的距离。XAUI 接口传输距离可以达到 50cm。

XAUI 对 XGMII 接口数据进行透明地传输，不进行任何其他的处理。XAUI 接口用一对差分信号来传输 XGMII 接口的一个通道，差分信号传输的是经过 8B/10B 编码后的数据。位于 XAUI 接口两端的 XGXS 扩展子层不需要完全同步，所以可以使用独立的工作时钟。位于调和子层和物理编码子层的 XGXS 子层的功能是完全一样的。

在实际的设计中，XGMII 扩展子层的实现可能有些差异。如果使用符合 10GBase-LX4 标准并且采用 8B/10B 编码的 PHY 芯片，可以在调和子层端的 XGXS 中集成 PCS 和 PMA 的功能，那么在 PHY 一侧就不再需要 XGXS 子层。

XAUI 接口是一个低摆幅的交流耦合差分接口。交流耦合可以使互连的器件工作在不同的直流电压；低摆幅的差分信号可以提高抗噪声性能和电磁干扰性能。但 XAUI 接口只能支持点到点的连接。

3.2.13 40/100 吉比特以太网

2006 年 7 月，IEEE 802.3 成立了高速研究小组（HSSG，Higher Speed Study Group）来定义 100GbE 标准的目标。2007 年 12 月，HSSG 正式转变为 IEEE 802.3ba 任务组，其任务是制订在光纤和铜缆上实现 100Gbit/s 和 40Gbit/s 数据速率的标准。100GbE 适用于聚合及核心网络应用，而 40GbE 则适用于服务器和存储应用。

由于 40/100Gbit/s 技术是在 10/100/1 000Mbit/s、10Gbit/s 等速率以太网技术上发展起来的，所以很多特性都是相同的。比如都使用 802.3 规范所定义的以太帧规范和目前的 802.3 规范所定义的最大、最小帧相同，最大 MAC 帧长为 1 518bit，最小 MAC 为 64bit。和 10 吉比特以太网接口一样，其仅支持全双工模式，支持光纤和电缆两种物理承载与数据传送方式等。但是为了适应更高的数据传送效率的需求，40/100GbE 也做了很多改进与提高。

1. 40/100 吉比特以太网的进展

早在 2005 年，朗讯科技贝尔实验室在 ECOC 上首次报道了 100Gbit/s 光以太网信号传输试验。为了达到 100Gbit/s 传输，他们采用了两项最新的技术——其一是双二进制信号编码，利用正、负和零三种电平来代表一个二进制信号，这种信号方式比传统的 NRZ 码需要更少的带宽；其二是单芯片光均衡器技术。2006 年 9 月，朗讯科技贝尔实验室又在 ECOC2006 上宣布实现 2 000km 的 107Gbit/s×10 的光传输，证明了 100Gbit/s 以太网是一种可以实用的技术。

我国也已经攻克了 40Gbit/s 的关键技术，在国际上首次实现了 40Gbit/s SDH 在 G.652 或 G.655 光纤上传送 560km、80×40Gbit/s 信号传送 800km，从 2005 年至今，运行良好。中国电信还于 2007 年 9 月在南京到杭州的线路上成功地进行了 40Gbit/s 的传输试验。

目前，业界正在讨论和研究如何在系统级支持 40Gbit/s 和 100Gbit/s 以太网。10 年前，系统背板通道是 2.5Gbit/s，当时许多人的预测最快的理论速度是 3.1Gbit/s，可如今却在开发 10 个 4Gbit/s 和 4 个 25Gbit/s 的背板通道。随着以太网系统要求的提升，系统功率也在提高。4 个 25Gbit/s 以太网通道需要更大电源；100Gbit/s 处理器需要更大量的终端服务器，当然也需要更大功率；微处理技术也需要更大功率。对此，需要寻找解决方案。开发 40Gbit/s 和 100Gbit/s 以太网标准是以太网行业面对不断增长的带宽密集应用为网络带来的带宽压力做出的响应。

下面是 40/100 吉比特以太网标准的主要进展情况与计划。

① 2006 年 12 月，国际上 IEEE 802.3 HSSG 投票决定制定 100GbE 开发标准。

② 2008 年 5 月，选择出最适合的 40/100Gbit/s 实现方案。其中，Cisco 公司提出的 PCS 被批准为正式的草案。

③ 2008 年 9 月，技术草案版本 0.9 确定并发布，大部分的技术内容和规范被确定，相应的产品开发计划可以更加确定地遵守标准进行。

④ 2008 年 11 月，推出技术草案 1.0 版本。

⑤ 2010 年 6 月，计划对 40/100Gbit/s 实现标准化并发布。

目前，已有超过 20 家公司正在进行相关技术的研发。在欧洲，由主要电信设备制造商参与的 CELTIC 协会也发起了 40/100 吉比特以太网计划，旨在推动 40/100Gbit/s 技术向前发展。

2. IEEE 802.3ba 的目标

① 只支持全双工通信。
② 仍维持 802.3 以太网 MAC 层的帧格式。
③ 保持目前 802.3 标准中的最低和最高帧长度。
④ 支持更好的不大于 10^{-12} 的误码率。
⑤ 提供对光传输网络的适当支持。
⑥ 支持 40Gbit/s 的 MAC 数据传输速率。
⑦ 提供物理层的规格支持 40Gbit/s 的操作。
⑧ 支持 100Gbit/s 的 MAC 数据传输率。
⑨ 提供物理层的规格来支持 100Gbit/s 的操作。

3. 物理层规范与接口类型

MAC 数据速率要达到 40Gbit/s 和 100Gbit/s,对相应物理层 PHY 要进行定义,其 PHY 规范如表 3-8 所示,接口类型如表 3-9 所示。

表 3-8　　　　　　　　　　　　　传送距离规范

	40Gbit/s	100Gbit/s
SMF	10km	40km
OM3 MMF	100m	100m
铜线上	10m	10m
设备背板	1m	NA

表 3-9　　　　　　　　　　　　40/100 吉比特以太网接口类型

端 口 类 型	PHY 描述
40GBase-KR4	40Gbit/s 背板物理介质
40GBase-CR4	40Gbit/s 铜线物理介质
100GBase-CR10	100Gbit/s 铜线物理介质
40GBase-SR4	40Gbit/s MMF 100m 物理介质
100GBase-SR10	100Gbit/s MMF 100m 物理介质
40GBase-LR4	40Gbit/s SMF 10km 物理介质
100GBase-LR4	100Gbit/s SMF 10km 物理介质
100GBase-ER4	100Gbit/s SMF 40km 物理介质

4. PCS 层的主要功能

PCS 层的主要功能包括以下几个方面。
① 提供数据帧的描述(Frame Delineation)。
② 控制信令的传送。
③ 提供 SerDes 类型的电和光接口所需要的时钟传送。

④ 通过剥离或者分离的方式将多个通道绑定到一起。

随着以太网的速率从 10Gbit/s 向 40Gbit/s 和 100Gbit/s 的发展，40Gbit/s 甚至更高速率的应用将是难以阻挡的潮流，我国下一代以太网的发展也一定会顺应这一需要。

3.3　宽带智能网及其关键技术

3.3.1　智能网的基本概念

IN 是在现有通信网络基础上，为快速、方便、经济、灵活地提供新的电信业务而设置的附加网络结构。它可以用于所有基础通信网，通过增设新的功能部件，把基础网改造为高级通信业务，按统一的方式引入、生成、提供和管理灵活、开放的通信平台。

IN 中的所谓"智能"是相对而言的。当电话网中采用了程控交换机以后，电话网也就具有了一定的智能。它除了具有比间接控制的机电式交换机更为完美的公共控制及译码功能以外，还具有诸如缩位拨号、呼叫转移等多种智能功能。但是，单独由程控交换机作为交换节点而构成的电话网还不是 IN。IN 与现有交换机中拥有的智能功能是不同的概念。

IN 的基本思想是，依靠七号信令网和大型集中数据库的支持，将网络的交换功能和控制功能相分离；简化交换机软件，使之只完成基本接续功能；引入业务控制点，具体怎样完成呼叫的接续步骤，让业务控制点决定；交换机采用开放结构和标准接口与业务控制点相连。这样，需要增加或修改新业务时，不必改动各交换中心的交换机，只要在业务控制点中增加或修改新业务逻辑，并在大型集中数据库中增加新业务数据和用户数据即可。

宽带 IN 不是简单地将多种业务集成，它的目的是要实现一个可编程的业务平台，实现业务的灵活加载、扩展和新业务的增加。与以往的业务提供方式不同，宽带 IN 能够在一个平台上提供多种业务（宽带 IN 能支持的业务如表 3-10 所示），实现不同业务之间的资源共用，这样可以有效地降低多媒体业务的运营成本，使用户更容易接受；宽带 IN 使得业务的扩展更加灵活，这样能适应不断增长和变化的客户化需求。由此可见，宽带 IN 能有效地解决当前宽带网络提供多媒体业务的瓶颈问题。

表 3-10　　　　　　　　　　　　　　　宽带 IN 能支持的多媒体业务

类　　　型	业　务　举　例	连　接　方　式
会话型业务	可视电话	点到点
检索型业务	视频点播	多点到点
会议型业务	视频会议、远程教学、远程医疗	点到多点或多点到多点
消息型业务	多媒体邮件	点到点
分配型业务	广播式电视	点到多点

3.3.2　智能网的概念模型

对于 IN，可以从 4 个不同的角度来观察和理解，这 4 个不同的角度一起构成了 4 层平面结构的 IN 概念模型，如图 3-20 所示。

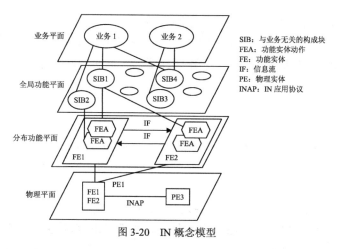

图 3-20　IN 概念模型

IN 可以向用户快速提供智能业务。业务平面由业务和业务属性组成；它们可以进一步采用全局功能平面中的 SIB 来加以描述和实现；每个 SIB 的功能通过分布功能平面上不同 FE 之间的协调工作来共同完成；具体各功能实体分别在哪些物理节点中得到实现（软件功能在硬件设备上的定位关系）在物理平面中体现出来。

1. 业务平面

业务平面（Service Plane）描述了一般用户眼中的业务外观。它只说明业务具有什么样的性能，而与业务的实现无关。从业务使用者的角度看，IN 可以为用户快速提供智能业务。

在业务平面上，国际电信联盟电信标准化部门（ITU-T，International Telecommunication Union-Telecommunication Standardization Sector）为 IN 能力集 1（CS-1，Capability Set-1）定义了 25 种业务和 38 种业务属性。比较有代表性的几种智能业务为：电话记账卡业务、被叫集中付费业务、虚拟专用网业务、电话投票业务、大众呼叫业务、广域集中用户交换机业务、通用个人通信业务、附加计费业务等。业务属性如呼叫分配、按时间选路、据发端位置选路、由发端用户提示、呼叫转移等。

2. 全局功能平面

业务设计者根据业务属性对业务进行细分，利用 SIB 搭建出各种业务属性，进而构成各种业务。业务设计者只需描述出一个业务需要用到哪些 SIB，这些 SIB 的先后顺序，每个 SIB 的输入、输出参数等即完成了一个业务的设计。

实例：用 SIB 定义 800 号业务（只包含号码翻译功能）的业务逻辑，如图 3-21 所示。

可以看出，全局功能平面（Global Functional Plane）包括两个方面的内容：SIB 为基本呼叫处理，一个特殊的 SIB，它说明一般的呼叫过程是如何启动 IN 业务以及如何被 IN 控制的，其中起始点（POI，Point of Initiation）和返回点（POR，Point of Return）提供了交换机与业务逻辑之间交互的接口；全局业务逻辑，描述 SIB 之间的链接顺序，各个 SIB 所需要的数据以及用于返回基本

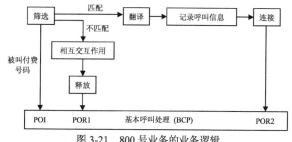

图 3-21　800 号业务的业务逻辑

呼叫处理（BCP，Basic Call Processing）的返回点等。

在全局功能平面上，ITU 为 IN CS-1 定义了 14 种 SIB，分别是算法、鉴权、计费、比较、分配、呼叫记录信息、排队、筛选、业务数据管理、状态通知、翻译、用户交互作用、核对、基本呼叫处理。

3. 分布功能平面

分布功能平面（Distributed Functional Plane）从网络设计者的角度描述了 IN 的功能结构，它由一组被称为 FE 的软件单元构成，每个 FE 完成 IN 的一部分特定功能。各 FE 间的信息传递遵循 INAP。

每个 FE 还可进一步划分成 FEA，将某些 FEA 按一定的顺序组合在一起，通过标准 IF 来协调它们的执行，就可以构成 SIB。也就是说，每个 SIB 都是由一些分布在各个 FE 内的 FEA 互相协作、共同实现的。

图 3-22 是 ITU-T IN CS-1 中分布功能平面示意图，该平面上主要有以下几种功能实体。

① 呼叫控制代理功能（CCAF，Call Control Agent Function）：它是用户与通信网的接口，向用户提供呼叫接入功能。该功能通常由终端呼叫设备来实现。

② 呼叫控制功能（CCF，Call Control Function）：识别出智能业务并将其提交给 IN 来处理。该功能通常由程控交换机来实现。

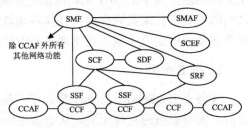

图 3-22　IN CS-1 分布功能平面示意图

③ 业务交换功能（SSF，Service Switching Function）：处理 CCF 与 SCF 间的通信，并进行两者间的消息格式转换。

④ 业务控制功能（SCF，Service Control Function）：实现对 IN 业务的控制。它是 IN 的核心功能，比如，业务逻辑程序就是由 SCF 来控制执行的。

⑤ 业务数据功能（SDF，Service Data Function）：与 IN 中数据库相关的功能。IN 数据库存放各种用户数据、网络数据和业务数据供 SCF 查询、修改。

⑥ 专用资源功能（SRF，Specialised Resource Function）：负责智能业务中用到的设备资源，如语音提示、语音合成等。

⑦ 业务管理功能（SMF，Service Management Function）：负责业务逻辑、业务数据、用户数据及网络等方面的管理。

⑧ 业务生成环境功能（SCEF，Service Creation Environment Function）：负责智能业务的定义、开发、测试及向 SMF 的传送。

⑨ 业务管理接入功能（SMAF，Service Management Access Function）：为 SMF 提供人机操作界面。

4. 物理平面

物理平面（Physical Plane）面向 IN 系统集成商，它描述了分布功能平面中的功能实体可以在哪些物理节点中实现，它指出了软件功能在硬件设备上的定位关系。一个物理节点中可以包括一到多个功能实体。但一个功能实体只能位于一个物理节点中。

IN CS-1 推荐了网络接入点（NAP，Network Access Point）、业务交换点（SSP，Service Switching Point）、业务控制点（SCP，Service Control Point）、业务交换控制点（SSCP，Service Switching Control Point）、业务数据点（SDP，Service Data Point）、业务节点（SN，Service Node）、附加设备（AD，ADjunct）、智能外设（IP，Intelligent Peripheral）等几种可能的物理实体。图 3-23 是由各 FE 组成的一个典型的 IN 物理结构。

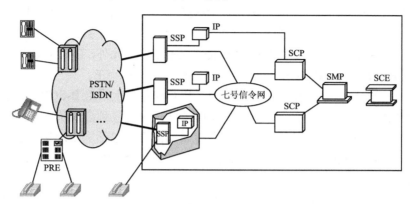

图 3-23　典型的 IN 物理结构

该 IN 主要由 SSP、IP、SCP、业务管理点（SMP，Service Management Point）、业务生成环境（SCE，Service Creation Environment）等几个部分构成。

① SSP 实现 CCF 和 SSF。SSP 一般以原有数字程控交换机为基础，再配以必要的软硬件以及七号公共信道信令系统接口。

② SCP 是 IN 的核心功能部件，它存储用户数据和业务逻辑，实现 SCF 和 SDF。SCP 一般由大、中型计算机和大型实时高速数据库构成。SCP 与 SSP 之间按照 INAP 进行互通。

③ IP 实现 SRF，进行语音合成、播放录音通知、接收双音多频拨号、进行语音识别等。IP 接受 SCP 的控制，执行 SCP 业务逻辑所指定的操作。

④ SMP 一般具有 5 种功能，即业务逻辑管理、业务数据管理、用户数据管理、业务监测以及业务量管理。一个 IN 一般仅配置一个 SMP。

⑤ SCE 的功能主要是根据用户的需求生成新的业务逻辑。在业务生成环境上创建的新业务逻辑由业务提供者输入到 SMP 中，再由 SMP 加载到 SCP 上，就可在网上提供该业务。

3.3.3　宽带智能网的体系结构

1. 体系结构

图 3-24 给出了 IN 与以 ATM 为骨干交换机的宽带网络综合的体系结构。

在图 3-24 中，B-SSP 由 ATM 交换机扩展而成，除了接续功能外，B-SSP 上有基本的呼叫状态模型，它能向 B-SCP 提供详细的呼叫事件，这些呼叫事件作为检测点（DP，Detection Point）的形式出现。按照

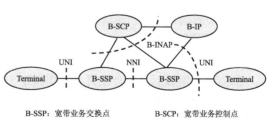

B-SSP：宽带业务交换点　　　　　B-SCP：宽带业务控制点
Terminal：用户终端　　　　　　UNI：用户网络接口
B-IP：宽带智能外设　　　　　　NNI：网络—网络接口
B-INAP：宽带智能网应用规程

图 3-24　IN 与宽带网络综合的参考体系结构

业务的需要，B-SCP 可以在基本呼叫状态模型中设置需要上报的 DP。呼叫状态模型监视每个呼叫的状态，将触发的 DP 点事件上报给 B-SCP，使 B-SCP 能够实现对整个呼叫过程的监控。

B-SCP 作为业务控制点，包括 SCF 和 SDF 功能实体。B-SCP 的主要功能是完成业务逻辑的执行。对于每个业务，B-SCP 都有一个业务轮廓文件，用于记录业务、用户相关的信息。B-SCP 可通过监测 B-SSP 上报的呼叫事件对 B-SSP 控制，从而达到控制呼叫过程的目的。业务过程中，B-SCP 可以通过 B-IP 进一步收集用户信息，以确定业务逻辑如何进行。根据业务需要，B-SCP 能在网络中寻找合适的 B-IP 来提供特殊资源。此外，B-SCP 还能实现计费等多种功能。B-SCP 通过 B-INAP 与各个实体交互信息，协调各个 FE。

B-IP 有两个功能：一是与用户的交互，收集用户信息，上报给 B-SCP；二是提供特殊资源，以适合不同的宽带多媒体业务。B-IP 提供的特殊资源有视频会议桥、导航菜单、协议转换器等。B-IP 是在传统的智能外设基础上引入宽带的能力，包括宽带连接、多媒体应用等。在宽带环境下，B-IP 功能大大增强，要求它包含一定的业务逻辑和处理能力，即在 B-IP 中也引入智能。

B-INAP 协议建立在七号信令之上，通过七号信令传输。它主要定义了 IN 中各个 FE 之间的相互作用的操作、参数和差错等。B-INAP 支持宽带网络中新增加的能力，如多方呼叫提供、修改呼叫连接配置特征、协商连接特征、多方连接支持、第三方呼叫控制建立等。

2. 业务实现

在宽带 IN 的体系结构下，可同时支持多种多媒体业务。视频会议是一种由多方用户参与，会议过程中使用声音、图像和文本等多种媒体的复杂业务。下面介绍通过宽带 IN 实现视频会议业务的方法。图 3-25 所示为 B-SCP 中有一个视频会议的业务轮廓文件，可对整个业务过程进行控制。B-IP 作为视频会议的服务器提供视频、音频、数据的桥接功能。B-SSP 负责接续，各终端通过 B-SSP 连接到 B-IP 上。会议的过程如下。

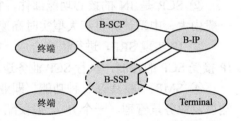

图 3-25　基于宽带智能网的视频会议实现

（1）会议的准备阶段

每个参加者都必须主动地拨入一个预先决定的号码（包括会议标识）来建立连接。参加会议的各方通过拨号连接到 B-IP 上，进行注册会议的声明。B-IP 通过 B-INAP 信令上报信息给 B-SCP，在 B-SCP 形成全局业务轮廓文件。会议业务的激活有两种方式：一种是预先设置启动会议的时间；另一种是统计要求加入会议者是否到达预定的数量。当条件满足时，B-SCP 按照业务逻辑命令 B-SSP 向已注册的用户一个个地发出呼叫，会议处于进行状态。

（2）会议进行过程

在会议注册以后，若会议开始，B-SCP 首先发命令将 B-IP 上会议实例激活，B-SCP 将业务轮廓文件交给 B-IP，B-IP 根据业务轮廓文件初始化。会议过程中，B-IP 负责基本的会议功能控制，并能实现会议的高层管理，包括监视会议和记录用户等。会议结束后，B-SCP 关闭会议实例。正常情况下应该由系统拆除连接，即 B-SCP 拆除会议连接，B-IP 整理信息（如与计费相关的呼叫、连接情况）上报给 B-SCP。

3.3.4 移动智能网

1. 移动 IN 的基本概念

移动 IN 是在移动通信网上能快速、方便、经济、有效地生成和实现智能业务的体系结构。它是在移动网络中引入 IN FE，以完成对移动呼叫智能控制的一种网络，移动 IN 是现有的移动网与 IN 的结合。如果将移动网的交换中心改造为 SSP，使低层的移动网络与高层的 IN（SCP、SMP、SCE、SMAP 等）相连，从而将移动交换与业务分开实现，便形成了移动 IN。

移动 IN 借助于先进的七号信令网和大型集中式数据库的支持，通过将网络的交换功能与控制功能分离，建立集中的业务控制点和数据库，进而进一步建立集中的业务管理系统和 SCE 来达到上述目的，如图 3-26 所示。

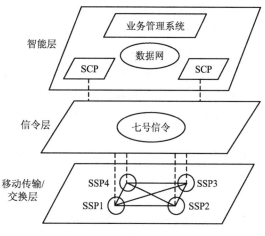

图 3-26 移动 IN 的结构示意图

2. 移动 IN 的发展

1997 年年末，美国蜂窝电信工业协会制定了移动 IN 的第一个标准协议 IS-41D。1998 年 1 月，欧洲电信标准研究所（ETSI，European Telecommunication Standards Institute）在 GSM PHASE2＋阶段引入了移动网增强逻辑客户化应用（CAMEL，Customized Application Mobile network Enhanced Logic）协议，即版本 Phase 1。CAMEL 是基于 GSM 网络的移动 IN 标准，仍然沿用了 INAP 的 4 个功能平面的概念模型，增加了几个 FE 和两组协议（CAMEL 应用协议（CAP，CAMEL Application Protocol）与移动应用协议（MAP，Mobile Application Protocol））。1998 年 4 月，ITU-T 在推出的 IN CS-2 标准中也描述了移动接入的 FE。

3. 移动 IN 的实现原理

移动 IN 一般由 SSP、SCP、信令转接点（STP，Signalling Transfer Point）、IP、业务管理系统（SMS，Service Management System）、SCE 等几部分组成，如图 3-27 所示。

SSP 是移动网与 IN 的连接点，提供接入 IN 功能集，可检出智能业务的请求，并与 SCP 通信，对 SCP 请求做出响应。SSP 包括 CCF 和 SSF。CCF 接收客户呼叫，完成呼叫建立和保持等接续功能。SSF 接收和识别智能业务呼叫，并向 SCP 报告，同时接收 SCP 发来的控制命令。SSP 一般以移动业务交换中心（MSC，Mobile Services Switching Center）为基础。

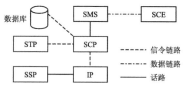

图 3-27 移动 IN 的实现原理

SCP 是 IN 的核心构件，它存储用户数据和业务逻辑。SCP 的主要功能是接收 SSP 送来的查询信息并查询数据库，进行各种译码；同时，SCP 能根据 SSP 上报来的呼叫事件启动不同的业务逻辑，根据业务逻辑向相应的 SSP 发出呼叫控制指令，从而实现各种智能呼叫。移动 IN 所提供的所有业务的控制功能都集中在 SCP 中，SCP 与 SSP 之间按照 CAP 进行通信。

STP 是七号信令网的组成部分，它是将信令消息从一条信令链路转到另一条信令链路的信令点。在此，STP 用于沟通 SSP 与 SCP 之间的信号联络，其功能是转换七号信令。

IP 是协助完成智能业务的特殊资源。它具有各种语音功能，如语音合成、播放录音通知、接收双音多频拨号、进行语音识别等。IP 接受 SCP 的控制，执行 SCP 业务逻辑操作。

SMS 一般具备 5 种功能，分别是业务逻辑管理、业务数据管理、用户数据管理、业务监测以及业务量管理。在 SCE 中创建的新业务逻辑由业务提供者输入到 SMS 中，SMS 再将其装入 SCP，就可在移动网上提供该项新业务。完备的 SMS 系统还可以接收远端客户发来的业务控制指令，修改业务数据，从而改变业务逻辑的执行过程。

SCE 的功能是根据客户的需求生成新的业务逻辑。它为业务设计者提供友好的图形编辑界面。客户利用各种标准图元设计出新业务的业务逻辑，并定义好相应的数据。SCE 将新生成业务的业务逻辑传送给 SMS，再由 SMS 加载到 SCP 上运行。

4. 最新的移动 IN 业务

移动 IN 的最新 IN 业务主要有预付费、移动虚拟专用网、分区分时计费、发端呼叫筛选、终端呼叫筛选、发端呼叫搜索、终端呼叫搜索、个人优惠业务、亲密号码、号码携带等业务。

第4章　扩展的宽带网络及其应用新技术

"宽带"这个词被广泛地用在各种不同的场合，因为宽带实际上代表了通向新的可能性的一个入口，通过宽带可以获得新的保持实时通信的方法。宽带也让我们可以自由地获取信息并且是通向新的商业和娱乐形态的永远畅通的媒介。宽带网络的融合和改进是通向下一代网络的必经之路。宽带网络应用的扩展促进了一项又一项网络新技术的发展，也助长了新型网络的不断产生、形成和广泛应用。下面对宽带网络扩展应用的两项网络新技术（网格计算、网络存储）加以介绍。

4.1　网　格　计　算

4.1.1　网格与网格计算

网格（Grid）一词来源于人们熟悉的电力网，希望用户在使用网格解决问题时像使用电力网一样方便，不用考虑服务来自何处、由什么样的计算设施提供。

网格被誉为继因特网和 Web 之后的第三次信息技术浪潮。网格是一个集成的计算与资源环境和基础设施，它把地理上广泛分布的计算资源、存储资源、网络资源、软件资源、信息资源等连成一个逻辑整体，然后像一台超级计算机一样为用户提供一体化的信息应用服务。网格又是构筑在因特网上的一组新兴技术，它将高速互联网络、计算机、大型数据库、传感器、远程设备等融为一体，为用户提供更多的资源、功能和服务，达到计算、数据、存储、信息和知识资源的共享、互通与互用，消除资源孤岛，以较低成本获得高性能。与目前的 WWW 网络方式不同，网格是建立在因特网和 Web 基础上的。因特网实现了计算机硬件的互联，Web 实现了网页的连通，而网格则试图实现互联网络上所有资源的全面贯通。网格形式多种多样，如计算网格、数据网格、科学网格、存取网格、服务网格、知识网格、语义网格、地理网格、传感器网格、集群网格、校园网格、亿万量级网格和商品网格等。

网格是一个开放、标准的系统。开放是指网格系统面向所有的设备开放，只要遵守网格规则，任何设备都可以加入网格。网格设备小到个人计算机，大到超级计算机；简单到手提电话，复杂到灾害预警系统；普通到家用电器，贵重到精密仪器。网格接口不依赖于接入设备的具体情况，不管它使用什么管理系统，采用什么样的内部协议，都提供统一的标准接口。开放式标准和协议导致建立服务，服务位于网格的核心。其服务涉及信息查询、宽带网络分配、数据管理/调用、请求调用处理器、管理数据分区、均衡负载等部分。为了简化操作，这些服务还允许用户在网格上完成工作。

网格也是一个简单、灵活的系统。简单是指网格的使用不需要用户经过专门的培训、学习和了解技术的具体细节，就像电力网一样，用户只要把网格设备接入网格"插座"，就可以使用网格资源。灵活是指网格中资源来去自由，用户根据意愿随时进出网格。

综上所述，网格主要有以下特点。

① 虚拟性。网格中实际上的资源和用户都要虚拟化为网格用户和网格资源。网格用户使用标准、开放、通用的协议和界面，可以访问网格中的各种资源，但实际的用户和物理资源是相互不可见的，资源对外提供的只是一个虚拟化的接口。

② 集成性。网格把地理位置上分布的各种资源集成起来，成为一个有机的整体，协调分散在不同地理位置的资源使用者。用户可使用单个资源功能，也能够联合使用多个资源的合成功能。网格可以集成来自不同管理域、不同管理平台、具有不同能力的资源。

③ 协商性。网格支持资源的协商使用，资源请求者和提供者可以通过协商获取不同质量的服务和需求，在他们之间还可以建立专用的服务接口，提供突出个性的服务。请求者可指定系统响应时间、数据带宽、资源可用性、安全性等各种要求，得到非平凡的服务质量。这使得整体系统能提供的功能大于其各个组成部分的功能之和。

④ 分布性。这是指网格的资源是分布的，因而基于网格的计算是分布式计算。

⑤ 共享性。网格资源可以充分共享，一个地方的计算机可以完成其他地方的任务，同时中间结果、数据库、专业模型以及人才资源等各方面的资源都可以进行共享。

⑥ 自相似性。网格的局部和整体之间存在着一定的相似性，局部在许多地方具有全局的某些特征，全局的特征在局部也有一定的体现。

⑦ 动态性。网格的动态性包括网格资源动态增加和网格资源动态减少。

⑧ 多样性。网格资源是异构和多样的。在网格环境中可以有不同体系结构的计算机系统和类别不同的资源，网格系统必须能解决这些资源之间的通信和互操作问题。

⑨ 自治性。网格资源的拥有者对该资源具有最高级别的管理权限，网格允许资源拥有者对他的资源有自主的管理能力，这就是网格的自治性。

⑩ 管理的多重性。这是指一方面网格允许网格资源拥有者对资源具有自主性的管理，另一方面又要求资源必须接受网格的统一管理。

所谓网格计算就是第三代因特网计算，是高性能的协同计算，是利用网络中一些闲置的处理能力来解决复杂科学计算的新型计算模式。其内容涉及资源的网格化、协调性以及融合性。通过网格计算的 1 个虚拟平台，可以根据需要重新分配计算机资源，能够可靠、一致以及代价较低地使用高层计算能力。网格计算又是以元数据、构件框架、智能体、网格公共信息协议和网格计算协议为主要突破点对网格计算进行的研究。网格计算是一种分布式计算。该模式首先把要计算的数据分割成若干"小片"，而计算这些"小片"的软件通常是一个预先编制好的程序，然后处于不同节点的计算机可根据自己的处理能力下载一个或多个数据片断和程序。只要节点的计算机的用户不使用计算机，程序就会工作。

4.1.2　网格系统的主要功能

网格计算环境设计需要有以下主要功能。

① 管理等级结构。定义网格系统组织方式，如网格环境如何分级以适应全局的需要。

② 通信服务。网格支持多种通信方式，如流数据、群间通信、分布式对象间通信等。

③ 信息服务。动态的网格提供服务的位置和类型是不断变化的，需要提供一种能迅速、可靠地获取网格结构、资源、服务和状态的机制，保证所有资源能被所有用户使用。

④ 名称服务。网格系统使用名字引用各种资源，如计算机、服务或数据对象。

⑤ 分布式文件系统。该系统能提供一致的全局名字空间，支持多种文件传输协议。

⑥ 安全及授权。各种资源交互时既不影响本身的可用性又不在全系统中引入漏洞。

⑦ 系统状态和容错。为提供一个可靠、健壮的网格环境，系统应提供资源监视工具。

⑧ 资源管理和调度。网格系统必须对网格中的各种部件，如处理器时间、内存、网络、存储进行有效的管理和调度。

⑨ 计算付费和资源交易。系统根据资源性价比和用户需求调度最合适或闲置的资源。

⑩ 编程工具。网格应提供多种工具、应用、API（应用编程接口）、开发语言等，构造良好的开发环境，并支持消息传递、分布共享内存等多种编程模型。

⑪ 用户图形界面和管理图形界面。网格环境提供直观易用的与平台、操作系统无关的界面，用户能够通过 Web 界面随时随地调用各种资源。

网格系统的基本功能模块如图 4-1 所示。

网格用户通过用户界面实现与网格之间的信息交互，如用户作业提交、结果返回等输入、输出功能。网格在提供服务之前要知道哪个资源可以向用户提供服务，这就需要信息管理模块提供相应的信息。选定合适的资源后，网格需要把该资源分配给用户使用，并对使用过程中的资源进行管理，这些是资源管理的功能。网格在提供服务的过程中需要网格数据管理功能模块将远

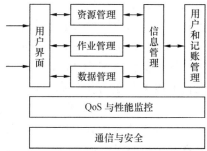

图 4-1 网格系统的基本功能模块示意图

程数据传输到所需节点，作业运行过程中由作业管理模块提供作业的运行情况汇报。用户及使用时间和费用等的管理则由用户和记账管理模块实现，用户使用网格的整个过程都需要 QoS 保证、通信和安全保障，以提供安全可靠、高性能的服务。

4.1.3 网格计算的关键技术

为了实现网格计算的目标，必须重点解决几个关键问题。

（1）网格节点

网格节点就是网格计算资源的提供者，它包括高端服务器、集群系统、大规模并行处理（MPP，Massively Parallel Processing）系统、大型存储设备和数据库等。

（2）宽带网络系统

宽带网络系统要做到计算能力"即联即用"，必须要高质量的宽带网络系统支持。用户要获得延迟小、可靠的通信服务也离不开高速的网络。

（3）资源管理和任务调度工具

计算资源管理工具要解决资源的描述、组织和管理等关键问题。任务调度工具的作用是根据当前系统的负载情况，对系统内的任务进行动态调度，提高系统的运行效率。

（4）监测工具

要帮助使用人员充分利用、监视网格计算中的资源，这就要靠性能分析和监测工具。

（5）应用层的可视化工具

如果把计算结果转换成直观的图形信息，就能帮助研究人员摆脱理解海量数据的困难，这就需要研究能在网格计算中传输和读取的可视化工具，并提供友好的用户界面。

（6）分布对象技术

制订一套独立于硬件平台、操作系统和编程语言的对象接口描述语言（IDL，Interface

Description Language）和数据交换协议是分布对象技术研究的重要内容，也是实现网格信息服务（GIS，Grid Information Service）协同的关键。对象管理组织（OMG，Object Management Group）的公共对象请求代理体系结构（CORBA，Common Object Request Broker Architecture）、微软公司的 COM 和 Sun 公司的 EJB 是分布对象技术中比较成熟的支持者。GIS 可以采用上述 3 种规范中的任何一种来构建异构环境中的分布式空间对象。

（7）互操作技术

面向应用框架的互操作是在应用层来处理互操作，客户方可以使用本地环境的接口或服务方某个对象直接调用服务方的应用。同时，可互操作的构件库也是按照应用框架的规则来组织，并提供合适的辅助工具，方便互操作应用的开发，而对象或过程作为应用框架的特例也包括在面向应用框架的互操作的范围之内。

（8）地理标记语言共享技术

地理标记语言（GML，Geography Markup Language）是基于 XML 的空间信息编码标准。网格 GIS 系统的互操作离不开 GML 的支持，空间信息的复杂性决定了信息系统之间在数据格式、软件产品、空间概念、质量标准和实体模型等方面存在不兼容性。GML 开放而简洁的空间数据表达的优势，使得它不仅在空间数据的存储与转换方面表现出众，而且在空间数据共享方面也极具特色。另外，网格 GIS 在实现过程中还涉及操作系统设计、中间件系统、Agent 技术、资源管理技术、用户管理机制、安全认证技术及空间信息的快速检索定位技术等内容。

4.1.4　网格计算的应用

网格初期主要专门针对复杂科学计算，但很快受到大型科学计算国家级部门，如航天、气象部门的关注，也广泛用于卫星图像的快速分析、先进芯片的设计、生物信息研究、大型地质灾害预测、石油加工、超级视频会议、制造业的设计与生产、电子商务、数字图书馆、一般商务、大规模科学计算和工业设计、虚拟化应用、高能物理实验应用等。

网格计算虽致力于高速互联网络、高性能计算机、大型数据库、远程设备等连通和一体化，但网格计算的根本特征应该是资源共享而不是规模巨大，完全可根据需要建造企业内部网格、LAN 网格、家庭网格和个人网格，因此今后网格计算将扮演非常重要的角色。

1. 在科学计算方面的应用

（1）分布式超级计算。这种计算是指将分布在不同地点的超级计算机用高速网络连接起来，并用网格中间件软件联合起来，协同解决复杂的大规模问题，使大量闲置的计算机资源得到有效的组织，形成比单台超级计算机强大得多的计算平台。

（2）密集型计算。这种计算包括数据密集型计算和计算网格。前者更侧重于数据的存储、传输和处理，而计算网格则更侧重于计算能力的提高。数据密集型的求解往往产生很大的通信和计算需求，需要网格能力才可以解决。网格可以在药物分子设计、计算力学、计算材料、电子学、生物学、核物理反应、航空航天等众多领域得到广泛的应用。

（3）高吞吐率计算。网格技术能够十分有效地提高计算的吞吐率，它利用 CPU 周期窃取技术，将大量空闲计算机的计算资源集中起来，作为计算资源的重要来源。

（4）更广泛的资源贸易。需要计算能力的人可以不必购买大的计算机，只要根据自己的任务需求，向网格购买计算能力就可以满足计算需求。

2. 网格计算在教育中的应用

在教育领域，网格计算技术在资源共享、协作学习环境构建以及教育科学研究等诸方面都有着广阔的应用前景。

（1）在资源共享方面。在教育领域，网格可以将分布在各地的计算机、存储设备、图书馆数字资料、数字博物馆、论文、各类多媒体课件和教学视频等海量信息资源集成起来，建立一个教育信息网格，教师和学习者可以充分利用这些分布式的、异构的资源，并将资源有效地整合，充分地进行资源共享和协作，为自己的教学和学习服务。

（2）在协作学习环境的构建方面。网格是一个整合的计算机环境，只要用户接入了网格，就能够使用相同的工作环境，而不管其怎么接入以及在哪里接入。网格的这些特点使得它可以实现多台计算机的协同工作，同一项任务可以分解成若干个小任务在各台计算机上执行，当一台计算机出现问题时，其他计算机可以不受影响地继续工作。因此，网格提供了一种新的协作学习方式，学习者可以在网格环境下开展广泛的协作学习。

（3）教育科学研究方面。研究人员利用网格资源共享的特点进行海量数据计算，可以节省大量成本，为科学研究提供便利。

3. 网格计算在当今业务中的应用

网格计算技术还可应用于很多 IT 环境和业务，包括研究与开发、商业智能和分析、工程和产品设计、企业优化。网格计算提供的一系列横向集成功能可以有效地应对跨企业、跨功能的 IT 资源集成挑战，甚至可以将解决方案扩展到多个组织。网格设施的异构集成还使公司有可能访问以前不能访问的特殊设备。通过以虚拟的方式实现跨异构 IT 功能的资源整合、集中、共享和管理。网格计算可以简化运行环境及其管理并提高工作效率，从而减少管理开支。网格计算使 IT 人员能够更加方便地根据业务的需要，建立、重建和改变一个安全资源共享域的各种参数。通过使 IT 组织能够汇聚各种分布式资源和利用未使用的容量，网格技术极大地增加了可用的计算和数据资源的总量。通过使用网格资源取代传统的灾难恢复方法，IT 部门可以极大地提高其技术基础设施的可靠性和可用性，这样，他们只需传统系统一小部分成本就可以增加公司的运营弹性。

4. 分布式仪器系统

分布式仪器系统是用网格管理分布在各地的仪器系统，提供远程访问仪器设备的手段。它能提供远程仪器使用规划、仪器操作、数据获取、筛选和分析等功能，大大简化巨型分子晶体结构的设计和实施。

5. 远程沉浸

远程沉浸是一种特殊的网络化虚拟现实环境。这个环境可以是对现实或历史的逼真反映，可以是对高性能计算结果或数据库的可视化，也可以是纯粹虚构的空间。"沉浸"的意思是人可以完全融入其中，各地的参与者通过网络聚在同一个虚拟空间里，既可以随意漫游，又可以相互沟通，还可以与虚拟环境交互，使之发生改变。目前，已经开发出几十个远程沉浸应用，包括虚拟历史博物馆、协同学习环境等。远程沉浸使分布在各地的使用者能够在相同的虚拟空间协同工作，就像是在同一个房间一样，甚至可以将虚拟环境扩展到全球范围，创造出"比亲自到那儿还要好"的环境。更重要的是，它将"人/机交互"模式扩展成为"人/机/人协作"模式，不仅提供协同环境，还将使数据库的实时访问、数据挖掘、高性能计算等集成进来，为科技工作者提供一种崭新的协同研究模式。

6. 信息集成

网格信息集成将更多地用在商业上。网格将使分布在世界各地的应用程序和各种信息，能够进行无缝融合和沟通，使信息能够在指定的时间以指定的方式传送到指定的位置，从而形成崭新的商业机会。例如，若所有的超市和商场都通过网格服务将其销售信息动态发布出来，任何一家工厂就可以随时知道自己所生产的产品的实时销售情况，从而极其精准地安排生产，避免原料和库存的浪费。

7. 电子政务

网格技术可以整合和管理分散在各部门的信息化资源，实现各个政府部门之间数据的无缝交换，消除"信息孤岛"，打破电子政务资源共享的瓶颈；另一方面，网格技术的分布式工作模式可以有效地实现在网络虚拟环境下的协同办公，提高政府的工作效率，增强为公众服务的能力。

8. 个人娱乐

随着因特网的发展，网络视频点播与在线游戏已经成为个人娱乐的重要一环。使用网格可以为游戏开发商和服务供应商提供可扩展的、高弹性的基础设施以运行大型多人游戏。无论走到哪里，在静止或运动中，人们随时随地可以通过简单的终端设备同其他人互动与协作，完成共同任务。

4.1.5 网格体系结构

网格体系结构是建立网格的客观需要。网格体系结构是关于如何建造网格的技术和规范的定义，包括划分和定义网格基本组成部分、定义各部分的功能、描述不同部分之间的关系以及把这些不同部分集成在一起的方法。显然，网格体系结构是网格的骨架和灵魂，是网格最基本的内容。

1. 网格的三层结构

网格可以简单划分为分布式资源、网格系统、网格用户三个层次，如图 4-2 所示。网格系统处在分布式资源和用户中间，作为用户和资源之间的一个桥梁，主要作用是把用户和资源联系起来，提供用户对资源的透明使用，支持全方位的资源共享。网格底层是网格的物理层，是分布式网格资源的集合。顶层是网格的应用层，各种各样的应用都在这一层实现，该层的需求就是网格系统要提供的功能，它直接影响着网格要达到的目的。

2. 层次化的网格体系结构

图 4-3 中给出了一个基本的网络协议体系结构，这是由五层沙漏结构演变而来的，其右

半部分是与之相对应的 TCP/IP 分层。

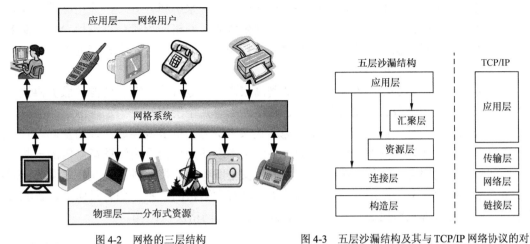

图 4-2 网格的三层结构　　　　图 4-3 五层沙漏结构及其与 TCP/IP 网络协议的对比

下面对 5 层的功能特点分别进行描述。

（1）构造层

构造层的基本功能就是控制局部的资源，包括查询机制（资源的结构和状态等信息）、控制服务质量的资源管理能力等，并向上提供访问这些资源的接口。构造层可以是计算资源、存储系统、目录、网络资源以及传感器等。构造层资源提供的功能越丰富，则构造层资源可支持的高级共享操作就越多。例如，如果资源层支持提前预约功能，则很容易在高层实现资源的协同调度服务，否则在高层实现这样的服务就会有较大的额外开销。

（2）连接层

连接层的基本功能就是实现相互的通信。它定义了核心的通信和认证协议，用于网格的网络事务处理。通信协议允许在构造层资源之间交换数据，要求包括传输、路由选择、命名等功能。在实际中这些协议大部分是从 TCP/IP 协议栈中抽取出的。认证协议建立在通信服务之上，提供的功能包括单一登录、代理、安全方法的集成、基于用户的信任机制等。

（3）资源层

资源层的主要功能就是实现对单个资源的共享。资源层定义的协议包括安全初始化、监视、控制单个资源的共享操作、审计以及付费等。

（4）汇聚层

汇聚层的主要功能是协调多种资源的共享。汇聚层协议与服务描述的是资源的共性，包括目录服务、协同分配和调度以及代理服务、监控和诊断服务、数据复制服务、网格支持下的编程系统、负载管理系统与协同分配工作框架、软件发现服务、协作服务等。它们说明了不同资源集合之间是如何相互作用的，但不涉及资源的具体特征。

（5）应用层

应用层存在于虚拟组织环境中。应用可以根据任一层次上定义的服务来构造。每一层都定义了协议，以提供对相关服务的访问，这些服务包括资源管理、数据存取、资源发现等。在每一层，可以将 API 定义为与执行特定活动的服务交换协议信息的具体实现。

网格层次结构又分为面向协议的层次结构和面向服务的层次结构两种。图 4-4 是面向协议的网格层次结构示意图。网格协议是对底层资源的第一级抽象，有了大家都认识的标准协议，相互之间就可以了解对方意图。网格协议需要有软件来解释并处理，使用标准协议来描述信息，用户通过网格提供给用户的接口使用网格资源。网格应用接口可以用 API、命令、应用开发语言等形式提供，用户或应用开发人员只需要了解应用接口中相应的内容，就可以使用网格或开发网格环境应用程序。

以服务为资源共享手段的网格结构从低到高依次可以划分为分布式资源、服务协议和标准、基本服务、通用服务、应用支持环境、网格应用等几个层次。

制定大家认可的统一协议仍然是以服务形式共享资源、把资源连成一片为基础。有了统一的协议，就可以在其上开发一些基本的服务。基本服务是任何网格活动都必需的一些核心服务，如数据传输服务、通信服务、信息服务、安全服务、监控服务等都是基本服务。通用服务是基本服务上层的一些服务，与具体的资源没有太紧密的关系，如目录服务、资源发现服务、作业服务等都是通用服务。图 4-5 是面向服务的网格层次结构。

| 网格应用（天文、医疗、物理……） |
| 应用接口（API、命令、开发语言……） |
| 网格软件（系统软件、工具） |
| 网格协议（描述、表示、组织……） |
| 国际互联网络（分布式资源、因特网协议） |

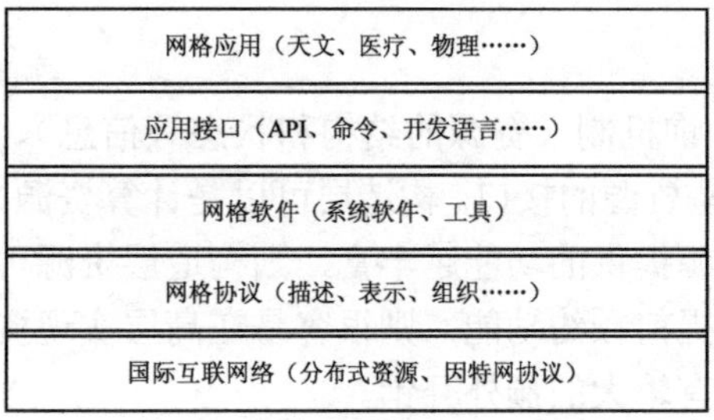

图 4-4　面向协议的网格层次结构

| 网格应用 |
| 应用支持环境 |
| 通用服务 |
| 基本服务 |
| 服务协议和标准（描述、发现、访问） |
| 国际互联网络（分布式资源、因特网协议） |

图 4-5　面向服务的网格层次结构

应用支持环境要便于上层应用采用简单的形式共享包括信息、软件、设备、仪器在内的所有资源。通用服务提供统一资源访问服务、远程仪器控制服务、中介服务、审计服务、队列调度、统一数据访问服务、出错管理服务、事件管理服务、网络缓存服务等。网格应用支持环境就是人们已经在使用的一些软件和平台，如 MPI-G2、分布式组件对象模型（DCOM，Distribute Component Object Model）、万维网服务等。

在面向服务的网格层次结构中，网格应用处在最上层，它通过应用支持环境和下层的服务打交道。应用看到的只是应用支持环境提供给自己的视图，用户不需要了解网格和各种服务的实现细节就可以开发自己的应用。

4.1.6　网格计算的发展现状与趋势

1. 标准化现状与趋势

目前，网格的全球标准化组织有 Global Grid Forum、研究模型驱动体系结构的 OMG、致力于网络服务与语义 WWW 研究的 W3C 以及 Globus.org 等标准化团体。

大多数网格项目都是基于 Globus Tookit 所提供的协议及服务建设的，包括 Entropia、IBM、Microsoft、Compaq、Cray、SGI、Sun、Veridian、Fujitsu、Hitachi、NEC 在内的 12 家计算机和软件厂商已宣布将采用 Globus Toolkit。Globus Toolkit 提供了构建网格应用所需的很

多基本服务，如安全、资源发现、资源管理、数据访问等。2002 年 2 月，Globus 项目组和 IBM 共同倡议了一个全新的网格标准——开放式网格服务体系结构（OGSA，Open Grid Services Architecture）。它把 Globus 标准与以商用为主的 Web 服务标准结合起来，网格服务统一以业务的方式对外界提供。OGSA 的诞生标志着网格已经从学术界的象牙塔延伸到了商业世界，而且从一个封闭的世界走向了开放的环境。2003 年 1 月，符合 OGSA 规范的 Globus Toolkit 3.0（Alpha 版）已经在第一届 Globusworld 会议上发布。这标志着 OGSA 已经从一种理念、一种体系结构走到付诸实践的阶段了。

2．国外网格计算的发展现状

国外对网格的研究始于 20 世纪 90 年代中期。美国是网格研究起步最早的国家，多家研究机构制定了很多网格研究计划，如美国国家科学基金会资助的 TeraGrid、NCSA、NPACI，美国国防部的 HPCMP 网格、全球信息网格（GIG），美国宇航管理局的 IPG，美国政府资助的大型物理实验网格（GriPhyN）及美国能源部的 ASCI Grid、国家技术网格（NTG）等计划。

TeraGrid 将连接位于 5 个不同地方的超级计算机，达到每秒 20 万亿次的计算能力，并能存储和处理近 1 千万亿字节的数据，连接网格的专用网络带宽将达到 40Gbit/s。GriPhyN 计划建立每秒千万亿次级别的计算平台，用于数据密集型计算。GIG 预计在 2020 年完成，从系统组成上看，GIG 将系统分为基础、通信、计算、全球应用和使用人员 5 个层次；从技术体制上看，GIG 包括了多种专用或租借的通信计算机系统和设备、各种软件和数据、安全服务设备以及有助于谋求信息优势的其他相关技术。

英国政府宣布投资 1 亿英镑，用以研发英国国家网格。欧洲也不例外，启动了一系列网格开发计划，其中包括 DataGrid、SIMDAT、NextGRID、AkoGriMo、UNICORE、MOL、CoreGRID 和超大强子对撞机计算网格等计划。其中，DataGrid 涉及欧盟的 20 多个国家，是一种典型的"大科学"应用平台。此外，日本主要在进行国家研究网格计划（NAREGI）、生物网格计划（BioGrid）和 Ninf 的研究。

3．中国网格计算的发展现状

我国已开展了中国国家网格、教育科研网格、织女星网格、先进计算基础设施北京和上海试点工程等五大网格项目的研究，初步确立了战略与系统综合研究、高性能计算机、网格节点、网格软件和应用网格 5 个方面的课题。主要任务是研制面向网格的每秒万亿次级高性能计算机和具有每秒数万亿次聚合计算能力的高性能计算环境；开发具有自主知识产权的网格软件；建设科学研究、经济建设、社会发展和国防建设急需的重要应用。

联想计算机公司研制的峰值运算速度每秒 5.324 万亿次的国家网格主节点"深腾 6800"超级计算机于 2003 年 11 月研制成功。不久，上海超级计算中心和曙光公司联合宣布，10 万亿次曙光 4000A 于 2004 年落户上海超级计算中心。后来又宣布采用网格技术实现 230 万亿次计算速度的曙光 5000A 于 2008 年 11 月落户上海超级计算中心，使中国成为继美国之后第二个能制造和应用超百万亿次商用高性能计算机的国家。

4．网格计算的前景

据美国预测，网格技术在 2020 年将产生一个年产值为 20 万亿美元的大工业。可以说网格是未来信息技术和产业发展的大趋势，它将极大地影响我们的生活和工作。未来的网格计算主要有三大发展趋势，即标准化、大型化和技术融合化。网格计算将从标准化向更广域、多学科渗透，技术将进一步融合，从前沿技术逐步走向实用化、大众化。可以预见，今后网格计算技术仍将快速发展，从而开创计算科学的一个新纪元。

4.2 网络存储

最早是"网络硬盘"，人们通过网络进行文件上传和下载，随之含义扩展，并界定为某项特定应用，就形成了新的"网络存储"概念。网络存储实现的功能是把用户的文件存储在通过因特网可以访问到的网络服务器上或者与服务器相连的专门设备上，用户只需要连接到因特网上就可以自由存取自己账号中或者其他用户共享出来的文件。而存储网络是一种全新的存储体系结构。它支持网络协议和存储设备协议，采用面向网络的存储体系结构，使数据处理和数据存储分离，把信息智能从服务器迁移到网络中的各个设备上。

网络存储系统的特点如下。①设计贴近用户。在文件超过软盘存储空间而无法携带、传输的情况下，可以通过因特网进行文件传输，解决了用户的传输方面的问题。②操作简单。所有操作均在浏览器中进行，无需任何软件或插件的安装。③网络存储实现了与电子邮件系统的结合，可以使用用户自己定义的地址簿。④网络存储服务支持用户级的共享。

目前有以下 4 种网络存储共享技术。

① 服务器附加存储（SAS，Server Attached Storage）。

② 网络附加存储（NAS，Network Attached Storage）。

③ 存储区域网络（SAN，Storage Area Network）。SAN 又有光纤通路存储区域网络（FC-SAN，Fibre Channel SAN）和光纤通道存储区域网络（FP-SAN，Fibre Path SAN）之分。

④ 基于 IP 的存储网络。

4.2.1 服务器附加存储结构

SAS 也称为直接附加存储系统（DAS，Direct Attached Storage），被定义为直接连接在各种服务器或客户端扩展接口下的数据存储设备，是目前大部分园区网采用的存储方式。这种存储设备是通过电缆（通常是 SCSI 接口电缆）直接连接到服务器的。I/O 请求直接发送到存储设备。它依赖于服务器，其本身是硬件的堆叠，不带有任何存储操作系统。如图 4-6 所示，这种存储结构是将数据存储在各服务器的磁盘族或磁盘阵列等存储设备中。

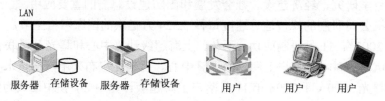

图 4-6　SAS 的存储结构

SAS 是最早在网络中采用的存储系统。它的存取速度快，建立方便。但是，它也存在一些明显的问题。一方面该技术不具备共享性，每种客户机类型都需要一个服务器，从而增加了存储管理和维护的难度。另一方面，当存储容量增加时，扩容变得十分困难；而且当服务器发生故障时，数据也难以获取；对于整个环境下的存储系统管理，工作烦琐而重复，没有集中管理解决方案。目前 DAS 基本被 NAS 所代替。

4.2.2 网络附加存储结构

NAS 是直接挂网的存储器，即是一个网络的附加存储设备，允许客户机与存储设备之间进行直接的数据访问，通过 TCP/IP 进行通信，以文件 I/O 方式进行数据传输。通常，它通过集线器或交换机直接连在网络上。NAS 设备的物理位置很灵活，既可以放置在数据中心的工作组内，也可以放在其他地点，通过物理链路与网络连接起来。

一个 NAS 包括处理器、文件服务管理模块和多个硬盘驱动器用于数据的存储。如图 4-7 所示，它通过负责实现文件 I/O 操作的设施，把优化的存储设备直接挂在网上，使数据的存储与处理相分离。文件服务器只用于数据的存储，主服务器只用于数据的处理。

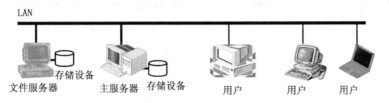

图 4-7 NAS 的存储结构

NAS 存储系统的设计和实现具有以下优点。

① 实现简单。

② 由于数据的存储与处理相分离，不仅消除了网络带宽瓶颈，还使即使网络服务器崩溃，用户仍能照常访问 NAS 设备中的资源；即使 NAS 发生了故障，网络上与主服务器相关的其他操作也不会受到影响，甚至在替换或更新存储设备时也不必关闭整个网络。

③ 部件拥有一个在整个网络中的唯一的地址。用户可以同时通过网络共享 NAS 设备中的数据，从而获得更高的共享效率和更低的存储成本。

④ NAS 设备不依赖通用的操作系统，而是采用了瘦服务器技术，只保留了通用操作系统中用于数据共享的文件和网络连接协议，使 CPU、内存和 I/O 总线完全用于信息资源的存储、管理和共享，与服务器相比把数据的传输速率提高 5～10 倍，达到 75～80Mbit/s。

⑤ NAS 是一种成本较低、易于安装、易于管理、易于扩展、使用性能和可靠性均较高的资源存储和共享解决方案。但是由于带宽的限制，目前网络可能太慢。

4.2.3 存储区域网络存储结构

SAN 是一种通过光纤集线器、光纤路由器、光纤交换机等连接设备将磁盘阵列、磁带等存储设备与相关服务器连接起来的一个集中式管理的高速存储专用子网。SAN 可实现大容量存储设备数据共享；高速计算机与高速存储设备能够高速互连；集中式管理软件允许远程配置、监管和无人值守运行；存储设备配置灵活，数据备份快速，数据安全可靠。

SAN 由 3 个基本的组件构成：接口（如 SCSI、光纤通道、企业系统连接等）、连接设备（交换设备、网关、路由器、集线器等）和通信控制协议（如 IP 和 SCSI 等）。这 3 个组件再加上附加的存储设备、存储管理软件和独立的 SAN 服务器就构成一个 SAN 系统。

1. 问题的提出

DAS 和 NAS 在访问存储设施时，必须经过 LAN。而在 LAN 中，不仅要由 LAN 连接多台服务器和大量客户机，还要连接存储设备。随着系统规模的增大，LAN 的负荷也不断增加。另一方面，随着备份数据的爆炸性增长以及数据复制需求的爆炸性增长，服务器间经由 LAN 相互频繁地进行访问，数据部分也要经过 LAN 不断地进行复制和共享，而连接服务器与存储器设备的小型计算机系统接口（SCSI，Small Computer System Interface）由于有限的距离、有限的连接、有限的潜在带宽等不足，容易因超载造成瓶颈。

2. SAN 的结构

SAN 是用来连接服务器和存储装置（大容量磁盘阵列和备份磁带库等）的专用网络。这些连接基于固有光纤通道（FC，Fibre Channel）和 SCSI——通过 SCSI 到 FC 转换器和网关，一个或多个 FC 交换机在主服务器与存储设备之间提供相互连接，形成一种特殊的高速网络。如果把 LAN 作为第一网络，则 SAN 就是第二网络。它置于 LAN 之下，但又不涉及 LAN 的具体操作。图 4-8 为 SAN 的结构示意图。

由图 4-8 可以看出，在 SAN 中，任何一台服务器不再经由 LAN，而是通过 SAN 直接访问任何一台存储装置，从而摆脱了 LAN 由于超载形成的瓶颈。

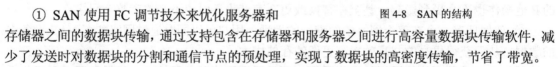

图 4-8　SAN 的结构

3. SAN 的特点

① SAN 使用 FC 调节技术来优化服务器和存储器之间的数据块传输，通过支持包含在存储器和服务器之间进行高容量数据块传输软件，减少了发送时对数据块的分割和通信节点的预处理，实现了数据块的高密度传输，节省了带宽。

② 在 SAN 中，高性能的光纤交换机和光纤网络确保了设备连接的可靠和高效，提高了容错度。开放的、具有行业标准的 FC 技术，使得 SAN 既具有 SCSI 高速的优势，又具有以太网网络构筑的灵活性，既允许更多连接，又使服务器与存储器之间的距离可以延伸得很长，进行远距离（最长达 150km）的高性能 FC 传输。

③ SAN 的管理是集中而且高效的。用户可以在线添加/删除设备、动态调整存储网络，将异构设备统一成存储池以及将数据存储管理集中在相对独立的存储区域网内。

④ 可伸缩的虚拟存储和网络拓扑结构将存储与主机的联系断开，可以动态地从集中存储器分配存储量，简化了网络服务的使用和可扩展性，还提高了硬件投资的初期回报。

⑤ 高可用性和应用软件故障恢复环境可以确保以较少的开销，使应用软件的可用性得以极大地提高。

4. FC-SAN

FC-SAN 即光纤通路存储区域网络是一个由 FC 协议组成的存储区域网络。FC 作为一个以太网的替代品来考虑。FC 是 SAN 存储方案中的重要技术。FC 可实现处理器与多个海量存储设备间的并行通信，允许的传输速度的理论值达到 4 000Mbit/s；服务器系统可以通过电缆远程连接，最大可跨越 10km 的距离。SCSI 每条通道最大可支持 15 个设备，而一条单一的 FC 环路最大可以承载 126 个设备，而且 FC 的设备可放置在任意地点。FC 存储区域网络的带宽可达到 100Mbit/s，FC 允许镜像配置，这样可以改善系统的容错能力，通过光纤通道共享存储器的可靠性与可用性也比传统的局域网高得多。

FC 本身具有的高传输速率使得 SAN 网络的传输速率可以达到 200Mbit/s 或者更高，同时还可以保证数据传输速率的稳定性。但也正是由于受到 SAN 使用专用网络拓扑结构和不同于一般网络传输协议的限制，SAN 的设备仅能做到与连接在 SAN 上的服务器间的直接访问，而在 LAN 上的客户端是无法直接访问 SAN 的设备的，必须通过服务器间接访问。FC 的硬件设备价格昂贵，而且 SAN 作为一种专用的存储网络，需要培训专门的人员来管理，这使得 SAN 的总体拥有成本居高不下，使很多希望使用 SAN 的企业望而却步，转而使用性能较差的 NAS，因而 SAN 的普及和使用受到较大影响。

5. DAS、NAS、SAN 比较

DAS、NAS 和 SAN 之间的比较如表 4-1 所示。

表 4-1　　　　　　　　　　　DAS、NAS 和 SAN 之间的比较

DAS	NAS	SAN
数据被存放在多台不同的服务器上，难以访问	数据被整合并存放在相同的存储器上，易于访问	数据被整合并存放在相同或不同的存储器上，但提供统一的用户访问视图，易于访问
难以升级，容量有限制	即插即用，容量无限制	即插即用，需配置，容量无限制
不支持不同操作系统访问	支持不同操作系统访问	不支持不同操作系统访问
服务器认证	网络协议认证	服务器认证
服务器集中配置数据	网络集中配置数据	集中配置数据
直接连接在服务器上	直接连接在网络上，独立于文件服务器	与网络服务器、存储产品、网络产品、软件以及服务相关
无 I/O 优化	文件 I/O 优化	块 I/O 优化
性能一般	高性能	极高性能
服务器组成部分	LAN 组成部分	独立的网络
通过文件系统访问文件	通过以太网协议访问文件	通过 FC 协议访问文件
易于安装	自维护、易于安装、即插即用	需要长时间的设计和安装
成本低廉	成本低廉	成本高昂
难以维护	易于维护	难以维护
难以备份/恢复	易于备份/恢复	易于备份/恢复

4.2.4　基于 IP 的存储网络

为了克服 SAN 应用带来的问题，出现了基于 IP 的存储网络（也称 IP-SAN）。IP 存储网络可以说是结合了 NAS 和 SAN 两者的优点：一方面它采用 TCP/IP 作为网络协议，使得它具

有 NAS 易于访问的特点；另一方面它又有独立专用的存储网络结构。因此，基于 IP 的存储网络可以使用以太网技术和设备来构建专用的存储网络，其成本与 FC-SAN 相比大为降低，而且还保持有 SAN 的传输速率高且稳定的优点。

IP 网络存储是指在 IP 网络中实现类似 SAN FC 的"块级"数据处理，通过用 GbE/10 吉比特以太网等网络技术构建网络存储。对于基于 IP SAN 的计算机，数据均可集中存储于网络存储设备上。这样用户就可随心所欲地使用 IP 网上的存储资源，而不受本地存储资源的限制。

目前主流的 3 种 IP 存储方案包括因特网小型计算机系统接口（iSCSI，Internet SCSI）、因特网光纤通路协议（iFCP，Internet Fibre Channel Protocol）和基于 IP 的光纤通路（FCIP，Fibre Channel over IP）方案。这 3 种 IP 存储方案在总体性能、远距离传输、管理、成本、灵活性、互操作性方面优于 FC 技术。

1. iSCSI 标准

它是一种在因特网协议上进行数据块传输的标准，是一个供硬件设备使用的、可在 IP 上层运行的 SCSI 指令集。该技术重要的贡献体现在：第一，SCSI 技术是被磁盘、磁带等设备广泛采用的存储标准；第二，沿用 TCP/IP，TCP/IP 在网络方面是最通用、最成熟的协议。iSCSI 技术的出现只需要较少的投资，就可方便、快捷地对信息和数据进行交互式传输和管理。相对于以往的网络接入存储，它解决了开放性、容量、传输速度、兼容性、安全性等问题。iSCSI 协议是一个在网络上封包和解包的过程，在网络的一端，数据包被封装成包括 TCP/IP 头、iSCSI 识别包和 SCSI 数据在内的 3 部分内容；传输到网络另一端时，这 3 部分内容分别被顺序地解开。它的工作流程如图 4-9 所示。

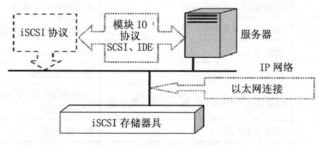

图 4-9　iSCSI 工作流程图

iSCSI 系统由一块 SCSI 卡发出一个 SCSI 命令，命令被封装到第四层的信息包中并发送。接收方从信息包中抽取 SCSI 命令并执行，然后把返回的 SCSI 命令和数据封装到 IP 信息包中，并将它们发回到发送方，系统抽取数据或命令，并把它们传回 SCSI 子系统。所有这一切的完成都不需用户干预，且对终端用户是完全透明的。为保证安全，iSCSI 有自己的上网登录顺序。在首次运行时，启动器设备将登录到目标设备中，任何一个接收到没有执行登录过程的启动器 iSCSI PDU 目标设备都将生成一个协议错误，且目标设备会关闭连接。在关闭会话之前，目标设备可能发送回一个被驳回的 iSCSI PDU，因为它只保护了通信的启动，却没有在每个信息包的基础上提供安全性，当然还有其他的安全方法。在控制和数据两种信息包中，IPSec 可以实施再次保护和确认证明，也为各个信息包提供加密。与 FC 相比，iSCSI 有其自身的很多优势，主要表现在 iSCSI 更加经济、降低成本等方面。

2. iFCP 标准

它是基于 TCP/IP 网络运行 FC 通信的标准，具备网关功能，它能将 FC 独立磁盘冗余阵列（RAID，Redundant Arrays of Independent Disk）、交换机以及服务器连接到 IP 存储网，而不需要额外的基础架构投资。它将 FC 数据以 IP 包形式封装，并将 IP 地址映射到分离 FC 通信设备上。FC 信号在 iFCP 网关处终止，信号转换后存储通信在 IP 网中进行，这样 iFCP 就打破了传统 FC 网的距离（约 10km）限制。iFCP 有别于另一提交给 IETF 的草案标准 FCIP。FCIP 类似于用于扩展第二层网络的桥接解决方案，本身不具备 iFCP 特有的故障隔离功能。当不同的 FC 网互连时，每个 iFCP 网关域都能作为一个自治系统独立运作，它的操作配置对整个 IP 网和其他 iFCP 网关域都是透明的。当位于 iFCP 网关的两节点间进行存储数据通信时，首先运用内部 FC 协议，遍历多 iFCP 网关的通信随后被封装进 iFCP，然后映射到不同 IP 地址，数据即可通过 IP 网进行交换或路由传输了。透过 IP 网进行通信的每对 FC 节点间都确立一个分离 iFCP 会话，使 iFCP 精确地实现了对 QoS 参数的矫正。通过运用内建的 TCP 拥塞控制、错误检测以及故障修复机制，iFCP 同样能在 FC 网中进行完整的错误控制。所有的错误控制不会对其他设备间的存储通信产生任何影响。在安全性方面，它整合了基本的分区、逻辑单元号隐蔽和分区隔离技术，并运用 IPSec 自动因特网密钥管理（IKM，Internet Key Management）协议进行密钥安全创建和管理。

3. FCIP 标准

它是一种 IP 的存储联网技术，利用 IP 网络通过数据通道在 SAN 设备之间实现 FC 协议的数据传输，把真正的全球数据镜像与 FC SAN 的灵活性、IP 网络的低成本相结合，降低远程操作的成本，从而把成本节省和数据保护都提升到了一个新的高度。在同一个 SAN 范围内，TCP/IP 数据包再封装 FC 通信命令和数据，从而在 IP 网络上传输 FC 通信命令和数据。FCIP 可用来克服 FC 目前存在的距离限制因素，具有实现纠错和检测的优点，为用户有效管理业务连续系统提供了各种更为灵活的方式。通过利用 FCIP 解决方案，用户可把 SAN 的范围扩展到数据中心之外，利用低成本、性能优异的远程存储，可优化其投资。

4. IP 存储的优势及存在的问题

IP 存储的优势如下。①利用无所不在的 IP 网络，保护了现有投资。②IP 存储超越了地理距离的限制。IP 能延伸到多远，存储就能延伸到多远，十分适合于对数据的远程备份。③IP 网络技术成熟。IP 存储减少了配置、维护、管理的复杂度。存在的问题如下。①IP 存储的产品总体上还不十分成熟，用户可选择的余地较小。②IP 存储并不是像在 IP 网络上连接一个带网卡的存储设备那样简单，需要一些专门的驱动和设备。③IP 存储特别的消耗资源，对 QoS 要求较高的场合是一个挑战。

4.2.5　网络存储的新技术

网络存储有以下几项新技术正在得到发展。

1. 基于 InfiniBand 的存储系统

InfiniBand 被用来取代周边元件扩展接口（PCI，Peripheral Component Inter connection）总线

的新 I/O 体系结构。它把网络技术引入 I/O 体系中，形成一个 I/O 交换网络结构，主机系统通过一个或多个主机通路适配器（HCA，Host Channel Adapter）连接到 I/O 交换网上，存储器、网络通信设备通过目标通路适配器（TCA，Target Channel Adapter）连接到该 I/O 交换网上。

InfiniBand 体系结构把 IP 网络和存储网络合二为一，以交换机互连和路由器互连的方式支持系统的可扩展性。服务器端通过 HCA 连接到主机内存总线上，突破了 PCI 的带宽限制；存储设备端通过 TCA 连接到物理设备上，突破了 SCSI 和 FC 仲裁环路的带宽限制。

在 InfiniBand 体系结构下，可实现不同的存储系统，包括 SAN 和 NAS。基于 InfiniBand I/O 路径的 SAN 存储系统有两种实现途径：一是 SAN 存储设备内部通过 InfiniBand I/O 路径进行数据通信，InfiniBand I/O 路径取代 PCI 或高速串性总线，但与服务器/主机系统的连接还是通过 FC I/O 路径；二是 SAN 存储设备和主机系统利用 InfiniBand I/O 路径取代 FC I/O 路径，彻底实现基于 InfiniBand I/O 路径的存储体系结构。

2. 直接访问文件系统

直接访问文件系统（DAFS，Direct Access File System）是一种文件访问协议，可以在大量甚至过量负载时有效地减轻存储服务器的计算压力，提高存储系统的性能。DAFS 把远程直接内存存取（RDMA，Remote Direct Memory Access）的优点和 NAS 的存储能力集成在一起，全部读写操作都直接通过 DAFS 的用户层——RDMA 驱动器执行，从而降低了网络文件协议所带来的系统负载。

DAFS 的基本原理是通过缩短服务器读写文件时的数据路径来减少和重新分配 CPU 的计算任务。它提供内存到内存的直接传输途径，使数据块的复制工作不需要经过应用服务器和文件服务器的 CPU，而是直接由应用服务器内存传输到存储服务器内存。DAFS 可以直接集成到 NAS 存储服务器中，不但实现高性能的数据传输，也可以更好地支持数据库管理。

3. 虚拟存储

虚拟存储是一种具有智能结构的系统，它允许客户以透明有效的方式在磁盘和磁带上存储数据，统一管理磁盘空间，使得客户的存储系统容纳更多的数据，也使得更多的用户可以共享同一个系统。

所谓存储虚拟化就是新存储实体对原存储实体的存储资源（如存储的读写和连接方式等）和存储管理（如统一/分散管理）进行变化和转换的过程。存储虚拟化是物理存储的逻辑表示方法，是在服务器与存储之间设置的一个抽象层，服务器被绑定到逻辑抽象层上。无论何时如果需要都可以改变所连接的物理存储，而不会影响应用对这个存储的访问。

总体来说，存储虚拟化有 3 个层次：基于服务器的虚拟存储、基于存储设备的虚拟存储、基于网络的虚拟存储。基于主机的虚拟化是在很多厂商阵列之间通过逻辑卷管理器建立存储池，在一个操作系统下共享不同阵列。基于存储的虚拟化是指一些高端阵列本身的智能化管理，可以实现同一阵列供不同主机来分享。以上两种均是在主机和存储的"箱子"内部实现的，如果把上述功能移植到网络上，便是基于网络的虚拟化。基于网络的虚拟化是在多厂商阵列之间建立一个存储池，可以与不同的主机相连，实现了不同主机和存储之间的真正的互连和共享。从存储的发展趋势来看，基于网络的虚拟化是发展的潮流。

虚拟存储可以在以下方面提高资源的使用率：①它允许一旦子系统失败或更换，数据可以在存储池的任意存储设备中移动；②虚拟存储较容易复制，因为虚拟技术可把全部的冗余需求都迁移。若没有虚拟技术，管理员必须从一个设备向另一个设备复制整个卷。有了虚拟技术，就只要复制部分数据，如快照等，让整个数据到物理设备间建立连接就行。

虚拟存储被认为是可以简化管理大型、复杂、异构的存储环境的技术。它使主机操作系统看到的存储与实际物理存储分开，服务器不必关心后端的物理设备，也不会因为物理设备发生任何变化而受影响。管理员可以通过图形用户界面或类似界面让很多服务器共享后端的存储池，因而提高系统管理员的工作效率。它可以将多种设备上比较小的存储容量集合起来，虚拟成一个大的磁盘，提高存储容量的使用效率。

4. 智能存储

"对应用系统和用户透明"，这是智能存储的核心理念，即存储系统自身应具备智能，用以解决互操作性、系统扩展、技术升级、设备可靠性、数据安全性等问题，最大限度地减轻应用主机处理数据存储的负担。智能存储必须由不同存储产品组合才能实现，包括智能化的存储设备、智能化的存储网络设施和智能化的存储管理软件等。智能存储需要存储产品在不同层次实现多种数据安全保障措施，形成多层次的安全保障。任何一个薄弱环节都可能造成数据的丢失和损坏，给网络经营者带来不可估量的损失。

在智能存储方案中，硬件功不可没，其中磁带库占据了重要的地位。选择的磁带库产品要具备大型磁盘阵列的动态扩展能力、高可用性设计、智能存储控制器等特点。磁带库还必须在 SAN 环境中才能做到真正的支持异种平台数据级共享。有了智能化的存储网络磁带库，就能满足设备级的智能连接、共享、安全控制和系统管理性能，降低设备的采购和管理成本等要求。但要将这些特点实现在应用、数据级的层面上，还必须具备新型的存储管理软件，才能真正实现透明的智能存储。SAN 环境下的智能存储管理软件是为高效存储和管理大量、大型数据文件而设计的产品。通过它才能真正将 SAN 环境中的磁盘阵列和智能磁带库统一管理起来，形成一个完整的、长期数据存储和保护系统。

总之，智能化的存储就是在存储的每个细节方面，充分考虑用户的实际需求，尽量减少他们在部署、应用与维护等方面的不便性，支持全面的功能实施，降低存储任务的成本。

5. 零复制

零复制（zero-copy）的基本思想是：数据报从网络设备到用户程序空间传递的过程中，减少数据复制次数，减少系统调用，简化协议处理层次，实现 CPU 的零参与。在应用和网络间提供更快的数据通路，有效地降低通信延迟，彻底消除 CPU 在这方面的负载，增加网络吞吐率。实现零复制用到的最主要技术是 DMA 数据传输技术和内存区域映射技术。零复制技术首先利用 DMA 技术将网络数据报直接传递到系统内核预先分配的地址空间中，避免 CPU 的参与；同时，将系统内核中存储数据的内存区域映射到检测程序的应用程序空间，或者在用户空间建立一块缓存，并将其映射到内核空间，检测程序直接对这块内存进行访问，从而减少了系统内核向用户空间的内存复制，同时减少了系统调用开销，实现了真正的"零复制"。

4.2.6 网络存储的发展与展望

存储技术在未来若干年内将有较大发展。网络存储、移动存储、磁存储、光盘存储、新型存储技术各有千秋。

磁存储技术突破了极薄磁层的稳定性后，磁记录的密度已超过 230Gbit/in^2。理论表明，垂直记录模式能够达到的记录密度大约为 500Gbit/in^2。它和其他技术的结合将使硬盘存储容量在未来 10 年内有 10 倍的增长。基于微电子机械系统的存储器（MEMS-based storage）可提供比目前磁盘高得多的性能，可在 1cm^2 的面积上存储 10GB 的数据，提供 100Mbit/s～1Gbit/s 的带宽，访问时间比当前磁盘快 10 倍，而功耗只有当前磁盘的十分之一。

移动存储将向多功能、安全性、小型化方向发展。新一代移动硬盘将内置操作系统，应用设置参数可以整体迁移，针对移动办公、信息安全、数据备份等应用特点加以配置，满足科研、教育、国防、金融等应用的个性化需求。

下一代光盘将占据重要地位。下一代光盘将在高清晰度数字电视、电影、高清晰度数码相机、网络下载、海量数据备份等领域中占有重要地位，具有巨大的市场前景。采用新技术的超细激光光束可以将现有光盘的容量提高 10 倍。作为下一代 DVD 的规格，HD-DVD 和蓝光 DVD 可谓各有所长。以索尼为主导的蓝光 DVD 容量惊人，盘片的容量是目前 DVD 的 5 倍。以东芝主导的 HD-DVD 产业化程度则远远高于蓝光 DVD。蓝光 DVD 和 HD-DVD 可能融合，这将使我国高密度激光视盘系统技术规范 EVD 遭受严峻考验。

可生存存储系统是国际上正在研究的项目，意指数据永久可用和安全。在该系统中，用户信息分布存储在不同的节点中，而某些节点可能失效或被入侵，但数据必须保持可用。该系统的目标在于建立一个信息存储系统，可实现永久可用、永久安全、平稳降级等功能。

新型存储技术产品的市场份额将逐年增加。新型存储技术包括铁电储存器 FRAM、磁性随机存储器 MRAM、相变存储器 PRAM、纳米管 RAM、全息存储器等。半导体 RAM 和闪存将继续存在数十年，但纳米存储将占领较大比例的市场。

数据存储的网络化势在必行，但和所有新技术一样，不会有一种技术方案能够满足所有的需求。将来的存储网络方案中，NAS 和 SAN 的分界将逐渐模糊，一些技术将交叉融合。NAS 会克服 TCP 网络中速度较慢的一些特性，而 SAN 也将解决异构系统间兼容性的问题。随着 FC 的速度和性能不断提高，FC 将继续占据 SAN 领域的主导位置，但同时 10 吉比特以太网和 InfiniBand 也将占据一席之地。大多数用户看好 10 吉比特以太网和 iSCSI 的发展前景。对速度非常重视的用户，将会继续采用 FC SAN。基于 IP 的存储网络具有巨大的发展潜力，随着 iSCSI 技术的日趋成熟，相信它将为数据存储提供良好的性价比。

作为一项新技术，网络存储还处于成长阶段。预计今后的几年内，网络存储将进入一个更快的发展阶段，进入一个新的发展空间。

第5章　无线分布式自适应网络

无线分布式自适应网络的前身是无线自组织（Ad hoc）网络，随后衍生出了无线 Mesh 网络和无线传感器网络，它们也采用分布式、自组织组网的思想，但在特定应用环境下具有不同于 Ad hoc 网络的特性。无线 Ad hoc 网络主要侧重于移动环境中；无线 Mesh 网络是一种无线宽带接入网络；无线传感器网络是无线 Ad hoc 网络的一种特殊形式，实现对某个区域的物理现象的监测。下面就这三种网络的内容做具体介绍。

5.1　无线自组织网络

虽然人们摆脱了有线网络的束缚，但是许多移动通信还需要有线基础设施（如基站）的支持才能实现。为了能够在没有固定基站的地方进行通信，一种新的网络技术——Ad Hoc 网络技术应运而生。Ad Hoc 网络不需要有线基础设备的支持，通过移动主机自由地组网实现通信。Ad Hoc 网络的出现推进了人们实现在任意环境下自由通信的进程。

5.1.1　无线自组织网络的概念、起源和发展趋势

1. 无线自组织网络的基本概念

"Ad hoc"一词来自拉丁语，意思是"为某种目的设置的、有特殊用途的"。无线自组织（Ad hoc）网络是一组带有无线收发装置的移动节点或终端组成的一个无线特定的、多跳的、临时性自创建（Self-Creating）、自组织（Self-Organizing）、自管理（Self- Administering）、无中心的系统。网络中每个终端可以自由移动、地位相等且具有路由选择功能，可以通过无线连接在任何时候、任何地点快速构建任意的网络拓扑，可独立工作，不需要现有信息基础网络设施的支持。移动终端也可与因特网或蜂窝无线网络连接。

在 Ad hoc 网络中，每个用户终端（节点）兼有路由器和主机两种功能。一方面，作为主机，终端需要运行各种面向用户的应用程序；另一方面，作为路由器，终端需要运行相应的路由协议，根据路由策略和路由表完成数据的分组转发和路由维护工作。

在 Ad hoc 网络中，节点间的路由通常由多个网段（跳）组成。由于终端的无线传输范围有限，两个无法直接通信的终端节点往往要通过多个中间节点的转发来实现通信，所以它又被称为多跳无线网、自组织网络、无固定设施的网络、对等的移动计算网络或无框架的移动网络。Ad hoc 网络中的信息流采用分组数据格式，传输采用包交换机制，基于 TCP/IP 协议簇。所以说，Ad hoc 网络是一种移动通信和计算机网络相结合的网络，是移动计算机通信网络的一种类型。

如图 5-1 所示，无线 Ad hoc 网络没有固定的基础设施，也没有固定的路由器，所有节点都是移动的，并且都能以任意方式动态地保持与其他节点的联系。在这种环境中，由于终端的无线覆盖范围的有限性，两个无法直接进行通信的用户终端可以借助于其他节点进行分组转

发。每一个节点都可以说是一个路由器，它们完成发现和维持到其他节点路由的功能。

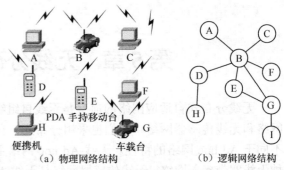

（a）物理网络结构　　　　　（b）逻辑网络结构

图 5-1　无线 Ad hoc 网络示意图

2. 无线自组织网络的起源和发展

Ad hoc 网络技术的起源可追溯到 1968 年的 ALOHA 项目和 1972 年的分组无线网（PRNET，Packet Radio Network）项目。1968 年，美国夏威夷大学为了将分布在四个岛屿的七处校园内的计算机之间互连，构建了第一个无线自组网——ALOHA 系统。在该网络中，计算机不能移动，相互之间一跳可达。1972 年，美国国防部高级研究规划署（DARPA）启动了 PRNET 项目，即让报文交换技术在不受固定或有线的基础设施限制的环境下运行。PRNET 允许在一个更广的地理范围内，采用分组多跳存储转发方式进行通信。PRNET 设计时希望网络的形成无需人工干预，系统能自动初始化和自动运行。这意味着网络节点能够发现邻居节点，并根据这些邻居节点形成路由。美国海军研究实验室于 20 世纪 70 年代末研制完成了短波自组织网络 HF-ITF 系统，该系统能够保障在 500km 范围的舰只、飞机、潜艇相互之间进行联网。系统工作在短波频段，是采用跳频组网的低速自组织网络。

此后，DARPA 于 1983 年启动了可生存自适应网络（SURAN，Survivable Adaptive Network）项目，该项目重点解决无线通信装置体积大、功率大、成本高的技术问题，研究如何支持更大规模的网络。1994 年，DARPA 又启动了全球移动信息系统（GloMo，Globle Mobile Information System）项目，旨在对能够满足军事应用需要的、可快速展开、高抗毁性的移动信息系统进行全面深入的研究。

IEEE 802.11 标准委员会吸取了 PRNET、SURAN 以及 GloMo 等项目的组网思想，采用了"Ad hoc 网络"一词来描述这种特殊的自组织对等式多跳移动通信网络，Ad hoc 网络就此诞生。IETF 也将 Ad hoc 网络称为移动自组网（MANET，Mobile Ad hoc Network）。MANET 一般不适于作为中间传输网络，它只允许产生于或目的地是网络内部节点的信息进出，而不让其他信息穿越本网络，从而大大减少了与现存因特网互操作的路由开销。

1997 年，发布支持一跳 Ad hoc 工作模式的 IEEE 802.11 标准。同年，IETF 成立了 MANET 工作组，研究支持数百个节点规模的 MANET 路由协议，制定相应标准。该工作组已经形成了三个路由协议的 RFC，分别为 AODV（RFC 3561）、OLSR（RFC3626）、TBRPF（RFC3684）。

移动自组网作为一种新颖的移动计算机网络，开创出一种新的移动计算模式。在未来发展中，自组网在军事通信领域的应用仍将保持重要地位，在民用通信领域的应用则将逐步扩大。

3. 无线自组织网络技术的研究趋势

综合专家观点，我们认为 Ad hoc 网络技术的研究趋势体现在以下几个方面。

（1）加强技术研究，寻求技术突破，为大规模商业化应用时代的到来做准备

① 对超前市场的新技术，要充分发挥政府的引导作用，设置专项课题进行资金支持。应该加强对 Ad hoc 网络安全、服务质量、与其他网络融合、与 RFID 结合等方面的支持力度，

对关键问题进行聚焦，争取在这些核心问题上取得突破。

② 在技术研发过程中，需要通过标准、知识产权、产业政策等手段加强产、学、研等方面相结合的力度，鼓励结成战略联盟，提倡联合攻关、联合资助、优势互补，加快科研成果的生产力转化速度和质量。

③ 在国内启动相关技术标准的研究制定工作（包括应用场景、技术需求、体系结构、关键模块、组网方式、检测试验等方面的技术标准），积极参与相关国际标准化进程。

（2）加强 Ad hoc 网络安全保障机制的研究，解决安全隐患，消除用户使用顾虑

Ad hoc 网络容易受到各种安全威胁和攻击，而且传统网络的安全解决方案不能直接应用于 Ad hoc 网络，大多现存用于 Ad hoc 网络的协议和提案也没有很好地解决安全问题。因此，要加强 Ad hoc 网络安全保障机制的研究。

（3）寻找 Ad hoc 网络与其他通信网络的融合之路，探索新的商业模式

① Ad hoc 网络只有与其他网络互联互通才能发挥更大作用。因此要加强 Ad hoc 网络与 IP 网络、3G、4G、超宽带（UWB，Ultra Wideband）等无线网络的融合方式的研究。

② 随着具有自组织特性的网络越来越多，要加强对这些网络内在自组织机制和特性的研究，争取形成新的网络基础理论，从而对未来承载网和业务网的发展提供理论基础。

③ 加强 Ad hoc 网络应用场景与需求的研究，重点研究 Ad hoc 网络如何与应急通信需求、物联网需求的结合；结合 NGN 框架，探索新的应用领域和产业链各方的合作模式。

④ 建立面向不同应用背景的 Ad hoc 试验网络和相应的应用系统，分别提供商业应用、企业应用、社会公共服务等。重点探索 Ad hoc 网络在企业内部的应用方式。

5.1.2　无线自组织网络的特点

与传统的有线和无线局域网相比，Ad hoc 网络具有以下特征。

（1）无中心和自组织性。Ad hoc 网络中没有绝对的控制中心和任何其他预置的网络设施。所有节点的地位平等，节点通过分布式算法来协调彼此的行为，不需要基站等网络设施，无需人工干预，可以在任何时刻、任何地点、任何环境下构建自治移动通信网络。

（2）自动配置。因为网络拓扑的动态变化，自动配置涉及对网络拓扑进行协商、连接到因特网的网关节点的更换、簇头的更新、网络管理的动态自动配置等。

（3）动态网络拓扑结构。节点间通过无线信道连接形成一个任意的网状拓扑结构，由于旧节点的离开、新节点的到达、节点的任意移动、发送功率的变化、无线信道动态特性等因素的影响，可能导致网络拓扑结构发生剧烈动态变化，且这种变化是不可预测的。

（4）分布式控制。在 Ad hoc 网络中，拓扑结构的发现、消息的传递、路由选择功能都必须由节点自己来完成，不存在类似基站的网络集中控制点，因而是一种分布式控制网络。

（5）多跳路由。由于节点发射功率的限制，节点的覆盖范围有限。当它要与其覆盖范围之外的节点进行通信时，需要中间节点的转发，由普通节点通过多跳路由协作完成。

（6）安全保密性差。Ad hoc 网络的自组性和分布式控制方式导致其易受到窃听、拦截和拒绝服务等各种网络攻击。

（7）无线传输带宽受限。因为竞争共享无线信道产生碰撞、信号衰减、噪声干扰、信道间干扰等因素，节点可得到的实际带宽远远小于理论上的带宽值和有线带宽值。

（8）网络的可扩展性受限。动态变化的拓扑结构使具有不同子网地址的移动节点可以同

时处于一个 Ad hoc 网络中，子网技术所带来的可扩展性无法应用在 Ad hoc 网络环境中。

（9）节点的通信距离受限。由于终端的能源受限导致发射功率的减小，因而网络中的其他节点并不一定可以收到某节点发出的信号。

（10）生存时间短。Ad hoc 网络通常是由于某个特定原因而创建的临时网络，使用结束后，网络环境将会自动消失。因而 Ad hoc 网络的生存时间相对于固定网络而言是短暂的。

（11）存在单向的无线信道。由于地形环境或发射功率等因素的影响可能产生单向无线信道。

（12）供电问题突出。考虑到成本和易于携带，节点不能配备太多数量的发送接收器，并且节点一般依靠电池供电。因此如何节省节点电源、延长工作时间是个突出问题。

5.1.3 无线自组织网络的应用领域

Ad hoc 网络的应用范围很广，总体上来说，它可以用于以下场合。

① 没有有线通信设施的地方，如没有建立硬件通信设施或有线通信设施遭受破坏。

② 需要分布式特性的网络通信环境。

③ 现有有线通信设施不足，需要临时快速建立一个通信网络的环境。

④ 作为生存性较强的后备网络。

Ad hoc 网络所具有的许多优良特性使它在民用和军事通信领域占据重要的一席之地。它的应用领域可包括如下几个方面。

（1）军事应用。因其特有的无需架设网络设施、可快速展开、抗毁性强等特点，它是数字化战场通信的首选技术，并已经成为战术互联网的核心技术，用于单兵、车载、指挥所等不同的场合。如美军的数字电台和无线互联网控制器等都使用了 Ad hoc 网络技术。

（2）传感器网络。由于传感器的发射功率很小，分散的传感器通过 Ad hoc 网络技术组成一个网络，可以实现传感器之间的通信和传感器与控制中心之间的通信。

（3）紧急和突发场合。在发生了地震、水灾、火灾或其他灾难后，固定的通信网络设施都可能无法正常工作。此时 Ad hoc 网络能够提供通信支持，对抢险和救灾大有帮助。当刑警或消防队员紧急执行任务时，可以通过 Ad hoc 网络来保障通信指挥的顺利进行。

（4）偏远野外地区。偏远或不发达地区往往没有有线的、固定或预设的网络通信设施，Ad hoc 网络技术具有单独组网能力和自组织特点，是这些场合通信的最佳选择。

（5）临时场合。Ad hoc 网络的快速、简单组网能力使得它可以用于临时场合的通信。比如会议、庆典、展览等场合，可以免去布线和部署网络设备的工作。

（6）动态场合和分布式系统。通过无线连接远端的设备、传感节点，Ad hoc 网络可以方便地用于分布式控制，特别适合于调度和协调远端设备的工作，还可以用于在自动高速公路系统中协调和控制车辆，对工业处理过程进行远程控制等。

（7）个人通信。个人局域网是 Ad hoc 网络技术的又一应用领域，用于实现 PDA、手机、掌上电脑等个人电子通信设备之间的通信，并可以构建虚拟教室和讨论组等崭新的移动对等应用，还为建立室外更大范围的个人局域网之间的多跳互连提供了技术可能性。

（8）商业应用。组建家庭无线网络、无线数据网络、移动医疗监护系统和无线设备网络，开展移动和可携带计算以及无所不在的通信业务等。

（9）其他应用。它还可以用来扩展现有蜂窝移动通信系统的覆盖范围，实现地铁和隧道等场合的无线覆盖，实现汽车和飞机等交通工具之间的通信，用于辅助教学和构建未来的移动无线城域网和自组织广域网等。

随着移动技术的不断发展和人们日益增长的自由通信需求，Ad hoc 网络会受到更多的关注，得到更快速的发展和普及。

5.1.4 无线自组织网络的体系结构

1. 无线自组织网络的节点结构

在 Ad hoc 网络中，无线节点既有移动终端的功能，又有路由器的功能，因此可将节点分为主机、路由器和电台 3 部分。主机完成人机接口、数据处理等功能；路由器完成维护网络的拓扑结构和路由信息，转发报文的功能；电台则为数据传输提供无线信道支持。从物理结构上分，节点可被分为以下几类：单主机单电台、单主机多电台、多主机单电台、多主机多电台，如图 5-2 所示。手持机一般采用单主机单电台结构，复杂的车载台可能包括通信车内的多个主机，它可以采用多主机单/多电台结构。

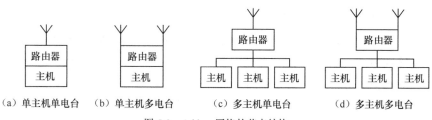

（a）单主机单电台　（b）单主机多电台　　（c）多主机单电台　　　（d）多主机多电台

图 5-2　Ad hoc 网络的节点结构

2. 无线自组织网络的网络拓扑

Ad hoc 网络一般有两种结构：平面结构和分级结构。

（1）平面结构

如图 5-3 所示，平面结构中所有节点地位平等，所以又可称为对等式结构。此种结构的优点是网络结构简单，所有节点完全对等，比较健壮；缺点是可扩充性差，维护动态路由需要耗费大量控制信息。

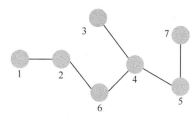

图 5-3　平面结构的 Ad hoc 网络

（2）分级结构

在分级结构中，网络被划分为簇（cluster）。每个簇由一个簇头和多个簇成员组成。这些簇头形成了高一级的网络。在高一级网络中，又可以分簇，再次形成更高一级的网络，直至最高级。在分级结构中，簇头节点负责簇间数据的转发，它可以预先指定，也可以由节点使用算法选举产生。

根据不同的硬件配置，分级结构的网络又可以分为单频率分级和多频率分级两种。

① 单频率分级。图 5-4 所示是单频率分级网络，在该网络中所有节点使用同一个频率通信。

② 多频率分级。图 5-5 所示是一种多频率分级网络，不同级采用不同的通信频率。低级节点的通信范围较小，而高级节点要覆盖较大的范围。高级的节点同时处于多个级中，有多

个频率，用不同的频率实现不同级的通信。簇头节点有两个频率。频率 1 用于簇头与簇成员的通信，而频率 2 用于簇头之间的通信。

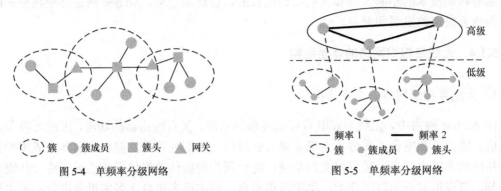

图 5-4　单频率分级网络　　　　　　　　图 5-5　单频率分级网络

分级结构的优点是簇成员的功能简单，易扩充，簇头可以选举产生，具抗毁性；缺点是需簇头选举算法和簇维护机制，簇头可能会成为瓶颈，簇头的路由不一定是最佳路由。

3. 无线自组织网络的分层参考模型

根据无线 Ad hoc 的特点，参照 OSI/RM 的 7 层协议模型和 TCP/IP 的体系结构，可以将无线 Ad hoc 网络划分为 5 层，如图 5-6 所示。

Ad hoc 网络必须仔细考虑节点的硬件设计（小型化、智能化和节能化）和协议栈的各个层次。在物理层，要解决衰落、多径干扰、功率控制等问题。在数据链路层，要解决多跳共享的广播信道的有效接入问题。网络层需要特殊的路由协议来维护网络动态变化的拓扑信息。在传输层，要解决无线环境下传输层的效率问题。应用层要具有一定的自适应流量控制功能。

应用层	应用服务
传输层	传输服务
网络层	分组转发和路由
数据链路层	链路控制/信道接入
物理层	无线信道

图 5-6　Ad hoc 网络分层参考模型

设计 Ad hoc 网络时还要综合考虑各个层次的紧密协作、资源效率、能量保护、信道接入、路由和资源分配等问题并进行合理的折中。

（1）Ad hoc 物理层

Ad hoc 物理层是一组低功率、高能力、能在运动中工作的物理传输设备，提供无线传输能力，完成无线信号编码译码、发送和接收等工作，以支持移动组网。Ad hoc 物理层所面临的首要问题是无线频段的选择、购买以及分配。目前大家一致采用的都是基于 2.4GHz 的 ISM 频段，因为这个频段是免费的，不需要购买，成本会得到降低。其次，物理层必须就各种无线通信机制作出选择，从而完成性能优良的收发信功能。

Ad hoc 物理层可以选择和参考的标准主要来自 IEEE 802.11 系列、蓝牙、HiperLAN 等标准所定义的物理层。Ad hoc 物理层所采用的传输技术基本上有 3 种：正交频分复用技术、红外线辐射传输技术和宽带扩展频谱技术。

（2）Ad hoc 数据链路层

链路层控制是对共享无线信道的访问以及对逻辑链路的控制，提供可靠的无线通信的逻辑链路。链路层解决的主要问题包括 MAC，数据的传送、同步、纠错以及流量控制。基于此，Ad hoc 链路层又分为 MAC 和 LLC 层。MAC 层决定了链路层的绝大部分功能。LLC 负责向网络提供统一的服务，屏蔽底层不同的 MAC 方法。在多跳无线网络中，对传输介质的访问是共享型的，隐藏终端和暴露终端是多跳无线网络的固有问题，由 MAC 层解决这两个问题。通常采用载波监听多路访问/冲突避免（CSMA/CA，Carrier Sense Multiple Access with Collision Avoidance）协议和 RTS/CTS 协议来规范无线终端对介质的访问机制。

（3）Ad hoc 网络层

网络层支持网络工作的传输协议、移动组网算法和动态路由协议，主要功能包括邻居发现、分组路由、拥塞控制和网络互连等。一个好的 Ad hoc 网络层的路由协议应当满足以下要求：分布式运行方式，提供无环路路由，按需进行协议操作，具有可靠的安全性，提供设备休眠操作和对单向链路的支持。对一个 Ad hoc 网络层的路由协议进行定量衡量比较的指标包括端到端平均时延、分组平均递交率、路由协议开销及路由请求时间等。

（4）Ad hoc 传输层

传输层主要完成端到端通信的建立，主要功能是向应用层提供可靠的端到端服务，使上层与通信子网相隔离，并根据网络层的特性来高效地利用网络资源，包括寻址、复用、流控、按序交付、重传控制、拥塞控制等。传统的 TCP 会使无线 Ad hoc 网络分组丢失很严重，这是因为无线差错和节点移动性。所以，如在 Ad hoc 中直接采用传统的 TCP，就可能导致端到端的吞吐量大大地降低。因此，必须对传统的 TCP 进行改造。

（5）Ad hoc 应用层

Ad hoc 网络的应用层是指建立在 Ad hoc 之上的无线应用以及接入移动通信核心网的各种各样的业务，包括具有严格时延和丢失率限制的实时应用（紧急控制信息）、基于 RTP/实时传输控制协议（RTCP，Realtime Transport Control Protocol）的自适应应用（音频和视频）和没有任何服务质量保障的数据报业务。在实际实施的时候，可以采用各种各样的应用层协议和标准，比如 WAP 等。

5.1.5 无线自组织网络的关键技术

由于自组网的特性，Ad hoc 网络面临下列关键技术问题。

（1）自适应技术

如何充分利用有限的带宽、能量资源和满足 QoS 的要求，最大化网络的吞吐量是自适应技术要解决的问题。解决的方法主要有自适应编码、自适应调制、自适应功率控制和自适应资源分配等。

（2）信道接入技术

Ad hoc 是多跳共享广播信道，带来的直接影响就是报文冲突与节点所处的位置有关。在 Ad hoc 网络中，冲突是局部事件，发送节点和接收节点感知到的信道状况不一定相同，由此将带来隐藏终端、暴露终端、信道分配、单向链路、广播扩散等一系列特殊问题。基于这种情况，就需要为 Ad hoc 设计专用的信道接入协议。

（3）路由协议

Ad hoc 网络中所有设备都在移动。常规路由协议需要花费较长时间才能达到算法收敛，而此时网络拓扑可能已经发生了变化，使得主机在花费了很大代价后得到的是陈旧的路由信息，而使路由信息始终处于不收敛状态。所以，在 Ad hoc 网络中的路由算法应具有快速收敛的特性，减少路由查找的开销，快速发现路由，提高路由发现的性能和效率。同时，应能够跟踪和感知节点移动造成的链路状态变化，以进行动态路由维护。

（4）传输层技术

与有线信道相比，Ad hoc 网络带宽窄，信道质量差，对协议的设计提出了新的要求。为了节约有限的带宽，就要尽量减少节点间相互交互的信息量，减少控制信息带来的附加开销。此外，由于无线信道的衰落、节点移动等因素会造成报文丢失和冲突，将会严重影响 TCP 的性能，所以要对传输层进行改造，以满足数据传输的需要。

（5）节能问题

Ad hoc 终端一般用电池供电。为了使电池耐用，在设计中要考虑尽量节约电池能量。

（6）网络管理

Ad hoc 的自组网方式对网络管理提出了新的要求，不仅要对网络设备和用户进行管理，还要有相应的机制解决移动性管理、服务管理、节点定位和地址配置等特殊问题。

（7）服务质量保证

随着应用的不断扩展，需要在 Ad hoc 网络中传输多媒体信息。多媒体信息对带宽、时延、时延抖动等都提出了很高的要求。这就需要提供一定的服务质量保证。

（8）安全性

无线 Ad hoc 网不依赖于任何固定设施，而是通过移动节点间的相互协作保持网络互连。而传统网络的安全策略如加密、认证、访问、控制、权限管理和防火墙等都是建立在网络的现有资源如专门的路由器、专门的密钥管理中心和分发公用密钥的目录服务机构等的基础上，而这些都是 Ad hoc 网络所不具备的。

（9）网络互连技术

Ad hoc 网络中的节点要访问因特网或另一个 Ad hoc 网络节点，就产生了网络互连问题。Ad hoc 网络通常以一个末端网络的方式通过网关（无线移动路由器）连接到因特网。它通过隧道机制，将因特网的设施作为信息传输系统，在隧道进入端按传统网络的格式封装 Ad hoc 网络的分组，在隧道出口端进行分组解封，然后按照 Ad hoc 路由协议继续转发。

5.1.6 无线自组织网络的路由协议

路由技术主要是为数据分组以最佳路径通过通信子网到达目的节点提供服务，从而使得网络用户不必关心网络的拓扑构型和使用的通信介质。路由协议的主要作用是发现和维护路由。具体地说，主要包括以下几个方面：监控网络拓扑结构的变化；交换路由信息；确定目的节点的位置；产生、维护以及取消路由；选择路由并转发数据。Ad hoc 网络中，节点的任意移动性导致拓扑结构动态、随机且快速地变化，这样常规路由在拓扑结构变化时，就会花很大的代价重新路由，而且协议状态将始终处于不收敛状态，占用大量的网络资源，致使信息的传输无法实现。另外，Ad hoc 网络之所以不能采用常规路由协议主要是由于以下因素。

① 该网络无线传输设备功率的差异及无线信道中的大量干扰导致单向信道的存在。

② 无线信道的广播特性使得常规路由的网络选路过程产生许多冗余链路。

③ 常规路由的周期性广播路由更新分组会消耗大量的网络带宽。

④ 常规路由协议周期性的路由更新分组会消耗大量的节点能源。此外，某些常规路由协议需要的复杂计算使得 CPU 始终处于很高的负载之下，这也同样消耗了大量的能源，并将对有限的节点能源带来更多的压力。因此需要适用于 Ad hoc 网络自身的路由协议。

1. 设计目标

路由算法通常具有下列设计目标的一个或多个。

（1）无环路、快速收敛

路由算法必须能够保证不会产生路由环路，并且能快速收敛，收敛是所有路由器对最佳路径达成一致的过程。当某网络事件使路径中断或不可用时，路由器通过网络分发路由更新信息，促使最佳路径的重新计算，最终使所有路由器达成一致。收敛很慢的路由算法可能会产生路由环或网络中断。

（2）健壮、稳定

路由算法必须健壮，即在出现不正常或不可预见事件的情况下仍能正常处理，例如硬件故障、高负载和不正确的实现方法。最好的路由算法通常是那些经过了时间考验、证实在各种网络条件下都很稳定的算法。

（3）简单、高效、低耗

路由算法应尽量简单，必须高效地提供其功能，尽量减少软件和应用的开销，支持睡眠操作模式。当路由协议软件运行在物理资源有限的计算机上时，高效、低耗尤其重要。

（4）避免计数到无穷

经典的距离矢量算法在某条链路失效时，有可能出现计数到无穷的情况。在自组网中，链路失效是经常发生的，这就要求在自组网中运行的路由协议必须能够避免计数到无穷。

（5）支持单向信道

在自组网中，有可能出现单向信道。支持单向信道也是对路由协议的要求之一。

（6）灵活性

灵活的路由算法是指它们应该迅速、准确地适应各种网络环境，允许节点之间在多跳路径上进行通信，支持分布式操作性和按需操作模式。路由算法应适应网络带宽、路由器队列大小和网络延迟的变化。

2. 路由协议

IETF MANET 工作组无线 Ad hoc 路由协议草案主要有以下几种：

① Ad hoc 网络的距离矢量路由算法（AODV，Ad hoc On Demand distance Vector routing）；

② 临时顺序路由算法（TORA，Temporally—Ordered Routing Algorithm）；

③ 动态源路由协议（DSR，Dynamic Source Routing）；

④ 优化的链路状态路由协议（OLSR，Optimized Link State Routing Protocol）；

⑤ 基于拓扑广播的反向路径转发（TBRPF，Topology Broadcast based on Reverse Path Forwarding）；

⑥ 鱼眼状态路由协议（FSR，Fisheye State Routing protcol）；

⑦ 区域间路由协议（IERP，IntERzone Routing Protocol）；

⑧ 区域内路由协议（IARP，IntrAzone Routing Protocol）；

⑨ 目标序列距离路由矢量算法（DSDV，Destination Sequenced Distance Vector）；

⑩ 区域路由协议（ZRP，Zone Routing Protocol）。

除了 MANET 工作组发布的路由协议草案外，研究人员还发表了许多关于自组网路由协议的学术论文，如无线路由协议（WRP，Wireless Routing Protocol）、分簇网关交换路由（CGSR，Cluster-head Gateway Switch Routing）、轻量级移动路由协议（LMR，Lightweight Mobile Routing Algorithm）等。

目前，已存在数十种以自组网为网络环境的路由协议，其中较为基础和常见的还有系统和通行相关适应性路由算法（STARA，System and Traffic Depending Adaptive Routing Algorithm）、模糊可视链路状态（FSLS，Fuzzy Sighted Link State）算法、基于关联性路由（ABR，Associativity-Based Routing）算法、信号稳定度路由（SSR，Signal Stability Routing）算法、分级状态路由（HSR，Hierarchical State Routing）协议、陆标路由协议（LANMAR，Landmark Routing Protocol）、核心提取的分布式 Ad hoc 路由（CEDAR，Core Extraction Distributed Ad hoc Routing）协议、地理寻址和路由（GeoCast，Geographic Addressing and Routing）、位置辅助路由（LAR，Location aided Routing）、贪婪边界无状态路由算法（GPSR，Greedy Perimeter Stateless Routing）。

3. 路由协议的分类

从是否使用全球定位系统（GPS，Global Positioning System）作为路由辅助条件的角度出发，路由协议可分为地理定位辅助路由与非地理定位辅助路由；从网络逻辑角度出发，路由协议可分为平面路由和分级（层、簇、群）路由；根据发现路由的策略，路由协议可以分为主动路由和按需路由。分类结构如图 5-7 所示，这些协议的比较如表 5-1 所示。

图 5-7　自组网路由协议的分类

表 5-1　　　　　　　　　　　　　　各类协议的比较

分类角度	路由类型	优　点	缺　点	典型协议
从路由发现策略的角度	主动路由	当节点需要发送数据分组时，只要到目的节点的路由存在，所需要的时延很小	花费开销较大，应尽可能使路由更新紧随拓扑结构变化，但动态变化的拓扑结构可能使路由更新信息变得过时，路由协议始终处于不收敛状态	DSDV、WRP、STARA、GSR、FSR、HSR、ZHLS
	按需路由	无需周期性路由信息广播，节省了一定的网络资源	发现数据分组时，如果没有到目的节点的路由，需进行路由发现，数据分组的发送因路由建立过程而被延时	AODV、DSR、TORA、ABR、SSR、CBRP
从网络逻辑视图的角度	平面路由	无特殊节点，网络中业务流平均分数、路由协议健壮性较好，无需进行节点移动性管理	可扩展性较差，限制了网络的规模	AODV、DSR、TORA、ABR、WRP、STARA、LAR
	分级路由	网络由多个分簇组成，可扩展性较好，适合大规模的自组网	簇头节点的可靠性和稳定性对网络性能影响较大，为支持节点在不同分簇之间漫游所进行的移动管理将产生一定的协议开销	CGSR、ZRP、CEDAR

主动路由协议采用周期性的路由分组广播，交换路由信息。每个节点维护去往全网所有节点的路由。按需路由协议是根据发送数据分组的需要按需进行路由发现的过程，网络拓扑结构和路由表内容也是按需建立的，所以其内容可能仅仅是整个网络拓扑结构信息的一部分。对于平面结构的路由协议，网络的逻辑视图是平面结构，网络结构简单，路由协议在平面的逻辑空间里运作，移动节点的地位是平等的，它们所具有的功能完全相同，共同协作完成节点间的通信。对于分级结构的路由协议，网络节点按照不同的分簇算法分成相应的簇（级、层），网络的逻辑视图是层次性的。

4. 路由协议的主要研究成果

Ad hoc 网络路由协议的研究成果主要包括以下几个方面。

（1）现有 Ad hoc 网络的路由协议的研究与优化，包括对 IETF 的 MANET 工作组提出的 MANET 路由协议草案和 RFC 文档进行研究并具体实现，构建实验和应用网络。

（2）节能路由

在 Ad hoc 网络中，所有节点都依靠有限的电池能量操作。一旦电池耗尽，移动节点将随即失效，并可能导致网络分割甚至不可用。目前网络层的节能路由协议主要分为两类：一是最小化传送包/流的能量消耗率；二是最大化系统生存时间。

（3）多播路由

在典型的 Ad hoc 环境中，网络节点按组工作以完成给定的任务，因此多播在 Ad hoc 网络中扮演了重要的角色。目前提出的多播路由协议有多播 AODV（MAODV，Multicast AODV）、按需多播路由协议（ODMRP，On-Demand Multicast Routing Protocol）、核心的网格协议（CAMP，Core Assisted Mesh Protocol）等。

（4）基于地理位置信息的路由

Ad hoc 网络中节点的移动性给设计路由算法带来了很大的困难，而现在的定位技术（如 GPS）已经比较先进。将二者结合，在自组网中利用位置信息，可以使节点在寻找路由时避免简单的洪泛；利用相邻节点或目的节点的位置信息，可以提高路由寻找的效率。典型的利用地理位置信息的路由协议有 LAR、GPSR、机动性距离路由效应算法（DREAM，Distance Routing Effect Algorithm for Mobility）等。

（5）路由协议的安全性

自组网比固定网络更容易遭到入侵破坏，在 Ad hoc 网络中，对路由协议的攻击通常分为两类：路由破坏攻击和资源消耗攻击。对于前者，攻击者通过发送伪造的路由包试图引起合法的数据包以紊乱的方式被转发，而不能到达它们的目的地，如创建路由循环、路由黑洞等。对于后者，攻击者向网络中插入包试图消耗宝贵的网络资源或节点资源。

（6）多路径路由技术

多路径路由在有效使用带宽、对付拥塞和突发流量、增加传输可靠性方面是有效的。多路径路由的目标是在源和目的对之间建立多条路径，要求更多的主机来承担路由任务，它作为一个最短路径的替代而被提出用来分布流量，减轻拥塞。多路径路由是用多条好的路径来代替单条最好的路径。多路径路由可分为两大类：一类是在同一时刻，对于每个源和目的对只能在一个连接上发布流量，当这条路径中断时，可以用其他备用路径来发送数据，一般称为备份多路径；另一类是同时使用两条或两条以上的路径来传输流量，一般称为并行多路径。

此外，还出现了一些安全多路径路由的研究。

（7）QoS 路由

在 Ad hoc 网络中，频繁的网络拓扑的改变和不准确的路由状态信息使得选择满足 QoS 需求的路由是困难的但又是重要的。QoS 路由的工作包括两个方面：一是选择一条能满足一定 QoS 需求（带宽、延迟、能量等）的网络路径；二是提高网络资源的利用率。广义的 QoS 要求针对不同的业务需求，尽量提供最优的服务。典型的 QoS 路由协议有 CEDAR、QoS-OLSR、基于标签探测（TBP，Ticket-Based Probing）等。

5.2 无线 Mesh 网络

在信息化时代的今天，人们总是希望不论何时、何地、与何人都能够进行快速、准确的通信。正当各种无线通信技术的发展方兴未艾时，一种新的无线网络技术——无线 Mesh 网络（WMN，Wireless Mesh Network）也逐渐发展起来，引起了人们广泛的关注。目前，WMN 逐渐进入民用商业化研发和应用阶段，正在成为新一代因特网技术的重要组成部分。

5.2.1 无线 Mesh 网络的概念与特点

"Mesh" 这个词原意是指所有的节点都互相连接。WMN 是从 Ad hoc 网络分离出来，并承袭了部分 WLAN 的新技术。WMN 又称无线网状网、无线网格网、无线多跳网。它是一种多跳、具有自组织和自愈特点的宽带无线网络结构，即一种高容量、高速率的分布式网络，是因特网的无线版本。WMN 不同于传统的无线网络，WMN 任何无线设备节点都可以同时作为接入点（AP，Access Point）和路由器，都可以发送和接收信号，每个节点都可以与一个或者多个对等节点进行直接通信，也可以通过一些中间节点连接互相远离不能直接连接的无线路由器。WMN 中的每个节点只和邻近节点进行通信，都具备自动路由选择功能，不需主干网即可构筑富有弹性的网络，因此 WMN 是一种自组织、自管理的智能网络。WMN 通过共享网络、相互连接的传感器、移动电话以及其他的有线网络互连设备进行通信。特别是分布式的资源共享将会允许这些设备为网格计算提供新的资源和使用位置。WMN 的大多数节点基本静态不动，不用电池作为动力，拓扑变化较小。WMN 可以和多种宽带无线接入技术如 802.11、802.16、802.20 以及 3G 等技术相结合，组成一个含有多跳无线链路的无线网状网络，也可以看成是 WLAN（单跳）和 Ad hoc 网络（多跳）的融合且发挥了两者的优势。

Mesh 网络技术原是一项军方技术。随着人们对 802.11a、802.11b 和 802.11g 等 WLAN 技术了解的深入，Mesh 网络才逐步成为企业界和消费者瞩目的焦点。

与传统的无线接入技术相比，WMN 具有以下特点和优势。

① 快速部署和易于安装。安装 Mesh 节点非常简单，将设备从包装盒里取出来，接上电源，网络就会发现新节点，自动地把它纳入现有的系统。Mesh 网络设备体积小巧，安装方便，自建网络，迅速组网，不需要铺设线缆或搭建基站。设备具有自建网络、定点视频监控功能，个人携带和部署在警车等交通工具上的移动终端以及固定在电线杆等上的 Mesh 组件进入覆盖范围后，不需人为的干预，便可自动相互搜索形成一个完整的通信网络。

② 非视距（NLoS，Non-Line-of-Sight）传输。利用 WMN 容易实现 NLoS 配置。与发射台有直接视距的用户先接收无线信号，然后再将此信号转发给非直接视距的用户。信号自动

选择最佳路径不断从一个用户跳转到另一个用户，并最终到达无直接视距的目标用户。

③ 无线多跳网络。WMN 技术采用的是多跳网络。因为每个短跳的传输距离短，传输数据所需功率也较小，较低功率将数据传输到邻近的节点，节点之间的无线信号干扰也较小，网络的信道质量和信道利用效率大大提高，因而能够实现更高的网络容量。WMN 灵活的多跳传输，可随需扩展，非常适合有线不方便或成本很高的场合。

④ 具有自组织、自管理、自愈能力。WMN 具有网络结构灵活、易于部署和配置、容错以及网状连接多点到多点通信等特点，使得 WMN 的初始部署成本相当低，并且可以根据需要逐步扩容。自组织自愈能力使得 WMN 不需要网络管理员来手工配置网络，而可以自动发现新节点，自动完成配置过程，并确定最佳的多跳传输路径；添加或移动设备时，网络能够自动发现拓扑变化，并自动调整通信路由。WMN 可以提供端到端的多重冗余路由，这就意味着在出现节点/链路故障时也可自动调整、更换路由完成网络自愈，自动维护网络正常运行。拓扑遭遇节点高速、高频变换时，WMN 能够自动调整拓扑并维持连接。

⑤ 多种类型的网络接入。在 WMN 中，既支持无线终端接入骨干网，又支持无线终端之间的对等网络通信，可以通过 WMN 给无线网络的终端用户提供无线接入业务。

⑥ 移动性以及能耗限制与节点类型相关。在 WMN 中，Mesh 路由器一般为静止不动的设备，而 Mesh 终端可以是移动或固定设备。Mesh 终端设备在移动速度超过 300km/h 时，仍能保持顺畅收发信号，可向高速行驶的交通工具提供 IP 连接。同时，Mesh 路由器一般没有能耗的限制，而 Mesh 终端则需要采用能耗较小的网络通信协议。这样，MAC 以及路由协议需要针对 Mesh 路由器和 Mesh 终端设备分别设计和优化。

⑦ 具有无线基础设施骨干网。在 WMN 内，由 Mesh 路由器组成一个无线骨干网，为终端客户提供可靠网络连接。此骨干网在无线域内提供了大覆盖范围、连通性以及健壮性。

⑧ 集成性。WMN 可以通过 Mesh 路由器的网关/桥接功能，整合现有多种无线网络技术，如 802.11、802.16、3G 移动通信等。这样，通过 Mesh 路由器组成的无线骨干网，可以把多种不同的无线网络连接到一起，形成一个"无线互联网络"。

⑨ 高可靠性。为了提高链路质量，可通过增加中间节点，即缩短节点之间的距离来实现。Mesh 路由器一般是静止不动的设备，且比用户终端可靠得多。当网络中的某个中继设备发生故障时，无线终端仍可以重新选择最快的一个设备传送信息，保持连接畅通。

⑩ 功耗限制减少。因为 Mesh 路由器一般不移动，所以在设计 Mesh 路由器的路由协议时，基本可以不考虑功耗限制，大大简化了协议设计，有利于采用性能较高的设计方案。

⑪ 高带宽。无线通信的物理特性决定了通信传输的距离越短就越容易获得高带宽，选择经多个短跳来传输数据将是获得更高网络带宽的一种有效方法。随着更多节点的相互连接和可能的路径数量的增加，总的带宽也大大增加。

⑫ 覆盖范围广。在现有 WLAN 中，每个接入点的覆盖范围仅 20～50m，而在 Mesh 网中，每个接入点数据传输的范围可达 1～8km。这样既实现了广域覆盖，又可节省中继设备。

⑬ 定位准确。网络不依靠 GPS 也能够对通信设备进行精确定位，误差不超过 10m，大大优于基站定位的几百米误差。

尽管 WMN 有着很好的特性，但也存在以下一些不足。

（1）互操作性。WMN 现在还没有一个统一的技术标准，用户现在要么就只能使用某一个厂商的无线 Mesh 产品，要么面临如何与各种不同类型的嵌入式无线设备接口的问题。

（2）通信延迟。既然在 Mesh 网络中数据通过中间节点进行多跳转发，每一跳至少都会带来一些延迟，随着 WMN 规模的扩大，跳接越多，积累的总延迟就会越大。随着多无线 Mesh 节点技术的出现，这一问题将得到最终解决。

（3）安全。由于 WMN 结构本身的脆弱性，极易遭受其他恶意节点的攻击、干扰和窃听，可能会出现一些不可靠的连接地点，要在一个较大区域查找网络故障点也是一个难题。

（4）分散管理问题。由于 WMN 的分散性，很难实现像有线网络那样的集中管理，即使对于低移动性的 WMN，网络配置与管理仍然是一个不易解决的问题。如何有效地控制大量用户的接入服务，保证 QoS，也成为了网络后期的拦路虎。

（5）共存干扰问题。对于非许可证频段的 WMN，必存在与其他共存网络的无线干扰问题。

5.2.2 无线 Mesh 网络与其他通信网络的区别

1. 与蜂窝移动通信系统的区别

① 可靠性提高。在 WMN 中，链路为网格结构，若其中的某一条链路出现故障，节点便可以自动转向其他可接入的链路，因而网络的可靠性有了很大的提高；但是在采用星形结构的蜂窝移动通信系统中，一旦某条链路出现故障，可能造成大范围的服务中断。

② 传输速率大大提高。在采用 WMN 技术的网络中，可融合其他网络或技术（如 WiFi、超宽带等），速率可以达到 54Mbit/s，甚至更高。而 3G 技术，其传输速率在高速移动环境中仅支持 144kbit/s，步行慢速移动环境中支持 384kbit/s，在静止状态下才达到 2Mbit/s。

③ 降低成本。在 WMN 中，大大节省了骨干网络的建设成本，而且接入点、智能路由器（IR，Intelligent Router）等基础设备比起蜂窝移动通信系统中的基站等设备便宜得多。

2. 与 Ad hoc 网络的区别

WMN 与 Ad hoc 网络均是点对点网络。Ad hoc 网络中的移动节点都兼有独立路由和主机功能，不存在类似于基站的网络中心控制点，节点地位平等，采用分布式控制方式。WMN 把 Ad hoc 网络技术应用到移动节点同时又使移动节点通过智能接入点（IAP，Intelligent Access Point）连接到其他网络，因此可把 WMN 看成是 Ad hoc 网络技术的另一版本。但是，WMN 注重的是"无线"，而 Ad hoc 网络更强调的是"移动"；WMN 多为静态或弱移动的拓扑，而 Ad hoc 网络多为随意移动（包括高速移动）的网络拓扑；WMN 节点的主要业务是来往于因特网网关的业务，Ad hoc 网络节点的主要业务是任意一对节点之间的业务流；WMN 主要是因特网或宽带多媒体通信业务的接入，而 Ad hoc 网络主要是应用在军事上或其他专业通信，还未进行大规模的商用。WMN 与蜂窝网络及 Ad hoc 网络的比较如表 5-2 所示。

表 5-2　　　　　　　　　　　WMN 与蜂窝网络及 Ad hoc 网络的比较

	蜂 窝 网 络	Ad hoc 网络	WMN
拓扑结构	点到多点	动态拓扑	多点到多点（网状）
覆盖范围	通过小区方式可覆盖广大地区	一般在局域范围内	可实现城域覆盖
容纳用户数	非常多	较少	多
控制方式	集中式控制	分布式控制	分布式控制
设计目的	用户接入及用户间通信	用户间通信为主	用户接入为主

3. 与 WLAN 的区别

从拓扑结构上讲，WLAN 是典型的点对多点网络，采取单跳方式，数据不可转发。WLAN 可在较小的范围内提供高速数据服务（802.11b 可达 11Mbit/s，802.11a 可达 54Mbit/s），通常 WLAN 接入点的覆盖范围仅限于几百米，要想在大范围内应用 WLAN 成本将非常高。而对于 WMN，则可通过无线路由器对数据进行不断转发，直至送至目的节点，从而把接入点的覆盖服务延伸到几千米远。WMN 的显著特点就是可以在大范围内实现高速通信。

5.2.3 无线 Mesh 网络的应用前景

Mesh 网络在家庭、社区、企业和公共场所等诸多领域都具有广阔的应用前景。

（1）家庭网络互连

Mesh 能轻松构成多媒体家庭无线网络，实现家庭安全系统联网、家庭因特网接入、家庭通信设备互连等。例如，无线 Mesh 联网可以连接 PC、笔记本、高清晰度电视（HDTV，High-Definition TV）、DVD 播放器、游戏控制台等，而不需要复杂的布线和安装过程。在家庭 Mesh 网络中，各种家用电器既是网上用户，也作为网络基础设施的组成部分为其他设备提供接入服务。当家用电器增多时，Mesh 可提供更多的容量和更大的覆盖范围。

（2）社区网络互连

通过在社区内放置多个 Mesh 路由器可以将社区内各用户家庭网络互连，形成一个社区无线多跳网络。有了这个网络，就可以在社区内用户家庭之间共享若干个因特网接入设备，而不必在每个用户家庭安装因特网接入设备。而且，社区 WMN 还可以容许社区用户家庭无需通过远端服务提供商网络，就可以在社区本地相互访问，共享社区内网络资源。此外，社区 WMN 也给社区用户提供了更加可靠的网络连接，增强了网络容错性和健壮性。

（3）企业网络互连

WMN 允许网络用户共享带宽，消除了目前单跳网络的瓶颈，并且能够实现网络负载的动态平衡。在 WMN 中增加或调整 AP 也比有线 AP 更容易、配置更灵活、安装和使用成本更低。尤其是对于那些需要经常移动接入点的企业，无线 Mesh 技术的多跳结构和配置灵活将非常有利于网络拓扑结构的调整和升级。

（4）校园网互连

校园无线网络有以下 3 个特点：一是校园 WLAN 的规模巨大，地域大，用户多，通信量也大，学生经常使用多媒体；二是网络覆盖的要求高，网络必须能够实现室内、室外、礼堂、宿舍、图书馆、公共场所等之间的无缝漫游；三是负载平衡非常重要，由于学生经常要集中活动，当学生同时在某个位置使用网络时就可能发生通信拥塞现象。这有可能经常需要增加新的 AP 或调整 AP 的部署位置，带来很大的成本增加。而使用 Mesh 方式组网，不仅易于实现网络的结构升级和调整，而且能够实现室外和室内之间的无缝漫游。

（5）医院网络互连

由于医院建筑物的构造密集而又复杂，一些区域还要防止电磁辐射，因此是安装无线网络难度最大的领域之一。医院的网络有两个主要的特点：一是布线比较困难，需要在建筑物上穿墙凿洞才能布线，这显然不利于网络拓扑结构的变化；二是对网络的健壮性要求很高，若医院里有重要的活动（如手术），网络任何可能的故障都将会带来灾难性的后果。

采用无线 Mesh 组网则是解决这些问题的理想方案。如果要对医院无线网络拓扑进行调整，只需要移动现有的 Mesh 节点的位置或安装新的 Mesh 节点就可以了，过程非常简单。而无线 Mesh 的健壮性和高带宽也使它更适合于在医院中部署。

（6）城域网络互连

通过 WMN，整合 802.16 WMAN、802.11 WLAN 以及 3G 等其他无线接入技术可以形成一个城域大范围、多层次、多样化接入方式的无线接入网络，使得城域无线接入网络的覆盖广度、深度都大大增加。

（7）旅游休闲场所

Mesh 非常适合于在那些地理位置偏远、布线困难或经济上不合算，而又需要为用户提供宽带无线因特网访问的地方，如旅游场所、度假村、汽车旅馆、城市地铁等。

（8）快速部署和临时安装

WMN 的快速、简单组网能力使得它可以用于快速、临时场合的通信，如展览会、交易会。在某个地方临时开几天会或办几天展览，使用 Mesh 技术组网可以将成本降到最低。在发生了地震、水灾、火灾或遭受其他灾难后，固定的通信网络设施都可能无法正常工作，此时 WMN 能够在这些恶劣和特殊的环境下提供通信支持，对抢险和救灾工作意义重大。此外当刑警或消防队员紧急执行任务时，可以通过 WMN 来保障通信指挥的顺利进行。

（9）定点视频监控

Mesh 网通过将摄像头接入网络，实现监控，且可以安装在任何地方，可用在城市监控（交通、城管）、反恐应用、消防应用、边防监控、森林防火、野外作业等方面。

展望 WMN 的应用前景，在应用上，WMN 可以成为一种综合性的网络，为用户提供一种全新的无线通信世界；在更大的融合性方面，可以将无线传感器网络、WMN、蜂窝网络相连接，WMN 作为中间层，可以随意拓展，使网络的延伸无所不在。WMN 的大规模应用将引领我们走向新的未来，让生活因无线而精彩。

5.2.4 无线 Mesh 网络的标准

Mesh 技术最早由美国军方斥资近 3 亿美元研发而成，应用于波斯湾和海湾战争的作战通信指挥系统，"9·11 事件"后转为民用。

2004 年 1 月，IEEE 802.11 工作组正式成立了网格研究组，同年 3 月又成立了网格任务组，标志着 WMN 技术正式迈入了广泛标准化道路。另外，其他标准如 802.15.3a、802.15.4 和专用短程通信（DSRC，Dedicated Short Range Communications）也开始探索如何通过网格嵌入式设备来改进其现有技术，IEEE 802.16 已经将网格技术纳入其 MAC 层协议标准中。

目前，IEEE 组织了不同的工作组来定义 WMN 在不同类型网络的需求，如 WPAN、WLAN 以及 WMAN。尽管各标准进展和成熟度不尽相同，但下面一些标准化工作已经得到业界的认可，如 IEEE 802.11s、IEEE 801.15.5、IEEE 802.16a 以及 IEEE 802.20。

1. IEEE 802.11s

IEEE 802.11 WLAN 工作组于 2004 年年初成立了 Mesh 任务组，编号为 802.11s。IEEE 802.11s 是为解决 IEEE 802.11 MAC 协议的扩展性不足而成立的工作组，致力于标准化扩展业务集（ESS，Extended Service Set），主要是定义 WMN 网络 MAC 协议和路由协议问题。

此外，讨论的扩展 MAC 协议是为了建立一个 IEEE 802.11 无线分布式系统（WDS，Wireless Distribution System），可利用无线电关联的度量判据在 MAC 层实现支持单播、广播和多播业务传输。2005 年 6 月讨论了草案。草案以 Intel、Motorola 等公司联合推出的 SEE-Mesh 提案以及以北电网络和飞利浦等 Wi-Mesh 联盟联合推出的 Wi-Mesh 提案为主要候选者。

SEE-Mesh IEEE 802.11s 标准提案是一个包含了全部最少功能需求的简单、有效和可扩展草案；定义了无需管理的 WLAN Mesh 网络全部协议规范，包括 MAC 帧格式以及 WLAN Mesh 业务，且支持低复杂度的互操作功能；其主要内容包括拓扑形成和发现、802.11s 联网方法、可扩展的路径选择和转发协议、安全机制、MAC 改进方法以及节能机制等。另外，该草案提供了一个框架，可以支持目标应用的一些公共特点，提供了定义可选协议或机制以及特定场合优化的灵活性，并且支持未来的扩展。

Wi-Mesh IEEE 802.11s 标准提案是一个可扩展的、自适应的安全 IEEE 802.11s Mesh 标准草案，提供了满足所有住宅居所、办公室、校园、公安以及军事网络应用案例和模型的灵活性需求保证，且关注多个方面，如 MAC 子层、路由、安全机制以及高层的联网功能等。该草案支持单个或多个射频无线电平台，提出的媒体调和功能（MCF，Medium Coordination Function）提供了 3 种操作模式，既可允许简单和健壮地实现 Mesh 组网，又可以为复杂解决方案提供最优性能和频谱效率。此外，该草案通过扩展 802.11e、k 和 h 的 QoS 优先级机制、测量机制以及频谱管理方案到实际的 Mesh 系统，成功利用了 802.11 的改进措施。该草案为改进频谱空间复用采用了自适应物理载波监听、信道接入协调以及 RF 资源管理解决方案。其主要内容包括 WLAN Mesh 结构（MAC 结构和 Mesh 联网）、Mesh MAC 子层（MCF 和 Mesh 发现）、Mesh 帧格式和信息元定义、Mesh 路由策略和 Mesh 安全机制（兼容 802.11i）等。

2006 年 3 月，IEEE 802.11 LAN/MAN 委员会为了兼顾上述两种提案的优点和消除分歧，提出了一种介于二者之间的提案 P802.11sTM。

2. IEEE 802.15

IEEE 802.15 是致力于定义建立小规模的固定、便携以及移动计算设备等短距离无线连接的物理层和 MAC 层规范。早期的 IEEE 802.15.3 和 IEEE 802.15.4 分别采用了超宽带和 ZigBee 技术来实现 Mesh 连接。IEEE 802.15.5 是 2003 年 11 月成立的工作组，专门定义 WPAN 的 Mesh 连接所要求的物理层和 MAC 规范，主要考虑移动设备的功率受限问题。在 WPAN 中使用 Mesh 网络主要是受移动设备电源电力限制的推动。应用 Mesh，增大 WPAN 的覆盖范围，缩短链路，从而可提供更高的吞吐量，保证更少的数据重传。

3. IEEE 802.16a

IEEE 802.16 是 1999 年成立的工作组，致力于解决 WMAN 的"最后一公里"连接问题，为宽带无线接入提供了本地多点分布业务 LMDS 类型结构，虽然支持点对多点（PMP，Point to Mult-Point）通信，但没有解决视距通信问题，对于人口密集的城市，由于存在高楼、树木等许多障碍物，导致覆盖范围非常受限。2003 年 1 月，提出的 IEEE 802.16a 使用了较低的 2～11GHz 频段，支持非视距连接，而且一个发射塔能够连接更多的用户，显著降低了服务成本。此外，IEEE 802.16a 的 MAC 层还支持可选的 Mesh 连接模式，即可采用集中式或分布式算法通信。为支持节点一定的移动性，如车辆移动速度，提出了扩展的标准 IEEE 802.16e。

802.16a 基于 TDMA 的 MAC 层是如何支持这种可选的 Mesh 机制的呢？在 Mesh 模式中，所有终端都可能和其他终端互连，数据阻塞时可以直接路由给其他终端，可以用中心算法或分布式算法控制这种直接通信。在中心算法中，基站根据终端请求进行流量分配。相应地，终端根据流量分配，使用普通算法确定对邻近终端的实际调度计划。分布式算法则是所有节点协调自己邻近节点的传输，并且公布自己的调度计划给所有邻近节点。

4. IEEE 802.20

IEEE 802.20 工作组是 2002 年 12 月成立的移动宽带无线接入工作组，是为在室内外蜂窝结构网络系统提供普适移动宽带接入，而 P802.20 是提供一个局域网或城域网支持车辆移动性的移动宽带无线接入系统的空中接口标准。2006 年 12 月，IEEE 标准组织对其草案标准进行讨论，有条件地批准了一个延期两年的 P802.20 项目计划。

802.20 致力于在蜂窝体系下提供通用移动宽带无线接入，在室内、室外支持 Mesh 网络模式。虽然 802.16 和 802.20 都在为无线设备制定新的移动空中接口，但还是有些区别的，包括：①802.16e 的工作频率是 2～6GHz，802.20 的工作频率是 3.5GHz 以下；②802.16e 是为 PDA 或笔记本电脑的用户准备的，802.20 是为运动速度高于 250km/h 的用户准备的；③802.16e 是基于 802.16a 的基础之上，802.20 则是从头开始。

5.2.5 无线 Mesh 网络的关键技术

在 WMN 的设计中，不仅需要考虑无线传输中的各种问题，如天线设计、多址接入控制等，还需要考虑各种网络层功能的实现以及上下层功能之间的相互影响，这就使得 WMN 的设计要远比传统的无线接入网复杂。具体而言，WMN 需要解决以下关键技术。

（1）智能天线技术

采用智能天线技术，WMN 可以在提高系统性能的同时简化其安装和使用。智能天线是具有测向和波束成形能力的天线阵列。使用此技术，用户节点可根据周围节点的状况在软件控制下调整波束方向，分别对应多个相邻节点，起到充分复用的作用，提高系统容量。当系统工作在低频段时，使用智能天线还可以增强系统抗频率性衰落和抗多径衰落的能力。当网络拓扑发生变化时，可以通过自动调整波束的方向来重新建立用户节点之间的联系。

（2）正交多址接入技术

正交多址接入（QDMA，Quadra Division Multi-Access）技术是专门为广域范围内通信的最优化以及移动网格网系统设计的。QDMA 技术使用直接序列扩频（DSSS，Direct Sequence Spread Spectrum）调制技术，工作在 2.4GHz 的频段上。由于它在 MAC 子层使用多信道方式（3 个数据信道和 1 个控制信道），因此，与单个信道相比更能适用于高密度的 WMN 终端设备。QDMA 技术提供一个高性能的射频前端，这种前端含有类似于多抽头 Rake 接收机的功能和一种克服射频环境快速变化的公平算法。

QDMA 可在较广的移动通信范围内提供较强的纠错能力，同时增强的抗干扰能力和信号的灵敏度可使基于 QDMA 技术的通信网络提供达到约 402km/h（250mph）的移动速度，而在实际多址环境应用中的 IEEE 802.11 协议只能达到约 32km/h（20mph）。目前 QDMA 数据传输的范围达到 1 600m，而 802.11b 只有 20～50m。除了通信的范围和速率外，QDMA 更独特的是内置的定位技术能够对通信设备进行精确定位而不依赖于 GPS，误差不超过 10m。

（3）路由技术

WMN 网络节点的移动性使得网络拓扑结构不断变化，传统的基于因特网的路由协议无法适应这些特性，需要有专门的应用于无线 Mesh 网络的路由协议。设计无线 Mesh 路由协议，当前主要有两种做法：一种是将 Ad hoc 开发的路由协议如 DSDV、DSR、TORA、AODV 移植过来用于 WMN；另一种是开发无线下专用的路由协议，如可预测的无线路由协议（PWRP，Predictive Wireless Routing Protocol）、多射频链路质量源路由（MR-LQSR，Multi-Radio Link Quality Source Routing）等协议。单从性能角度来考察，必须开发适用于无线环境的 Mesh 路由协议。然而，从实现的复杂性考虑，改进已有路由协议是最快捷的方式。由微软公司提出的 MR-LQSR 协议是一种多无线收发器、多跳无线网络的路由协议，主要思想是在 DSR 协议的基础上采用最大吞吐量准则，已经开始考虑 WMN 的特征。

（4）无线交换技术

WMN 交换方式的选择对整个网络的业务性能有很大的影响。WMN 上承载的业务不单是宽带 IP 接入，也包括视频点播、网络会议等有较高 QoS 要求的业务。WMN 的网络层一般使用 3 种分组交换，即基于 IP 的分组交换、ATM 交换、MPLS。这 3 种方式在业务质量保证（主要是实时语音和视频业务）、业务传输效率、实现复杂度、网络可管理性等方面各有特点。基于 IP 的分组交换直接面向占主流的 IP 业务，但对实时业务的服务质量不能很好保证。ATM 交换能保证实时业务的性能要求，但需要额外的带宽消耗和复杂的协议来承载具体业务。MPLS 则能在一定程度上保证 IP 业务的服务质量，同时降低业务承载的复杂性。另外，选择交换方式时还要考虑到 WMN 的特性，如链路的可靠性较差、节点的加入和退出、多跳对时延的影响等。这就要求对选取的交换方式做出一定的改进以保证 WMN 的网络性能。

（5）隐藏终端问题处理技术

由于 WMN 采用无线传输媒质，因此它与其他无线传输网一样，不可避免地存在隐藏终端和暴露终端问题。由于无线媒质的特殊性，隐藏终端问题都可能发生，都会导致信号碰撞的发生。目前可通过 IEEE 802.11 中的 RTS/CTS 协议来避免，但并不能完全解决隐藏终端和暴露终端问题。尽管通过握手机制可以减少隐藏终端问题中冲突的概率和时间，但仍存在节点之间控制报文的冲突，而且不能解决暴露终端问题。事实上，WMN 可看作简化的 Ad hoc 网络，因此可根据 Ad hoc 网络中的一些已有的成熟的方案来解决隐藏终端和暴露终端问题。

5.2.6　无线 Mesh 网络的网络拓扑结构

在 WMN 中，采用网状 Mesh 拓扑结构，即多点到多点的网络拓扑结构，各网络节点通过相邻的其他节点以无线多跳方式相连。WMN 包含两类网络节点：Mesh 路由器和 Mesh 客户端。Mesh 路由器除了具有传统的无线路由器的网关/中继功能外，还支持 Mesh 网络互连的路由选择功能。Mesh 路由器通常具有多个无线接口，这些无线接口可以基于相同的无线接入技术构建，也可以基于不同的无线接入技术。与传统的无线路由器相比，无线 Mesh 路由器可以通过无线多跳通信，以更低的发射功率获得同样的无线覆盖范围。Mesh 终端也具有一定的 Mesh 网络互连和分组转发功能，但是一般不具有网关桥接功能。通常，Mesh 终端只具有一个无线接口，实现复杂度远小于 Mesh 路由器。

1. 无线 Mesh 网络的结构

根据各个节点功能的不同，WMN 结构分为 3 类：骨干网 Mesh 结构（分级结构）、客户端 Mesh 结构（平面结构）和混合结构。

（1）骨干网 Mesh 结构

此结构由 Mesh 路由器组成，是一个可自配置和自愈的网络，用作网关功能的 Mesh 路由器与因特网相连，客户端和无线网络由用作网关或中继功能的 Mesh 路由器接入 WMN，网络结构如图 5-8 所示。其中虚线和实线分别表示无线和有线连接，使用多种无线技术，客户端通过以太接口直接接入 Mesh 路由器。如果客户端采用与 Mesh 路由器相同的无线技术，则可以直接建立通信；若采用不同的无线技术，则不同的客户端需要先接入具有以太接口的基站再与 Mesh 路由器相连。

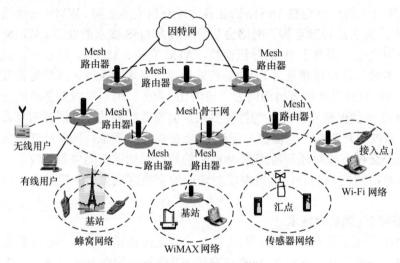

图 5-8　骨干网 Mesh 结构

（2）客户端 Mesh 结构

客户端 Mesh 结构由 Mesh 客户端组成，在用户设备间提供点到点的无线服务。客户端组成一个能提供路由和配置功能的网络，支持用户的终端应用。由于组成网络的节点不需要具有网关或中继功能，所以不需要 Mesh 路由器，网络结构如图 5-9 所示。

此网络结构的客户端通常只使用一种无线技术。任意节点发出的数据包可经过多个节点转发抵达目的节点，虽然节点不需要有网关和中继功能，但路由和自组织能力是必需的。

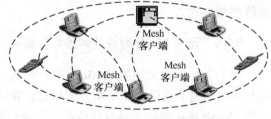

图 5-9　客户端 Mesh 结构

（3）混合结构

综合以上两种结构，构建一种混合结构，Mesh 客户端可通过 Mesh 路由器接入骨干 Mesh 网络，如图 5-10 所示。这种结构提供与其他网络结构的连接，如因特网、WLAN、WiMax、蜂窝和传感器网络，可以利用客户端的路由为 WMN 增强连接性、扩大网络覆盖范围。

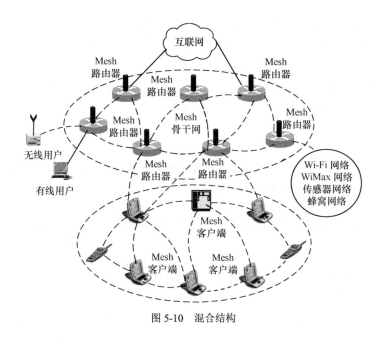

图 5-10　混合结构

2. IEEE 802.11s WMN 的参考体系结构

IEEE 802.11s 提出了无线 Mesh 网络的参考体系结构，如图 5-11 所示。Mesh 媒体接入协调功能组件（MMACFC）位于物理层之上、Mesh 路由组件之下，负责有效的竞争接入和 WMN 中多跳节点间数据包发送接收的调度。当安全的 Mesh 链路建立以后，Mesh 节点需要与其他 Mesh 节点协调以解决竞争和共享无线媒体的问题，来保证该节点本身及其他节点的数据包通过多跳的 WMN 有效转发。直观上看，MMACFC 等同于 802.11 WLAN 中的分布式协调功能（DCF，Distributed Coordination Function）或 802.11e 中增强的分布式信道接入（EDCA，Enhanced Distributed Channel Access）机制。对 DCF 或 EDCA 加以必要的改进，可高效地工作于多跳 Mesh 网络中。MMACFC 需要解决的问题有隐藏终端问题、暴露终端问题、在多跳 Mesh 路径上从源节点到目的节点的流量控制、在多跳转发路径上的有效调度、对多跳多媒体业务（视频或语音）分布式允许接入控制、分布式保证 QoS 的业务管理、本地业务和转发业务的有效处理、不同网络环境下的可升级性、Mesh 节点间信道工作接入的调度、使用多信道提高 Mesh 网络的性能等。

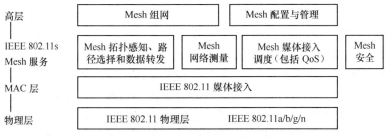

图 5-11　IEEE 802.11s 功能组件结构

IEEE 802.11s 的目标是突破传统 AP 功能上的限制，使之具有 Mesh 路由器的功能，业务流转发给邻近的 AP 进行多跳传输。这种方式决定了 WMN 具有较高的可靠性、较大的伸缩性和较低的投资成本等特点。这样，在新的 WLAN 架构中，WLAN 的 AP 自动形成 WLAN 的 WMN 骨干网。IEEE 802.11 Mesh 网络可以是骨干网 Mesh 结构，也可以是客户端 Mesh 结构。在客户端 Mesh 结构中，所有设备工作在 WLAN 的 Ad hoc 网络模式下，WMN 通过自动配置实现节点间的互连，摆脱了以往对 AP 的依赖。

3. 无线 Mesh 网络的组件

Mesh 网络中的组件均为无线设备，包括 Mesh 卡无线路由器、智能无线接入点和无线终端等。WMN 的组件、应用和关键技术指标如表 5-3 所示。

表 5-3　　　　　　　　　　　WMN 的组件、应用和关键技术指标

组　件	应　用	关键技术指标
Mesh 卡	用于传送和接收数据，建立 Mesh 网络；可在笔记本、PDA、台式机及拥有 PCMIC 插槽的设备上应用	使用频段：2.4GHz 传输距离：1～2km 定位误差：小于等于 10m 移动性能：时速超过 200km 时仍可进行图像传输 传输带宽：峰值传输速率为 6Mbit/s，稳定传输速率 2Mbit/s
IAP 智能接入点	用于 LAN 和 WMN 的接入，自带以太网接口	使用频段：2.4GHz 传输带宽：峰值传输速率为 6Mbit/s，稳定传输速率 2Mbit/s
Mesh 无线路由器	用于连接 Mesh 卡设备组成 Mesh 网络	使用频段：2.4GHz 传输距离：两点之间可达 8km 传输带宽：稳定传输速率 2Mbit/s
VMM 车载智能接点	用于连接 Mesh 网络、部分终端设备和 Mesh 卡设备	使用频段：2.4GHz 传输距离：两点之间可达 8km 传输带宽：稳定传输速率 2Mbit/s
数传电台	于用远距离传输数据	传输距离：1～15km 传输带宽：稳定传输速率 2Mbit/s
IP 摄像设备	可直接接入网络或终端的摄像设备	

5.2.7　无线 Mesh 网络的路由协议

1. 无线 Mesh 网络路由协议的设计要求

无线 Mesh 网络设计中的一个关键问题是开发能够在两个节点之间提供高质量、高效率通信的路由协议。网络节点的移动性使得网络拓扑结构不断变化，传统的基于因特网的路由协议无法适应这些特性，需要有专门的应用于无线 Mesh 网络的路由协议。根据这种网络结构和特点，协议体系结构如图 5-12 所示。在设计路由协议时必须考虑以下几方面因素。

① 选择合理的路径选择算法。现有的很多路由协议是以最小"跳"数为标准来选择路由路径的。但是若连接质量较差或网络拥挤的话，这种标准就很不合理。因此在选择路由路径时还应该综合考虑网络的连接质量和往返时延等因素，设计合理的路径选择算法。

② 确保对连接失败的可容错性。WMN 的目标之一是在出现连接失败的情况下确保网络

的健壮性，若一个连接失败，路由协议必须很快选出另外一条路径以避免出现服务中断。

③ 实现网络负载平衡。WMN 的另一个目标是实现资源的共享。当 WMN 中的某一部分出现数据拥塞时，新的通信数据应该避开这些模块，选择数据流量较少的路径进行传输。

④ 网络的可扩展性。在一个较大规模的无线网络中建立一条路由路径往往会花费很长时间，这也使得端到端延迟变得很大。而且，即使是这样一条路径已经确定，路径上节点的状态仍然会变化。因此，可扩张性对于 WMN 的路由协议来说是至关重要的。

⑤ 能够同时满足 WMN 路由器和 WMN 终端用户的不同要求。对于路由器来说，它的移动性较弱并且没有能源消耗的限制，它所需要的路由协议肯定要比现有的 Ad hoc 网络的路由协议简单得多。但是对于终端客户来说，情况却恰恰相反。所以，在设计 WMN 路由协议时要充分考虑这两种类型节点的差异，分别满足两种节点的不同要求。

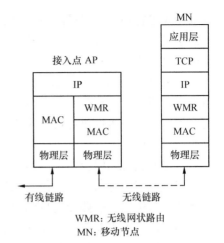

WMR: 无线网状路由
MN: 移动节点

图 5-12　WMN 协议体系结构图

2. 无线 Mesh 网络路由协议的分类

WMN 的很多技术特点和优势来自于 Mesh 多跳路由，通常 WMN 有以下几种路由。

（1）多判据路由。在 WMN 中，路由协议不能仅仅根据"最小跳数"来进行路由选择，而要综合考虑时延、跳数和吞吐量等多种性能度量指标来选择。

（2）多径路由。在源节点与目的节点间有多条路径可供选择，其目的是提高负载均衡能力和容错能力。当一条链路因为质量下降或断开时，另一条可用路径将会被选用。

（3）多信道路由。WMN 有多种信道方式，如单收发器多信道、多收发器多信道等。无线节点可安装多块无线网卡来转发和接收数据。多信道路由能在不修改 MAC 协议的基础上大大提高网络容量，但增加了设计难度。多信道路由的关键在于信道分配和算法设计。

（4）分级路由。它要求有一定的自组织配置，把网络节点进行分簇。每个分簇有一个或多个簇头。通过使用分级技术，在簇内和簇间使用不同的路由协议（如簇内按需路由、簇间先验路由），发挥各种路由的优点，从而实现大规模的 WMN 路由。若所有的数据业务都通过簇头转发，簇头负担太重。若数据不通过簇头转发，路由协议会变得更加复杂。

（5）跨层路由。以往的研究都集中在网络层上，然而对于 WMN，因为网络的时变特性，路由性能并不理想，所以可以从 MAC 层中提取一些状态参数信息作为路由判据。此外，还可以综合考虑合并 MAC 层与路由层之间的一些功能，从底层采集路由判据的方法来进行路由选择。根据 MAC 层冲突、包成功传输率与数据成功传输率等参数可以选择具有较少发生冲突、数据包传输可靠和高数据传输率的路径进行数据传输。研究表明，跨层设计可以使路由协议收集到底层的实际数据传输情况，从而做出正确的路径选择。

（6）QoS 路由。如何为用户提供 QoS 保证是当前路由研究的热点问题。QoS 路由的主要思想是首先需要选择满足用户各种 QoS 要求的到达目的节点的路径；其次，在路径建立后，若当前路径已经不能满足用户 QoS 需求，则节点需要寻找新的路由。一种方法是通过对网络剩余带宽进行估计，选择满足用户需求的路径，为用户提供特定带宽要求的 QoS 保证。另一种方法是在路由寻找阶段，对资源进行预约，从而保证在路由建立后能够获得足够的带宽资源来满足用户的需求。

（7）基于地理位置信息的路由。与基于拓扑的路由不同的是，在基于地理位置的路由的网络中，每个节点都配有一个可以对自身地理位置和移动动态信息进行精确定位和测量的装置（如 GPS），然后利用获得的信息进行路由和数据传输。地理路由通过引入了节点的地理位置信息，减少了拓扑路由算法中的一些不足之处。通常，每个节点都通过使用 GPS 或者其他类似定位装置来取得自己的地理位置信息。网络中各个节点只需要知道其通信半径内的邻近节点的地理位置信息。路由建立仅通过数个单跳拓扑信息就可以完成。因此源节点至目的节点的数据传输只需要知道目的节点的地理位置和每次数据转发时下一跳节点的地理位置就可以实现，而不需要其他的拓扑信息。这种以地理位置为基础的路由在整个数据传输中不需要建立和维护路由，节点不需要存储路由信息表，也不需要发送路由更新信息。仿真试验和实际应用表明，这种路由协议具有很好的数据传输保证、网络可扩展性和健壮性。但是这种路由算法大大增加了网络的复杂性、建设成本和网络的传输负载。

3. 无线 Mesh 网络的 DSR 路由协议

DSR 是一种对等的、基于拓扑的反应式自组织路由协议。它的特点是采用积极的缓存策略以及从源路由中提取拓扑信息。图 5-13 所示为 DSR 的路由创建。

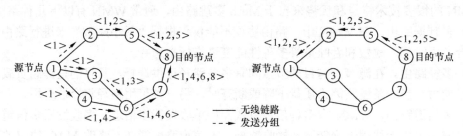

图 5-13　DSR 的路由创建

（1）路由发现过程

① 当源节点没有到达目的节点的路由时，广播一个路由请求报文。

② 每个收到该报文的中间节点附加上自己的 ID 然后重新广播（忽略重复请求和已经包含自身 ID 的报文）。

③ 当路由请求到达目的节点（或者某个知道某条到达目的节点的路由的中间节点）时，目的节点可以确定一条到达目的节点的完整的源路由。

④ 目的节点（或中间节点）将所得的源路由包含在路由响应报文中，然后沿着反向路由发送回源节点（或者附带在目的节点的路由请求报文中）。

⑤ 源节点收到路由响应报文后，将源路由存入缓存，并添加到每个数据报的头部。中间节点根据数据报头中的源路由转发数据报。

在 DSR 中结合了许多基于积极缓存和拓扑信息分析的优化措施。例如，中间节点可以从数据报的头部获得到达所有下游节点的路由，通过合并多条路径的路由信息还可以推演出更多的拓扑信息。此外，如果设置节点的网络接口工作在混杂模式下，通过监听邻居节点使用的路由，节点还可能获得更多的拓扑信息。通过这些方式，节点可以将越来越多的"感兴趣"的网络拓扑信息存入缓存以提高路由查找的命中率。高的缓存命中率意味着可以减少进行路由发现过程的频率，节约网络带宽。不过，积极缓存也会增加将过期的路由信息注入到网络中的可能性。

（2）路由维护过程

① 如果在数据报的逐跳传输过程中发现链路失败，则可以由中间节点使用缓存中的可用路由来代替原头部中含有失败链路的路由，同时向源节点发送路由错误报文。

② 中间节点监听路由错误报文以删除失败路由（减小缓存错误路由信息的影响）。

③ 如果路由失败，则由源节点重新开始一次新的路由发现过程。

④ 如果节点发现数据报头部的源路由中包括自己的 ID（例如由于拓扑变化而产生更短的路由），可以主动发送路由响应报文告知源节点存在更短路由。

5.3　无线传感器网络

传感器是数据采集、信息处理的关键部件，是新技术革命和信息社会的重要技术基础。随着微电子、计算机和通信技术的进步，传感器技术正向着集成化、微型化、智能化、网络化的方向发展。研究表明，只有网络化的智能传感器技术才能适应各种控制系统对自动化水平、对象复杂性以及环境适应性（如高温、高速、野外、地下、高空等）越来越高的要求，从而出现了无线传感器网络（WSN，Wireless Sensor Network）技术和相应的应用。

5.3.1　无线传感器网络概述

1．无线传感器网络的发展历程

（1）WSN 的兴起

传感器网络经历了如图 5-14 所示的发展历程。第一代传感器网络出现在 20 世纪 70 年代，使用具有简单信息获取能力的传感器，采用点对点传输、连接传感控制器构成传感器网络；第二代传感器网络具有获取多种信息的综合能力，采用串/并接口（如 RS-232、RS-485）与传感控制器相连，构成有综合多种信息的传感器网络；第三代传感器网络用具有智能获取多种信息的传感器，采用现场总线连接传感控制器，构成 LAN，成为智能化传感器网络；第四代传感器网络正在研究开发，用大量的具有多功能、多信息获取能力的传感器，采用自组织无线接入网络，与传感器网络控制器连接，构成 WSN。

WSN 是新兴的下一代传感器网络，最早的代表性论述出现在 1999 年，题为《传感器走向无线时代》。随后在美国的移动计算和网络国际会议上，提出了 WSN 是下一个世纪面临的发展机遇。2003 年，美国《技术评论》杂志论述未来十大新兴技术时，WSN 被列为第一项未来新兴技术。同年，美国《商业周刊》未来技术专版论述四大新技术时，WSN 也列入其中。美国《今日防务》杂志更认为 WSN 的应用和发展，将引起一场划时代的军事技术革命和未来战争的变革。可以预计，WSN 的发展和广泛应用将对人们的社会生活和产业变革带来极大的影响和产生巨大的推动。

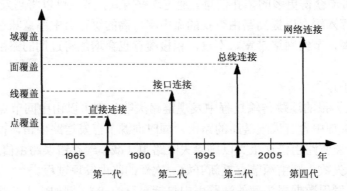

图 5-14 传感器网络的发展历程

（2）WSN 的现状

WSN 是 21 世纪信息产业的三大支柱（计算、通信和传感器）相结合的产物，受到世界主要科技大国的高度关注，并在国家层面上制定了相关的政策和战略。

美国非常重视 WSN 的理论与应用研究。美国国家科学基金会（NSF，National Science Foundation）制订了 WSN 研究计划，支持相关基础理论的研究，2003 年制定的计划中，便有一项是传感器与传感器系统及网络，投资达到 3 400 万美元。美国国防部在 C4ISR 计划的基础上提出了 C4KISR，把 WSN 作为一个重要研究领域，并且投入更为巨大。美国的很多大学、研究机构和公司都已开展了 WSN 研究，Crossbow、Dust Network、Ember、Chips、Intel、Freescale 等公司推出了商用 WSN 芯片、节点设备和解决方案。

欧盟第六个框架计划将"信息社会技术"作为优先发展领域之一，其中多处涉及对 WSN 的研究。Philips、Siemens、Ericsson、ZMD、France Telecom、Chipcon 公司都在对 WSN 进行研发，已经开发了相关产品，并在相关应用领域为用户提供 WSN 的解决方案。

日本总务省在 2004 年 3 月成立了"泛在传感器网络"调查研究会，主要目的是对 WSN 研究开发课题、标准化课题、社会的认知性、推进政策等进行探讨。NEC、OKI 等公司已经推出了相关产品，并进行了一些应用试验。

韩国信息通信部制定了信息技术"839"战略，其中"3"是指 IT 产业的三大基础设施，即宽带融合网络、泛在传感器网络、下一代因特网协议。

中国 2010 年远景规划和"十五"计划中将传感器列为重点发展的产业之一。与此同时，中国下一代互联网项目、国家自然基金项目都十分支持 WSN 研究。目前国内许多科研院所、高校及公司启动了相关研究项目。

2. 无线传感器网络的基本概念

通常人们认为短距离的无线低功率通信技术最适合传感器网络使用，所以传感器网络一般又称为 WSN。传感器网络的基本要素传感器是由电源、感知部件、嵌入式处理器、存储器、通信部件和软件构成的。电源提供正常工作所必需的能源。感知部件感知、获取外界信息，并将其转换为数字信号。处理部件协调节点各部分的工作，如对感知部件获取的信息进行必要的处理、保存，控制感知部件和电源的工作模式等。通信部件负责与其他传感器或观察者的通信。软件则为传感器提供必要的系统和具体应用软件支持，如嵌入式操作系统、嵌入式数据库系统、针对具体应用开发的应用软件等。

WSN 是一种特殊的 Ad hoc。WSN 综合了传感器技术、嵌入式计算技术、分布式信息处理技术和通信技术，能够协作地实时监测、感知和采集网络分布区域内的各种环境或监测对象的信息，并对其进行处理，获得详尽而准确的信息，传送到需要这些信息的用户。

传感器网络是由一定数量的传感器节点通过某种有线或无线通信协议联结而成的测控系统。这些节点由传感器、数据处理和数据通信等功能模块构成，以集成方式设置在被测对象内部或附近，通常尺寸很小，具有低成本、低功耗、多功能等特点。

作为节点的传感器主要包括可快速部署的传感器，如电视摄像机、激光雷达、成像雷达、微光计算机控制显示器（CCD，Computer Controlled Display）、冷和非冷的热摄像以及多频谱成像仪等可视装置，也有激光测距仪和定位仪、气象传感器、生理状况传感器、地震传感器、声音与磁场传感器以及探测化学和生物战剂的传感器等非图像传感器。

3. 无线传感器网络的特点

与常见的无线网络相比，WSN 具有以下特点。

① 硬件资源有限。节点由于受价格、体积和功耗的限制，其计算能力、程序空间和内存空间比普通的计算机功能要弱很多。这一点决定了在设计中，协议层次不能太复杂。

② 电源容量有限。网络节点由电池供电，电池容量一般不是很大，且不能给电池充电或更换电池，一旦电池能量用完，这个节点也就失去了作用（死亡）。

③ 无中心。WSN 中没有严格的控制中心，所有节点地位平等，是一种对等式网络。节点可随时加入或离开网络，任何节点故障不影响整个网络的运行，具有很强的抗毁性。

④ 自组织。网络的布设和展开无需依赖于任何预设的网络设施，节点通过分层协议和分布式算法协调各自的行为，节点开机后就可以快速、自动地组成一个独立的网络。

⑤ 多跳路由。网络中节点通信距离一般在几百米范围内，节点只能与它的邻居直接通信。若与远处节点进行通信，则要通过中间节点进行路由。WSN 中的多跳路由是由普通节点完成的，没有专门的路由设备，每个节点既是信息的发起者，也是信息的转发者。

⑥ 动态拓扑。WSN 是一个动态的网络，节点可以随处移动；一个节点可能会因为电池能量耗尽或其他故障退出网络运行；一个节点也可能由于工作的需要而被添加到网络中。这些都会使网络的拓扑结构随时发生变化，因此网络应该具有动态拓扑组织功能。

⑦ 节点数量众多，分布密集。为了对一个区域进行监测，往往有成千上万传感器节点空投到该区域，且分布密集，利用节点之间的高度连接性来保证系统的容错性和抗毁性。

⑧ 传感器节点出现故障的可能性较大。由于 WSN 中的节点数目庞大，分布密度超过如 Ad hoc 网络那样的普通网络，而且所处环境可能会十分恶劣，所以其出现故障的可能性会很大。有些节点可能是一次性使用，可能会无法修复，所以要求其有一定的容错率。

⑨ 传感器节点主要采用广播方式通信。WSN 中节点数目庞大，使得其在组网和通信时不可能如 Ad hoc 网络那样采用点对点的通信，而要采用广播方式，以加快信息传播的范围和速度，并可以节省电力。

⑩ 以数据为中心。在 WSN 中人们只关心某个区域的某个观测指标值，而不会去关心具体某个节点的观测数据，这就是 WSN 以数据为中心的特点。WSN 要求能够脱离传统网络的寻址过程，快速有效地组织起各个节点的信息并融合提取出有用信息直接传送给用户。

⑪ 由于 WSN 中的节点数目极大，有些传感器节点可能不能回收，所以我们不可能为每个节点分配一个像 IP 地址那样的全球唯一的标识。

⑫ 网络的自动管理和高度协作性。数据处理由节点自身完成，只有与其他节点相关的信息才在链路中传送。节点不是预先计划的，位置也不是预先确定的，这样就有一些节点由于发生较多错误或者不能执行指定任务而被中止运行。为了在网络中监视目标对象，配置冗余节点是必要的，节点之间通过互相通信、协作和共享数据来获得较全面的数据。

传感器网络在通信机制上与通常的计算机网络有类似的地方，但是在本质上是完全不同的。前者的着眼点是信息的感知，而后者的着眼点是信息的传递；前者的节点由它的空间位置和传感器类型共同确定，而后者节点只由一个唯一标识符确定；而且，前者具有更好的容错性、实时性和对环境变化的自适应能力。此外，与传统传感器和传统测控系统相比，传感器网络具有明显的优势：它采用点对多点的传感器总线甚至无线连接，从而大大减少电缆连线；在传感器节点端合并了模拟信号处理、数字信号处理和网络通信功能，使得节点具有自检功能；同时，系统性能与可靠性将明显提升，而成本明显减少。

4. 无线传感器网络的生成

图 5-15 中的 4 张图描述的是传感器网络的生成过程。首先，传感器节点进行随机地撒放，包括人工、机械、空投等方法；第二步是撒放后的传感器节点进入到自检启动的唤醒状态，每个传感器节点会发出信号监控并记录周围传感器节点的工作情况；第三步是这些传感器节点会根据监控到的周围传感器节点的情况，采用一定的组网算法，形成按一定规律结合成的网络；第四步是组成网络的传感器节点根据一定的路由算法选择合适的路径进行数据通信。

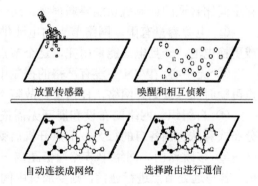

放置传感器　　　　唤醒和相互侦察

自动连接成网络　　选择路由进行通信

图 5-15　传感器网络的生成过程

5. 传感器网络的标准

2000 年 12 月 IEEE 成立了 IEEE 802.15.4 工作组，致力于定义一种供廉价的固定、便携或移动设备使用的极低复杂度、成本和功耗的低速率无线连接技术。产品方便灵活、易于连接、实用可靠及可继承性是市场的驱动力。一般认为短距离的无线低功率通信技术最适合传感器网络使用。传感器网络是 802.15.4 标准的主要市场对象。将传感器和 802.15.4 设备组合，进行数据收集、处理和分析，就可以决定是否需要或何时需要用户操作。满足 802.15.4 标准的无线发射/接收机及网络被 Motorola、Philips、Eaton、Invensys 和 Honeywell 这些国际通信与工业控制界巨头们极力推崇。

IEEE 802.15.4、Zigbee 以及 IEEE 1451 等相关标准的发布加速了 WSN 的发展，但目前并没有形成统一的 WSN 标准。根据美国 OnWorld Inc 的研究结果，目前 WSN 的相关产品大多数使用专有技术。例如，Dust 公司坚持使用自己的技术；Ember 公司虽然大举进军 Zigbee 领域，但计划继续提供自己的专有 EmberNet；Zensys 是 Zigbee 联盟的发起成员之一，也向顾客提供其 Z-Wave 技术。标准的不统一带来了产品的互操作性问题和易用性问题，使得部分消费者对于 WSN 的应用一直持观望态度，这也限制了 WSN 的市场发展。

IEEE 802.15.4 是为了满足低功耗、低成本的无线网络要求而专门开发的低速率的 WAN 标准。它具有复杂度低、成本极少、功耗很小的特点，能在低成本设备（固定的、便携的或可移动的）之间进行低速率传输。IEEE 802.15.4 的特有特征决定了其适合传感器网络使用。IEEE 802.15.4 有如下优点。

① 网络能力强。IEEE 802.15.4 可对多达 254 个网络设备进行动态设备寻址。

② 适应性好。IEEE 802.15.4 可与现有控制网络标准无缝集成。通过网络协调器可自动建立网络，采用 CSMA/CA 方式进行信道存取。

③ 可靠性高。IEEE 802.15.4 提供全握手协议，能可靠地传递数据。它提供了一个低成本数据采集和传输的网状网络，网络上的每个监测节点只需在有限时间内发送几个比特的数据，这有利于电源使用寿命的延长。

IEEE 802.15.4 标准中定义了两类装置：精简功能装置（RFD，Reduced Function Device）和完整功能装置（FFD，Full Function Device）。由多个节点构成的网络，称作个人操作范围（POS，Personal Operating Space），POS 内部每个节点都依照 WPAN 协议标准进行数据交换，其最重要的指标为处理数据能力。

预计 IEEE 802.15.4 的早期应用将是工业控制、远程监控、楼宇自动化等高端工业用户，后期 IEEE 802.15.4 的市场将转向消费者和家庭用户，即家庭自动化、安全和交互式玩具，其市场动力将来自其低造价、小功耗以及便于使用等特点。

将传感器和 IEEE 802.15.4 WAN 设备组合，进行数据采集、处理和分析，就可以决定是否需要或何时需要用户操作。IEEE 802.15.4 WAN 网络可以极大地降低传感器网络的安装成本并简化对现有网络的扩充。

6. 无线传感器网络的性能评价

下面讨论几个评价 WSN 性能的指标，并进一步模型化和量化。

（1）能源有效性。该指标是指 WSN 网络在有限的能源条件下能够处理的请求数量。

（2）生命周期。该指标是指从网络启动到不能提供需要的信息为止所持续的时间。

（3）时间延迟。延迟是指发送端向接收端发送一个数据包到接收端成功接收这一数据包这一时间间隔。在传感器网络中，延迟的重要性取决于网络的应用。

（4）感知精度。该指标是指观察者接收到的感知信息的精度。传感器的精度、时间延迟、能量消耗、信息处理方法、网络通信协议等都对感知精度有所影响。

（5）可扩展性。该指标表现在传感器数量、网络覆盖区域、生命周期、时间延迟、感知精度等方面的可扩展极限，以适应网络大小、网络拓扑结构、网络节点密度、节点移动和退出的变化。

（6）容错性。由于环境或其他原因，物理地维护或替换失效传感器常常是十分困难或不可能的。这样，传感器网络的软、硬件必须具有很强的容错性、高健壮性。

（7）信道利用率。信道利用率反映了网络通信中信道带宽如何被使用，系统需要尽可能地容纳更多的用户通信。

（8）吞吐量。吞吐量是在给定的时间内，发送端成功发送给接收端的数据量。许多因素影响网络的吞吐量，如冲突避免的有效性、信道利用率、延迟、控制开销。

（9）公平性。公平性反映出网络中各节点、用户、应用、平等的共享信道的能力，公平性往往用网络中某一应用是否成功实现来评价，而不是以每个节点用户平等的发送、接收数据的能力来评价。

5.3.2　无线传感器网络的主要研究内容与应用领域

1. 主要研究内容

WSN 应满足低能耗、可扩展、自适应及技术简单、有效等要求。WSN 的研究明显不同于现有的网络体系，突出表现在：①WSN 受到严格的能量限制；②传感器节点绝大多数是静态的；③传感器节点布局的随意性；④WSN 的设计是针对特定目的的，应用领域有限。

WSN 的研究内容可分为节点层面和网络层面两部分，其中带*号的为关键性问题或技术。

（1）节点层面的主要研究内容

① 传感器技术：研究多功能传感器、适应恶劣环境的传感器、传感器的微型化等。

② 电源技术*：研究体积小、容量大的高性能电源。

③ 芯片技术：研究体积小、功耗低、功能强的 CPU、存储器以及无线通信芯片等。

④ 无线通信技术*：研究适合于 WSN 的编码、多址访问等技术。

⑤ 嵌入式操作系统*：研究实时性强、代码量少、配置灵活的嵌入式操作系统以及相关的应用开发支撑环境。

⑥ 低能耗编译技术：研究有利于节能的程序编译技术。

⑦ 节点的综合集成技术等。

（2）网络层面的主要研究内容

① 低能耗 MAC 协议*：研究适合 WSN 的 MAC 协议，并支持节点的休眠操作。

② 低能耗路由技术*：研究针对 WSN 流量分布特点和任务要求的路由技术，从延长网络生存时间等方面优化网络路由。

③ 协同定位技术*：研究在有路标（land-mark）和无路标情况下，利用声波测距等手段实现传感器节点的分布协同定位，以获得节点的绝对或相对位置。

④ 时钟同步技术：研究低能耗、分布式的机制，使传感器节点的时钟达到同步。

⑤ 网络覆盖和网络规划*：研究如何部署传感器网络，在满足网络连通的条件下，使用尽量小的代价实现被监测区域的长时间无缝覆盖；研究有效的覆盖控制技术，使在不影响网络覆盖性能的前提下，冗余节点能交替工作，从而达到延长网络生存时间的目的。

⑥ 拓扑控制技术*：研究通过功率控制使得网络拓扑满足一定的性质，如连通性、稀疏性等，从而减少无线信号冲突、降低无线传输能耗、延长网络生存时间。

⑦ 数据融合技术*：根据特定的应用需求，研究数据的缓存和融合策略、多传感器多数据类型环境下的数据融合方法等。

⑧ 移动性管理：研究并解决 WSN 中节点移动而带来的一系列问题，如位置跟踪等。

⑨ 网络安全技术：研究 WSN 各层的安全技术，如物理层的抗干扰通信、网络层的加密、传输层的认证技术等，以保证网络的可用性与数据的完整性、保密性及不可否认性。

⑩ 网络测试和配置管理工具等。

2. 主要应用领域

WSN 的应用领域与普通通信网络有着显著的区别，主要包括以下几个方面。

（1）军事应用

军事应用是 WSN 目前最重要的应用领域，由于其无需架设网络设施、可快速展开、抗毁性强等特点，使 WSN 成为军队在敌对区域中获取情报的重要技术手段。WSN 在军事方面的应用主要包括识别并跟踪兵力、装备和物资，监视冲突区的状态，定位攻击目标，评估战场损失，侦察和探测核、生物和化学攻击等。

WSN 的特性非常适合于军事侦察。在恶劣的战场环境下，其低成本、低功耗、小体积、高抗毁、高隐蔽性、自组能力等特点为军事侦察提供了可靠而有效的手段。WSN 可以用于侦察敌方兵力的部署、兵力的运动，侦察战场的核、生、化环境，侦察战斗区域的地形地貌特征，侦察战斗区域的天气变化等。

美国军方提出的"灵巧传感器网络"就是针对网络中心战的需求所开发的新型传感器网络。它的基本思想是在战场上布设大量的传感器以收集和中继信息，并对相关原始数据进行过滤，然后再把那些重要的信息传送到各数据融合中心，从而将大量的信息集成为一幅战场全景图，当参战人员需要时可分发给他们，使其对战场态势的感知能力大大提高。

该灵巧网络可提供实时准确的战场信息，包括通过有人和无人驾驶车辆、无人驾驶飞机，空中、海上及卫星中得到的高分辨率的数字地图、三维地形特征、多重频谱图形等信息，为交战网络提供如开火、装甲车行动以及爆炸等触发传感器的真实事件的高级信息。

（2）物流领域

射频标识符（RFID，Radio Frequency Identifier）是 WSN 的一个重要组成部分，RFID 或强感 RFID（sensor-enhanced RFID）在物流、仓储、资产管理等方面的应用，对于加快商品的流通、保证商品质量起着重要的作用，也为商品零售商带来巨大的利益。通过 RFID，可以跟踪商品从生产到销售的全过程，不仅可以有效避免商品的丢失，而且还得到了某类商品的销售周期和销售速度，以便及时的补充商品，减少供货不足而造成的损失。

（3）智能交通

WSN 通过在道路两侧安放传感器节点构造 WSN 来获取交通信息，从而实现交通控制、交通诱导、紧急车辆优先、停车场信息提供、不停车收费、事故避免等智能交通的特色功能。从而建立实时、准确、全面、高效的综合交通运输管理系统。

（4）医疗保健

WSN 与家庭护理、远程医疗的结合，主要应用包括远程健康管理、重症病人或老龄人看护、生活支持设备、病理数据实时采集与管理、紧急救护等。在一些有发病隐患的病人身上安装特殊用途的传感器节点，如心率、血压等监测设备，医生就可以在远端随时了解被监护病人的病情，进行及时处理和救护，为远程医疗创造条件。此外，由于 WSN 节点重量轻、体积小，因此可以利用 WSN 长期收集人体的生理数据。

（5）工业监控

在工业上，WSN 主要用于对大型设备的监控，以掌握设备的运行情况或者设备所处环境的情况，从而实时掌握当前设备的工作状态，避免一些重大的安全事故发生。

（6）安全防范

WSN 主要用于防不正当入侵、防盗检测、危险物检测以及工业上的防范控制等。

（7）设施监控

WSN 可以对桥梁、楼宇、水道、电气、煤气等基础设施进行在线监控，实时反映重要设施的状况。利用传感器对基础设施的损坏和劣化程度进行实时监控。在灾难发生时，利用传感器进行基础设施的安全诊断来确保使用的安全。

（8）生态环境

WSN 在生态环境领域的主要应用包括环境监测、地球观测、废弃物跟踪、能量需求的最佳化、监视动物行踪及生存环境等。环境传感器网络可监测环境变化，如大气、沙漠、平原、海洋表面和山脉等，研究环境变化对农作物的影响，检测农作物中害虫情况等。如 Intel 公司将 Mote 放置在海燕巢中监测气温、风力、鸟儿的活动。

（9）紧急和临时场合

在发生了地震、水灾、强热带风暴或遭受其他灾难打击后，固定的通信网络设施可能被全部摧毁或无法正常工作，对于抢险救灾来说，这时就需要 WSN 这种不依赖任何固定网络设施、能快速布设的自组织网络技术。边远或偏僻野外地区、植被不能破坏的自然保护区，无法采用固定或预设的网络设施进行通信，也可以采用 WSN 来进行信号采集与处理，发布避难指令和警告，完成一定的通信和搜救任务。

（10）农业食品

WSN 在农业上的应用主要是在农业生产过程中对农作物生长环境的实时监测上，进而调整生长环境以适应农作物的生长。如在生产现场，把握土壤成分的分布、日照度、湿度，判断施肥期和收获期；对异常现象进行分析，据此把握病虫害防治和农药的喷洒时机。

（11）居住环境监控

通过 WSN 可以监控我们的生活环境，为我们提供更加舒适、健康、方便和人性化的智能的居住环境。

（12）空间探索

探索外部星球一直是人类梦寐以求的理想，借助于航天器散布的 WSN 节点可实现对星球表面长时间的监测。NASA 的 JPL 实验室研制的 Sensor Webs 就是为进行火星探测而准备的，已对它在佛罗里达宇航中心周围的环境监测中进行了测试和完善。

WSN 应用领域非常广泛，但 WSN 一般不作为一个单独的系统运行，而市场又无处不在。美国的研究表明，预计 2010 年前为 WSN 的市场发展期，市场成熟期应在 2010 年以后；而根据日本"泛在传感器网络"联盟的研究报告，发展期在 2007 年左右，2010 年左右为 WSN 市场的成熟期。WSN 的产业链已经基本成型，出现了一批组件供应商、软件授权商、系统集成商和解决方案提供商，他们正在推动 WSN 产业从研发阶段向市场阶段转移。

5.3.3 无线传感器网络的体系结构

1. 网络结构

（1）基本结构

WSN 典型的简单结构如图 5-16 所示。节点具有传感、信号处理和无线通信功能，它们既是信息包的发起者，也是信息包的转发者。通过网络自组织和多跳路由，将数据向网关发送。网关可以使用多种方式与外部网络通信，如互联网、卫星或移动通信网络等，大规模的应用可能使用多个网关。在有些情况下，传感器网络还可以采用有线或无线中继扩大信号的覆盖范围，改善网络拓扑结构，如图 5-17 所示。

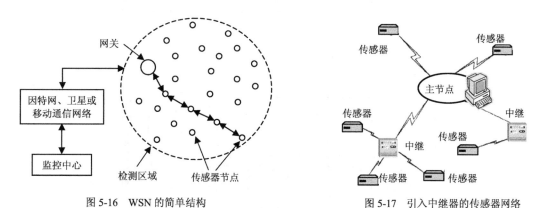

图 5-16　WSN 的简单结构　　　　　图 5-17　引入中继器的传感器网络

（2）节点的体系结构

节点由于受到体积、价格和电源供给等因素的限制，通信距离较短，只能与自己通信范围内的邻居交换数据。要访问通信范围以外的节点，必须使用多跳路由。为了保证网络内大多数节点都可以与网关建立无线链路，节点的分布要相当密集。

在不同的应用中，传感器节点设计也各不相同，但是它们的基本结构是一样的。节点的典型硬件结构如图 5-18 所示，主要包括电池及电源管理电路、传感器、信号调理电路、模/数转换器（ADC，Analog to Digital Converter）、存储器、微处理器、定位器和射频模块等。根据具体应用需求，还可能会有定位系统以确定传感节点的位置，有移动单元使得传感器可以在待监测地域中移动。节点采用电池供电，一旦电源耗尽，节点就失去了工作能力。为了最大限度地节约电源，在硬件设计方面，要尽量采用低功耗器件，在没有通信任务的时候，切断射频部分电源；在软件设计方面，各层通信协议都应该以节能为中心，必要时可以牺牲其他的一些网络性能指标，以获得更高的电源效率。此外，还必须有一些应用相关部分，例如，某些传感器节点有可能在深海或者海底，也有可能出现在化学污染或生物污染的地方，这就需要在传感器节点的设计上采用一些特殊的防护措施。

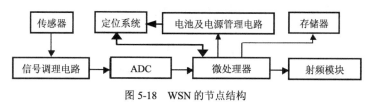

图 5-18　WSN 的节点结构

WSN 节点可分为 3 类：一般节点采集测试信息；数据汇集节点收集一般节点的数据并进行存储、处理、上传；网关节点实现数据汇集节点与处理中心或其他外部网络的连接。

2. 传感器网络的层次结构

传感器网络层次结构具有二维性，如图 5-19 所示，即横向的通信协议层和纵向的传感器网络管理面。通信协议层可以划分为物理层、链路层、网络层、传输层、应用层，而网络管理面则可以划分为能耗管理面、移动性管理面以及任务管理面。管理面主要用于协调不同层次的功能以求在能耗管理、移动性管理和任务管理方面获得综合的最优设计。

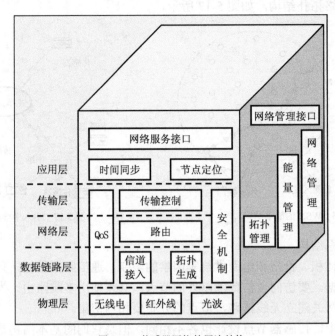

图 5-19　传感器网络的层次结构

（1）物理层

物理层协议涉及 WSN 采用的传输媒体、选择的频段以及调制方式。目前，WSN 采用的传输媒体主要包括无线电、红外线和光波等。在频率选择方面，一般选用工业、科学和医疗（ISM，Industrial Scientific Medical）频段。面对传感器节点小型化、低成本、低功耗的特点，人们提出在欧洲使用 433MHz ISM 频段，在美国使用 915MHz ISM 频段。M-ary 调制机制常被应用于 WSN，简单的多相位 M-ary 信号将降低检测的敏感度。Binary 调制机制在启动时间较长的系统中更加节能、有效，而 M-ary 调制机制适用于启动时间较短的系统。基于直序扩频—码分多址（DS-CDMA，Direct-Sequence CDMA）的数据编码与调制方法通过使用最小能量编码算法来降低多路访问冲突，减少能量消耗。

（2）数据链路层

数据链路层负责拓扑生成以及数据流的多路复用、数据帧检测、媒体接入和差错控制。数据链路层保证了传感器网络内点到点和点到多点的连接。

（3）网络层

网络层协议负责路由发现和维护，在 WSN 中，大多数节点无法直接与网关通信，需要通过中间节点进行多跳路由。基于节能的路由有若干种，如最大有效功率路由算法（总有效功率可以通过累加路由上的有效功率得到）、最小能量路由算法（该算法选择从传感器节点到接收器传输数据消耗最小能量的路由）、基于最小跳数路由（在传感器节点和接收机之间选择最小跳数的节点）以及基于最大最小有效功率节点路由。

（4）传输层

传输层用于 WSN 访问接入互联网络或其他外部网络。TCP 是一个基于全局地址的端到端传输协议，而对于传感器网络而言，TCP 设计思想中基于属性的命名对于传感器网络的扩展性并没有太大的必要性，而数据确认机制也需要大量消耗存储器，因此适用于传感器网络的传输层协议会更类似于 UDP。

（5）应用层

目前提出的 3 种可能的应用层协议中，一种是传感器管理协议（SMP，Sensor Management Protocol），它主要是介绍数据汇集、基于属性的命名体系、传感器节点聚类的规则、定位算法与位置信息的交换和传感器节点时间同步。另两种协议是任务分配与数据公告协议（TADAP，Task Assignment and Data Advertisement Protocol）和传感器查询及数据分发协议（SQDDP，Sensor Query and Data Dissemination Protocol）。

5.3.4　无线传感器网络的传输协议

1. 路由协议

WSN 路由协议按照最终形成的拓扑结构，可以划分为平面路由协议和分级路由协议。

（1）平面路由协议

平面路由协议主要有连续分配路由协议（SAR，Sequential Assignment Routing）、基于最小代价场的路由协议、通过协商的传感器协议（SPIN，Sensor Protocols for Information via Negotiation）。

① SAR

SAR 算法产生很多的树，每个树的根节点是网关的一跳邻居。在算法的启动阶段，树从根节点延伸，不断吸收新的节点加入。在树延伸的过程中，避免那些 QoS 不好的节点、电源已经过度消耗的节点。在启动阶段结束时刻，大多数节点都加入了某个树，这些节点只需要记忆自己的上一跳邻居（作为中继节点）。在网络工作过程中，一些树可能由于中间节点电源耗尽而断开，也可能有新的节点加入网络，这些都会引起网络拓扑结构的变化。所以网关周期性的发起"重新建立路径"的命令，以保证网络的连通性和最优的服务质量。

② 基于最小代价场的路由协议

这种协议的每个节点只需要维持自己到接收器的最小代价（最优路径、跳数、消耗的能量或时延等），就可以实现信息包的最小代价路由。

最小代价场的建立过程如下。起初，所有的节点都将自己的代价设为无穷大。网关广播一个代价为 0 的广告信息，其他节点接收到此信息后，若信息中的代价小于节点自己的代价，则使用这个新代价作为自己的代价，并将新代价广播出去；若信息中的代价比自己的估计代价大，则丢弃该信息。这样最终每个节点都获得了自己距离网关的最小代价。

代价场建立起来，信息包就可以沿着最小代价路径向网关发送。当信息发出时，它带有源节点的最小代价，信息中也有从源节点到当前节点所消耗的代价，一个邻居节点接收到信息，只有信息包已经消耗的代价和自己的代价之和等于源节点代价的时候，才转发这个信息。用这种方法，节点不需维持任何的路径信息，就可实现信息的最短路径发送。

③ SPIN

SPIN 是以数据为中心的自适应路由协议，通过协商机制和资源调整来解决泛洪算法中的内爆和重叠问题。为避免盲目使用资源，所有传感器节点必须监控各自的能量变化情况。SPIN 通过发送描述传感器数据的信息，而不是发送所有的数据（如图像）来节省能量。

SPIN 有三种信息：ADV、REQ 和 DATA。在发送一个信息之前，传感器节点广播一个 ADV 信息，信息中包括对自己即将发送数据的描述。如果某个邻居对这个信息感兴趣，它就发送 REQ 消息来请求 DATA，数据就向这个节点发送。这个过程一直重复下去，直到网络中所有对这个信息感兴趣的节点都获得了这个信息的一个复制。

泛洪是传统的路由技术，不要求维护网络的拓扑结构，并进行路由计算。接收到消息的节点以广播形式转发分组。为了克服缺陷，节点随机选取一个相邻节点转发它接收到的分组，而不是采用广播形式。这种方法避免了消息的"内爆"现象，但有可能增加端到端的传输时延。

（2）分级路由协议

分级路由协议主要有低能量自适应分群（LEACH，Low Energy Adaptive Clustering Hierarchy）、门限敏感的传感器网络节能协议（TEEN，Threshold sensitive Energy Efficient sensor Network protocol）。

① LEACH

LEACH 是以群为基础的路由协议，自选择的群头节点从它所在群中的所有传感器节点收集数据，将这些数据进行初步处理后向网关发送。LEACH 以"轮"为工作时间单位，每一轮分为两个阶段：启动阶段和稳定阶段。在启动阶段，主要是传送控制信息，建立节点群，并不发送传感数据。为提高电源效率，稳定阶段比启动阶段有着更长的持续时间。

在每一轮的启动阶段，传感器节点在 0 和 1 之间选择一个随机数来决定是否成为群头。如果选择的随机数小于 $T(n)$，该节点就是一个群头，$T(n)$ 的计算如下：

$$T(n) = \begin{cases} \dfrac{P}{1 - P \times \left[r \bmod (1/P) \right]} & n \in G \\ 0 & n \notin G \end{cases}$$

其中，P 是群头节点占总节点数的百分比，对于不同的网络，P 的最佳取值也不同；r 是当前轮；G 是前面 $1/P$ 轮中没有被选择作为群头的节点集。采用这样的计算公式，可以保证每个节点都可以在连续 $1/P$ 轮中的某一轮中成为群头。

群头节点产生后，向网络中所有的节点宣布它们是新的群头节点，未被选择作为群头的传感器节点接收到这样的广播信息，根据预先设定的参数，例如信噪比、接收信号强度等来决定自己加入哪个群。节点选择加入某个群，并向该群头节点发出信息；群头节点根据群内节点的信息，产生一个 TDMA 方案，为每个节点分配一个通信时隙，只有在属于自己的时隙内，节点才可以向群头节点发送数据。

在稳定阶段，传感器节点以固定的速度采集数据，并向群头节点发送，群头在向网关发送数据之前，首先要对这些信息进行一定程度的融合。稳定阶段经过一定的时间后，网络重新进入启动阶段，进行下一轮的群头选择。

② TEEN

TEEN 与上面介绍的 LEACH 算法相似，但是传感器节点的数据不是以固定的速度发送的。只有当传感器检测的信息超过了设定的门限，才向群头节点发送数据。

TEEN 使用 LEACH 的群形成策略，但是在数据发送方面作了修改。TEEN 使用两个用户自定义的参数硬门限（Ht）和软门限（St）以决定当前传感的信息是否需要发送。当检测的值超过了硬门限，它被立刻发送出去；如果当前检测的值与上一次之差超过了软门限，则节点传送最新采集的数据，并将它设定为新的硬门限。通过调节软门限值的大小，可以在监测精度和系统能耗之间取得合理的平衡。采用这样的方法，可以监视一些突发事件和热点地区，减小网络内信息包的数量。

2. 媒体访问控制协议

IEEE 802 系列标准把数据链路层分成逻辑链路控制（LLC, Logical Link Control）和 MAC 两个子层。LLC 子层在 IEEE 802.6 标准中定义，为 802 标准系列共用；而 MAC 子层协议则依赖于各自的物理层。现阶段为 WSN 设计的 MAC 协议大致分为两类：基于竞争冲突的协议和基于时隙的协议。

（1）基于竞争冲突的协议

基于竞争冲突的协议要解决的问题是，减少由于竞争冲突、空闲侦听导致的能源损耗。

① 低功耗前导载波周期侦听协议——LPL

CSMA/CA 协议的主要缺点在于，节点在空闲侦听时浪费了大量的能源，一种低功耗前导载波周期侦听协议便由此产生。这种机制能使节点的无线收发装置有规律的处于"工作""待命"状态中，而且不丢失发送给该节点的数据。这种机制工作在物理层，它在每个无线数据包的前面附加了一个前导载波，其主要作用是通知接收节点将有数据发送过来，使其调整电路准备接收数据。这种机制的主要思想是将接收节点消耗在空闲侦听上的能源转移到发送数据节点消耗在发送前导载波能源上去。这就使接收节点能周期性地开启无线收发装置，侦听是否有发送过来的数据，检测是否有前导载波。若接收节点检测到前导载波，它将会一直侦听信道直到数据被正确地接收；如果节点没有检测到前导载波，节点的无线装置将被置于待命状态直到下一个前导载波检测周期到来，如图 5-20 所示。

② IEEE 802.15.4 的 MAC 协议

IEEE 802.15.4 满足国际标准组织（ISO，International Organization for Standardization）OSI 参考模式。它定义了单一的 MAC 层和多样的物理层，如图 5-21 所示。MAC 层以上协议由 Zigbee 协议套件组成，包括高层应用规范、应用会聚层、网络层组成。

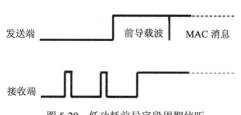

Zigbee Profiles
网络应用层
数据链路层
IEEE 802.15.4 LLC   802.2 LLC
IEEE 802.15.4 MAC
868/915 PHY   2400PHY

图 5-20 低功耗前导字段周期侦听   图 5-21 IEEE 802.15.4 协议架构

在物理层，IEEE 802.15.4 定义了 2.4GHz 物理层和 868/915MHz 物理层两个标准，这个标准可以满足类似传感器的小型、低成本设备无线联网的要求。它们都采用了 DSSS。

IEEE 802.15.4 标准工作于 2.4GHz ISM 频段的 16 个信道、915MHz 频段的 10 个信道以及 868MHz 频段的 1 个信道。2.4GHz 频段提供的数据传输率为 250kbit/s，适用于较高的数据吞吐量、低时延或低作业周期的场合；868/915MHz 频段提供的数据传输率为 20kbit/s/40kbit/s，用较低的速率换取较高的灵敏度和较大的覆盖面积。2.4GHz 物理层采用基于 DSSS 方法的准正交调制技术；868/915MHz 物理层使用简单 DSSS 方法，每个数据位被扩展为长度为 15 的 CH IP 序列，然后使用二进制相移键控调制技术。该标准采用 CSMA/CA 信道接入技术以及两种寻址方式——短 16 比特和 64 比特寻址。

IEEE 802.15.4 的 MAC 协议包括以下功能：设备间无线链路的建立、维护和结束；确认模式的帧传送与接收；信道访问控制；帧校验；预留时隙管理；广播信息管理。MAC 子层提供两个服务与高层联系，即通过两个服务访问点（SAP，Service Access point）访问高层。通过 MAC 通用部分子层 SAP（MCPS-SAP，MAC Common Part Sublayer-SAP）访问 MAC 数据服务，用 MAC 层管理实体 SAP（MLME-SAP，MAC Layer Management Entity-SAP）访问 MAC 管理服务。这两个服务为网络层和物理层提供了一个接口。灵活的 MAC 帧结构适应了不同的应用及网络拓扑的需要，同时也保证了协议的简洁。

（2）基于时隙的协议

传感器—媒体访问控制（S-MAC，Sensor-MAC）和定时—媒体访问控制（T-MAC，Timing-MAC）等协议都是从经典的竞争冲突协议的 MAC 协议演变而来，这类协议通过使用一个工作时隙，使节点处于一个工作循环周期中，从而减少节点消耗在空闲监听上的能源。在每个时隙的开始时所有节点被唤醒，任何一个节点需要发送数据都要通过竞争抢占共享信道，这种同步机制增加了信道中发生竞争冲突的可能性，S-MAC 和 T-MAC 协议通过发送请求（RTS，Request To Send）/发送清除（CTS，Clear to Send）握手机制来减少冲突。S-MAC 和 T-MAC 的不同之处在于，各自使节点从激活状态转变到睡眠状态的方法不同。

① S-MAC 协议

S-MAC 协议中提出了一种使所有节点工作在一个共同"时隙结构"的"虚拟簇"的机制。为了实现 "虚拟簇"，每个节点在每个时隙开始时广播同步数据包，接收到同步数据包的节点允许新的节点加入到网络中，按需要调整漂移的时钟。原则上整个网络工作在同一"时隙结构"，但由于移动性和时隙调度机制，在一个网络中可包含许多"虚拟簇"。

一个 S-MAC 时隙由同步时段、活动时段、睡眠时段组成，如图 5-22 所示。在睡眠时段可将其无线发送装置关闭，此时段较长（500ms～1s），活动时段固定在 300ms，S-MAC 中时隙的长度可适当调整。S-MAC 协议减少了空闲侦听所消耗的能源，采用了冲突避免机制，使节点避免了不必要的窃听，而且 S-MAC 协议还具有消息分析的功能，在传送分段消息时能减少网络的协议控制消耗。S-MAC 协议的不足之处在于，节点的工作循环周期在 S-MAC 协议开始工作时就已确定下来，不能根据网络中的业务量的变化来进行调整。

图 5-22　S-MAC 时隙结构

② T-MAC 协议

T-MAC 协议沿用了 S-MAC 协议中的"虚拟簇"的方法，使各节点同步工作，多设置了一个自适应的工作循环周期。相比 S-MAC，T-MAC 能够自适应网络中业务量的波动。T-MAC 使用了固定长度的工作时隙（615ms），并使用定时溢出机制动态地控制节点处于"活动"状态的时间长度。在设定的时间内，若节点在共享信道上没有检测到发送来的数据和冲突，则节点转入"睡眠"状态；反之开始通信。节点在通信结束后，重新开启定时功能。

③ 轻量级 MAC（LMAC，Lightweight MAC）协议

LMAC 协议通过在时间上把信道分成许多时隙，形成一个固定长度的帧结构，一个时隙包含一个业务控制时段和固定长度的数据时段。每个节点控制一个时隙，当一个节点需要发送一个数据包时，它会一直等待，直到属于自己的时隙到来。在时隙的控制时段内，节点首先广播消息头，消息头包含消息的目的地和消息长度，之后马上发送数据。监听到消息头的节点若发现自己不是此消息的接收者，会将自己的无线发送装置关闭。与其他的 MAC 协议相比，接收端正确接收一个消息后，不需要向发送端回送证实消息，LMAC 协议将可靠性问题留给高层协议来处理。它通过让节点选择一个在两跳范围内的无重用的时隙来调度"帧结构"。控制部分包含了详细的描述时隙占用信息的比特组，欲加入网络的新节点先侦听整个帧结构，通过或操作时隙占用比特组，新加入的节点能够计算出哪些时隙是空闲的，并在其中随机选择一个时隙，与其他新加入的节点竞争占用该时隙。

（3）几种协议的比较

表 5-4 对 6 种协议做了综合比较。通过比较各种 MAC 协议，没有一种协议明显强于其他协议，但随着 WSN MAC 协议研究的不断深入，一些新的 MAC 协议会不断提出，这些协议会在能源有效性和网络灵活性之间做出新的选择。MAC 协议进一步的研究方向包括交叉层的优化路由协议、数据聚集协议、提高网络应对节点故障的能力和增强网络的健壮性。

表 5-4   6 种 MAC 协议的综合比较

比较参数	802.15.4 无信标网络	802.15.4 有信标网络	LPL	S-MAC	T-MAC	LMAC
能量有效性	不好	好	较好	好	较好	较好
可扩展性	好	不好	好	较好	较好	不好
信道利用率	好	较好	较好	不好	较好	好
延迟	好	较好	较好	较好	不好	好
吞吐量	好	较好	不好	较好	好	较好

5.3.5 无线传感器网络应用的支撑技术

1. 时间同步

网络中的时间同步（如 GPS 授时或网络时间协议（NTP，Network Time Protocol））应用广泛。但由于 WSN 的特殊性，这些同步技术已不适用了。下面以 NTP 为例进行分析比较。

NTP 是针对静态网络的，而 WSN 是一种动态的网络。NTP 对于能耗的要求比较高，而WSN 属于低能耗的网络。NTP 对于精度的要求不是很敏感，只需达到毫秒级即可，而 WSN 的有些应用中要求时间同步的精度能达到微秒级、甚至纳秒级。NTP 需要基础设施的支持，

而 WSN 是无需基础设施支持的。

目前关于 WSN 时间同步技术已经有了一些进展，主要有传感器网络定时同步协议、轻量级时间同步算法、泛洪时间同步协议等。

（1）传感器网络定时同步协议

传感器网络定时同步协议（TPSN，Timing-sync Protocol for Sensor Network）算法分两个阶段进行，首先是层次发现，即形成分层的网络体系结构；然后是同步阶段，先是根节点与其下层节点的成对同步，直到最后网络中的所有节点都与根节点同步。该算法的高明之处就在于把时间戳的处理放在 MAC 层进行，通过一个应用程序接口把 MAC 层与应用层连接起来，从而减少了发送时间、接入时间、处理时间等的不确定性对时间同步精度的影响。但是如果网络的根节点失效或者网络中的某个节点失效，就会影响网络的时间同步，有可能导致整个网络无法同步。

（2）轻量级时间同步算法

轻量级时间同步（LTS，Lightweight Time Synchronization）算法是一种网络级的时间同步算法，是通过牺牲一定精度来减少能量开销的同步算法。该算法的思想是构造一个包括所有节点的具有较低深度的生成树，然后沿着树的边来进行两两同步。LTS 主要提出了两种思想：一种是对那些实际上需要同步的节点按需进行操作；另一种是主动对所有节点进行同步。两种思想都是假定存在有一个或多个主节点，这些主节点被带外同步到一个参考时间上。

（3）泛洪时间同步协议

泛洪时间同步协议（FTSP，Flooding Time Synchronization Protocol）假定在网络中的节点都有唯一 ID 的情况下，选取具有最低 ID 的节点作为 Leader 节点，作为一个参考时间源来提供服务。采用了发送单个广播消息的思想。具体实现如下：在完成同步字节的发送后，给时间包加盖时间戳，完成包的发送。接收节点记录同步字节到达的时间，并计算位偏移。在收到完整消息后，计算位偏移产生的延迟。然后利用接收节点与发送节点的时间偏移量来调整本地时间与发送节点的同步。

（4）3 种同步算法的比较

如表 5-5 所示，给出了上述 3 种同步算法的简单比较。可以看出，它们都是网络级的时间同步，并且都采用了两两同步的思想。其中 TPSN 算法与 FTSP 算法不但通过了仿真，而且在 TinyOS 上进行了实现，其精度分别为 $16.9\mu s$ 和 $21.8\mu s$。

表 5-5　　　　　　　　　　　　　　3 种同步协议的简单比较

同 步 协 议	TPSN	FTSP	LTS
假定的主节点数	1 个	1 个	1 个或多个
消息传递方式	广播	广播	单播
通信方式	双向	单向	双向
主节点的选定	指定一个节点	ID 号最小	生成树的根部
时钟漂移处理	时延包分解	线性回归	Resynchronization
MAC 访问	是	是	否
网络体系结构	Flooding 策略（树形）	树形	最小生成树
同步范围	Network-wide	Network-wide	Network-wide

2. 节点定位

WSN 的节点定位在整个 WSN 体系中占有重要的地位。需要位置信息来确定信息来源地，WSN 的一些系统功能需要位置信息，位置信息还对 WSN 中的服务性应用有益。学术界已经提出了很多基于 WSN 的节点定位算法。从算法采用的手段来看，可以分为两大类：基于距离的算法和非基于距离的算法。

所有节点定位算法都假设 WSN 节点分布在一个二维空间中，且一部分节点的位置是已知的，这部分节点被称为锚节点。一般来说，锚节点装备有 GPS 信号接收装备，通过 GPS 信号来确定自身的位置。锚节点个数在整个 WSN 中所占比率很小。其余普通节点就靠锚节点和定位算法的共同作用来确定位置。基于距离的算法通过发送节点传到接收节点的信号强度或者信号从发送节点到接收节点的传输时间来得到发送节点和接收节点的距离长度。只要确定了位置未知节点跟两个不同锚节点的距离长度即可得到这个节点的位置坐标。

（1）基于距离的算法

这种算法的基本思想是利用位置未知节点跟锚节点之间的几何关系来确定节点的位置。典型算法有两种。第一种算法是三点定位法，在一个二维空间内，要确定一个未知点的坐标，就要确定它跟 3 个不在同一直线上的已知点的距离。在传感器网络中，未知点对应于位置未知节点，而已知点对应于锚节点。主要有两种方法来测定节点间的距离。

① 测定信号传输的时间。这里的传输时间是指无线信号从锚节点传输到待测节点的时间。用这个传输时间乘以光速就可以确定锚节点和待测节点之间的距离。在 WSN 中要做到这点，首先要使整个传感器网络内所有节点时刻同步。当锚节点向待测节点发送信号时在数据包内打上时间戳，这样待测节点就可以知道接收到这个信号所用的时间。

② 利用信号的衰减特性。信号从源节点出发后，随着传输距离的不断增加，信号的信噪比不断下降。而当前的信噪比和源节点的信噪比的比值称为衰减系数。在传感器网络中，衰减系数被确定为 $1/r^2$，其中 r 是信号的传输距离。

第二种基于距离的算法是角度定位法。基本思想是得到待测节点跟两个锚节点之间的夹角和两个锚节点之间的距离，这样就可以得到待测节点的坐标，如图 5-23 所示。在 WSN 中，相控阵雷达根据接收信号到达时间的差异和天线本身的几何特性可测定出两个节点间的夹角。

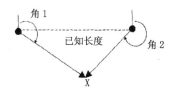

图 5-23 角度定位法示意图

（2）非基于距离的算法

非基于距离的算法的基本思想是利用一些束缚条件把未知节点的位置确定在一块尽量小的区域内，然后取这块区域内的一点作为节点的位置。一种近似三角形中的点（APIT，Approximate Point In Triangle）算法实现如下：位置待确定的节点监听自己附近锚节点的信号，根据这些信号，APIT 算法可以把临近这个节点的区域划分为一个个互相重叠的三角形区域。这些三角形的顶点是此节点能监听到的那部分锚节点。而对于每个三角形，只可能有两种状态，即包含节点或者不包含节点。当检验完所有的三角形后，就可以把节点的位置限定在包含节点的几个三角形的相交区域内。而利用所有可监听到的锚节点的信息，这个相交区域可以变得很小，这样这个相交区域的重心被认为是这个节点的坐标。如图 5-24 所示，阴影部分区域是所有被节点 S 监听到的包含 S 的三角形的相交区域，而它的重心则被认为是节点 S 的位置。其中的 A、B、C、D、E 是被 S 监听到的锚节点。

基于上述说明，一个节点必须有能力判定锚节点构成的三角形是否包含它。如图 5-25 所示，APIT 采用一种变通的方法：考察 M 的相邻节点跟 A、B、C 的距离。如果存在一个节点，它跟 A、B、C 的距离和 M 的距离相比同时增大或者缩小，算法认为节点 M 落在三角形 ABC 外部；反之，如果不存在这样的节点，算法认为节点 M 落在三角形 ABC 内部。

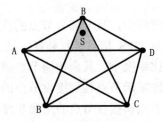

图 5-24 APIT 算法定位示意图

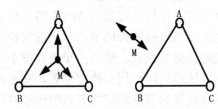

图 5-25 APIT 算法中节点的两种状态

3. 传感器网络管理

传感器网络管理包括以下几方面的内容。

① 能量管理。传感器网络的能量管理部分控制节点对能量的使用。

② 拓扑管理。在传感器网络中，为了节约能量，某些节点在某些时刻会进入休眠状态，导致网络的拓扑结构不断变化。拓扑管理的任务是控制各节点状态的转换、路由畅通、数据有效传输。

③ QoS 支持。传感器网络必须提供足够的资源，以用户可以接受的性能指标工作。

④ 网络管理。网络管理是对网络上的设备及系统进行监视、控制、诊断和测试所采用的技术和方法。网络管理的功能主要有故障管理、计费管理、配置管理、性能管理和安全管理。

⑤ 网络安全。可借鉴扩频通信、接入认证/鉴权、数据水印、数据加密等确保网络安全。

⑥ 移动控制。移动控制负责检测和控制节点的移动，维护到汇聚点的路由，使节点跟踪它的邻居。

⑦ 远程管理。对于某些应用环境，WSN 处于人不容易访问的地点。通过远程管理，可以修正系统的干扰、系统升级、关闭子系统、监控环境变化等，使 WSN 工作更有效。

4. 能量的节省

如何在不影响功能的前提下，尽可能节约 WSN 的电池能量成为 WSN 软硬件设计中的核心问题。由于传感器节点监测事件的偶然性，没有必要让所有单元均工作在正常状态，可采用自适应的休眠和唤醒模式，节省能量。还可将所有功耗单元有机组合，形成不同状态，让传感器节点能根据需要在不同状态间切换。这样既满足系统需要，又节省了能源，还可以根据负载状态动态调节供电电压，形成一个闭环控制系统，节省能量。总之，在满足系统要求的情况下，采用各种方法降低耗电量非常必要。

第6章 家 庭 网 络

6.1 家庭网络概述

6.1.1 家庭网络的愿景

手机和因特网的出现极大地改变了人们的生活和工作方式，电视、计算机、电冰箱丰富和方便了人们的生活。可以想象，如果把它们连接起来，形成一个家庭网络，将使生活既舒服又精彩。下面这些愿望能借助家庭网络早日实现。

① 坐在沙发上就可以遥控全家的设备，例如控制灯光甚至调节亮度。

② 躺在床上才想起厨房灯没有关上，可以通过手中的遥控器，将厨房灯关闭。

③ 轻触一下床头的按钮，就可以将全家的灯关上，安防系统进入"休息模式"。

④ 外出之前只要轻按一个键就可以关上所有的灯和应该关闭的电器，并且启动安防系统进入"离家"模式。

⑤ 无论在家还是在办公室，都可以通过计算机登录到家的网站，用 Web 浏览器就能方便地对家中设备进行查询与控制。

⑥ 下班前，上网连接到家中的服务器就可以启动家中的空调甚至调节温度，不便上网时，也可以用手机来进行远程控制。

⑦ 晚上回家可能很晚，可以拨打电话，启动"主人在家模拟模式"，将灯打开，电视机打开，放出声音，让小偷不敢轻易进入。

⑧ 在客厅里，可以根据当前活动情况，方便地选择不同的灯光场景，例如，看电视的时候，按下"电视"按钮，灯光将会自动调暗，窗帘也将拉上，电视机自动打开。

⑨ 可远程或本地访问家庭监控业务入口，通过家庭网关（RG，Residential Gateway）所连接的有线/无线 IP 摄像头、机顶盒所连的 USB 摄像头或可视电话看到老人、小孩的活动情况，并可选择录制该视频到家庭网关或所连接的 USB 硬盘或 PC，实现对家庭的监控。

⑩ 每天晚上，所有的窗帘都会定时自动关闭。

⑪ 家用电器制造商可以通过网络对其生产的设备进行售后跟踪服务。

⑫ 家用电器发生故障时能自动按预设的邮件地址发送电子邮件进行报警。

⑬ 等等。

这一切只是网络化智能家居控制系统能做的事情中的一小部分。家庭网络可以把原来孤立的、各不相关的设备统一起来，使过去只出现在科幻中的很多情景成为可能，它将为人们带来更新鲜的生活体验。

6.1.2 家庭网络的概念

家庭网络概念的提出涉及电信、通信网络、家电、小区物业和社区、IT 等行业，应该说，这些行业对家庭网络的理解是不完全一样的。

1. IT/家电行业提出的家庭网络概念

家庭网络的概念最早是由 IT/家电行业提出的,当时概念里的数字家庭网络的目的是打破各种"信息孤岛",实现各种信息终端之间的资源共享和协同。最初的发展思路是"信息设备家电化",体现在 PC 技术与家电产品融合、PC 技术与移动终端融合、数字电视与移动终端融合等方面,即"3C(家电、通信和 PC)"的融合。

对于 IT 和家电行业,目前的数字家庭网络通常有两种理解。第一种理解指的是低速的家庭电器设备控制系统,主要用于家用电器设备的控制、安防等。这一类家庭网络由于相对成本较高(相对于应用),主要应用于智能楼宇以及个别的高档小区。另一种理解指的是融合家庭控制网络和多媒体信息网络于一体的家庭信息化平台,是在家庭范围内实现信息设备、通信设备、娱乐设备、家用电器、自动化设备、照明设备、保安(监控)装置及水电气热表设备、家庭求助报警等设备互连和管理以及数据和多媒体信息共享的系统。现在的应用主要包括 PC 与家庭存储设备、打印机等 PC 外设联网实现资源共享,影音娱乐等家庭设备共享协同服务(例如将电视机、音响设备、DVD、计算机等家用多媒体设备进行媒体传送和共享),家电网络控制(如灯光控制、空调控制)。

2. 通信业提出的家庭网络概念

通信业提出的家庭网络概念具有以下含义。

① 家庭网络不仅仅是一种网络技术,更重要的是一种业务/服务。

② 数字家庭网络一定要与电信网络连接,甚至可以是电信网络端到端的一部分,家庭网络可以通过家庭网关将公共网络功能和应用延伸到家庭。

③ 家庭网络能提供集成的话音、数据、多媒体、高质量音视频及其控制和管理等业务。

④ 不强调家庭内部各终端设备的互连。

从目前来看,电信运营商提及的家庭网络更侧重于"基于电信网络/因特网提供面向家庭的多种业务"的概念,而对于 IT/家电行业提出的"家庭内部各种终端之间的资源共享和协同服务"的含义则在电信业对家庭网络的理解中不是太明显。

3. 小区物业、社区等其他行业提出的家庭网络概念

目前,在国内外一些小区、社区流行着"智能化小区"和"智能家居"的概念,这些概念本质上也是以家庭网络为基础的,其推动因素一般分为两种情况:第一种情况是政府作为面向社区推进信息化的一种方式,涉及水电气、医疗、安防、物业等各行业;另一种情况是一些高端小区房地产开发商以"智能家居"概念作为吸引消费者的卖点或小区物业以此提供多样化的服务来满足居民的各种生活需要。这种"智能小区"或"智能家居"提供的服务一般包含以下方面的一种或几种。

① 通过各种技术组网,支持自来水、煤气、电力、暖气的集中抄表。

② 小区和家庭安防直接将安防信息和警报发给其小区警备室、派出所、公安分局等。

③ 接入小区服务、社区医院等系统,只要用户触发按键,位置信息将自动发送到小区急救平台或者相关社区医院。

这种"智能家居"的家庭网络的结构如图 6-1 所示，系统的核心设备是家庭控制器，它可以处理各种传感器的信号，做出相应的处理，并具有联网能力。住户内安装的传感器有门磁感应开关、红外移动探测器、煤气泄漏探测器、烟感、温感及其他安全传感器。家庭控制器通过社区网络（一般是采用五类线铺设的小区局域网）连接到小区管理中心，实现小区管理中心对每一住户的安全监控。

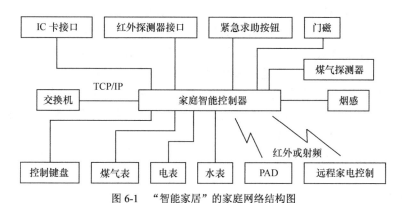

图 6-1　"智能家居"的家庭网络结构图

4. 数字家庭网络

数字家庭网络是指通过家庭网关将公共网络功能和应用延伸到家庭，并以有线网络或无线网络连接各种信息终端（如家电、PC 等），提供语音、数据、多媒体、控制和管理等功能，达到信息在家庭内部终端之间及其与外部公网的充分流通和共享。从用户的角度来看，通过数字家庭网络可以享受以下服务：上网、IP 电话、VOD 点播、海量存储和个性化的信息服务、互动的娱乐游戏、远程网络上的家庭控制和安全服务管理等。

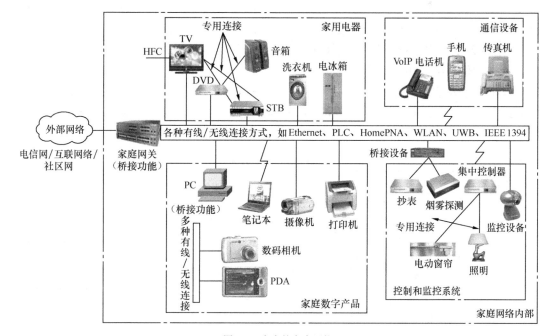

图 6-2　未来的家庭网络

家庭网络由两大部分组成。一是家庭网关。这是整个家庭网络与外部网络发生联系的桥梁，它可从外部网络接收信号，通过家庭网络传递信号给某个设备。二是各种信息终端设备和智能家电设备。在一个家庭网络中，通过家庭内部的有线或无线网络，实现家庭网络各信息终端设备和智能家电设备的自组织联网并提供自动发现和配置功能。

家庭网络还包括 Modem、PC、机顶盒（STB，Set Top Box）、IAD 等，这些设备内部互连形成家庭网络。来自 xDSL 线路的 IPTV 业务通过家庭网络传送到 STB，由 STB 实现解码的视频信号可在电视机上显示。STB 可作为家庭网络的延伸，提供数字娱乐、通信、智能家居、网络共享等一体化解决方案，将宽带网络从用户的书房搬进客厅。

数字家庭网络最终的发展目标是：家庭网络不仅仅是一个为了完成家庭内部各种设备资源共享、协同工作的网络，还能通过与外部网络（电信网/因特网/社区网）的连接，实现家庭内部设备与外部网络信息交流的目的，通过丰富多彩的业务和应用使用户享受到舒适、便利、安全的新的生活体验，如图 6-2 所示。

6.1.3 家庭网络的相关产品

家庭网络设备主要有以下几个方面。

① 家庭计算机接口类设备。包括家用计算机、打印机、扫描仪和数码设备等，家庭计算机网络允许多台计算机和其他的设备通过共同的网络协议进行互连。

② 电话设备。包括有线电话、手机和对讲机等。若利用家庭网络，这些设备就能共享家庭接入介质，如同轴电缆或双绞线等，而且允许提供数据和语音的传输服务。

③ 多媒体设备。包括电视机、音响、DVD、摄像机等。实现电视机与数码相机、摄像机和 DVD 等设备之间的视频、音频信号传输。对外实现可视电话、视频会议和视频点播等视频、音频信息交流，这体现了家用电器数字化和智能化的方向。

④ 安全系统。包括运动检测仪、门禁设备和报警设备等。目前这些设备形成自己独立的网络，系统多是通过电话线路连接到报警中心的。

⑤ 抄表系统。水、电、气等公用事业公司推广的远程抄表，通过安装在用户家中的计费仪表来进行账目结算和其他的一些应用。

家庭网络涉及的产品很多，而且由于通信行业和 IT/家电行业对家庭网络的理解不完全一样，因此其产品的形态也不一样。表 6-1 所示为家庭网络按照功能的分类，表 6-2 所示为家庭网络各种产品的分析比较。

表 6-1 　　　　　　　　　　　　　　　　**家庭网络产品的分类**

产品种类	功能描述	涉及的相关产品
联网类设备	用于家庭内部各设备的物理联网	有线媒质：HomePNA、PLC、IEEE 1394、Ethernet 等 无线媒质：UWB、WLAN、Bluetooth、Zigbee 等
网关类设备	用于桥接家庭内部网络与家庭外部网络（电信网、因特网等），按照功能的不同该类设备可分为几种形态	1. 按照接入方式可分为 DSL、Cable、FTTx 等家庭网关，按照功能可分为仅支持网络层以下功能的家庭网关和支持业务实现功能的家庭网关 第一类：仅支持网络层以下功能的家庭网关（如带 WLAN 功能的 DSL 路由器），其功能包括①与外部网络的接口（接入）功能；②家庭内部网络与外部网络之间或家庭内部不同设备之间 IP 包转发功能；③DHCP，NAT 功能；④防火墙（Firewall）功能；⑤QoS 功能等；⑥家庭内部的联网功能 第二类：支持业务实现功能的家庭网关，其功能包括

产品种类	功能描述	涉及的相关产品
网关类设备	用于桥接家庭内部网络与家庭外部网络（电信网、因特网等），按照功能的不同该类设备可分为几种形态	第一类网关的功能（可选） ①支持 VoIP 的 IAD 功能；②支持媒体流的解码功能；③数字版权相关的处理功能 2. 按照功能的集成方式分，可分为集中式网关和专用型网关 第一类：集中式网关 在家庭网络中只使用一个家庭网关，这个网关具备接入、认证和管理等功能，能够支持集成的视频、音频和语音应用 第二类：专用型网关 用于提供特定类型的应用，诸如因特网接入、电话、家庭控制与安全，因此专用型网关根据其应用的场景不同而体现为不同的形式，例如一个集线器、机顶盒、ADSL Modem 或者 IAD 等
终端类设备	可分为通信、IT、家电三类	第一类：通信类 ①固定电话机/无绳电话；②普通的移动终端（GSM/CDMA/PHS/3G）；③VoWLAN 移动终端；④双模/多模通信终端 第二类：IT 信息类（Home Data/Home Entertainment） ①PC；②打印机等计算机外设；③PDA（带通信功能） 第三类：家电 ① 受控类：冰箱、洗衣机、空调、微波炉、照明设备、媒体适配器（控制类）（Home Automation） ② 娱乐类：DVD 播放器、PVR、MP3 播放器、电视机、网络收音机、游戏机、媒体适配器（娱乐类）、STB 等

注：实际产品的形态很多，具备的功能千差万别，所以很难找到一个非常准确的产品分类方法，以上的产品分类仅为权宜之计，比如属于终端类设备的家电产品可能具备联网类设备的联网功能。

表 6-2　　　　　　　　　　家庭网络各产品的分析比较

产品分类	产品分布		产品形态	产品趋势
联网产品	有线	HomePNA	1. 单独设备 2. 标准化程度高（G.989.1/2/3） 3. 1Mbit/s（G989.1 产品已成熟，但商用化程度不高）	1. 10Mbit/s（G.989.2）和更高速率的设备（G.989.3）是发展趋势 2. 未来不是家庭网络的主流联网技术，市场份额有限
		PLC	1. 单独设备 2. 技术不成熟，标准化程度低 3. 市场上有一些产品，但商用化程度较低	1. 其技术本质决定了其是家庭网络的主流联网技术之一 2. 标准化工作是关键
		IEEE1394	1. 接口技术，以模块嵌入其他设备中 2. 技术成熟，很多家电、PC 设备都具有该接口	与其他联网技术混用是未来的发展趋势
	无线	WLAN	1. 技术成熟，标准化程度高 2. 可作为单独设备存在，也可以嵌入其他设备中 3. 价格便宜，应用很广，市场上已经大量应用 4. 802.11b 占主流应用，802.11a/g 还有待发展	1. 更高速率的 802.11n 是发展趋势 2. 安全问题需要解决 3. 不同住户间可能会产生干扰
		UWB	1. 作为模块嵌入其他设备中，一般不会单独存在 2. 技术不成熟，标准化程度低 3. 市场上有一些产品，但商用化程度较低	1. 标准化工作是关键 2. 与其他联网技术混用是未来的发展趋势
		Zigbee	1. 作为模块嵌入其他设备中，一般不会单独存在 2. 市场上有一些产品，但商用化程度较低	1. 与其他联网技术混用是未来的发展趋势 2. 家庭自动化可能是其主要应用

产品分类	产品分布	产品形态	产品趋势
网关产品	1. 按接入方式，可分为 DSL、Cable、FTTx 等家庭网关 2. 按功能，可分为仅支持网络层以下功能的家庭网关和支持业务实现功能的家庭网关 3. 按功能集成方式，可分为集中型和专用型	1. 标准化程度低 2. 对于业务实现功能的家庭网关，要与业务平台捆绑使用 3. 市场上已经出现了很多网关产品，但产品形态五花八门 4. 该产品涉及的管理、QoS、安全等技术还不成熟	1. 对于电信运营商而言，家庭网关将成为家庭网络的核心 2. 家庭网关具有良好的市场前景 3. 各种类型的网关都有自己的市场，但集中型网关是未来的发展趋势
终端产品	通信类终端	1. 用于非家庭场合的通信终端都可以在家庭网络中作为通信功能来使用 2. 具有支持家庭网络业务的功能的通信终端目前还处于研究和开发中	具有通信和支持家庭网络业务功能的终端（特别是移动终端）是发展趋势
	IT 类终端	1. 传统的 PC 及外设产品很成熟 2. 一些 PC 厂家推出了新的家庭网络 IT 产品如家庭媒体计算机，但市场反应较冷淡，消费者热情不高	1. 目前用户是"老板"或"发烧友" 2. 未来几年的市场不太明朗
	家电类终端	1. 可分为娱乐类电器和控制类电器 2. 一些厂家推出了概念级的产品（如网络家电） 3. 市场需求还有待开发和培育	1. 目前用户是"老板"或"发烧友" 2. 未来几年的市场不太明朗

随着因特网日趋步入千家万户，家用电器也开始革新并被赋予信息功能，人们称之为新世纪的家用网络电器。

① 网络信息冰箱。它是日本推出的新型冰箱。它以游戏机上网为先导，冷冻室内是 15 英寸液晶显示屏，可接收有线电视或网络服务的信息，并可通过主页传递家庭电子邮件或本地区各类信息。

② 网络全球收音机。它是英国一家电信公司开发的新型电器，机内有一个微型计算机，通过通信卫星接收全球一千多家广播电台的信号，调频清晰，音质尤佳，并可进入因特网收听各种综合服务的数据信息。

③ 网络冲浪电视机。它是美国无线电公司开发的新型电视机。它能使用户边看电视节目，边在因特网上巡游，并可以把与电视节目有关的网址下载下来，还可以通过 E-mail 传送视频、音频及静态图像，也可连接打印机打印出来。

④ 网络可视电话机。它是新型电话机与家用电脑的网络连接，装有因特网软件声卡、送话器扬声器和视像屏幕，不仅可以在网上面对面聊天，还能通过因特网拨号到美国、日本、法国、加拿大等世界各地直接拨打长途电话，而且收费便宜。

⑤ 网络视像摄像机。它是美国一家公司新推出的视像摄像机，可使计算机用户通过调制解调器上网进行双向联系，传送声音影像。用户通过荧屏和送话器可上网和远方的亲朋好友见面，并可让摄像机的视像放大、距离拉近，让远方的画面达到最理想的效果。

⑥ 网络家用监视器。为了让上班或外出的人们及时监控家中的情况，利用计算机网络浏览器软件和一台便携式摄像机，对家中的厅堂或门销进行各种安全功能的监控。用户还可以监控家中的恒温设备、安全设备及娱乐设备等。

⑦ 网络购物微波炉。新型微波炉门上设有触摸式显示屏和语言识别软件。因此,主人把食物放入微波炉后,就可以用语言上网核查银行账户余额、支付账单、查询菜谱或上网购物。使用者也可以上万维网冲浪,烹饪时给朋友发电子函件或欣赏电视节目。

6.1.4 家庭网络的业务

数字家庭网络提供和承载的业务和应用很多,家庭网络能提供集成的语音、数据、多媒体、高质量音视频以及控制和管理等业务和应用。按照目前可预见的业务划分,在家庭网络上可以开展的业务可分为家庭娱乐、家庭通信、家庭控制 3 类。

1. 家庭娱乐

娱乐的内容是家庭网络的重点,也是各厂商主要关注的内容,其包括家庭内部资源共享、因特网访问、网络电视(IPTV,Internet Protocol Television)、视频播放、绿色上网、即时通信以及其他目前仍不可知的应用。其中视频播放类业务包括以下几个方面。

① 视频点播。指用户通过互动方式选择 VOD 节目并进行播放及相应的控制操作。

② 电视直播。指用户根据频道直接选择并收看电视节目,系统侧向选择该广播频道的全部用户同时推送相同的音视频流,播放既定的内容。

③ 时移电视。它是指电视直播在时间上的回溯,用户可通过交互操作,对已播放过的直播节目重新回放观看。

④ 个人录像。指用户可以将电视直播的内容存储录制,并对已录制的节目进行回放观看,包括网络个人录像和客户端个人录像两种方式。

另外,绿色上网是一项电信增值业务,它主要面向有孩子的家庭用户,提供有害网站过滤、垃圾邮件过滤、上网时间段以及上网时长控制的服务。该业务可过滤掉各种毒害青少年身心健康的不良网络信息,灵活地控制青少年的上网时间,防止青少年长期沉迷于网络,让青少年在一片安全、纯净的绿色网络天空下健康成长。

2. 家庭通信

家庭通信是家庭内最基本的业务,包括各类电话,如 PSTN、IP 电话、WLAN 电话、移动电话、无线市话等语音电话,可视电话、视讯会议等可视方式的通信。这些终端以有线或无线的方式,通过家庭网关组成家庭网络并配合业务平台实现家庭通信的功能。

3. 家庭控制

家庭控制是包括安防、监控、家电控制等内容在内,可以为用户提供更为便利服务的一种家庭网络功能。目前在家庭网络中搭建的终端有视频监控终端、三表抄送、家电控制应用。

实际上家庭网络业务非常丰富,下面是一些家庭中可以开展的业务:

① 家庭工作(家庭式办公室,虚拟专网);

② 通信服务(电话、传真、会议电视、交谈、电子邮件、社团);

③ 内容传递(网络浏览、电视、音乐、电影、软件下载);

④ 电子商务(购物、银行);

⑤ 家用电器控制(空调、热水器);

⑥ 娱乐（电视、录像机、音视频、游戏）；

⑦ 教育（远程教学）；

⑧ 医疗（传呼医生、照顾老人和残疾人）；

⑨ 安全（监视器、传感器、门禁、告警）；

⑩ 电子测量（水、电、气）；

⑪ 远程控制（通过家庭外的移动终端控制）；

⑫ 远程监视（在外面应答家庭访问者）。

数字家庭网络的服务包括了将家庭内的所有家用电器与电信网络、因特网连接起来，实现信息设备、通信设备、娱乐设备、家用电器、自动化设备、照明设备、保安监控装置及水电气表设备、家庭求助报警设备等的互连和管理以及数据和多媒体信息共享等。

家庭网络相关业务/服务的发展将分为以下 3 个阶段。

① 起步期：通信类（主要包括上网、VoIP 等）为主。

② 成长期：通信类+娱乐类（主要包括 VOD、IPTV、网络游戏、家庭影音娱乐等）+远程医疗及教育等。

③ 成熟期：通信类+娱乐类+控制类（主要包括安全防护、电器控制等）。

起步阶段用户需求不旺盛、产品标准不够成熟、产品多样化；成长阶段产品标准相对成熟、需求旺盛、主要业务应用逐步增大；成熟阶段用户需求增长稳定、业务种类增多。

6.2　家庭网络的技术与发展

6.2.1　家庭网络的现状与发展

20 世纪 90 年代中期以来，家庭网络技术开始起步。在国际上比较有影响力的系统有美国的 X-10、CEBus（Consume Electronic bus）和 Lonwork，日本的 HBS（Home Bus System），欧洲的 EIB（European Installation Bus）和 EHS（European Home System）。目前我国对家庭网络成熟的研究主要集中在一些分散的智能家庭控制子系统方面，如三表抄送子系统、门禁子系统、可视对讲子系统等。这些子系统互相独立，不能实现信息共享，使得安装和使用很不方便。因此只有智能家庭网络才能将这些电气子系统以及电气设备连接起来。

数字技术的飞速发展不断催生众多的数码产品，个人计算机、PDA、手机、数字电视、DVD、MP3、DV/DC 等数字产品逐步进入普通人的生活，与此同时，宽带通信与因特网的普及极大地促进了数字媒体内容的发展。而今，除了家电产品数字化的革新之外，构建一个宽带接入、内部互连、内容共享的家庭网络的需求也日趋突显。

1. 部分国家家庭网络的发展情况

在欧洲，家庭网络的核心是多媒体家庭平台（MHP，Multimedia Home Platform）。MHP 是指以电视为中心构筑数字网络，使用一台机顶盒实现对来自卫星、无线电和有线信号的交互式操作，完成电子商务、银行转账等服务。MHP 在欧洲已进入实用化。

韩国的家庭网络纳入了国家的战略规划，韩国也是宽带应用最普及的国家之一。从 2006 年开始将各自独立推动的 BcN、IPv6、RFID/USN 三大基础建设与家庭网络服务进行整合管理，实施互动营运示范计划。到 2007 年在 1 000 万个韩国家庭部署了先进的家庭网络系统（占家庭总数的 60%），并制定了要在家庭网络技术领域占领全球 11%市场份额的宏伟目标。

美国的家庭网络是在运营商提供融合业务的大背景下推动的。2003 年 6 月，美国电信运营商 Verizon 公布在 2004 年推出名为 VerizonOne 的终端设备。该终端是无绳电话和蜂窝电话的杂交产品，在家使用时是无绳电话，走固网线路；在外使用时则成为普通移动电话。2004 年年初，Verizon 推出 Iobi，Iobi 将固定、移动、数据或 IP 业务应用进行智能整合，使用户持有的各种通信终端实现个性化的无缝应用融合，形成个人通信设备网。

英国电信（BT，British Telecom）在家庭网络上的切入点是多种型号的家庭网关，它可为用户提供有线/无线上网、Modem、防火墙、家长控制等功能。此外，BT 利用网关以套餐的形式提供用户业务，主要以大流量的内容下载、室内无线联网、无线电话为卖点。

法国电信（FT，France Telecom）家庭网络的发展围绕一条主线和一个核心展开。主线可以描述为"单一宽带接入业务—以 Triple Play 为代表的家庭网络业务—融合家庭网络和移动业务"，而核心就是"Livebox"这个关键设备。依此思路，FT 的家庭网络产品包括家庭网关设备、家庭监控、将数码相机中的照片上传至网络相册、电力线上网转换插座、通过移动电话获得家庭内部 WiFi 摄像头的监控图像、支持 VoIP 的蓝牙电话、插在 HiFi 音响或家庭影院上的 WiFi 设备（该设备可存储家庭内部 PC 上的音乐）等。

意大利电信制定了比较明确的家庭网络业务发展战略，即"Single Play-Double Play-Triple Play-Multiple Play"，目前已进入 Triple Play 阶段，可提供一根 ADSL 捆绑 5 个固网号码、无线上网、IPTV、VoIP、FMC 等业务，可支持无绳电话与手机互通等。

西班牙电信的家庭网络业务遵循"通信—多媒体—安全、本地和远程管理—自动控制"的路线，在业务提供上具有带宽充足、可支持多个家庭子网的特点。

总的来说，不同国家和地区推动家庭网络的动力以及主体有一定的差异，因此在业务的推广模式、重点业务等方面有比较明显的差异。欧洲以数字广播业务为龙头，以机顶盒为家庭网络的核心产品；美国则是希望借助家庭网络将传统的电信业务延伸和拓展到家庭内部；韩国的家庭网络发展其实最值得中国借鉴。

2. 家庭网络的发展方向

首先是融合。家庭网络本身就是多网络、多业务和多终端的汇聚点，不同终端、不同网络、不同业务之间的融合将越来越明显。这种融合包括两个方面，一个方面是通信、信息和娱乐业的融合，用户在享受娱乐视频的同时，也能够体验通信和信息的服务；在技术方面，同样使家庭网关通信设备兼有机顶盒的功能。第二个方面是有线和无线的融合，窄带和宽带的有机结合，用户可以通过各种接入技术接入到网络中来。

其次是"家庭网络 2.0"。家庭网络的不断发展将突破宽带因特网应用对于 PC 的依赖性。未来的因特网宽带应用将直接通过家庭网络的各种终端进行使用。反之，家庭网络的各种内容和资源也将融入到宽带因特网世界中，不同家庭之间的内容和资源共享将越来越普遍。借用 Web 2.0 的概念，家庭网络也可以发展成为家庭网络 2.0。

3. 家庭网络的发展趋势

影响家庭网络进一步发展的两个主要因素是网络的易用性和系统造价。后者随着市场份额的进一步增大将不再是具有决定性的因素，简单易用性实现技术的研究将是家庭网络发展的关键技术之一，也是决定家电业界和家庭用户是否最终采纳和接受的重要因素。

（1）无线联网技术日益重要，最终会成为主要载体

无线技术可以很方便地提供 WLAN、多媒体和存储技术整合的家庭数字网络。家庭数字网络通过无线技术将家庭内的各种智能家电和网络设备连接在一起，包括无线安全监控、无线媒体接收器、无线摄录像机、无线投影播放器、无线音箱、无线冰箱、无线微波炉等。

随着无线网络技术的日益成熟，更多的网络环境将能够协同工作，无线家庭网络可与PSTN 和以太网进行无缝通信，这将使无线家庭网络成为家庭的骨干网。

（2）媒体适配器和媒体服务器

在数字家庭网络发展的中高级阶段，数字家庭网络中还会出现媒体适配器及媒体服务器这类新设备。这两种重要的网络设备承担此前只能由 PC 完成的媒体处理任务，将许多媒体处理任务从 PC 中分流出来，从而构成一种无中心网络结构。

媒体适配器负责在数字家庭网络中准备流式多媒体内容，在家庭娱乐设备中播放。在功能上，媒体适配器与传统 PC 的视频及音频子系统极为相似，需要相似的解码能力来转换输入数据流。更复杂的媒体适配器可支持数字版权管理，并可播放更广泛的媒体类型。

媒体服务器是网络化的共享存储设备，是数字家庭网络中流式多媒体内容的中心。不需要 PC 的干预、管理或服务，媒体服务器即可完成文件共享及直接数据存储。媒体服务器需要在数字家庭网络中提供捕捉、编码和传输多媒体内容的能力，除了必需的 LAN 和/或 WAN 网络连接和管理能力以外，还要求包括：支持多媒体编码功能，可实时捕捉和编码模拟数据流来创建数字化媒体流；支持硬盘驱动器标准化集成智能设备控制器接口来连接存储媒体流的硬盘驱动器；直接支持媒体创建和外围设备，如数码相机。

数字机顶盒、媒体适配器和媒体服务器代表了第一批功能强大的新型家庭网络设备，支持在传统 PC 子系统之外存储和共享媒体内容，是今后几年重点发展的数字家庭设备。

未来，数字家庭中的设备是完全数字化了的产品，转换设备将会被淘汰，或者集成到 PC、电视机等设备中。届时，数字家庭真正实现一切简化，做到标准统一、高度智能。

6.2.2　家庭网络的标准

1．国外家庭网络标准化组织介绍

国外家庭网络标准化组织数量很多，根据所处行业不同可分为四类：一类是由网络设备厂商组成的组织，如 OSGi，IHA；第二类以 IT 类厂商为主，如 DLNA，UPnP；第三类是以家电类厂商为主导的组织，如 ECHONET；第四类以家庭自动控制厂商为核心，代表组织是LonMark。下面主要对这些标准化组织进行介绍。

（1）以网络设备厂商为主的标准化组织

此类组织主要是定义家庭网络与外部因特网的接口、提供认证和服务规范。

OSGi 建立于 1999 年，现有成员 80 多个，包括电信服务商，设备商，计算机、家电、控制系统供应商。它旨在建立一个开放的服务规范，制定家庭外部网络向家用电子设备提供业务所需的接口、服务标准，目前已推出了 3.0 版本。

IHA 于 2000 年成立，主要成员包括思科、GM、惠普、IBM、松下、SUN 及微软等公司，全部成员有 30 多家，包括一些通信设备、自动化软件开发商及厨具制造商和零售商等。该联盟主要解决白色家电在家庭网络中的互连、因特网接入及相关服务。

（2）以 IT 厂商为主的标准化组织

此类标准化组织主要是以 PC 为家庭网络业务核心，制定家庭内部电子设备间的互操作规范，其目标是实现基于 PC 系统软、硬件结构的功能和业务在家庭范围内的扩展。

DLNA（Digital Living Network Alliance）的前身是 DHWG（Digital Home Working Group，2003 年 6 月成立），由富士通、Gateway、惠普、英特尔、IBM、联想、微软、NEC、诺基亚、飞利浦、三星、索尼、意法半导体及 Thomson 等 17 家企业发起。2004 年改名为 DLNA，现有成员超过 150 家。该组织并不制定具体标准，而是利用现有成熟标准制定设备互操作的技术指南，实现所有家庭信息设备的互连互通，达到信息共享和智能控制的目的。

UPnP（Universal Plug and Play）论坛是微软和其他 25 家公司于 1999 年成立的，现有成员 720 家。该标准在 TCP/IP、超文本传送协议（HTTP，Hypertext Transport Protocol）及 XML 语言技术基础之上，制定了一个应用层协议技术体系，实现在"零配置"的前提下提供连网设备之间的发现、接口声明和信息交换等互动操作规范。完整的 UPnP 协议由设备寻址、设备发现、设备描述、设备控制、事件通知和基于 HTML 语言的人机浏览界面几部分构成。微软从 Windows Me 操作系统就开始使用了 UPnP 技术；Intel、SONY 等公司从事相关芯片和系统研发，已有符合标准的游戏杆、扫描仪、打印机、适配器等产品面市。

（3）以家电厂商为主的标准化组织

家电厂商成立的标准化组织主要是实现家电设备的控制和远程数据传输。

ECHONET（Energy Conservation and Homecare Network）协会于 1997 年 12 月成立，由日立联合日本国内 152 家企业组建而成，期间得到了日本政府的支持。该组织的主要目标是制定家庭网络标准体系，并应用至家庭能源管理、居家医疗保健等服务上，最新的标准是 ECHONET ver 3.0。为了提高兼容性，Sanyo、Sharp、Toshiba 和 Mitsubishi Electric 四家公司于 2003 年 12 月建立一个计划，拟联合开发遵循 ver 3.0 技术规格的网络家电核心技术——iReady，确保不同品牌间的网络家电互连。

（4）以自动化控制类厂商为主的标准化组织

自动化控制类厂商利用已有的工业总线和传感器、变送器等技术，从家庭电器控制、三表、安防等应用领域出发，提出了针对性设计，并逐渐衍生出了一些新的总线技术。其中，最具代表性的是 LonMark 协会，它基于美国 Echolen 公司的 LonWoks 技术。

Echelon 公司在 1990 年推出了 LonWorks 控制技术，该公司致力于工业自动化、楼宇自动化和家庭自动化领域。在 1994 年，由 Echelon 和 LonWorks 用户集团成立了 LonMark 协会对互操作进行认证检测。LonWorks 技术的核心标准——LonTalk 协议已被 EIA/CEMA、ANSI 和 IEEE 等标准组织确定为正式标准。目前，Echelon 公司已经将该技术和产品发展到了第三代，LonWorks 技术已经应用于世界范围内数千家设备和系统制造商的产品中。

由于各方所处的行业不同，因而各方案的技术侧重点也不同，有些侧重在外部网络接口、设备描述格式上，有些则选择服务定义及安全、认证等方面的规范，还有一些方案则注重于底层协议的物理实现。下面选择了 4 个具有代表性的组织，就其协议框架、技术重点和技术适用性做出了比较。技术方案比较如表 6-3 所示。

表 6-3		国外代表性标准化组织技术方案对比			
标准名称		DLNA	OGSi	ECHONET	LonWorks
行业代表		IT	网络设备	消费类电子	工业自动化
协议框架	应用层	UpnP、HTTP、SSDP、SOAP	自定义的接口和服务规范	自定义 API	定义 LonTalk 协议 API 及相关开发工具
	传送层、网络层	TCP/IP	未规定物理层技术，能使用现有的大部分技术	自定义的 ECHONET communications	LonTalk 协议
	物理层和链路层	802.11a/b/g、802.3u，将来要使用 802.11e/l		蓝牙、以太网电线、红外线、双绞线、红外特小功率无线 LonTalk 协议的小功率无线通信	电源线、双绞线 RF、同轴电缆、红外、光纤等
技术适用性		设备间多媒体交互	外部网络远端服务及认证	家电控制和电气能源管理	家庭电气控制和楼宇自动化控制
规划和目标		根据目前存在的各种技术规格与标准建立一个互通的平台，确保各产品之间直接交换各种多媒体文件	为远端服务提供者和家庭设备之间提供完整的点对点服务传输方案	透过通用的语言、应用和跨平台连接技术，把家电和传感器连接起来，形成可以分享信息和功能的家庭网络	不断改进技术，完善互操作定义，以期更适合家庭内部使用

2. 国外相关标准制定情况

（1）韩国

在韩国，三星集团推出了全面的数字家庭解决方案。在其数字家庭中包含了可视对讲门铃、网络家电的控制、家庭娱乐等内容，并在 2001 年的拉斯维加斯"消费电子展"上全面亮相。LG 电子也紧随其后，推出了整体的网络家电控制系统，并在韩国的 5 000 个家庭推广应用。为了解决不同企业标准的产品互连互通的问题，韩国产业资源部技术标准院提出了"共同通信网络协议"，并且已被国际电工委员会确定为国际标准方案。

（2）日本

身为家电王国的日本很早就开展了家庭网络技术和标准的研究。ECHONET 是日本在家庭监控应用方面具有代表性的标准化组织。该协会于 2002 年 4 月 26 日公布了 2.11 版本。该版本的主要内容如下。

① 第一部分　概论

② 第二部分　中间件规范

③ 第三部分　传送媒质和低层通信软件规范

④ 第四部分　ECHONET 基本 API 规范

⑤ 第五部分　ECHONET 通用低层通信接口规范

⑥ 第六部分　ECHONET 个别低层通信接口规范

⑦ 第七部分　ECHONET 通信设备规范

⑧ 第八部分　ECHONET 服务中间件规范

⑨ 第九部分　ECHONET 网关规范

⑩ 第十部分　ECHONET 系统设计指南

⑪ 附件　ECHONET 设备对象的详细规定

2004年1月8日，ECHONET协会成员内部公布了ECHONET规范3.20版本。早在2002年4月，东芝已开始销售可以上网的冰箱、微波炉、洗衣机。随后，日立、松下等公司也陆续推出符合ECHONET规范的产品。在3.0版本中，ECHONET在底层传输媒介中增加了蓝牙和以太网，这样ECHONET标准可使用的传输媒介由此前的5种（电线、特定小功率无线、扩展HBS用双绞线、红外线、遵照LonTalk的小功率无线）增至7种，并以此为蓝本，向ISO/IEC JTC1 SC25提交了家庭网络轮廓、家庭网络安全机制等方面提案。

（3）美国

美国的Echelon公司依靠其在楼宇自动化领域多年的经验及掌握着电力线载波通信的关键技术，也进入家庭网络技术领域，并提出了LonTalk通信协议；美国家电制造商协会（AHAM）联合GE、惠而浦、美泰克、三星、Electrolux、ZILOG等公司，于2002年5月提出了"家电设备互连标准"（CHA-1）。

（4）ISO/IEC JTC1 SC25 WG1已经制定的标准和技术报告

ISO/IEC JTC1 SC25是国际标准化组织/国际电工委员会第一联合技术委员会第25分委员会，主要致力于制定信息技术设备之间互连的标准。SC25下设3个工作组：WG1（家庭电子系统）、WG3（用户建筑群布缆）和WG4（计算机系统和附加设备的互连）。到目前为止，SC25 WG1已经正式发布了14项标准和技术报告，如表6-4所示。

表6-4　　ISO/IEC JTC1 SC25 WG1已经制定的标准和技术报告

标　准　编　号	标　准　名　称
ISO/IEC TR 10192-1:2002-08	信息技术家用电子系统（HES）接口第1部分：通用界面（UI）类型1
ISO/IEC TR 10192-2:2000-10	信息技术家用电子系统（HES）接口第2部分：简单接口类型1
ISO/IEC TR 14543-1:2000-10	信息技术家用电子系统（HES）体系结构第1部分：引言
ISO/IEC TR 14543-2:2000-10	信息技术家用电子系统（HES）体系结构第2部分：设备模块
ISO/IEC TR 14543-3:2000-05	信息技术家用电子系统（HES）体系结构第3部分：通信层和初始化
ISO/IEC TR 14543-4:2002-05	信息技术家用电子系统（HES）体系结构第4部分：混合使用建筑中家庭和建筑的自动控制
ISO/IEC TR 15044:2000-08	信息技术家用电子系统（HES）术语
ISO/IEC TR 14762:2001-01	信息技术家用控制系统功能安全的指南
ISO/IEC 15045-1:2004-01	信息技术家用电子系统家庭网关第1部分：家用电子系统的家庭网关模型
ISO/IEC TR 15067-2:1997-08	信息技术家用电子系统（HES）应用模型第2部分：家用电子系统的照明模型
ISO/IEC TR 15067-3:2000-10	信息技术家用电子系统（HES）应用模型第3部分：家用电子系统能力管理系统的模型
ISO/IEC TR 15067-4:2001-06	信息技术家用电子系统（HES）应用模型第4部分：家用电子系统的保密模型
ISO/IEC 18012-1:2004-02	信息技术家用电子系统（HES）产品互操作性指南第1部分：引言
IEC 60948:1988	信息技术家用电子系统（HES）的数字键盘

目前，SC25 WG1正在进行家庭网关、应用互操作性、宽带家庭网络、家庭网络中的保密、私密和安全性等领域相关标准的研究和制定工作。

3. 我国家庭网络标准情况

2001年12月，原国家计委、原信息产业部、国家标准化管理委员会将家庭网络系统标准制定工作纳入到国家数字电视标准体系中，并组建了"数字电视接收设备与家庭网络平台接口标准工作组"（以下简称标准工作组），其宗旨为：联合国内从事家庭网络系统研究、开发、生产、产品销售、系统集成的企业和组织，对由成员单位提出的涉及家庭网络系统的各种技术方案按照技术先进性、技术完备性、市场接受程度、产业化预期等内容进行讨论、测试、融合，以期形成统一的、有市场推广前景的家庭网络系统技术标准及测试平台规范，使不同厂家生产的产品实现互通，促进家庭网络系统市场的成熟与发展。经过3年的努力，成员从最初的十几家发展到25家，包括国内从事家电、通信、芯片制造、系统集成等领域的许多知名企业。

标准工作组骨干单位海尔、清华同方、上海广电、春兰、长城集团联合原中国网通、上海贝岭等公司于2004年7月发起成立了"家庭网络标准产业联盟——ItopHome"（e家佳）。目前，该组织囊括了200多家国内外成员单位，阵营扩展到电子、通信、数码、办公、娱乐、公共服务众多行业，初步具备了产业链的雏形。2005年，e家佳推出"海尔e家"系列网络产品，并在北京、上海、广州、天津、青岛、沈阳等大中城市建立样板房、体验中心、示范工程400多家，与房地产集成商签订定单2 000多份。目前，标准工作组和主推产业化的e家佳联盟正在共同协作中不断进步，共同推动我国家庭网络产业发展。

我国家庭网络标准工作组已经完成六项电子行业推荐性标准。这六项标准已于2005年6月28日经原国家信息产业部正式批准发布。这六项标准分别为SJ/T 11312—2005《家庭主网通信协议规范》、SJ/T 11313—2005《家庭主网接口一致性测试规范》、SJ/T 11314—2005《家庭控制子网通信协议规范》、SJ/T 11315—2005《家庭控制子网通信协议一致性测试规范》、SJ/T 11316—2005《家庭网络系统体系结构及参考模型》和SJ/T 11317—2005《家庭网络设备描述文件规范》。

《家庭网络系统体系结构及参考模型》标准确定了家庭网络的组成部分，各个组成部分间的相互关系、功能和作用以及家庭网络应用和覆盖范围等基本问题；给出了家庭网络的标准体系框架和基础结构，是整个标准体系的基础。

《家庭主网通信协议规范》重点规范了家庭主网关的IP地址解析和远程访问管理、主网与子网间信息交互以及家庭主网关软件应用程序接口等，主要解决了家庭网络在现在的网络中使用要解决的远程访问以及增值服务的使用问题。

家庭主网通信协议的物理层和数据链路层的传输技术和协议规格采用以太网，如包括各种速率的有线以太网（802.3）和无线以太网（802.11a/b/g），网络层和传输层采用IP/TCP/UDP。此外，标准工作组重点定义了适应家庭网络体系结构需要的应用协议——主网关和子网关通信协议、主网关动态IP地址管理、远程访问主网关的安全机制。

《家庭控制子网通信协议规范》明确了家庭设备间控制和状态信息传递和管理的技术规范。在家庭控制子网通信协议中，底层通信确定了有线和无线物理传输介质、通信协议，并且明确了协议的可扩展性，以支持包括电力线载波等其他物理传输介质。

《家庭网络设备描述文件规范》解决了家庭网络设备间通信对于信息一致性的要求与多种家庭网络设备功能、性能、使用界面等个性化直接的矛盾。设备描述文件给出了一个家庭网络设备的描述内容的组织格式、方法，使各个设备厂商可以保留设备自身的所有特性，而普通用户在使用这些设备时也不必更新遥控器、网关等管理控制设备的硬件或软件，做到即插即用。设备描述文件的主要作用是描述设备的功能、控制命令和用户界面，在某个设备加入一个家庭网络系统时，遥控器、网关和其他设备可以通过获得该设备的描述文件而自动生成该设备的管理和使用界面。设备描述文件解决了不同厂家生产的产品在功能、参数、控制方式等方面均不完全相同的问题。

《家庭主网接口一致性测试规范》和《家庭控制子网通信协议一致性测试规范》两项标准分别针对家庭主网和子网，规范了支持家庭网络主网和子网标准的设备必须要遵守的规定。它们是家庭网络协议一致性测试平台的技术规范基础。

4. 中国通信标准化协会（CCSA）家庭网络标准及研究课题

CCSA 的家庭网络标准及研究课题（建议）如图 6-3 所示，CCSA 以家庭网络业务与应用需求研究为主线开展家庭网络相关标准的研究工作。家庭网络业务与应用需求研究是所有其他标准和研究课题的基础。不同发展时期业务与应用不同，会导致课题的研究内容发生变化。

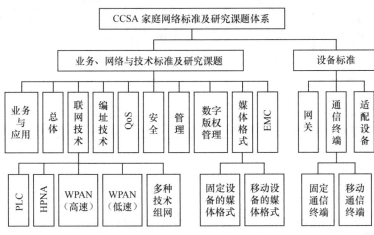

CCSA: 中国通信标准化协会　HPNA: 家庭电话线网络联盟　WPAN: 无线个域网
EMC: 电磁兼容　　PLC: 电力线通信　QoS: 服务质量

图 6-3　CCSA 家庭网络标准及研究课题

6.2.3　家庭网络的关键技术

总体上，家庭网络的实现需要解决如下的关键技术。

1. 家庭网络互连技术

用于家庭的组网技术非常多，有线技术包括 LAN、HomePNA、IEEE 1394、USB、有线电视电缆、电力线等，无线技术包括 802.11、UWB、蓝牙等。不同联网技术使用的媒质、速率、可达的距离和设备成本等各不相同。其中，主流组网技术的特征对比如表 6-5 所示。

表 6-5　各类联网技术比较

技术	以太网	IEEE 1394	HomePNA	电力线	WLAN	UWB	cable 技术
方便性	低	中	中	中	高	中	低
速率	高	高	低	中	中	高	高
距离	长	短	中	中	短	很短	

家庭网络联网可充分利用家庭内部的有线和无线媒介，各种技术的特点如表 6-6 所示。

表 6-6 家庭网络的联网技术特点

媒　质	技　术	技　术　特　点
五类线	以太网（802.3）	速率最高为 100Mbit/s；距离可以达到 100m；支持优先级；VLAN 等；最多支持的端点数没有限制；但一般应用中最多为几十个
电话线	Home PNA 2.0	速率最高为 10Mbit/s；距离可以达到 300m；支持一定的 QoS 能力
	Home PNA 3.0	速率最高为 128Mbit/s
电力线	HomePlug	速率最高 14Mbit/s；距离可以达到 300m
	X.10	只支持低速控制信号的传送；一个网络中最多有 256 个设备地址；相邻家庭存在干扰
同轴电缆	802.11 over Coax	速率同 802.11a/b/g，为 11～54Mbit/s；电缆传播环境比较稳定；方便穿透墙壁
	HomeCNA	使用专有的协议和收发器；速率可以达 100Mbit/s
其他电缆	IEEE 1394（FireWire）	速率有 100Mbit/s/200Mbit/s/400Mbit/s/800Mbit/s 等；目前距离为几米到十几米；支持同步和异步传送模式，可保证 AV 流的优先级；一般只用于几个节点
无线	Wireless LAN：802.11a/b/g	速率为 11～54Mbit/s；受墙壁材质等衰减影响较大
	UWB	速率可高达几百兆比特每秒；距离一般在几米到 10m；占用很大的带宽，但功率谱密度很低
	ZigBee（802.15.4）	低速率（约 100kbit/s）的无线方案；主要用于自动控制，键盘鼠标等

2. 终端管理技术

为实现家庭网络的统一管理和不同终端的协同及互操作，这些终端设备需采用一种统一的机制进行管理，包括终端发现、终端标志、终端能力管理、终端自动配置和终端远程维护。终端管理的主要技术包括 TR069、UPnP 等。前者主要实现终端的远程管理和自动配置，主要应用在家庭网关等网络设备上；后者主要实现终端的发现、终端信息交互等，主要应用在可以连接计算机的设备上。二者可以结合起来使用，共同完成终端管理功能。

3. 编址技术

在未来家庭网络中，IP 地址不仅会分配给传统的因特网接入设备、通信设备，还会分配给各种家电设备，因此对于 IPv4 和 IPv6 的选择是编址技术的研究重点。除了 IP 域的编址问题，非 IP 域的编址也是家庭网络领域中必须面对的问题。现实中不可能各种联网的设备都具备 TCP/IP 协议栈，可以无缝地联入 IP 网络，对于没有 IP 地址的设备，比如各种简单电气设备和监控设备等如何寻址也是尚未解决的问题。虽然目前各种低速总线技术一般会规定自己的地址编码空间，但如何在这些技术中选择，是否需要统一这个编址空间或如何定义这些地址到代理设备中的 IP 地址的映射，都是没有解决的问题。

4. 自动发现技术

根据服务对象和实现手段的不同，自动发现技术，也称即插即用（Plug&Play）技术，可以分为两类：一是在 PC 及其外设领域广泛得到应用的 UPnP 技术，UPnP 和中国闪联（IGRS）等技术要求设备必须具备 IP 的协议栈；二是在家用电器和家庭控制领域中的即插即用技术，包括 HomePNP、LonWorks 等。CEBus 协议是建立在 HomePNP 基础上的，它允许各种电器设备通过电源线接口互相通信，省去了需要单独控制线路的麻烦。LonWorks 提供了一个对等的通信控制方案，与 Jini 等技术结合，可以广泛用于从家庭到楼宇到小区等各种场合。由于产品大多基于公司自定义的某种标准，未经长时间的应用验证和业界的普遍认同，因此不同公司的产品无法互连、互操作。另外，即插即用功能的易用性也并不是那么理想，还需要完善。

5. 媒体技术

媒体技术是实现不同媒体设备/格式之间互通的基础。目前，音频和视频编码技术很多，但是出于性能、成本和代表不同利益集团等各种因素的考虑，家庭网络中的不同设备往往会选用不同的编码方式，这给设备之间的互通带来了很大的困难。因此，标准组织开始着手进行格式互通的规则制定工作。以数字生活网络联盟（DLNA，Digital Living Network Alliance）的工作为例，它规定了设备对媒体的支持能力。DLNA 规定了几种必选格式，也定义了可选格式和相互之间的转换规则，如表 6-7 所示。

表 6-7 　　　　　　　　　　　　　　DLNA 定义的媒体格式

媒 体 类 型	必选格式集（必须全部实现）	可选格式集（可以实现一个或多个）
图像	JPEG	PNG、GIF、TIFF
音频	LPCM	AAC、AC-3、ATRA3+、MP3、WMA9
音视频	MPEG-2	MPEG-1、MPEG

6. 统一的多业务认证平台

数字家庭的业务使用需要进行两个阶段的认证：接入认证和业务认证。接入认证和业务认证是两套不同的认证体系，都是基于用户开户，获取一个用户名/密码。现有的数字家庭的业务平台在如下方面可以得到优化和改进。

① 接入认证和业务认证都是基于用户名/密码，需要预先开户。

② 目前业务认证阶段是 HTTP 方式、业务名和密码都是明文的，十分不安全。

③ 现阶段方案中，计费是包月实现的，不能对用户提供实时点播，实时扣费的功能。

④ 统一的 SIM 接入业务认证平台（AS）可以融合接入认证和业务认证。

7. 安全技术

家庭网络的安全技术涉及家庭网络内部终端设备和内部信息安全、业务系统的安全，在特定场合还需要能追查恶意呼叫，确定其来源从而采取相应的措施。通过家庭网关可为家庭网络提供一个全面的网络安全解决方案，包括用户验证、授权、数据保护等。家庭网关所采用的安全技术包括多 SSID 和 VLAN、802.1X 认证、WEP 和 WiFi 保护接入（WPA，WiFi Protected Access）、备份中心、AAA 认证、CA 技术、包过滤技术、地址转换、VPN 技术、加密与密钥交换技术、应用层报文过滤（ASPF，Application Specific Packet Filter）、入侵检测系统、安全管理等。

8. QoS 技术

家庭网络中需要共享和传送多种多样的媒体内容，有话音、视频、网上浏览、静态图片、文字、控制消息、无线和有线业务等。这些业务对于网络的服务质量有截然不同的要求。如果没有 QoS 保障，当这些业务间发生冲突时，所有业务都会受到影响从而降低网络的服务质量。因此如何在这样的环境中保证每类业务的服务质量是一个重要的课题。

QoS 主要有两种实现方法。第一种是优先级 QoS，这种方法设置了不同用途封包的优先级。在产生拥塞时高优先级的数据包会优先通过，而低优先级的包会被丢弃。在终端产品内部需要根据优化的调度算法进行优先级调度。它基本的方法是：根据基本的优先级元组确定和区分不同的业务流，并将不同的业务流分配到不同的优先级队列中。优先级元组可根据具体的业务情况进行定义。在将不同优先级的数据分流到不同的优先级队列中后，需采用合理的队列调度算法来保证优先的数据先发送，也就是需要对队列进行优先级调度，具体的调度算法有很多，如绝对优先级、按权重的优先级轮询等。

第二种方法是有保证的 QoS。该种方法为每一种业务分配相应的带宽，相应的业务以承诺的速率发送数据，从而得到业务服务质量的保障。家庭网络中采用的是第二种方法，需要根据不同业务对 QoS 不同的要求进行带宽合理的划分，对不同的业务区分不同的优先级，使得高优先级的业务可以得到保障，用户可以得到更好的服务。但从 IP 网的运营经验来看，这显然不是最优的解决方法。

QoS 的实现首先要将外部网络中业务流按照家庭网络情况进行重新映射分配，需要在家庭网关上实现带宽的动态预留和分配功能，家庭网关需要同时实现外部网络和家庭网络的服务质量机制，保证端到端的 QoS；另外，需要对家庭中各个终端的 QoS 能力进行定义，制定终端设备和家庭网关之间的 QoS 信令机制。

6.3　家庭网络的结构、模型与实现方式

6.3.1　家庭网络的功能实体模型

家庭网络内部是一个由多种设备单元构成的网络环境，根据不同设备的功能定义的家庭网络功能实体模型如图 6-4 所示。在图 6-4 中，家庭网络包含了如下功能实体。

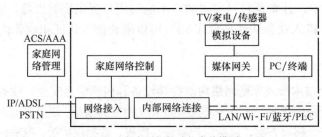

图 6-4　家庭网络的功能实体模型

① 家庭网络控制功能实体：主要负责家庭网络的网络和设备控制，例如 QoS 控制、安全控制以及作为家庭网络终端的应用级代理，实现家庭网络的业务管理功能。

② 网络接入功能实体：实现家庭网络和外部网络的综合接入，例如接入到宽带网络和PSTN 电话网络上。

③ 内部网络连接功能实体：实现家庭内部设备的互连，提供网络接入点以及需要的路

由、交换功能。

④ PC/终端功能实体：主要指家庭网络的 IP 终端设备。

⑤ 媒体网关功能实体：媒体网关主要实现媒体的处理功能，包括媒体的存储、媒体编/解码、媒体的播放。

⑥ 控制应用功能实体：主要负责处理控制数据，通过该功能实体，可以连接并控制非 IP 的控制终端，例如家电、传感器、控制器等。

⑦ 模拟设备：主要指家庭网络中以模拟功能和控制为核心的设备，如音视频呈现设备（如电视、音响）、传感器（如温度、湿度、红外传感器）、家电设备（如窗帘、冰箱、空调）。

⑧ 家庭网络管理功能实体：主要实现家庭网络的管理。

6.3.2 家庭网络的体系结构和参考模型

家庭网络采用分层次的网络拓扑结构，分为两个网段：家庭主网和家庭控制子网。前者通过家庭主网关与外部网络相连接，后者通过子网关与家庭主网相连接。前者中的设备可以互相通信，并通过家庭主网关访问外部网络，后者中的设备通过子网关、家庭主网关与外部网络通信。家庭网络的体系结构和参考模型如图 6-5 所示。

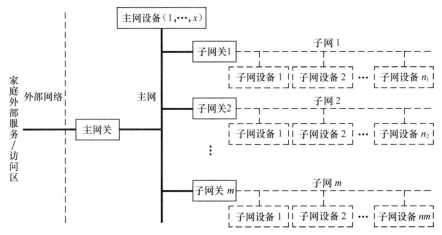

图 6-5　家庭网络的体系结构及参考模型

1. 家庭主网

家庭主网的信息传输速率在 10Mbit/s 以上，主要用来连接家庭主网关、家庭娱乐设备、信息设备、通信设备、家庭控制子网关以及其他高数据传输速率的设备，家庭主网设备包含有线主网设备和无线主网设备。

家庭主网关与外部网络相连接，为家庭主网内的设备提供外部网络的接口，并实现家庭主网的配置和管理功能。家庭主网中的控制设备可以通过主网关控制所有主网设备。

（1）家庭主网的主要功能

家庭主网具有以下功能。

① 因特网访问，包括网上购物、远程医疗、远程教育、因特网浏览、收发 E-mail 等。

② 智能管理，包括系统及设备的网上升级、远程控制、远程查询、集中控制、家庭监控、家庭安全防卫、远程维护等。

③ 家庭电子娱乐，包括共享网络游戏，将音频、视频信息分发给不同的设备进行播放，实现娱乐信息的上传和下载等。

家庭网络可以根据用户的需要不断更新，添加或删除各种功能。

家庭主网关是家庭主网中的设备之一，具有家庭服务器的功能。家庭网络中的任何设备都能直接或通过子网关与家庭主网关连接，实现智能控制和信息交换。家庭主网关应具备如下 4 个主要功能。

① 提供外部网络与家庭网络互连的接口。

② 与家庭主网设备之间的通信。

③ 实现家庭主网设备的管理和配置。

④ 提供家庭网络中的各种服务。

无线家庭主网设备可作为家庭主网的移动控制终端，用户可以通过无线主网设备访问家庭主网关，进而控制所有家庭主网设备。移动控制终端是指家庭控制子网中的设备。

（2）家庭主网的通信协议

家庭主网通信协议的分层结构如图 6-6 所示。

HTTP（支持SSL）	FTP	Telnet	SLP	SNMP	LRP	CCP	其他
TCP (IETF RFC 793)			UDP (IETF RFC 768)				
IP (IETF RFC 791)							
GB/T 15629.3 (IEEE 802.3)			IEEE 802.11a/b/g				

SSL：安全套接层　　　　　SLP：服务定位协议
LRP：位置注册协议　　　　CCP：通道建立协议

图 6-6　家庭主网通信协议的分层结构

① 家庭主网通信协议的物理层。家庭主网通信协议的物理层采用有线或无线方式，支持的信息最大峰值传输速率应大于 10Mbit/s。采用无线方式时，应遵循 IEEE 802.11b、IEEE 802.11g 或 IEEE 802.11a 协议，支持的信息最大峰值传输速率分别为 11Mbit/s、22Mbit/s 或 54Mbit/s。采用有线方式时，应遵循 GB/T 15629.3（IEEE 802.3）的规定，支持的信息传输速率为 10Mbit/s/100Mbit/s。

② 家庭主网通信协议的网络传输层。家庭主网通信协议的网络层采用 TCP/IP，家庭主网设备必须支持 TCP/IP。

③ 家庭主网通信协议的应用层。家庭主网通信协议的应用层支持的协议包括 HTTP、FTP、Telnet、SLP、SNMP、LRP、CCP 等。家庭主网设备可以根据自身功能的不同选择支持不同的应用层协议。

④ 家庭主网关外部接口通信协议的物理层。由于家庭主网关需要和外部网络进行通信，其通信协议的物理层需根据不同的外部网络的接入方式支持相应的物理层协议。

2. 家庭控制子网

家庭控制子网的信息传输速率一般不超过 100kbit/s，主要用来连接家庭中各种家用电器设备、三表三防设备以及照明系统等，家庭控制子网可通过家庭控制子网关连接在家庭主网上。家庭子网关实现家庭控制子网的配置和管理功能。

家庭控制子网关既是家庭控制子网设备，又是家庭主网设备，它支持家庭控制子网和家庭主网的通信协议，在物理实现上也可以与家庭主网网关成为一体化的设备；家庭控制子网可通过子网关连接到家庭主网上，并通过家庭主网关与外部网络相连。

移动控制终端是家庭控制子网中的设备，实现对该子网设备的集中控制。无线主网设备和子网中的移动控制终端可以是同一个设备，支持主网和子网的通信协议。

（1）家庭控制子网的主要功能

家庭控制子网应具有如下功能。

① 通过子网关可以查询、控制家庭控制子网设备的状态。

② 实现对家庭控制子网配置。

③ 移动控制终端提供友好的人机界面，用户可以进入任意家庭控制子网设备的控制界面，实现对家庭控制子网设备的控制。

④ 家庭控制子网设备能够主动向子网关报告自身的状态，并通过子网关、家庭主网关将状态信息通知远程的用户。

⑤ 家庭控制子网设备通过子网关接入家庭主网，用户可以通过主网关远程访问和控制家庭控制子网中的各个设备。

子网关是家庭控制子网中的设备之一，子网关应具有以下功能。

① 对家庭控制子网设备进行控制、查询、参数设置。

② 实现对家庭控制子网设备的配置和管理。

（2）家庭控制子网通信协议

家庭控制子网通信协议的四层结构为物理层、MAC 层、网络层和应用层，如图 6-7 所示。

UDCP：统一设备管理协议		其他应用协议[1]
NETL：网络层		
W-MAC：无线 MAC 层	L-MAC：有线 MAC 层	其他物理层协议[2]
无线物理层（WPL，Wireless Physical Layer）	有线物理层（WIPL，Wired Physical Layer）	

（1）是指将来作为协议扩充部分的应用协议；
（2）是指将来作为协议扩充部分的物理层协议。

图 6-7　家庭控制子网通信协议结构

考虑到人们对手持遥控器使用上的习惯和对设备可方便移动的期望，家庭控制子网的底层通信以无线为主，支持有线互连。无线通信的工作频率范围为 779～787MHz 频段，在与广播视频发生冲突的地区，也可选用 430～432MHz 频段，未来可扩展到 2.4GHz 频段上。

① 家庭控制子网通信协议的物理层。家庭控制子网通信协议的物理层无线工作频率范围为 779～787MHz 频段和 430～432MHz。未来可扩展到 2.4GHz 的 ISM 频段。控制子网通信协议物理层的有线通信以双绞线作为媒介。

② 家庭控制子网通信协议的 MAC 层。当采用无线方式的物理层时，MAC 层的接入协议采用 CSMA/CA。当采用有线方式的物理层时，MAC 层的接入协议采用 CSMA/CD。

③ 家庭控制子网通信协议的网络层。家庭控制子网中通信协议的网络层定义了统一设备序列号（UDS，Universal Device Sequence）。UDS 屏蔽物理层的差异为每一个家庭控制子网设备分配唯一固定的标识符。

④ 家庭控制子网通信协议的应用层。家庭控制子网通信协议的应用层采用 UDCP，以此进行家庭控制子网设备的添加、删除、状态查询、参数配置等系统管理及控制。

6.3.3 家庭网络的实现方式

根据图 6-1 中功能实体的设备配置不同，家庭网络可以通过以下 3 种方式实现。

1. 以 PC 为中心的实现方案

该方案以 PC 为核心，用 PC 整合家庭网络控制和媒体网关功能，构成家庭网络的 PC 服务器，具体实现方案如图 6-8 所示。在功能上，PC 可以通过家庭网络软件提供家庭网络的统一实现方案，包括基于 IP 的通信解决方案（VoIP、视频通信）、流媒体播放能力、利用软件实现家庭内部的内容共享等，以 PC 为中心还可进一步实现家庭网络的家居控制功能。

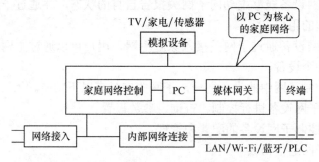

图 6-8 以 PC 为中心的实现方案

在性能上，由于 PC 的开放性和灵活性强，实现家庭网络的平滑升级和各种功能扩展将会非常容易。但是，作为家庭网络核心的 PC 需要持续开机在线，对于稳定性和故障率有较高的要求。并且 PC 机的使用和维护需要一定的技能，特别是对家庭网络软件系统的操作和维护也需要一定的知识，这影响了在特定用户群中的推广。

2. 以家庭网关为中心的实现方案

以家庭网络为中心的家庭网络实现方案是把家庭网络的核心功能集成在家庭网关中，家庭网关以数字信号处理器或者 ASIC 为核心硬件，通过嵌入式操作系统实现软件架构。具体实现方案如图 6-9 所示。在这种方案下，家庭网关作为整个家庭网络的控制和管理中心。通过家庭网关，网络可以实现不同业务的流量控制，从而为端到端的 QoS 提供基础。

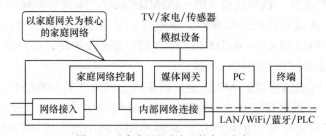

图 6-9 以家庭网关为中心的实现方案

在功能上，家庭网关具备网络功能、媒体网关功能、管理和控制功能、应用层代理功能，可以透明地向家庭用户提供服务。根据需求不同，家庭网关也可以进行功能上的增减。

在性能上，专用的家庭网关由专门的硬件构成，针对特定任务的处理能力强、效率高，而且可靠性和稳定性都较好，安全性也较高。

3. 分离设备的实现方案

该方案是一个基于分离设备的实现方案。功能模型中的各个实体都可以分别由不同的设备来实现。例如，网络接入功能实体由 ADSL Modem 实现；网络联网功能由具有 AP 功能的交换机或者小型路由器实现；家庭网络控制功能由一个轻量级的家庭网关产品来实现；媒体网关根据媒体类型分别由 STB、家居控制设备等构成。具体实现方案如图 6-10 所示。

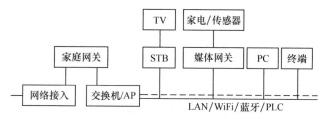

图 6-10 分离设备的实现方案

比较而言，第三种方案是一个比较灵活的方案，它可以根据用户需求选择适当的设备进行搭配和组装，实现不同的家庭网络应用。但这种方案设备较多，连接复杂，设备间的兼容性和互操作性存在一定障碍，而且用户的维护也存在困难，需要一定的专业知识和技能。

比较上述三种方案，可知第一种方案主要可由 PC 提供商来推广，或者由用户自己动手做；第二种方案比较适合运营商部署；第三种方案可根据用户需求，主要由用户自己动手来实现。

6.4 家 庭 网 关

6.4.1 家庭网关的概念和类型

1. 家庭网关的基本概念

家庭网关是实现其内部各设备与外部设备相互通信的集中式智能接口设备，是家庭网络中最核心的部分。家庭网关在家庭内部建立统一的数据处理中心，对家庭内部数据进行管理，对外连接运营商网络。家庭网关是一种简单的、智能的、标准化的、灵活的家庭网络接口单元。它可从不同的外部网络接收通信信号，通过家庭网络传递信号给某个设备。

家庭网关能同时连接和处理多个或不同种类的接入技术和网络技术；桥接接入网和家庭网络的 QoS；保障访问内容不依赖于传送内容的硬件和传输机制；灵活支持最新技术；很容易升级，提供优秀的兼容性、扩展性和高级控制特性，操作界面友好。

信息家电网络中，网关要完成媒体转换、速率匹配、防火墙、加密证实、IP 地址获得、地址解析等功能，同时还要执行多协议的转换、系统管理、多个网络的连接等功能，所以是家庭网络的核心。网关上运行的网络协议比较多，除了最基础的 TCP/IP 外，网关上还运行着 3 个主要的协议：网络地址翻译协议、动态主机配置协议和超文本传输协议。

2. 家庭网关的分类与功能

（1）按照业务和应用不同，家庭网关可以分为数据网关、应用网关和控制网关三类

数据网关是主要用于进行数据吞吐的简单路由器，为网络协议提供传递支持，通常支持有线和无线联网。数据网关可用于汇合多个因特网连接，并通过防火墙保护专用网络。某些数据网关可能还提供存储功能，比如电子邮件和语音邮件存储。

家庭应用网关是指通过有线或无线的方式互连各种多媒体设备，并通过宽带网络接口实现各种因特网上的应用。音频和视频流是应用网关中的重要特性，因为它们使用户可以预订基于 Web 的服务，比如 VOD 和 VoIP 通话特性。通过家庭应用网关可以完成家庭上网业务、IPTV 业务（包括家庭网关支持 VOD、直播业务及远程教育）、网上游戏业务（包括网关设备支持网络游戏终端开展游戏业务）、IP 电话、可视电话、家庭视频监控业务。

控制网关可以实现远程网络上的家庭控制和安全服务管理。例如，拥有家庭控制网关的用户可以在工作或外出期间访问自动化照明、供热和安全系统。家庭控制网关还允许网络服务供应商提供全新的服务程序包，并创造新的收入来源。

（2）根据家庭网关实现的逻辑功能组合的不同，可以分为无业务实现功能的家庭网关和支持业务实现功能的家庭网关两类

无业务实现功能的家庭网关实现"网络接入功能实体+家庭网络核心功能实体"的功能，不支持业务/应用相关的功能。

支持业务实现功能的家庭网关实现"网络接入功能实体+家庭网络核心功能实体+功能处理实体"的功能，即除了具有无业务实现功能的家庭网关支持的各项功能外，还具有与业务实现相关的各项功能。由于业务种类很多，该类网关还可以进一步分类。

（3）按照家庭网关使用方式的不同，可以分为集中式网关和专用型网关两类

集中式网关的方案一般在家庭网络中只使用一个家庭网关，这个网关具备接入、认证和管理等功能，能够支持集成的视频、音频和语音应用，允许通过 HFC 提供集成化服务。

专用（或服务器）型网关提供特定类型的应用，如因特网接入、电话、家庭控制与安全，根据其应用场景不同而体现为一个集线器、机顶盒、ADSL Modem 或者综合接入设备等。

在《基于电信网络的家庭网络设备技术要求——家庭网关》中把家庭网关的功能归纳为 5 个方面，如图 6-11 所示。家庭网关的 5 大功能如下列出。

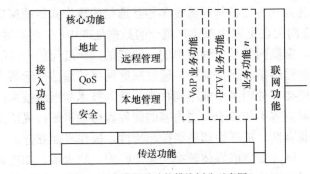

图 6-11　家庭网关功能模块划分示意图

（1）接入功能。家庭网关的接入功能主要实现家庭网络与电信网络的连接。

（2）联网功能。家庭网关的联网功能主要实现家庭内部的用户终端设备之间的连接。

（3）传送功能。该功能主要实现家庭网络内部设备与电信网络之间 IP 包等的传送。

（4）核心功能。家庭网关的核心功能主要包括以下 5 个方面。

① 地址功能。主要实现家庭网关自身 IP 地址获得及支持家庭内部终端获得 IP 地址。

② QoS 功能。主要实现多业务流的分级处理及转发。

③ 安全功能。主要防止外部网络对家庭网络的非法访问以及内部网络的非法接入。

④ 远程管理功能。主要实现运营商对家庭网关的远程管理与控制。

⑤ 本地管理功能。主要实现家庭网关的本地登录管理与控制。

（5）业务功能。该功能实现具体业务的处理，如 VoIP 的信令转换、语音的编解码、IPTV 的媒体格式转换等。该模块是可选的，其他功能模块是必选的。由于业务功能与公共电信网络的业务实现相关，种类很多，在标准中对这部分没有具体的规定，留待以后研究。

3. 家庭网关的应用

家庭网关可以使信息网络化、管理智能化、节能环保化、居住安全化、运行自动化、操作简单化、使用个性化和模块化。一般的家庭网关可以满足以下几类应用：远程通信、因特网接入、远程教育、远程医疗、可视电话、家电管理和集成、安全系统管理、家庭能源调节和管理、家庭自动化、家庭护理、自动计量读表、邻里无绳漫游电话、视频传送和分配、虚拟 VCR 和视频点播、视频交互通信、CD 点唱机、在线广告和电子公告。

6.4.2 家庭网络网关的系统结构

1. 家庭网络网关的硬件结构

图 6-12 所示是家庭网络网关的硬件结构。由图 6-12 可知，家庭网络网关由网关控制模块、电话线路接口模块和蓝牙收发模块构成。处理器提供 FEC 接口，使用户可通过因特网远程访问家庭网络。蓝牙收发模块包括蓝牙芯片和存储器。电话线路接口模块是家庭网络网关和 PSTN 的接口。该模块由电话线路接口芯片、DTMF 接收电路、频移键控（FSK，Frequency Shift Keying）解调及振铃检测电路组成。电话线路接口芯片用于摘、挂机操作以及向远端用户发送控制成功或失败的提示音（网关上的蜂鸣器发出）。网关具备转发来电信息的功能，一般来电显示标准分为 DTMF 和 FSK 两种，用于分别接收 DTMF 标准和 FSK 标准的来电信息。

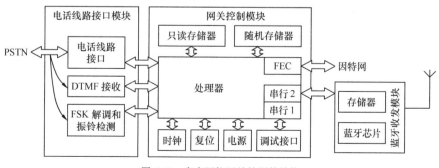

图 6-12　家庭网络网关的硬件结构

2. 家庭网络网关的软件结构

家庭网络网关的软件总体结构如图6-13所示。可以看到，网关软件从功能上分为两大部分，分别是主网关程序和子网关程序。主网关程序由Web服务器、CGI程序、信息家电控制器（IAC，Information Appliance Controller）和PSTN接入模块组成。子网关程序由子网关应用程序、蓝牙协议栈模块、串口驱动模块、配置管理程序等组成。主网关和子网关程序之间实际上是进程间通信的关系。Web服务器与CGI程序负责为用户浏览器提供静态或动态的Web页面，IAC驻留进程负责接收CGI程序发出的控制命令并与子网网关主程序交互。软件分布套接口（Socket）不仅可以实现单机内的进程间通信，还可以实现不同计算机进程之间的通信。因此，选用通用的套接口定义主网关和子网关程序之间的接口，而且主网关与子网关程序的通信使用统一的通用设备控制协议。

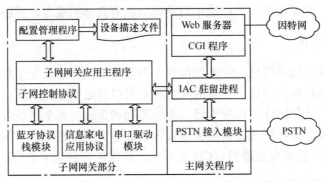

图6-13　家庭网络网关的软件总体结构

3. 系统的控制方式

系统采用多种控制方式，灵活方便地实现与用户的交流：①键盘及显示屏控制，便于用户在本地对系统的状态进行设置和查询，如控制参数的设置、家电控制等；②红外遥控控制，通过具有红外自学习功能的红外遥控模块，实现家电的本地/远程红外遥控；③PSTN控制，基于PSTN的电话远程控制，语音控制模块主要包括双音频解码、振铃检测、声音耦合、模拟摘/挂机等电路，用于电话指令的控制及语音报警（如电话报警、远程对安防系统的设防和解防等）；④全球通（GSM，Global System for Mobile Communication）控制，这是基于GSM的远程控制，GSM控制模块主要包括GSM模块、电源模块等组成，通过短信息实现控制，如系统状态的查询、远程家电的控制、短信报警等；⑤以太网控制，用户可通过Web浏览器随时随地对家居系统进行远程查询和控制。

在实现系统功能介入时，也需要进行有效的控制，如通过读卡器、无线射频设备或生物测定机，使用口令、生物测定识别技术、IC卡或授权的特殊权限技术等方式介入，保障正常用户的权益不受侵害。

第7章 智能代理和移动代理技术

一方面，代理技术为解决新的网络应用问题提供了有效途径；另一方面，代理技术为全面准确地研究网络系统的特点提供了合理的概念、知识、感知和行为模型。下面主要对代理的两个重要方面——智能代理和移动代理技术作详细的介绍。

7.1 代理的基本知识

7.1.1 代理的概念、分类与特点

1. 代理的基本概念

代理（Agent）源于分布式人工智能（AI，Artificial Intelligence）领域，随后引申到通信、计算机等研究领域。代理的英文为 agent，也可译成主体、智能体、智体等。代理是指在一定环境下自主运行，包含信念、承诺、义务、意图等精神状态的智能硬件实体或软件实体。代理实体可以是智能软件、智能设备、智能机器人或智能计算机系统等，甚至也可以是人。代理软件的主要作用是提供一种易于理解和使用的操作界面，接受用户的指令、代替用户完成某些复杂繁琐的工作或为用户提供帮助，实现从"人找信息"到"信息找人"。代理能在不确定性环境中，根据自身能力、状态、资源、相关知识以及外部环境信息，通过规划、推理和决策实现问题求解，并进行相应的活动和调整，自主地、有效地完成用户给定的任务，以期在变化的环境中仍能达到与环境相一致的结果。更先进的代理可与其他代理合作承担单个代理无法完成的任务。

相对于对象，代理是粒度更大、智能性更高，具有一定自治性的实体。代理的内部状态是心智状态，如知识、信念、能力、承诺、目标等。代理之间的消息传递是基于语言动作的通信原语，如通知、请求、承诺、拒绝等。

2. 代理的分类

代理系统可分为单代理系统和多代理系统，智能代理（IA，Intelligent Agent）和软件代理也有这两类代理之分。在单代理系统中，代理代表用户或进程执行任务。在执行任务时，代理可能要与用户、本地或远端系统资源通信，但它们不会与其他代理通信。相反，多代理系统中，代理之间可能会广泛合作以实现各自的目标。多代理系统中的代理还可能与系统资源和用户交互。

单代理系统中代理可分为本地代理和网络代理；多代理系统中代理可分为基于分布式 AI 的代理与移动代理（MA，Mobile Agent）。其具体分类及应用情况如表 7-1 所示。

根据不同的划分标准，代理有不同的分类方式。按照功能划分，代理可分为信息代理、用户接口代理、任务代理、IA、软件代理。按照属性划分，代理可分为反应代理、审慎代理、

合作代理、混合代理。按照行为方式划分，代理可分为自主代理、多重代理、助手代理。按照是否可移动划分，代理可分为静态代理、MA。

表 7-1 代理的分类及应用

单代理系统		多代理系统	
本 地 代 理	网 络 代 理	基于 DAI 的代理	MA
个人助手、会议安排者、咨询助手	个人助手、检索代理、进程自动控制、智能信箱	分布式问题求解（如自然语言处理、机器人控制等）	个人通信、点播业务、电子商务

① 信息代理是支持用户在分布式系统或网络中智能搜索信息或智能管理网络资源的代理。

② 任务代理是帮助用户进行复杂决策和其他知识处理的软件代理。

③ 接口代理即个人助手，其主要任务是协调用户完成乏味而重复的工作。当它能确定用户如何反应时，就开始替代或帮助用户完成任务。其关键是用户意图信息的收集。

④ 反应代理是具备对当时处境的实时反应能力的代理。

⑤ 审慎代理是在目标指导下具备自主行动能力的代理。

⑥ 合作代理是具备社会合作能力的代理。

⑦ 混合代理是具有实时反应、目标指导下自主行动及合作等综合能力的代理。

⑧ 自主代理是在复杂动态环境中自主感知和行动的代理。

⑨ 多代理是一个能够协调它与其他代理的行动或合作完成目标的代理。

⑩ 助手代理是与人类相互作用的代理。

3. 代理的特点

大多数研究者认为，代理至少应具备以下特点。

① 代理性。代理能代表他人，它们都代表用户工作而不是代表自身。代理可把其他资源包装起来，引导并代替用户对这些资源的访问，成为便于通达这些资源的枢纽和中介。

② 自治性。IA 应该是一个独立自主的计算实体，具有不同程度的自治能力，即部分或彻底地不受用户干预而自行工作。它应能在动态变化的信息环境中独立规划复杂的操作步骤，解决实际问题；在没有用户参与的情况下，独立发现和索取符合用户需求的资源与服务。

③ 主动性。代理能遵循承诺采取主动行动，表现出面向目标的行为。例如，互联网上的代理可以漫游全网，为用户收集信息，并将信息主动提交给用户。

④ 反应性。代理能感知所处的环境，并对相关事件做出适当反应。

⑤ 社会性。它们可以跟所代理的用户、资源以及其他代理进行通信交流。

⑥ 智能性。代理具有一定层次上的智能，包括从预定义规则到自学习 AI 推理机等一系列的能力。例如，理解用户用自然语言表达的对信息资源和计算资源的需求；帮助用户在一定程度上克服信息内容的语言障碍；捕捉用户的偏好与兴趣；推测用户的意图并为其代劳。

4. 代理的属性

代理除具备自治性、交互性和反应性这些基本属性外，还有选择的具有以下一些属性：社交性、可移动性、代理性、主动性、理智性、推理性、不可预知性、时间连续性、个性化、透明性、协调性、协作性、诚实性、顺从性、竞争性、坚固性、可信赖性等。

7.1.2 代理的原型表示和编程语言

1. 代理的实体模型

代理的实体模型可用如下十元组来表示：

<Agent>::=<Aid><通信机制><感知器><控制内核><目标规划><信息处理><效应器><学习器><基准生存器><状态>

<Aid>::=<Agent 名>

<通信机制>::=<通信原语（<通信内容>）>

<感知器>::=<激活条件><信息流>

<控制内核>::=<控制各部件的协调工作>

<目标规划>::=<任务表>

<信息处理>::=<控制器><推理机制><知识库>

<效应器>::=<事件处理名（<事件处理机理>）>

<学习器>::=<判断信息的价值><存储信息>

<基准生存器>::=<代理智能标志单元>

<状态>::=<标志代理所处的状态>

通信机制负责发送代理任务，表达各代理对任务的态度及传递处理的信息；当激活条件被满足时，代理的感知器接收外部信息流；控制内核协调各部件的工作；目标以任务表的形式来表示，由用户静态初始化，通过通信而动态改变，如果代理接到多项任务，可根据任务表优先级处理；信息处理器的控制器根据接收到的通信原语和知识、控制规则及当前状态来决定接受任务与否，并激活相应的邮件；效应器根据控制器的命令执行事件处理。系统中的各个代理实体可根据环境的具体要求和生成器中标志的能力的具体限定，选择适合自身发展的任务，并能根据对方代理实体的生成器中标志的相应值，确定合作伙伴。

2. 代理的体系结构

代理的体系结构描述了组成代理的基本成分及其作用、各成分的联系与交互机制、如何通过感知到的内部状态和外部环境确定代理应采取的不同行动的算法、代理的行为对其内部状态和外部环境的影响等。目前提出的代理的体系结构大致可分为以下 3 类。

（1）推理式体系结构（Deliberative Architecture）

该体系结构的特点是代理中包含了世界显式表示的、符号的模型，并且其决策是通过逻辑推理、规划、协商、模式匹配和符号操作得出的。它的一个基本假设是可以分开来研究代理不同的认知功能，然后把它们组装在一起构成智能自治性代理。

为了适应环境的变化和协作求解，代理必须能够利用知识修改内部状态，即心智状态（Mental state）。代理的心智状态为代理如何行动提供了一种解释，也就是说代理的行动是由代理的心智状态驱动的。从人类心理学观点看，心智状态的主要因素有认知（信念、学习、知识等）、情感（愿望、偏好、兴趣等）、意向（目标、意图、规划、承诺等）。

这种体系结构的问题是如何在一定时间内将现实世界翻译成一个准确、合适的符号描述，又如何让代理在一定时间内根据这些信息进行推理和决策。

（2）反应式体系结构（Reactive Architecture）

与推理式代理不同，反应式代理不包含符号表示的世界模型，不使用复杂的符号推理的体系。反应式代理采用的是一种刺激/响应的活动模型，其特点是代理中包含了感知内外部状态变化的感知器。它的基本思想是：当代理的内部和外部环境符合某种预先设定的条件时，它就作出相应的行为。它假设代理行为的复杂性是代理运作环境复杂性的反映，而不是代理复杂内部设计的反映。R.Brooks 认为"代理不需要知识，不需要表示，也不需要推理。代理可以像人类一样逐步进化，代理的行为只能在现实世界与周围环境的交互作用下表现出来"。试验表明，反应代理在处理有限任务时优于推理式代理。然而，反应代理在处理需要知识的任务时存在问题，知识必须通过推理或从记忆中获得，而不是感知得到。此外反应代理适应能力较差，一般没有学习能力。这种结构目前在主流分布式系统中占主导地位。

（3）混合式体系结构（Hybrid Architecture）

推理式代理具有较高的智能，但反应慢、执行效率较低；而反应型代理虽然反应快、能迅速适应环境变化，但智能较低、不够灵活。这两种代理都不是构造代理的最佳方式。然而结合二者的优点形成的混合型的代理则具有较好的灵活性和较快的反应速度。

混合式体系结构在一个代理中包含两个子系统：一个是推理子系统，含有用符号表示的世界模型；另一个是反应子系统，用来处理不经过推理的事件。一般反应子系统具有较高优先级，以保证对一些重要事件有较快地反应。推理子系统用传统代理处理规划和决策。

最典型的混合结构是 Georgeff 和 Lansky 开发的过程推理系统（PRS，Procedural Reasoning System）。PRS 是一个"信念—愿望—意图"结构。信念是关于外部世界和内部状态的一些情况（由一阶逻辑表示）。愿望用"系统行为"表示。在规划库中包含一些被称做知识块（KA，Knowledge Area）的部分。意图就是当前系统中激活的知识块。

代理可以写为：代理=体系结构+程序。代理的关键在于感知、行为、目标和环境四个方面。一个推理式代理结构的一般描述如图 7-1 所示，其中各个部件的主要功能如下。

① 知识库包含知识和数据，主要是领域知识和数据、协作知识和数据及行为模型等。

② 环境是以某种形式表达的外界信息的集合，系统中的环境包括工作对象和外界条件。

③ 代理的内部状态是心智状态，如知识、信念、能力、承诺、目标等。

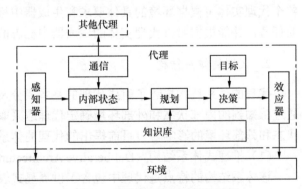

图 7-1 推理式代理结构模型示意图

④ 感知器感知外部环境和代理内部状态的变化，并在感知到某些特殊的变化时把相应的变化以事件的形式提交给效应器。

⑤ 规划、推理和决策模块根据当前实体运行状态、对外部环境的判断及自身当前的行为、状态、资源、知识和能力，为完成全局总目标，利用任务规划模型、行为模型、相关知识和数据，进行规划、推理和决策，决定任务的执行和行为活动，实现问题求解。

⑥ 效应器控制整个代理的运行，对接收且处理的事件作出响应，将决策结果转换成控制信息，产生相应的数据，控制自己的行为和实体的运行，作用于环境的任何实体。

⑦ 代理通信采用一定的通信语言通过"面对面"的交流或对外部世界的状态进行修改来发送代理任务，表达被处理的信息。

3. 支持代理概念的重要编程语言

代理语言包括 3 种，即代理编程语言、代理通信语言和代理内容语言。

（1）代理编程语言

① 工具命令语言（TCL，Tool Command Language）。它是 SUN 公司开发的一种脚本语言，与 JAVA 相比，它对用户更友好。TCL 用来进行快速原型开发和图形用户界面（GUI，Graphics User Interface）的开发。Safe-TCL 是运行代理的扩展。

② 因特网代理过程语言（APRIL，Agent PRocess Internet Language）。它由 Fujitsu 实验室开发，专用来建造能在因特网上运行的多代理系统。APRIL 提供了一个基本特征集从而允许创建并发进程、并发进程间的 TCP/IP 通信、高层通信原语及 list 数据结构等。

（2）代理通信语言（ACL，Agent Communication Language）

ACL 是实现代理与代理主机、代理与代理间进行通信的基础，开放式 ACL 应具有环境无关性、应用普遍性、简捷性、语法语义一致性等特点。典型代理通信语言有 KQML。

知识询问和操纵语言（KQML，Knowledge Query and Manipulation Language）是一种用于交换信息和知识的语言和协议。KQML 既是一种消息传递格式，又是消息处理协议，它为表达消息和处理消息提供了标准的格式，可用于支持代理之间的实时知识共享。

KQML 包括了一系列可扩充的行为原语，其中主要行为原语包括：①基本操作原语（Tell、Deny）；②基于知识数据库的操作原语（Insert、Delete）；③基本响应原语（Error、Sorry）；④基本查询原语（Evaluate、Reply、Ask-If）；⑤能力宣告原语；⑥网络操作原语（Register、Forward）；⑦协调操作原语（Broker-one）。

（3）代理内容语言

代理内容语言包括知识交换格式（KIF，Knowledge Interchange Format）、SGML、XML。

7.2　智　能　代　理

IA 的理论和技术在 20 世纪 90 年代已经提出，其内容涉及 AI、信息检索、计算机网络、数据库、数据挖掘、自然语言处理等领域的理论和技术。IA 可以理解为人工的、模拟的、有适当选择能力的系统，即利用计算机去代替人做那些需要人的智能来完成的工作。

7.2.1　智能代理技术的概念

1. 智能代理的定义

IA 最大的特点是具有智能性。IA 可以通过感知、学习、推理、行动和基于知识库的训练后能模仿人类社会的行为。它是代表用户或其他程序自主性完成一组操作的软件实体，可获得关于用户的目标或愿望的知识及表示。由此可以通过一些关键属性来描述 IA：①自治性。IA 能自行控制状态和行为，能够在没有人或其他程序介入时操作和运行。②感知能力和反应能力。IA 能够及时地感知和响应其所处环境的变化。③能动性。IA 能够主动表现出目标驱动的行为，能够自行选择合适时机采取适宜行动。④通信能力。IA 能够用某种通信方式与其他实体交换信息和相互作用。⑤持续性。IA 是持续或连续运行的。⑥推理和规划能力。IA 能够基于学习知识和经验，进行相关的推理和智能计算。

IA 是一种动态分布式目录服务，提供客户程序与服务程序双方使用的功能。IA 必须在本地网络中至少一台主机上启动。客户程序在调用对象的绑定方法时，会自动查询 IA，由 IA 查找指定的实现，从而建立客户程序与实现之间的连接。与 IA 的通信对客户程序完全透明。

2. 智能代理的主要功能

① 管理个性化的信息代理库。其主要可以管理用户个人资料及其个人目录下的信息库。

② 信息自动通知。当信息用户指定了特定的信息需求之后，IA 能够自动探测到信息的变化和更新，将其下载到的数据存放起来，同时 IA 能将该信息自动地提示给用户。

③ 浏览导航。信息用户如果愿意去网上冲浪（surf），IA 能分析到该用户感兴趣的页面所属领域，并能向该信息用户建议与该领域更密切的页面或链接。

④ 智能搜索。根据信息用户的特定需求，进行信息过滤以提供更精确的搜索信息。

⑤ 生成动态个性化页面。IA 能依据所存放的信息动态地生成网络页面。

此外，IA 还具有监督代理、协调与解决冲突等功能。

3. 智能代理的生命周期

IA 的生命周期分为 5 个阶段。最初，建设构成代理所需的各种组件（代理建设）。然后，定义组成 IA 的各组件之间的关系（代理绑定）。在代理启动时，把代理的各组件绑定在一起（代理初始化）。此后，就可以操纵代理了（代理执行），直到某种原因停止代理工作（代理失效）。在上述各个阶段，IA 管理器一直为它提供各种服务。IA 的生命周期如图 7-2 所示。

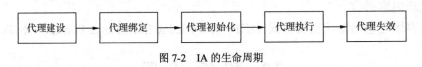

图 7-2　IA 的生命周期

7.2.2　智能代理的资源管理器

IA 资源管理器为 IA 的工作提供方便。资源管理器子模块的基础是面向对象技术。图 7-3 所示为 IA 资源管理器的结构。它由 5 个子模块组成，即适配器模块、引擎模块、知识模块、库模块、视图模块。

1. 适配器模块

IA 从外界接受信息，依靠一定的智能对事件作出反应。这种反应可以简单到"什么事也不做"；或者它可能要求获取更多的信息（感知）；或者引发某种行为（效应）。在 IA 结构中，软件适配器对外界的接口与代理交流信息，并为 IA 启动执

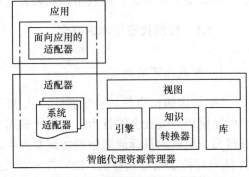

图 7-3　IA 资源管理器的基本结构

行传感器和效应器。从人类的角度说，适配器就是代理的眼睛、耳朵和手。适配器可以分为两类，即面向应用的适配器和系统适配器。

（1）面向应用的适配器

它在含代理的某个特定应用的范围内检测事件、产生动作。例如，一个适配器与某互联网新闻读物应用程序有接口，提供如"新闻到达""删除新闻""保存新闻"等。这些适配器是应用程序与 IA 的事件、传感器和效应器接口的粘合剂。

（2）系统适配器

它提供与其他资源的连接，如文件服务、定时服务、电话服务、用户界面等。适配器是对象，是适配器基类的实例。任何人都可以利用适配器基类为 IA 开发新的适配器。

2．引擎模块

引擎是 IA 的"大脑"，引擎的种类有很多。

（1）推论引擎

当出现某事件时，推论引擎就操纵规则集，执行复杂的符号推理，以决定对事件作何反应，触发什么动作。

（2）执行引擎

事件发生时，执行引擎执行一个预定义程序（响应）。执行引擎只是 IA 内的一个中介，它的工作是使用虚拟机系统支持 Java 或者调用脚本语言解释系统。

（3）反射引擎

反射引擎的作用是检测事件，并反应出代理现有的"知识"的状态。

与适配器一样，引擎也是对象。任何特定的引擎都来源于引擎基类。用户也可以根据需要利用引擎基类开发新引擎，并加入到 IA 中。

3．知识模块

引擎要依靠知识表达才能工作。推论引擎的知识是这个代理的规则集，它含有参数编码和代理表述的用户意图。执行引擎的知识包含了引擎的目标与行为的脚本和程序编码。其他形式的知识可由反射引擎来维护，也可以放入代理的知识子模块中。

4．库模块

要想保留知识的修改，以便下次恢复使用，就需要库模块。为了便于同类引擎间共享知识，知识以某种标准格式存储在库里。引擎使用的知识库可由以下方式产生和管理。

① 一些通用的缺省知识集可作为代理初始知识库的一部分。

② 系统管理员向缺省知识库中加入下述知识：用户小组使用的知识、特定组织使用的知识，如公司或部门政策等。

③ 用户可以根据偏好修改他们的知识库（当然，这需要用户拥有这方面的权限）。

代理的库模块提供一定的安全措施防止对知识库非法的访问与修改。

5．视图模块

用户需要表达他对代理的要求与偏好。视图模块提供一种方法浏览和编辑规则集或其他类型的知识。因为规则集在库子模块中是以标准格式存储的，不同的规则编辑器和浏览器比较容易匹配。视图模块通常有一个 GUI，使用户更易浏览和编辑其他类型的知识，如反射引擎维护的网址链等。

7.2.3 智能代理的工作过程

IA 可以看作是知识处理的实体，它由知识库、规则库、推理机、各代理之间的通信协议组成，能够完成知识发现代理、通信协作代理、规则库应用代理、监督代理、知识库管理代理、推送代理等功能，如图 7-4 所示。

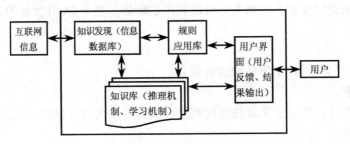

图 7-4　IA 结构简图

从图 7-4 可以看出其工作过程，各个 IA 都有自己的知识库，用户表达出自己的信息需求后，通过通信协作代理传给知识库，根据用户信息库中用户特定的需求和近一段时间内的兴趣爱好来筛选信息。监督代理就是当用户提出信息需求时，它就会检查知识库看是否用户以前有过相似的信息需求，若有就把知识库中用户以前的需求记录提取出来，通过推送代理发给用户；若知识库中没有用户的信息需求，经规则应用库代理理解生成一定的搜索规则，传送给知识发现代理进行相关信息搜索，搜索后的结果经信息过滤后存于信息数据库，再经过知识库的推理机制推断用户的潜在需求，作为用户需求历史记录下来，结果推送给用户。监督代理还根据一定规则实时动态地跟踪信息数据库中历史记录在互联网上的变化，一旦知识发现代理收集到相关内容和更新内容，监督代理就通知规则应用库生成新的检索规则或应用，并通知或提醒用户有新的信息内容，还可以用 E-mail 方式把特定更新内容以推送方式提交给用户。检索完成后允许用户对结果进行满意度和相关度的评价并反馈给知识库，一方面了解用户的新的兴趣需求，另一方面完善用户所需信息相关度的匹配规则，为用户的未来信息检索提供可靠的保障。

IA 的工作机制如图 7-5 所示。当一个代理启动时，IA 资源管理器为它创建必要的引擎和适配器连接。如果代理所需的一些适配器和引擎是由其他独立系统运行的，IA 资源管理器要确认它们都已经启动了。

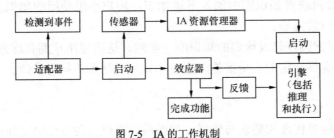

图 7-5　IA 的工作机制

一旦代理启动，与之相关的适配器就开始工作，工作方式有两种：被动地等待代理感兴趣的事件和主动调查环境中是否有代理感兴趣的事件。在任一种情况下，一旦检测到事件，适配器就启动传感器，调用 IA 资源管理器以启动相应的引擎。作为对事件的响应，引擎请求适配器（由事件直接引发的或与代理相关的适配器）完成一定的功能。

如果请求的动作失败或不能完成，执行请求动作的适配器就通知引擎产生了一个失败的事件。引擎用与处理其他事件相同的方式处理这个事件。例如，一个基于规则的推论引擎查看其规则集，看是否有任何规则（或规则组合）指出失败后应该执行的动作。

7.2.4 智能代理技术的应用

IA 技术最初应用于商业领域，随着通信技术和网络信息技术的迅速发展，其特性和功能也不断地扩展，主要应用在网上搜索代理、数字图书馆、娱乐场所、电子商务和远程教育的研究和开发等领域，下面就几个主要领域的应用作一介绍。

1. 智能代理在网络上的应用

（1）智能搜索代理

智能搜索代理就是将 IA 技术应用于网络信息检索的特定领域，是目前具有前瞻性、先进性的网络信息检索手段，目的是为用户提供迅速、准确、方便的网络信息检索服务。同传统搜索引擎相比，智能搜索代理具有自己鲜明的特色，主要表现在以下几个方面。

① 网络信息收集的智能化。智能搜索代理采用 AI 技术后，网络信息收集阶段按一定的语法规则智能地、有选择地自动收集网络信息，并且可以同时启动多个智能搜索代理分工不同地并行工作，最后将检索结果整合为一个整体存放于知识库中。

② 网络信息处理的智能化。智能搜索代理对收集来的网络信息智能处理和理解，运用推理机制和学习机制，具有跨平台工作和处理多种混合文档结构的能力，既可以处理 HTML、SGML、XML 文档和其他非结构化类型的文档，又可以处理多语种网络文献。

③ 网络信息检索的智能化。智能搜索代理检索是面向普通用户的，采用语义网络和自然语言检索入口，允许用户自由表达查询请求，通过汉语切词、句法分析以及统计理论有效地理解用户的请求；借助知识库和规则库中对用户行为和需求的描述规则，参考用户以前的需求记录和爱好，推断出用户的最大可能需求，在弱化检索入口复杂性的同时提高检索问题的专指性；还能够兼容关键词等传统检索方式，支持多语种搜索。

④ 网络信息检索服务的个性化。智能搜索代理采用的机器学习、用户行为建模、推理机制、规则描述等都是实现主动性、个性化服务的核心技术。它通过学习了解用户的行为、爱好、兴趣，推理出用户以后的潜在需求，可根据用户的评价和反馈调整自己的行为，动态地关注用户所需信息的变化，实时地把最新信息推送给用户，实现服务的个性化。

目前，智能搜索代理还存在着一些局限和不足，如智能化程度不高、自然语言处理有待提高、网速和搜索速度漫长等问题。有人提出了将传统搜索引擎技术与智能搜索代理技术相结合的检索模式，两者相互补充，可以体现传统搜索引擎的信息能力和智能搜索代理较高智能性、交互性的特性，将"面向主题"与"面向用户"紧密地结合起来。

（2）网络管理

由于网络环境实质上是一种分布式环境，网络管理就是在此分布式环境中设计的一种计算模式。IA 以通信方式与外界环境建立联系，根据已有的状态和现有的知识处理方法进行网络管理。IA 在网络管理中能主动监视线路和关键设备的运行情况，分析主要的路由流量情况，报告失效事件，在现有网络设备条件下最大限度地发挥网络的性能，从而达到网络维护和管理的功能，同时利用 IA 能够进行自动网络安全保护。

（3）网上远程教育

在远程教育系统中，IA 可以作为虚拟的教师、虚拟的学习伙伴、虚拟的实验室设备和虚拟的图书馆管理员等身份出现，从而增加教学内容的趣味性和个性化、人性化色彩，改善人机教学效果，进而使远程教学效果达到或超过传统教学效果。在学习过程中，IA 可以根据个体差异安排学习计划、学习建议；在练习和实验环节，IA 根据各个学员的学习进度和掌握程度为学员提供恰如其分的习题和实验。从这个意义上说，其教学效果优于传统教学，相当于私人教师进行个别授课、辅导。当学员在网上学习迷航时，IA 还能起到导航的作用，顺利地将学员带到目的地。

（4）网上协同工作

深层次的 Intranet 最终要改变的是人们的工作方式、企业和组织机构的运作方式，把一切具有信息属性的、可以电子化的过程统统在网络计算环境中实现。企业、机构的相当一部分管理职能，完全可以由网络上自主工作的一组 IA 来协同实现。许多工作如设计、写作、数据操纵、软件开发等在电子化后就可以通过 IA 的协调实现协同工作。虚拟企业、虚拟车间、虚拟协同工作平台、电子秘书等新鲜事物已经或正在网上出现。

（5）远程故障诊断和维护

为了提高整个系统的可维护性，在 IA 中增加了远程诊断模块，这使得远程的管理员能对整个 IA 的工作情况进行检测和控制。远程诊断模块是工作在 IA 中服务于远程管理员的代理模块，它不断收集各个模块的工作情况并监听连接请求。一旦有远程管理员与它建立连接，它就将系统工作情况提交，由远程管理员判断系统工作是否正常。若发现问题，可向远程诊断模块发送相应命令，再由它代理执行，如重新启动某项服务，修改数据库记录等。由于可进行远程管理的终端很少，且数据传输量很大，所以这一部分采用 C/S 模式，保证了系统效率。从系统安全考虑，远程管理要对终端和用户进行限制。其具体的实现方法是在 NT 服务器端开发一个软件，由它来完成监听、信息的收集和远程命令的执行。

2．智能代理技术在数字图书馆的应用

数字图书馆以网络信息资源建设为核心，采用 AI、信息海量存取、多媒体制作与传输、自动标引、数字版权保护、电子商务等成果，形成超大规模、分布式体系，可以实现跨库无缝链接与智能检索的知识中心。IA 技术也在数字图书馆中发挥了非常重要的作用。

（1）利用 IA 技术能保证数字图书馆的网络信息资源建设

互联网信息是数字图书馆资源建设的主要来源，但是网络信息的复杂性和不确定性带来网络信息过载、信息污染等问题。利用 IA 技术的智能搜索引擎对互联网信息进行搜索、分析、过滤、优先分级和整合，形成有自己特色的数字资源，开展有自己服务特色和个性化的信息服务。

（2）可以对数字图书馆的信息数据库进行 IA

IA 能够连续监控信息数据库表的剩余空间并与预定义的 IKK 值比较，如果自由空间低于 IKK 值，IA 往管理台发一个事件，这个事件的优先级别是警告，与这事件相关联的指令和预定义的校正和预防动作被提供给数据库操作员。由于数字图书馆结构复杂，规模较大，其数据库结构也必定是由分布在不同地域的多个数据库组成的分布式结构。如果采用逐机分散管理方式，势必造成管理效率低下，且容易出现不一致的地方。所以分布式数据库的集中式 IA 是一个较好的解决方案。

（3）利用 IA 技术可以查找到自己所需的信息

数字图书馆在持续不断地进行网络信息资源建设的同时，用户可以更方便地利用 IA 技术检索馆藏特色资源，满足自己的信息需求。若数字图书馆内没有所需的信息资源，再通过互联网检索自己所需的网络信息，同时也可以把检索结果补充到数字图书馆中，成为馆藏信息资源建设的一部分。

（4）数字图书馆利用 IA 技术为用户提供主动的、个性化信息服务

数字图书馆可以利用 IA 技术根据用户的爱好、兴趣、工作性质等设计个性化服务模块，建立"个人数字信息资源特色库"，设计智能型的用户服务界面（如用户检索界面），做好知识库的安全管理，处处为用户考虑，让用户满意，为用户提供优质的个性化信息服务。

3．信息服务

用于信息服务的 IA 主要可以完成以下功能。
① 导航，即告诉用户所需要的资源在哪里。
② 解惑，为用户解答与网络信息资源有关的问题。
③ 过滤，根据用户的要求，从网上大量的信息中筛选出符合条件的信息，并以不同级别（全文、详细摘要、简单摘要、标题等）呈现给用户。
④ 整理，有效地帮助用户把已经下载的信息分门别类地组织起来。
⑤ 发现，从大量的公共原始数据中筛选和提炼出有价值的信息，向用户发布。

4．娱乐

在网络娱乐系统中引入 IA，可以增强娱乐效果。目前，IA 在娱乐方面可以做如下的事情。
① 个性化的节目点播服务。
② 游戏和虚拟现实中更加人性化的机器角色的设计，如决策的智能化（战争或经济活动）、动作的人性化（体育比赛）和自然语言对话等。
③ 网络社交场合（如聊天室）中用来招徕用户，或与以假乱真的机器对话、角色设计等。

5．电子商务

IA 在电子商务领域的应用十分广泛。IA 可以帮助用户获取大量有用信息，代表买方去网上查看广告牌、逛商店寻找商品甚至讨价还价，代表卖方分析不同用户的消费倾向，并据此向特定的潜在用户群主动推销特定的商品。它可以通过 IA 收集需求信息，帮助企业进行产品开发决策；还可以通过 IA 找到合适的材料供应商与合适的产品买主，以求降低成本、提高效率。由于网上的商品众多，在网上找到合适的商品很困难。但采用 IA 系统后，它可以帮助客户去网上查找所需的商品。所以 IA 对买卖双方都具有相当的诱惑力。

6. 智能代理应用存在的问题

简单地说需要解决以下 3 个方面的问题。

（1）如何用 IA 作为人的代理

IA 作为人的代理，必须解决以下两个问题。

① 能力问题。IA 如何获得必要的知识，从而决定在什么时间、以什么方式帮助用户。

② 信任问题。如何使用户信任 IA 采取的自主行为。

解决这些问题的传统方法是：第一，由用户编程，定义 IA 的思维和规则；第二，基于知识库，利用知识库专家系统虽然能很好地解决能力问题，但信任问题不能很好解决。综合传统方法可以看出，采用机器学习技术可以解决面临的问题。一方面通过机器学习，IA 可以不断丰富规则，保持与用户之间的交互，掌握用户之间的差异，这些差异包括文化差异、教育水平差异、行业差异、民族差异、个体差异等；另一方面，基于机器学习技术，可以减少开发工作量，使得 IA 更加实用。尽管如此，由于互联网是一个高度民主的网络系统，信息种类、网络应用繁多，各种服务技术相互交织、集成、利用，这使得结果变化莫测，因此可能在一定程度上给机器学习造成一定的困难。

（2）安全机制问题

保证系统不受恶意代理的攻击，保护合法代理不受宿主系统的非法侵害，保护合法代理不受其他代理的攻击。

（3）协作问题

在互联网上通常由一些自主的 IA 构成多代理系统，通过协作完成某些任务或达到某些目标。如何将松耦合的多个 IA 进行最佳的协调工作也是急待研究的课题之一。

7.3 移动代理

7.3.1 移动代理的基本概念

1. 移动代理的定义

移动代理是一种能在异构计算机网络中的主机之间自主迁移、自主计算的计算机程序，且能够动态地将该程序分发到远端主机并在远端主机上连接执行。它能够模拟人类行为和关系，可受理委托，并具有决定权，能代表用户完成指定的任务，如检索、过滤和收集信息，甚至可以代表用户进行商业活动。移动代理是一种网络计算，能够自行选择运行地点和时机，根据具体情况中断自身的执行，移动到另一设备上恢复运行，并及时将有关结果返回。移动代理还能克隆自己或产生子代理，迁移到其他的主机上以共同协作完成复杂的任务。移动的目的是使程序的执行尽可能靠近数据源，降低网络的通信开销，平衡负载，提高完成任务的时效。移动代理机制的特点是客户代理能够迁移到业务代理所在服务器上，与之进行本地高速通信，因而不再占用网络资源，并且为网络服务的发展与个性化环境提供了一个普遍的、开放的、综合的构架。

MA 迁移的内容=代码+运行状态。程序代码是移动代理的逻辑控制部分。运行状态包括执行状态和数据状态。执行状态指的是 MA 当前运行时的状态，如程序计数器、运行栈内容等。数据状态是与 MA 运行有关的数据堆的内容。

2. 移动代理系统的概念

MA 系统是指能创建、解释、执行、传送和终止移动代理的平台，它由名字和地址唯一标识。每个系统都可以运行多个代理，代理通过和主机进行交互来获得所需服务。

MA 系统由 MA 和移动代理环境（MAE，Mobile Agent Environment）两个部分组成。如图 7-6 所示，MAE 是一个分布在网络各种计算设备上的软件系统，它也被称为 MA 服务器或 MA 平台。它一般建立在操作系统之上，为 MA 提供运行的环境。MA 则是只能存活在 MAE 中的软件实体。MA 的移动便是从一个 MAE 移动到另一个 MAE。

图 7-6　MA 系统的概念图

3. 移动代理系统的本质特点

MA 是存在于软件环境中的软件实体，它除了具有 AI 最基本特性——反应性、自治性、协作性、分布灵活性、导向目标性和针对环境性外，还具有移动性。此外，MA 必须包含若干功能，如代理功能、生命周期功能、计算功能、安全功能、通信功能和迁移功能等。

① 代理功能定义了 MA 内部结构的一部分。例如，它定义了自治性、学习性及主动性，不仅使分布式计算具有动态性、智能性，也使代理技术具有求解大规模问题的能力。

② 生命周期功能定义了 MA 的产生、销毁、启动、触发、执行、迁移、挂起、停止等方式和方法。

③ 计算功能定义了 MA 的运行方式和计算推理机制，包括数据操作和线程控制原语。

④ 安全功能定义了 MA 的安全机制，描述如何保证代理的完整性，防止代理携带的数据泄露，代理和服务器的相互认证，代理的授权和服务器资源存取控制策略等。

⑤ 通信功能定义移动代理与其他实体以及移动代理之间的通信方式。

⑥ 迁移功能定义代理如何移动的问题，包括 3 个方面：一是代理要移动时怎样挂起代理、俘获代理的运行状态并把代码及有关数据打包；二是以什么方式把代理传送到目的地；三是如何接收代理并恢复代理的运行。

⑦ 异步交互功能是指 MA 可在异步模式下工作，MA 完成它的多个访问任务时可能是在不同的主机上进行的，所以能够提供很好的异步交互性。

4. 移动代理技术的优点

与传统方法相比 MA 在设计、实现以及执行等方面有着不可替代的优点。

① 高效性。MA 把计算移至数据区，而不是把数据移至计算区执行，无需经过网络传输这一中间环节，而是直接交互，因此减少了对网络资源的消耗和负担，提高了效率。

② 利用 MA，用户可以将信息打包后发送至目的地，在目的地进行本地交互，从而不再

使用网络频繁进行远程交互。

③ 异步式自主交互。系统把任务加载到 MA 中发出后，MA 独立于发送程序异步操作。

④ 实时的远程交互。在一些远程控制系统中，如外太空探测器的控制，网络的时延使得远程实时控制变得不太可能，发送代理程序实行远端的本地控制可解决该问题。

⑤ 动态适应性。MA 具有自动响应环境变化的能力。

⑥ 处理大量数据的能力。需要对大量存储在远端的数据进行处理时，包含处理程序的 MA 可以移至数据存储地进行本地处理。

⑦ 定制化服务。使用 MA，客户端可以根据服务器端提供的底层操作函数，编写满足自己特定需要的服务程序，然后发送到服务器端运行。这种方式增加了分布应用的伸缩性。

⑧ 易于分发服务。MA 技术使更改变得非常简单，如在电信网的管理中，当业务需要改变时，只需把新的服务程序发送到相应的服务节点上，不需要人力去一个个节点地安装。

⑨ 支持离线计算（断连操作）。用户派出代理之后，可以断开网络连接，代理在网络上自主地运行，当代理完成任务之后，通过转接机制（Docking）监视用户是否在线，当它发现用户在线时，就返回计算结果。

⑩ 支持平台无关性。MA 的运行只和其运行环境有关，与具体的网络结构、网络协议、计算机设备、操作系统无关，只要网络节点上装有 MA 运行环境，MA 就可以实现跨平台的移动和运行，可以把计算打包成移动代理程序，发送到计算能力强的设备上进行计算。如果所有的 MA 系统都遵循 MA 系统的互操作标准，就可以实现 MA 在任意 MA 系统中的移动、交互和通信，真正实现平台的无关性，即所谓的"编译一次，到处移动"。

5. 移动代理系统的技术难点与急需解决的问题

实现 MA 系统主要面临以下技术难点。

（1）克服计算环境的异构

MA 很可能要在不同的计算环境中自主地执行，因此必须首先解决 MA 的跨平台问题。

（2）实现代理的自主移动

代理的自主移动应解决以下 3 个问题。

① 代理的移动规程，包括代理移动的触发、目的地指定、代理重新执行入口指定等。

② 代理的通信模型。

③ 代理的迁移方式，MA 在运行的过程中可能会因为本身的需要或意外事件而暂停运行，需迁移到另外的站点上并继续执行。

（3）保证 MA 的安全性

安全性涉及以下 3 个方面。

① 没设代理访问权限的网络站点，其安全问题如何保证。

② 代理在进驻到授权访问的网络站点后，怎样保护自身的安全。

③ 不在同一管理控制下的机器组，如何保证不受代理的破坏以及代理不受破坏。

MA 的执行效率有待提高，当前的容错机制太简单，缺乏大的应用场合实验，代理本身的能力有待加强，如智能性、自治性、协调协商能力。另外，为用户提供一种方便的 MA 编程语言及相应的开发环境是 MA 系统所急需解决的问题。

7.3.2 移动代理的基本结构

1. 移动代理系统的结构

MA 系统由 MA 和 MA 服务设施两部分组成，MA 服务设施实现代理在主机间的转移，并为其分配执行环境和服务接口。代理通过 ACL 相互通信并访问服务设施提供的服务。

如图 7-7 所示，MA 体系包括以下模块：安全代理、环境交互模块、任务求解模块、知识库、内部状态集、约束条件和路由策略。安全代理是代理与外界环境通信的中介，执行代理的安全策略，阻止外界环境对代理的非法访问。代理通过环境交互模块感知外部环境并作用于外部环境。环境交互模块实现 ACL 语义，保证使用相同 ACL 的代理和服务设施之间的正确通信和协调。代理的任务求解模块包括代理的运行模块及代理任务相关的推理方法和规则。知识库保存移动过程中获取的知识和任务求解的结果。内部状态集是代理执行过程中的当前状态，它影响代理的任务求解过程，同时任务求解又作用于内部状态。约束条件是代理创建者为保证代理的行为和性能而做出的约束，如返回时间、站点停留时间及任务完成程度等，一般只有创建者拥有对约束条件的修改权限。路由策略决定代理的移动路径，路由策略可能是静态的服务设施列表（适用于简单、明确的任务求解过程），或者是基于规则的动态路由以满足复杂和非确定性任务的求解。

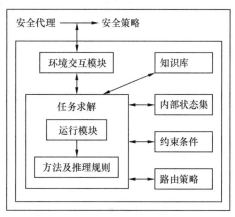

图 7-7　MA 的结构模型

2. 移动代理平台的结构

MA 平台为 MA 提供基础服务设施，使得 MA 能够在网络上迁移并能提供以下主要的服务。

① 生命周期服务。为 MA 的创建、发送、传输、接受和执行等提供子服务，其中包括执行环境的分配、持久化存储等。

② 目录服务。提供统一的命名服务，使得 MA 可以找到所需服务，并形成路由信息。

③ 事件服务。为 MA 和 MA 平台之间的交互提供通信机制。

④ 安全保障服务。对 MA 进行身份验证和完整性检查，并提供安全的运行环境。

⑤ 应用服务。它是任务相关的服务，在生命周期服务基础上提供特定任务的服务接口。

为了提供这些服务，MA 平台的结构应包括事件管理模块、环境接口模块、执行环境、基础服务模块、定制服务接口和远程管理接口，如图 7-8 所示。事件管理模块是整个 MA 平台的核心，它负责管理和调度其他模块；环境接口模块包括传输控制子模块和通信控制子模块，传输控制子模块采用代理传输协议实现代理的迁移，通信控制子模块负责 MA 平台与 MA 的通信；执行环境负责激活和执行 MA，提供本地资源并实施安全策略保护本机不受攻击；基础服务模块提供生命周期管理服务、目录服务和安全保障服务；定制服务接口使得 MA 平台可以访问本地的应用程序和资源；远程管理接口为远程管理提供支持。

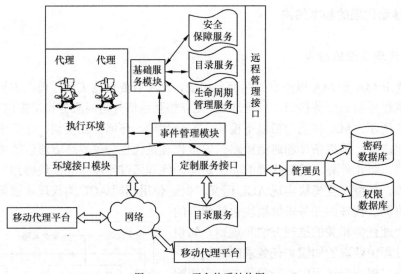

图 7-8　MA 平台体系结构图

目前 MA 已从过去的理论探索进入到实用阶段，而且出现了许多不同的开发平台或执行环境，其中包括一些商业产品和原型系统。市场上已有的 MA 平台有 IBM 公司的 Aglet 和 Object Space、Recursion 公司的 Voyager、三菱的 Concordia、美国 Dartmouth 大学 D'Agent 和 IKV++公司 Grasshoper 等。它们都可以为 MA 应用提供基本服务，但它们在安全性、互操作性、标准化等方面还存在不足。

3. 移动代理环境

MA 存在的软件环境即移动代理环境（MAE，Mobile Agent Environment），其定义如下：MA 环境是分布于异构计算机网络上的软件系统，其主要任务是提供 MA 的执行环境。该环境实现了 MA 定义中的大部分模型。此外，还提供了与自身和与自身的建造环境相关的支持服务，访问其他 MA 的支持服务以及访问非代理软件环境的开放性支持。

图 7-9 所示为代理系统的内部结构，主要包括以下几个部分。

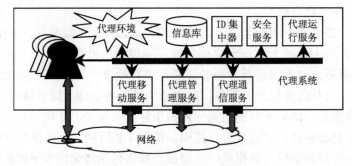

图 7-9　代理系统的内部结构

① 代理运行支持。代理平台必须提供创建代理的能力并满足代理对运行环境的需求。

② 管理支持。使代理的管理者能够监控和管理其代理。

③ 安全支持。保证代理及代理系统的私有性及完整性。

④ 移动支持。支持远端执行及代理迁移。

⑤ 支持代理唯一标识。MA 及代理系统在整个代理环境范围内必须是可唯一标识。

⑥ 通信支持。支持代理之间的通信及代理与代理系统服务之间的通信。

7.3.3 移动代理的技术实现

1. 移动代理实现移动性的方式

代理的移动性通常有两种实现方式，即远端执行和代理迁移，如图 7-10 所示。

（a）远端执行　　　　　　　　　　　　　　　　　（b）代理迁移

图 7-10　MA 实现移动性的方式

（1）远端执行

代理（程序代码+数据）被传送到远端系统，在远端系统中作为一个整体被激活和运行。如图 7-10（a）所示，A 上的代理与位于远端服务器 B 的资源对象进行交互；任务完成后，代理可自行销毁或储留在服务器上，转入睡眠状态，以备适当时刻被激活。

（2）代理迁移

代理迁移可被看作是远端执行方式的一种扩展。如图 7-10（b）所示，代理不仅具有代码和数据，还有执行状态。它能在某一网络节点上暂时挂起自身的执行，迁移到另一节点后，再从挂起前的状态继续执行。一个任务可能是经过多个网络节点后完成的。

2. 移动代理系统实现技术分析

MA 系统的实现涉及多方面的技术，下面从 9 个方面进行分析。

（1）安全机制

基于 MA 的计算目的是让 MA 自由的在主机间移动以最大限度地利用和节省资源，这样就带来了一系列的安全性问题。MA 系统的安全性问题可分为恶意的代理攻击主机、恶意的主机攻击代理、恶意的代理攻击其他代理、怀有恶意的其他系统攻击 MA 系统。

通常把 MA 系统的安全问题分为 4 个部分：①保护主机免受恶意代理的攻击；②保护代理免受恶意主机的攻击；③保护代理免受其他恶意代理的攻击；④保护低层传输网络的安全。针对这 4 种情况，提出保护主机不受代理攻击的方法主要有基于软件的错误隔离、安全代码解释、数字签名代码、身份认证、携带证明代码、代码验证、授权认证、付费检查、记录历史路径、状态评估。保护代理不受攻击的办法主要有部分结果封装法、共同路线记录法、环境密钥生成法、加密函数法、代码迷惑法。这些方法只能起有限的作用，而且往往计算开销大，在实际系统中难以发挥作用。

（2）移动支撑

移动可分为强移动和弱移动两种。MA 包括 3 种状态：程序状态、数据状态和执行状态。程序状态指所属代理的实现代码；数据状态包含全局变量和代理的属性；执行状态包含局部变量值、函数参数值和线程状态等。强移动包含程序状态、数据状态和执行状态的移动，代理的传输过程对编程人员透明，但 MA 平台必须提供捕获代理执行状态的函数，增加了系统实现的难度。而弱移动只包含程序状态和数据状态的移动，需要编程人员熟悉整个传输过程，封装代理的状态，指定移动后的执行装入点。实现和规划 MA 在多主机间的移动由移动机制和移动策略来解决。无论哪种系统，都使用基于 TCP/IP 套接字的代理传输协议（ATP，Agent Transfer Protocol）传输代理的代码和状态，基于 Java 的 MA 系统还要使用 Java 虚拟机的动态类装入和对象序列化机制。

（3）通信

MA 系统中的通信包括代理与 MA 平台之间以及代理与代理之间的通信。可采用的通信手段很多，如消息传递、远程过程调用（RPC，Remote Procedure Call）、Java 远程方法调用（RMI，Remote Method Invocation）、匿名通信和代理通信语言等。根据通信对象的不同，MA 的通信方式可分为以下几种。

① MA/服务代理通信。该通信方式的实质是 MA 和 MAE 之间的通信。服务代理提供服务，MA 请求服务，是一种典型的客户/服务器模式。

② MA/MA 通信。这是对等（peer-to-peer）通信方式，通信双方的地位是平等的。

③ 组通信。组通信也称为匿名通信。有时通信的双方并不能确认对方的身份属于匿名通信。在组通信方式中，通信的一方只能确定对方所在的组，而不能确定组中具体的成员。

（4）命名和定位

MA 必须有一个全系统唯一的标识符将其与其他 MA 区别开，一般采用的方法是节点主机地址+端口号+本地唯一 ID 来标识一个 MA。当 MA 在网络中迁移时，必须对它进行正确的定位。对于小型系统，可以通过广播查询符合条件的 MA 来定位。对于大型系统，可以建立名字服务器，每个 MA 都要将自己的名字和当前位置在名字服务器中注册并及时更新。

（5）编程语言

出于对平台无关性的考虑，MA 系统几乎都采用了解释型语言，尤其 Java 使用的最多。解释型语言可以延迟绑定，使得代码可以在移动到目标机器后再进行动态的绑定。另外，采用解释型语言可以在程序中明确地指定资源的访问权限，有助于解决安全问题。

ACL 定义了代理及服务平台间协商过程的语法和语义。MA 的 ACL 应具应用的普遍性、简洁一致的语法和语义、通信内容的独立性等。常用的 ACL 有 KQML 和智能物理代理基金会（FIPA，Foundation of Intelligent Physical Agent）的 ACL，它们的格式都非常接近。

（6）传输协议

ATP 定义了 MA 传输的语法和语义，具体实现了 MA 服务平台间的移动机制。IBM 提出的 ATP 框架结构定义了一组原语性的接口和基础消息集，可以看作是一个 ATP 的最小实现。

（7）路由策略

可行的路由策略有两种，分别为固定路由和基于规则及目录服务的动态路由。

（8）控制策略

必须对代理的移动实施有效控制，避免 MA 失控（如不停地复制、迁移等）。另外，为了保证性能，引入负载均衡的机制是必要的。

（9）容错策略

在 MA 的移动和任务求解过程中有以下几个环节可能产生系统错误：①传输过程。网络传输介质的不稳定和高误码率常常会导致传输的错误，线路的中断还会导致 MA 的崩溃。②MA 服务环境。当 MA 服务环境出现主机进行恶意破坏、主机长时间停机、系统死机或系统断电等情况时，都能造成 MA 的失效或崩溃。③MA 自身代码。MA 设计和实现的缺陷也会导致 MA 系统的突然崩溃。可以采用以下冗余策略：①任务求解的冗余。创建多个 MA 分别求解相同的任务，最后根据所有或部分的求解结果、并结合任务的性质决定任务的最终结果。该方法的难点在于最后结果的冲突消解和综合。②集中式冗余。将某个主机作为冗余服务器，保存 MA 原始备份并跟踪 MA 的任务求解过程。若 MA 失效，则通过重发原始备份提供故障恢复。③分布式冗余。将 MA 容错的责任分布到网络中多个非固定的节点中，这些节点由冗余分配策略决定。

7.3.4 移动代理的标准化情况

目前，市场上有两个主要的 MA 标准：移动代理系统互操作公共设施（MASIF，Mobile Agent System Interoperability Facility）标准和 FIPA 标准。

1. MASIF 标准

MASIF 标准是由 OMG 下属的 Agent Working Group 制定的，它规定了通用概念模型，基本涵盖了现有 MA 系统的所有主要抽象，定义了固定代理、MA、代理状态、代理授权者、代理名字、代理系统、位置、域、代码库和通信基础等一系列概念。

MASIF 最大的贡献是定义了两个标准接口：MAFFinder 和 MAFAgentSystem，通过 IDL 对它们的属性、操作和返回值进行了明确的规定。

（1）MAFFinder

MAFFinder 构件通过提供了一个名字和地址映射关系的动态数据库实现了代理位置和代理系统的注册、注销和定位等操作。

（2）MAFAgentSystem

MAFAgentSystem 定义对代理系统的操作，包括接受、创建、暂停、恢复等，它详细定义了方法名、参数类型、含义、数量、返回值等，这些方法提供了代理传输的基本功能。图 7-11 所示为已符合 MASIF 规范的 MA 框架系统结构。

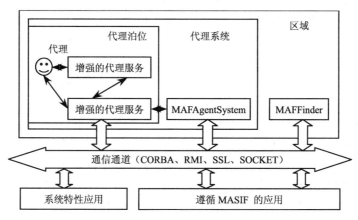

图 7-11 MASIF 规范框架模型

2. FIPA 标准

FIPA 是国际智能代理研究机构，它制定了智能代理系统互操作的规范，其宗旨是"促进基于代理的应用，业务和设备的成功"。FIPA 规范从不同方面规定或建议了代理在体系结构、通信、移动、知识表达、管理和安全等方面的内容，其中代理管理、ACL、代理安全管理和代理移动管理与移动技术关系较紧密。图 7-12 所示是 FIPA 规范框架模型。

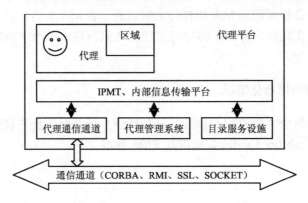

图 7-12　FIPA 规范框架模型

通过这两个标准的比较发现，它们在结构上和功能上有类似之处，可大致总结如下。

① MASIF Region 和 FIPA Domain 都是属于经过授权的分布式和互协作的代理平台。通常它们被认为是代理活动的工作安全域。

② MASIF 代理系统接口 MAFAgentSystem 和 FIPA 代理管理系统（AMS，Agent Management System）部件提供平台中管理代理生命周期的机制。它们提供生成、挂起、恢复、中止和迁移代理的管理操作。

③ MASIF MAFFinder 接口和 FIPA 的目录设施（DF，Directory Facility）部件为管理动态注册服务提供方法。

④ MASIF MAFFinder 接口和 FIPA AMS 部件定义命名和定位目录。但是，它们也有各自的侧重点，OMG MASIF 侧重域具有相同特征的代理系统之间由 CORBA IDL 接口的代理移动性，而并不关心内部代理的通信。FIPA 规范侧重于有内容语言（Content language）的 IA 通信，而不关心代理的移动性。不过，目前 OMG 和 FIPA 已经成立了联络机构（OMG-FIPA 联络处），以协调两个组织关于代理技术的工作。

随着大量的移动设备上网，无线通信的低带宽、高延迟与移动设备的低计算能力之间的矛盾越来越尖锐，海量的因特网数据需要更智能化的处理手段，复杂多变的应用需求需要更灵活的个性化定制。而 MA 技术在解决这些问题方面有着天然的优势。目前 MA 技术的研究热点包括将 MA 技术和已有实现系统进行集成的集成框架研究、MA 的编程模型的研究、MA 的应用系统开发方法的研究、网管体系结构的研究、互操作性研究等。

总的来说，在分布式网络管理、网络监控、信息服务、信息检索、移动手机通信、电子商务、因特网应用系统等方面，MA 技术都有着广阔美好的应用前景。

第8章 全光与智能光网络

所谓全光网络是指从源节点到终端用户节点之间的数据传输与交换的整个过程均在光域内进行，中间没有电信号的介入，也不需要经过光/电、电/光转换的一种网络。

智能光网络是指具有自动传送交换连接功能的光网络。ITU-T 建议中将与底层无关的标准智能光网络称为自动交换传送网（ASTN，Automatic Switched Transport Network），而底层为 OTN 的 ASTN 称为 ASON。

新型光网络应具备下列主要特点。

① 标准化的路由选择和信令传输结构。

② 基于网状拓扑结构。

③ 网络拓扑结构和资源自动检测。

④ 基于 SONET/SDH 环的灵活的网状恢复机制。

⑤ 通过共享带宽恢复的规划和应用以及分等级服务的资源分配。

⑥ 通过快速连接设备性能和多厂商、内部服务提供商的协同工作。

⑦ 用户信号带宽按需分配。

光网络总的发展趋势是从静态到动态的转变，从电域到光电域的转变，从电交换到光交换的转变，从管理平台到控制平台的转变，从点到点通信到光联网的转变。也就是说，逐步从传统光网络向全光网络发展，从全光网络向智能光网络发展，从智能光网络到自动交换光网络发展是技术通用化和标准化的必然进步。

8.1 全 光 网 络

8.1.1 全光网络的概念

全光网络是指用户与用户之间的信号传输与交换全部采用光波技术完成的先进网络。它包括光传输、光放大、光再生、光交换、光存储、光信息处理、光信号多路复接/分插、进网/出网等许多先进的全光技术。原理上讲，全光网络就是网中直到端用户节点之间的信号通道仍然保持着光的形式，即端到端的全光路，中间没有光电转换器，数据从源节点到目的节点的传输过程都在光域内进行，而其在各网络节点的交换则使用高可靠、大容量和高度灵敏的光交叉连接器（OXC，Optical Cross Connector）。

全光网络分两个阶段完成。第一阶段为全光传送网，即在点对点光纤传输系统中，全程不需要任何光/电和电/光的转换。长距离传输完全靠光波沿光纤传播，称为发端与收端间点对点全光传送。第二阶段为完整的全光网。在完成用户间全程光传送网后，有不少的信号处理、储存、交换以及多路复用/分用、进网/出网等功能都要由光子技术完成。完成端到端的光传输、交换和处理等功能，这是全光网发展的第二阶段，即完整的全光网。

全光网络可使通信网具备更强的可管理性、灵活性、透明性，它具有如下以往传统通信网和现行的光通信系统所不具备的优点。

① 透明性好。全光网通过波长选择器来实现路由选择，即以波长来选择路由，对传输码率、数据格式以及调制方式具有透明性的优点。

② 兼容性好，容易升级。全光网不仅可以与现有的通信网络兼容，而且还可以支持未来的宽带综合业务数字网以及网络的升级。

③ 具备可扩展性。即新节点的加入并不会影响原来的网络结构和原有的各节点设备。网络可同时扩展用户、容量、种类。

④ 具备可重构性。可以根据通信容量的需求，实现恢复、建立、拆除光波长连接，即动态地改变网络结构，可为突发业务提供临时连接，从而充分利用网络资源。

⑤ 省掉了大量电子器件。全光网中光信号的流动不再有光电转换的障碍，端到端采用透明光通路连接，省掉了大量电子器件，大大提高了传输速率。

⑥ 可靠性高。全光网中许多光器件都是无源的，便于维护，因而可靠性高。

⑦ 提供多种协议的业务。全光网采用 WDM，可方便地提供多种协议的业务。

⑧ 组网灵活性高。全光网组网极具灵活性，在任何节点可以抽出或加入某个波长。

8.1.2 全光网络的层次结构

根据光网络的基本构成及其单元的功能，全光网络本身可划分为三层，即光路层、光通道层以及传输媒质层，如图 8-1 所示。图中的电路层本身不属于光网络范围内，然而是不可缺少的，它是介乎用户与光网络之间的通信网络。电网络层中的分插复用器（ADM，Add and Drop Multiplexer）用于把高速 STM-*N* 光信号直接分插成各种准同步数字序列（PDH，Pseudo－Synchronous Digital Hierarchy）支路信号，或作为 STM-1 信号的复用器。光路层支持一个或多个电路层，为其提供透明的光传输通道。它与光通道层的光网络节点相连接，如 OXC、光分插复用器（OADM，Optical Add and Drop Multiplexer）。光通道层支持一个或多个光路层，为其提供传送服务。光通道层为光路层网络节点提供透明的通道。光传输媒质层支持一个或多个光通道层，为光通道层网络节点提供合适的通道容量。

ITU-T 的 G.872 为光传送网的分层结构作了定义，如图 8-2 所示。图中光通路层为各数字化用户提供信号接口，具有透明地传送 SDH、PDH、ATM、IP 等业务，并提供点对点、以光通路为基础的组网功能，一般为单一波长的传输通道；光复用层能够为 DWDM 复用的多波长信号提供组网功能；光传输层输出光信号经过光接口与传输光纤相连接；每层网络都要为相邻一层网络提供传送服务。

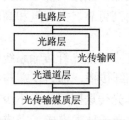

图 8-1 全光网络的分层结构

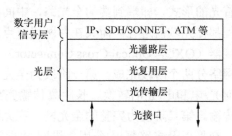

图 8-2 光传输网的分层结构

利用 WDM 的全光网络采用 3 级结构，0 级是各单位拥有的 LAN，它们各自连接若干用户光终端（OT，Optical Terminal），每个 0 级网的内部使用一套波长，但各个 0 级网也可重复使用同一套波长。1 级可看作许多 MAN，它们各自设置波长路由器连接若干个 0 级网。2 级可以看作全国或国际的骨干网，它们利用波长转换器或交换机连接所有的 1 级网。

8.1.3 全光网络的网络节点

1. 光分插复用器

OADM 的功能是从传输设备中有选择的下路通往本地的信号，同时上路本地用户发往另一个节点的信号，而不影响其他波长信道的传输。OADM 的结构如图 8-3 所示。

2. 光交叉连接设备

OXC 的主要功能是分离本地交换业务和非本地交换业务，为非本地交换业务迅速地提供路由；当网络出现故障时，迅速提供网络的重新配置；OXC 交叉矩阵由外部操作系统控制，以后还要连到 TMN 电信管理网上，因而还具有网管的功能。

OXC 由光输入放大器、光解复用器、光波长可调滤波转换器、交换矩阵、光波分复用器和光输出放大器组成。光通道路由的获取由光波长可调滤波转换和空分交换的组合来实现。光波长可调滤波转换器和交换矩阵构成了 OXC 的核心部分，其结构如图 8-4 所示。

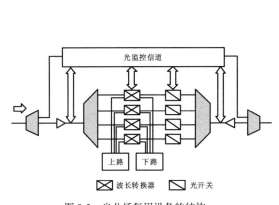

图 8-3 光分插复用设备的结构

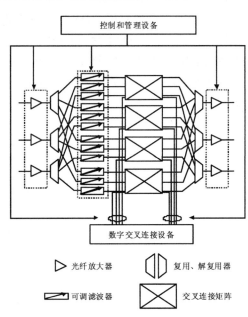

图 8-4 光交叉连接设备的一般结构

OXC 的交换技术又分为空分交换和波分交换两种。空分交换是指无论是输入或输出都通过空分交换矩阵完成空分路由选择，如平方矩阵、Banyan 空分交换结构等；波分交换是指先把交换输入级的输入光信号用合波器复用成一路，然后在交换输出级利用可调滤波器将特定的光信道输出到响应的输出端。波分交换有波长选择和波长变换两种类型。波长变换能克服可能出现的阻塞，因为同一波长的两个输入信道可能指向同一个输入端口。而在输入、输出端口引入波长转换技术就可有效地避免出现上述情况，解决波长阻塞问题。

3. 光节点和电节点的配合使用

值得注意的是 OXC 和数字交叉连接设备（DXC，Digital Cross Connection）的配合使用（如图 8-5 所示），OXC 设备可在光层上完成与比特流无关的波长信道的路由选择，其设备还可用于保护倒换、网络恢复或重构，以适应网络结构的变化发展。然而，OXC 设备并不能解决节点所要求的所有功能，因此在终结比特流时，仍需使用电部分的交叉连接设备 DXC 的功能。DXC 设备具有调整和分流功能，可在不同等级的网络之间对上/下话

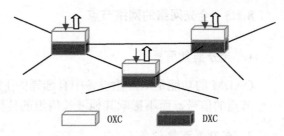

图 8-5　OXC 和 DXC 在网络中配合使用

路以及下载网络层中处理需要进一步处理的信号。与孤立的 DXC 设备相比，OXC/DXC 的概念减少了对 DXC 规模的要求。OXC 可为大比特流提供路由选择，这样大量需要穿越节点的局间信息只需进行旁路处理而无须进入 DXC 设备（OADM 和 ADM 的结合与此类似）。

4. OADM/OXC 在 WDM 全光网络中的应用

图 8-6 所示是采用 OADM/OXC 的全光网络结构。OADM 允许不同光网络的不同波长信号在不同的地点分插复用；OXC 设备允许不同网络动态组合，按需分配波长资源，实现更大范围的网络互连。OADM 和 OXC 设备只将需要在节点下载的信息送入处理设备（包括 ATM 和 SDH 交换机及 IP 路由器），而不需要本节点处理的信息直接由光信道从本节点通过，从而大大提高了节点处理信息的效率，克服了电处理节点必须对所有到达的 IP 包进行处理的缺点。

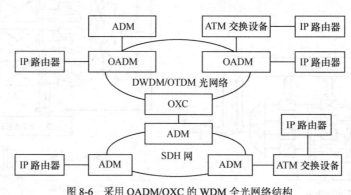

图 8-6　采用 OADM/OXC 的 WDM 全光网络结构

8.1.4　全光网络的关键技术

全光网络的相关技术主要包括全光交换、光交叉连接、全光中继和光复用/解复用等。

1. 全光交换

光交换主要有 5 种交换方式：空分光交换、时分光交换、波分光交换、复合型光交换及自由空间光交换。

（1）空分光交换

空分光交换是指空间划分的交换。其基本原理是将光交换元件组成门阵列开关，并适当控制门阵列开关，即可在任一输入光纤和任一输出光纤之间构成通路。因其交换元件的不同可分为机械型、光电转换型、复合波导型、全反射型和激光二极管门开关等。

（2）时分光交换

时分光交换网由时分型交换模块和空分型交换模块构成。它所采用的空分交换模块与上述的空分光交换功能块完全相同，而在时分型光交换模块中则需要有光存储器（如光纤延迟存储器、双稳态激光二极管存储器）、光选通器（如定向复合阵列开关）以进行相应的交换。实现光时分交换系统的关键是开发高速光逻辑器件。

（3）波分光交换

波分交换由波长开关使信号通过不同的波长，选择不同的网络通路来实现交换。波分光交换网络由波长复用/解复用器、波长选择空间开关和波长互换器（波长开关）组成。

（4）复合型光交换

复合型光交换是指在一个交换网络中同时应用两种以上的光交换方式。例如，空分-波分复合型光交换系统就是这种光交换技术的一个应用。除此之外，还可将波分和时分技术结合起来得到另一种极有前途的复合型光交换技术，其复用度是时分多路复用度与波分多路复用度的乘积。如它们的复用度分别为 16，则可实现 256 路的时分-波分复合型交换。

（5）自由空间光交换

自由空间光交换可以看作是一种空分交换，此交换方式在空分复用方面特点显著，尤其是它在 1mm 范围内具有高达 10μm 量级的分辨率，因此此交换方式被认为是一种新型交换技术。

2. 光交叉连接

OXC 是全光网中的核心器件，是用于光纤网络节点的设备，它与光纤组成了一个全光网络。OXC 交换的是全光信号，它在网络节点处，对指定波长进行互连，从而有效地利用波长资源，实现波长重用，也就是使用较少数量的波长，互连较大数量的网络节点。当光纤中断或业务失效时，OXC 能够自动完成故障隔离、重新选择路由和网络重新配置等操作，使业务不中断。OXC 也有空分、时分和波分 3 种类型。

3. 全光中继

全光中继是直接在光路上对信号进行放大传输，用全光传输中继器代替再生中继器。现已开发出半导体光放大器（SOA，Semiconductor Optical Amplifier）和光纤放大器（掺铒光纤放大器（EDFA，Erbium-Doped Fiber Amplifier）、掺镨光纤放大器（PDFA，Praseodymium-Doped Fiber Amplifier）、掺铌光纤放大器（NDFA，Niobium-Doped Fiber Amplifier））。

EDFA 具备高增益、高输出、宽频带、低噪声、增益特性与偏振无关等一系列优点。EDFA 最高输出功率已达到 27dBm，可应用于 100 个信道以上的 DWDM 传输系统、接入网中光图像信号分配系统、空间光通信等。利用光放大器构成的全光通信系统的主要特点是工作波长恰好是在光纤损耗最低的 1.55μm 波长、与线路的耦合损耗很小、噪声低（4～8dB）、频带宽（30～40nm），很适合用于 WDM 传输。

目前光放大器主要采用 EDFA。SOA 虽研制较早，但受噪声、偏振相关性等影响，一直未达到实用化。但是应变量子阱材料的 SOA 研制成功使 SOA 具有结构简单、成本低、可批量生产等优点，人们渴望能研制出覆盖 EDFA、PDFA 应用窗口的 1 310nm 和 1 550nm 的 SOA。

4. 全光信息的放大和再生技术

在光纤通信中，光纤的损耗和色散严重影响通信质量。损耗导致光信号的幅度随传输距离按指数规律衰减，可通过全光放大器来提高光信号功率。于是一种新型的光放大技术就出现了，例如 EDFA 的实用化实现了直接光放大。色散会导致光脉冲展宽，发生码间干扰，使系统的误码率增大。因此，必须采取措施对光信号进行再生。目前，对光信号的再生都是利用光电中继器，即光信号首先由光电二极管转变为电信号，经电路整形放大后，再重新驱动一个光源，从而实现光信号的再生。这种光电中继器具有装置复杂、体积大、耗能多的缺点。而最近出现了全光信息再生技术，即在光纤链路上每隔几个放大器的距离接入一个光调制器和滤波器，从链路传输的光信号中提取同步时钟信号输入到光调制器中，对光信号进行周期性同步调制，使光脉冲变窄、频谱展宽、频率漂移和系统噪声降低，光脉冲位置得到校准和重新定时。全光信息再生技术不仅能从根本上消除色散等不利因素的影响，而且克服了光电中继器的缺点，成为全光信息处理的基础技术之一。

5. 光复用/解复用技术

（1）光时分复用（OTDM，Optical Time Division Multiplexing）

OTDM 是用多个电信道信号调制具有同一个光频的不同光信道，经复用后在同一根光纤传输的扩容技术。OTDM 技术主要包括超窄光脉冲的产生与调制技术、全光复用/解复用技术、光定时提取技术。

① 超窄光脉冲的产生。OTDM 要求光源提供 5～20GHz 的占空比相当小的超窄光脉冲输出，实现的方法有增益开关法、LD 的模式锁定法、电吸收连续光选通调制法及光纤光栅法、超连续光脉冲。

② 全光复用/解复用技术。全光 TDM 可由光延迟线和 3dB 光方向耦合器构成。在超高速系统中，最好将光延迟线及 3dB 光方向耦合器集成在一个平面硅衬底上所形成的平面光波导回路作为光复用器。全光解复用器在光接收端对 OTDM 信号进行解复用。目前已研制出光克尔开关矩阵光解复用器、交叉相位调制频移光解复用器、四波混频开关光解复用器和非线性光纤环路镜式光解复用器。无论采用何种器件，都要求其工作可靠稳定、控制光信号功率低、与偏振无关。

③ 光定时提取技术。光定时提取要求超高速运转、低相位噪声、高灵敏度以及与偏振无关。目前已研制出一种采用高速微波混频器作为相位探测器构成的锁相环路，另外使用法布里-珀罗干涉光路构成的光振荡回路也可以完成时钟恢复功能。

（2）WDM

光 WDM 是多个信源的电信号调制各自的光载波，经复用后在一根光纤上传输，在接收端可用外差检测的相干通信方式或调谐无源滤波器直接检测的常规通信方式实现信道的选择。采用 WDM 技术特别是 DWDM，不仅可以扩大通信容量，而且可以为通信带来巨大的经济效益。1995 年 NTT 进行了 10 个信道、每信道传输速率为 10Gbit/s、中继间距为 100km、传输距离为 600km 的全光传输试验，系统容量高达 60Tbit/s。1996 年 NEC、AT&T、富士通 3 个公司进行了总容量超过 1Tbit/s 的 WDM 试验（NEC：20Gbit/s×132 信道——120km；富士通：20Gbit/s×55 信道——150km；AT&T：40Gbit/s×25 信道——55km）。1997 年年初，总容量为 40Gbit/s（2.5Gbit/s×16 信道）的 WDM 系统已投入商用。目前，大部分公司的 DWDM 系统都是以 2.5Gbit/s 为基本速率的，仅加拿大北电网络等少数公司以 10Gbit/s 为基本速率。北电（Nortel）的 8×10Gbit/s 系统已用于美国 MCI 公司的网络。泛欧运营商 HER 公司采用 Ciena 公司的 40×2.5Gbit/s 系统。Williams 公司将为 Frontier 在休斯顿、亚特兰大等地的网络提供 16×10Gbit/s 的 DWDM 系统。目前，国内武汉邮电研究院的 8×2.5Gbit/s WDM 系统已用于济南—青岛工程。

（3）OADM

OADM 具有选择性，可以从传输设备中选择下路信号或上路信号，也可仅仅通过某个波长信号，同时不影响其他波长信道的传输。特别是 OADM 可以从一个 WDM 光束中分出一个信道，并且一般是以相同波长往光载波上插入新的信息。OADM 在光域内实现了 SDH 中的分插复用器在时域内完成的功能。对于 OADM，在分出口和插入口之间以及输入口和输出口之间必须有很高的隔离度（>25dB），以最大限度减少同波长干涉效应，否则将严重影响传输性能。已经提出了实现 OADM 的几种技术：WDM 解复用和复用的组合、光循环器件或在 Mach-Zehnder 结构中的光纤光栅、用集成光学技术实现的串联 Mach-Zehnder 结构和干涉滤波器。前两种方式使隔离度达到最高，但它们需要昂贵的设备，如 WDM MUX/DE MUX 或光循环器。Mach-Zehnder 结构（用光纤光栅或光集成技术）还在开发之中，并需要进一步改进以达到所要求的隔离度。上面几种 OADM 都被设计成以固定的波长工作。

6. 全光网的管理、控制和运作

全光网对管理和控制提出了新的问题：①现行的传输系统（SDH）有自定义的表示故障状态监控的协议，这就存在着网络层必须与传输层一致的问题；②由于表示网络状况的数字信号不能从透明的光网络中取得，所以存在着必须使用新的监控方法的问题；③在透明的全光网中，有可能不同的传输系统共享相同的传输媒质，而每一不同的传输系统会有自己定义的处理故障的方法，这便产生了如何协调处理好不同系统、不同传输层之间关系的问题。一般来说，网络的控制和管理要比网络的实现技术更具挑战性，网络的配置管理、波长的分配管理、管理控制协议、网络的性能测试等都是网络管理方面需解决的技术。

对光放大器等器件进行监视和管理一般采用额外波长监视技术，即在系统中再分插一个额外的信道传送监控信息。而光监控技术采用 1 510nm 波长，并且对此监控信道提供检错和纠错的保护路由，当光缆出现故障时，可继续通过数据通信网传输监控信息。

8.1.5　全光联网器件及其发展

全光联网器件主要分为有源光器件、无源光器件和光子集成器件三大类。

1. 光有源器件

光有源器件包括激光器、光电探测器、光放大器。全光网中常用的是半导体激光器和光纤激光器。目前研究较多并具发展前景的是垂直腔面发射激光器、量子阱激光器、可调谐光纤光栅分布反馈式（DFB）激光器、共振腔 Si 基和 InGaNAs 基可调谐窄带探测器。光纤放大器的主要产品有掺铒光纤放大器（EDFA）、掺镨光纤放大器（PDFA）和光纤拉曼放大器。

2. 光无源器件

光无源器件按功能分为光连接器、耦合器、光开关、光衰减器、光隔离器、波分复用与解复用器件、光调制器件、光编码器件、光交换器件、光存储器件、光逻辑器件；按结构类型分为光纤器件、光纤光栅器件、平面波导器件、微光电机械器件、集成器件。

（1）光连接器

光连接器品种甚多，按插孔的结构形式分有 O 型、C 型和 V 型等；按光纤种类和芯数分有多模、单模光纤连接器，多芯、单芯光缆连接器等；按应用场合分有通用式、现场装配式、密封式和穿墙式等。通用的多模单芯光缆连接器的插入损耗一般为 0.5~1dB。单模光纤连接器的最低插入损耗可达 0.3dB。

（2）光定向耦合器

根据结构和工艺的不同，光定向耦合器可分为拼接式、拉锥式、棱镜式、平面式等，主要用于单线双向传输及数据网等。

（3）星形和 T 形耦合器

耦合器有星形和 T 形耦合器之分。星形耦合器按其对称性又可分为 1×n 型和 n×n 型等。按结构与工艺的不同，星形耦合器可分为拉锥式、搅模棒式等。将能量耦合到同一边光路的称为反射式星形耦合器；将能量耦合到另一边光路的称为非反射式星形耦合器。星形耦合器主要用于星形光纤网络。T 形耦合器是使两个端机接到一个主传输线路上去的器件，主要结构和参数与星形耦合器相同，主要用于母线网络。

（4）光开关器件

光开关是大型分组/包交换系统的核心器件和决定网络性能的关键器件。一般有机械开关、矩阵光开关、热光开关、硅开关、电光开关、声光开关、全息光栅开关、半导体光逻辑门、波导开关、马赫-曾德干涉仪型开关、喷墨气泡光开关、液晶光开关和微机械等光开关。机械开关在插损、隔离度、消光比和偏振敏感性方面都有很好的性能。但它的开关尺寸比较大，开关动作时间比较长，一般为几十毫秒到毫秒量级，而且机械开关不易集成为大规模的矩阵阵列。波导开关的开关速度在毫秒到亚毫秒量级，体积非常小，而且易于集成为大规模的矩阵开关阵列，但其插损、隔离度、消光比、偏振敏感性等指标都比较差。微机械技术利用机械开关的原理，但又能像波导开关那样集成在单片硅基底上。因此它兼有机械光开关和波导光开关的优点，同时克服了它们所固有的缺点。光开关的应用范围主要有保护倒换功能、网络监视功能、光器件的测试功能、光信号的上下路功能、网络故障愈合功能。未来的光开关对交换速度提出更高的要求（纳秒数量级）。大容量、高速交换、透明、低损耗的光开关将在光网络发展中起到更为重要的作用。

（5）光衰减器

它是使光路的光能按一定比例衰减的器件。光衰减器的主要类型有光可变衰减器（连续可变光衰减器，分档可变光衰减器）和光固定衰减器。

（6）光隔离器

它是一种互易性光无源器件，在它的工作波长范围内，对正向传输光损耗很小，对反向传输光损耗很大。光隔离器的主要类型有偏振相关型和偏振无关型，偏振无关型又可分为单级型和双级型。光隔离器根据应用又可分为在线型和微型化型。

（7）波分复用和解复用器

波分复用器是使两个或两个以上不同波长的光载波共用一个光路的器件，按色散元件分有棱镜式、光栅式和干涉模式等。波分解复用器是使共用一个光路的不同波长的多个光载波分到各自光路中去的器件。

（8）光调制器

它是一种改变光束参量传输信息的器件，这些参量包括光波的折射率、吸收率、振幅、频率、位相或偏振态。它所依据的基本理论是各种不同形式的电光效应、声光效应、磁光效应、Frang-Keldgsh 效应、量子阱 Stark 效应、载流子色散效应等。目前常采用电光调制器和声光调制器，有时也采用磁光调制器、吸收调制器和干涉调制器。

（9）光编码器

它的作用是产生相应的地址码序列。光解码器起匹配相关器的作用，它将来自特定发送机的数据恢复。

（10）光交换器件

光交换器件主要包括可调谐光器件（可调谐滤波器、可调谐激光器、可调谐波长变换器、波长可调谐光探测器、可变光衰减器）、波长变换器、波长选择器、路由选择器（模块）等。目前在全光波长变换的多种技术（包括交叉增益调制、交叉相位调制、四波混频、非线性光学环镜）中最有前途的全光转换器是在半导体光放大器（SOA）中基于交叉相位调制原理集成 Mach-Zehnder 干涉仪（MZI）或 Michelson 干涉仪（MI）而构成的宽带波长转换器，它被公认为是实现高速、大容量光网络中波长转换的理想方案。

（11）光缓存器

它是实现光信号存储和逻辑运算的器件，由光延迟线和光开关完成。

（12）光逻辑器件

光信号在传输与交换过程中要进行各种逻辑运算，较成熟的光逻辑器件有对称型自电光效应器件、基于多量子阱 DFB 的光学双稳态器件、基于光学非线性的与门等。

光无源器件的主要技术指标包括插入和反射损耗、工作带宽、带内起伏、功率分配误差、波长隔离度、信道隔离度、信道宽度、消光比、开关和调制速度等。不同器件技术指标要求不同，但绝大多数这类器件都要求插入损耗低、反射损耗高、工作频带宽等。

3. 光子集成器件

光子集成器件主要是指光路集成器件和实用化光电子集成模块等。它主要包括光发射机、光接收机和光收发机。光发射机是由激光二极管、发光管及驱动电路构成的，光源与驱动电路及探测器集成。光接收机器件主要由探测器与电子放大电路（晶体管放大器）构成。光接收机的发展趋势是高数字速率和宽频带响应。光收发机是高带宽光通信网络的一个关键器件，网络中每个节点、路由器或交换机每个端口都要用到光收发机。光收发机将光发射器件、光接收器件和放大电路器件集成在一起，兼有光发射、接收和放大功能。

4. 全光联网器件的发展

全光网络的实现依赖于光器件技术的进步，呼唤着功能更全、指标更先进的光器件。但是，光器件的制作工艺又特别复杂，涉及到机械加工、成型工艺、精密光学加工、激光加工、材料加工和半导体工艺等工艺技术。因此，寻求更新、更先进的工艺技术是发展光器件的重要课题。未来的高速、大容量全光网络系统需要重点解决高速光传输、复用与解复用技术、光分插复用技术、光交叉互连技术、集成阵列波导器件、光波导开关集成面阵、高性能集成探测器和集成光源技术等技术。而 OADM 和 OXC 是光网络得以实现的关键设备。使用光滤波器件或光开关可以很容易构成 OADM。

目前的研究重点主要集中在对多波长网络中实现端到端透明光通过的关键网络部件及支撑技术的研究，包括新型的可调谐光发射模块、适用于动态路由的宽带光纤放大器、波长变换器、可调谐滤波器、MEMS 开关阵列和阵列波导光栅路由器件和光层的保护恢复、动态路由等技术。

总之，光器件的发展过程可归结于以下几条主线。①纤维光学和集成光学共同发展，互为补充。②分离器件和集成化器件将长期共存，但发展趋势是集成化。③光波导理论和电磁波理论是构成光无源器件的理论基础。④高、精、尖的加工技术是光器件的基本保证。要发展光器件，必须加强工艺技术的提高。⑤寻找新的光器件所需的新型光学材料。⑥在光域中进行网络的优化、路由、保护和自愈就变得越来越重要了。

8.2 智能光网络

8.2.1 智能光网络的概念

智能光网络是一种以软件为核心的，可实现自动完成网络带宽分配和调度的新型网络。它引入了动态交换、信令与策略驱动控制的概念，特别是引入了业务层与传送层之间的自动协同工作机制。智能光网络的重要任务是定义一个通用标准的控制面来高效地控制网络资源。它的优势集中表现在组网应用的动态、灵活、高效和智能方面。智能光网络的出现使光网络从传统的"管道网络"向"服务网络"演变，从被动的网络管理（监控）向主动地控制网络演变。

在光网络中引入智能特性的主要好处有：提供了灵活、安全的 Mesh 组网、业务路径优化、业务调度、业务可恢复性和差异化的业务服务；提高了网络生存性、带宽利用率和网络可扩展性；缩短了业务建立、带宽动态申请和释放的时间；简化了网络管理；加快了端到端的业务提供、配置、拓展和恢复速度；减少了组网成本和维护管理运营费用；网络资源、拓扑可自动发现；带宽可动态申请和释放；网络负载自动均衡和优化；最终实现不同网络，不同厂家互连、互通；还可以引入新的增值业务类型和新商业模式，如按需带宽、带宽出租、批发、贸易、分级的带宽业务、动态波长分配租用业务、光拨号业务、动态路由分配、光虚拟专用网、业务等级协定等，使传统的传送网向业务网方向演进。

8.2.2 智能光网络的体系结构

智能光网络采用分层体系结构，将使未来网络出现 3 个平面：数据/传送平面、管理平面和控制平面，最终实现由业务层提出带宽需求，通过标准的控制平面来使传送平面提供动态自动的路由，控制面可以通过信令 UNI/NNI 接口的方式或通过管理系统接口的方式来实现，而网络管理平面将仍然对全网进行管理，图 8-7 所示为智能光网络的网络结构。

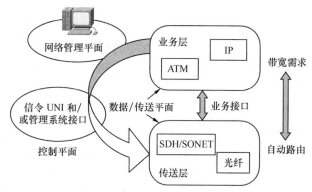

图 8-7   智能光网络的体系结构

1. 传送平面

传送平面由交换实体的传送网网元组成，主要完成连接/拆线、交换（选路）和传送等功能，为用户提供从一个端点到另一个端点的双向或单向信息传送，同时，还要传送一些控制和网络管理信息。目前，传送网中的"智能"只集中在统一的网管上，而构成传送网主体的网元则只是一些被动的调度单元，这些"智能"主要通过智能化的网元光节点来体现。一般认为，这些网元是一些具有 OXC 结构的波长路由器，并具备 MPLS 信令功能。这种结合了第三层 IP 路由与第一层光交换功能的网元可对路由选择功能和转发功能进行分离。

2. 控制平面

光网络智能化的关键之处就在于同现有的传送网络相比，引入了一个控制平面。ASTN/ASON 智能光网络内的呼叫控制和连接控制的功能都是由控制平面完成的。控制平面由信令网络支持，由多种功能部件组成，包括一组通信实体和控制单元（光连接控制器）及相应的接口。这些功能部件主要用来调用传送网的资源，以提供与连接的建立、维持和拆除（释放网络资源）有关的功能。这些功能中最主要的就是信令功能和路由选择功能。

控制平面接口的主要功能是用于实现控制平面与上层用户之间、控制平面内部各功能实体之间以及控制平面与传送平面、管理平面之间的连接。控制平面涉及的接口主要有 5 种，即用户网络接口（UNI）、外部网络节点接口（E-NNI）、内部网络节点接口（I-NNI）、连接控制接口（CCI）和管理平面与控制平面之间的接口（NMI-A）。

控制平面的核心功能是连接控制功能，它实际上是控制平面对传送平面的智能化操作。完成光网络连接的方式有以下 3 种。

① 指配方式。这种方式由用户网络通过 UNI 直接向管理平面提出请求，通过网管系统或人工手段对端到端连接通道上的每个网元进行配置。在由网管系统实现连接时，需要利用接入网络的数据库，由管理平面计算路由，找出最适宜的路由并分配波长后，直接向传送平面发送连接建立消息来实现各网元的连接。该连接方式不与控制平面发生任何关系。目前的传送网就是采用这种"交叉"连接的方式，其特点是静态的。

② 信令方式。这种方式的连接过程是由通信的终端系统（或连接端点）向控制平面发起请求命令，再由控制平面通过信令和协议来控制传送平面建立端到端的连接。这种方式类似于 PSTN 基于"交换"的动态连接方式，因此又称为交换连接方式。这种方式是实现光网络智能化的重要手段。

③ 混合方式。这种连接方式介于上述两种方式之间，即在网络的边缘，由网络提供者提供永久性连接，该连接由管理平面来实现；在网络边缘的永久性连接之间提供交换的连接，该连接由控制平面来实现，是通过网络产生的信令和选路协议完成的，并取决于 NNI 的定义。由于这种方式的连接没有定义 UNI，所以又称为软永久性连接。

这 3 种连接方式的区别是由谁发起连接建立的请求。指配方式连接建立请求是由网络运营者发起的，信令方式连接建立请求是由终端用户发起的，这时，必须支持第三方信令通过 UNI。另外，这 3 种方式中，仅交换连接方式和软永久性连接与信令和路由有关。

另外，涉及智能光网络控制平面的关键技术还包括网络拓扑和资源的自动发现、智能化的光路由和波长分配算法、各种不同业务的接入和整合技术、光管理信息的编码和分发、网络生存性策略和自动保护恢复等。

3. 管理平面

管理平面对控制平面和传送平面进行管理，在提供对光传送网及网元设备进行管理的同时，实现网络操作系统与网元之间更加高效的通信功能。管理平面的主要功能是建立、确认和监视光通道，并在需要时对其进行保护和恢复。由于 ASTN/ASON 在传统光网络的基础上新增了一个功能强大的控制平面，这给智能光网络的管理带来了一些新的问题，这些问题集中表现为以下 3 个方面。

① 路径管理功能。该项功能要求在多运营商环境下，必须统一规范路径建立控制结构，即对控制平面的同一管理域内及不同管理域之间光通路的建立进行统一的规范。

② 命名和寻址。由于命名和寻址涉及用户和业务提供者域名间以及层网络名间的翻译和转换，因此在 ASON 环境下，命名和寻址的要求主要有名的独立性和名的唯一性。

③ 网管平面与控制平面的协调问题。由于智能光网络的 3 种连接类型有的是由网管系统建立的，有的是由信令系统动态建立的，有的则是由两者共同合作建立的，因此需要研究这两个平面之间的结合问题。此外，这两个平面都要维护一定的网络状态信息，它们之间如何协调和配合也是一个重要的研究课题。目前，ITU-T 等组织还没有给出任何与网络管理方面相关的内容，但业界倾向于采用基于 CORBA 技术实现域间的网络管理方案。

8.2.3 智能光网络中的关键技术

智能光网络中的若干关键技术支撑和决定着智能光网络性能的优劣，在智能光网络中它们起着极为重要的作用，以下讨论几个智能光网络中极为关键的技术。

1. 智能光网络中的节点技术

光节点提供端到端的光通道连接和分插复用，对光通道进行优化配置和动态业务疏导，实现支撑骨干业务网的流量工程，实现网络的保护与恢复。光节点的主要功能如下。

① 连接和带宽管理、提供光信道的连接和波长上/下路功能，迅速提供端到端业务。

② 波长整形，提高所建立的基础设施的服务质量。

③ 多业务接口，从 2.5Gbit/s 到 40Gbit/s 业务的平滑增速，降低网络成本。

④ 在波长层面的保护和恢复，以较低成本最大限度地提高骨干网的效率和可靠性。

⑤ 动态分配波长，在波长层面选择路由和互连。

⑥ 将光节点与核心路由器耦合，为数据网中波动的带宽需求提供高效解决办法。

⑦ 新业务提供，如波长批发、波长出租、带宽贸易、按使用量付费、光拨号。

根据规定，智能交换光网络节点支持如下 3 种连接方式。

① 永久连接。它是一个由管理系统规定的连接类型。

② 软永久连接。它是一个用户到用户的连接，端到端连接的用户到网络部分是网络管理系统建立的；端到端连接的网络部分是由管理平面发起请求，通过控制平面建立的。

③ 交换连接：是指由端用户提出请求，利用信令/控制平面在端用户之间建立的任何连接。

光节点的交换结构是实现输入和输出参量之间对应关系的连接性的表示。

以 OXC 结构为例，已经提出了几十种交换结构，可以归纳为 6 类：整体交换结构、三级 Clos 网络交换结构、分波交换结构、独立交换结构、对称交换结构、自由扩展交换结构。对于以上结构，可采用多颗粒度的交换结构进行分级处理，以适度降低交换结构的规模。一般有如下四级颗粒度：第一级颗粒度（光纤级或群路的交叉连接）；第二级颗粒度（波段级的交叉连接）；第三级颗粒度（波带级的交叉连接，将若干个波长，如 4 或 8 波，分为一组，称为波带，进行波带级的处理）；第四级颗粒度（波长级）。

2. 光通路路由状态监测技术

OTN 中光通路路由状态监测是指对进入节点的光通路的路由状态进行监测，要求完成的功能有：确定该光通路是否连通；是否按照要求正确地配置光通路的路由；如果没有连通，故障点在何处；如果没有正确配置，问题出在什么地方。

智能光网络光通路路由状态监测对 OTN 具有重要意义。首先它完成光通路的连通性检查，在发生光通路阻断的情况下负责故障定位；第二，监测光通路实际的路由状态配置是否与管理者的要求一致；第三，在发生路由配置错误的情况下，担负起故障定位的职责。

现在发展起来的智能光网络光通路路由状态监测技术主要分为 3 大类。

（1）间接监测法。此类方法通过监测节点中各开关部件的状态来间接监测节点的路由状态。它要求节点中的开关部件能够提供开关的状态信息，开关状态和路由状态之间的转化通常由软件完成，软件的可靠性和正确性保证了转化的可靠性和正确性。在将开关状态转变为节点光通路路由状态时，还需要知道不同开关间的拓扑连接关系。

（2）节点内的标记、监测和去标记法。此类方法的基本思想是在节点的入口处给进入节点的各光通道打上标记；在节点内设定的监测点对标记进行提取以实现监测功能；在节点的出口将标记去除。有了唯一的标记，各种监测功能自然就能完成。

（3）全网范围的标记、监测法。此类技术的基本思想是给光通道打上一个唯一的标记，在网络的各监测点根据这一标记来确定光通路的路由状态。在局限于节点内的监测技术中，标记是某个特定的频率，这显然导致了标记资源的匮乏，在全网范围的标记法中就不能采用此类技术。现在，一般的做法是采用编码方法，用不同的编码来标记不同的光通路。此类技术的难点在于如何将编码标记打在光通路上，如何在途中提取标记。根据标记加载方法的不同，可以分为电域标记法、副载波标记法和 pilottone 法。

① 电域标记法。该方法与以前的通信网做法类似，利用 OTN 提供的网管开销字节，在电域进行光通路的标记加载。其代表技术就是数字包封（digital wrapper）。

② 副载波标记法。将标记用副载波的方式与信息通道一起复用起来进行传输。

③ pilottone 加载标记法。它的基本原理是在载荷信息幅度调制的基础上，加上 1 个浅调制深度的低频幅度调制。这也是监控信道加载技术，不仅可以用来进行标记加载，也可以有其他用途。由于它处在低频端，监控信道的容量就不会很高，通常在千比特每秒的水平。本方法依然保持了副载波方法的全光性和标记、信息的天然捆绑性。

3. 大容量交叉矩阵

开发 OXC 的核心技术是大容量的交叉矩阵，这种矩阵的交换功能可以是电实现或光实现。如果交换结构是纯电的，交换连接为 DXC，需 O-E-O 变换、执行再生、整形和再定时功能。如果 OXC 交换结构是纯光的，则是光子交叉连接。如果交换的颗粒是波长，则称之为波长路由交换（WRS，Wavelength Route Switch）或波长路由器，使用 WRS 建立光通道踪迹，称为路由和波长分配（RWA，Routing and Wavelength Assignment）问题。也有的 OXC 兼具电和光的交换能力，一些信道在光域交换以后，还要在电域进行亚波长交换。

在以后核心网的应用中 OXC 将占主要地位，其实现技术便是大容量的光交叉矩阵（大于 1 024×1 024）。大交叉矩阵用 1×2 或 2×2 的机械光开关级联的方式是实现不了的，为此出现了新的光开关技术——微电子机械系统，它具有以下特点：可支持多达 1～152 对输入输出端口，突破了运营商需求的最低值规模；真正实现了全光的网络，从而具有保证满足将来需求的能力；是真正的交换而不是自动接线板，在该系统中输入输出端口完全在信令指挥下于 50ms 内自动建立；端口密度极高，所占空间是其他光交叉连接系统的 3/4。

智能光网络的硬件光交叉，是采用新技术实现全光 OXC 一种方向。如朗讯公司的 Lamb-da Router，该波长路由器基于贝尔实验室的微机械专利技术，使用 256 个精微的光反射镜对光信号进行路由选配，而无需像现在这样先将光信号转换为电信号。它能够在点到点连接的两个节点间迅速建立一条虚光通路。用 256 个信道支持 SONET/SDH 标准，每个接口速率可达 40Gbit/s，并提供网络恢复功能，支持基于 Mesh 的光网络，能够与 ATM 交换机、与 IP 路由器互连。波长路由器被认为是波长颗粒度和 IP 网智能的结合。同时，采用光—电—光的手段来实现大容量的光波长交叉 OXC 也是一种手段。如思科的 S15900 系统，支持 256 个 OC-48 接口，交换矩阵容量为 640Gbit/s，并可以无阻塞地升级到 160Tbit/s，该系统能支持 1+1 的倒换。Mesh 网中端到端的波长路由恢复时间也在 50ms 以内。

4. 通用多协议标签交换

随着光网络承载业务的 IP 化及网络控制平台的 IP 化，通用多协议标签交换（GMPLS，Generalized Multiple Protocol Lable Switching）是智能光网络发展的必然产物。在 GMPLS 的体系结构中，没有语言的差异，只有分工的不同，GMPLS 就是各层设备的共同语言。GMPLS 统一了各层设备的控制平面。

与传统的 MPLS 协议相比，GMPLS 有以下几个新的特点。

① 使用带外控制信道。

② 支持广义标签，即时隙标签、波长标签、光纤端口标签和波段交换标签。

③ 支持广义标签交换路径，可实现标签交换路径嵌套。

④ 允许建立双向标签交换路径，必须起始和终结于类似的设备或相同的层次上，在每一个方向上具有相同的流量工程要求。

⑤ 采用受限的最短路径优先的选路，将 MPLS 流量工程所定义的两个信令协议扩展为 RSVP-TE 和路由受限-标签分配协议（CR-LDP，Constrained Routing Label Distribution Protocol），并同时扩展了两个域内流量工程的路由协议，即 OSPF-TE 和 IS-IS-TE。

⑥ 引入了链路绑定的概念，以减少维护路由和信令协议中庞大的链路状态信息。

⑦ 将标签交换路径携带的净荷类型扩展至 SDH、1Gbit/s 或 10Gbit/s 以太网帧信号。

⑧ 采用相邻转发方式。

⑨ 允许上游节点提议请求建立。

⑩ 由下游节点来限制标签范围。

⑪ 标签交换路径在目的侧选择端口。

⑫ 将控制平面与转发平面分开。

⑬ 在低层中创建的标签交换路径可以构成应用于高层中的标签交换路径。

在以后一段时间内，重点需要研究并实现面向业务应用、高速宽带传送与网络融合的新一代智能化光网络。研究内容主要包括：NGN 中的动态灵活光网络与互联互通，新型的光互联网体系结构，面向业务的融光交换、光信息处理和光存储为一体的光节点结构，高性价比的光接入模块与光纤到家庭新技术，高速可调谐波长光波技术与光波资源利用机制，光子网格体系结构与中间件技术，新型光交换与光互联技术，纳米光电子技术，光子晶体应用技术，光网络的可管理性、应用的便捷性及与其他网络的融合性等。

8.3　自动交换光网络

8.3.1　自动交换光网络的基本概念

1. 自动交换光网络的定义

所谓 ASON 是以现有传送网络为基础，再引入动态交换的概念，在网元中实现一定的智能，在信令和路由协议控制下，由网元和控制平面动态地、自动地完成光传送、连接和交换的传输和控制功能，完成端到端光通道的建立、拆除和修改，实现网络资源实时和动态的按需分配，从而使光网络变成为可运营管理的网络。并且当网络出现故障时，能够根据网络拓扑信息、可用的资源信息、配置信息等动态地实现最佳恢复路由。

关于 ASON 的概念，有两点值得关注。

① ASON 中的"自动交换"的含义主要是指在 ASON 中高度智能化的控制平面根据网络运行的种种需要，遵循标准化的协议所引起的交叉或交换。

② ASON 并非意味着一定要是全光网络，并不只有在全光网络中才能实现 ASON。ASON 的传送平面可以是全光的，也可以是包含光/电/光转换的传输，这里"交换"的颗粒不仅可

以是光交换或者光波长交换，还可以是 n 级虚容器交叉。

2. 自动交换光网络的特点

与现有的光传送网技术相比，ASON 具有以下特点。

① 在光层上实现动态按需业务分配，可根据业务需要提供带宽，是面向业务的网络。

② 完善的网络生存技术，高效、灵活、可靠的保护与恢复能力，可根据客户层信号的业务等级（QoS）来决定所需的保护等级。

③ 具有分布式处理功能，通过分布式的信令/协定实现网络智能化的控制。

④ 与所传送客户层信号的比特率和协议相独立，可支持多种客户层信号。

⑤ 实现了控制平台与传送平台的独立，具有良好的设备互操作性和网络可扩展性。

⑥ 网元具有智能性，实现了数据网元和光层网元的协调控制，将光网络交流资料和数据业务的分布自动地联系在一起。网络可根据业务需求，实时动态地调整网络逻辑拓扑，以避免拥塞，实现资源的"按需分配"。

⑦ 与所采用的技术相独立。

⑧ 链路管理、连接进入控制和业务优先级管理，包括优先级控制、流量控制和管理。

⑨ 路由选择包括自动路由计算和确定及路由发现。

⑩ 支持各种带宽的交换和管理，为新型宽带网络服务铺平了道路。

⑪ 具备自动资源发现功能，如地址发现、邻接发现、拓扑发现、业务发现等。

3. 自动交换光网络的现状与发展趋势

自 ASON 的概念由 Q19/13 研究组正式提出以来，在美国和英国的支持下，ITU-T 版本 7 的 G.ason 已经公开。目前进行 ASON/ASTN 标准研究工作的国际标准组织和准标准组织有 ITU-T、OIF、IETF、光域业务互连（ODSI, Optical Domain Service Interconnect）和 IEEE 802.3ae 等，这些组织分别侧重于 ASON/ASTN 的不同领域以形成一个统一的通用 ASTN 标准，并由此开发控制平面（CP, Control Plane）机制。其中，ITU-T 和 OIF 的工作涉及网络控制、信令和物理层方面的协议规范；IETF 和 ODSI 的工作主要集中在网络控制和信令方面。目前的标准主要是规范通用要求，并没有特别规定采用某一种协议。例如，就 ASTN/ASON 最重要的选路和信令而言，各种现有的选路和信令协议都有可能作为基础，如 PNNI、OSPF、中间系统—中间系统（IS-IS, Intermediate System to Intermediate System）、CR-LDP、资源预留协议（RSVP, Resource ReSerVation Protocol）、光网关协议（OGP, Optical Gateway Protocol）等。目前，业界倾向于采用已经比较成熟规范的 IP 选路协议（如 OSPF 和 IS-IS）进行修改和扩充来实现拓扑发现，而由 MPLS 信令协议（CR-LDP 和 RSVP）进行修改和扩充来完成自动连接指配功能。有些早期的非标准 ASON 产品已经问世并开始了网络运行。

在 CP，ITU-T 除了有关总体结构的建议 G.astn 和 G.ason 外，其主要精力放在了 G.dcm、G.ndisc 和 G.sdisc 上。其中 G.dcm 表示分布式连接管理（DCM, Distributed Connection Management），该建议主要涉及信令方面，如属性规范、消息栈、接口要求、DCM 状态图及互通功能。G.ndisc 和 G.sdisc 分别表示通用自动相邻节点发现（AND, Automatic Near-Node Discover）和通用自动业务发现（ASD, Automatic Service Discover），这两个建议主要涉及为协助 DCM 而需要的自动相邻节点发现和自动业务发现的规范，目标是提供协议中性的属性表示、消息栈和业务发现机制等。ITU-T 的 ASON 的系列标准如图 8-8 所示。

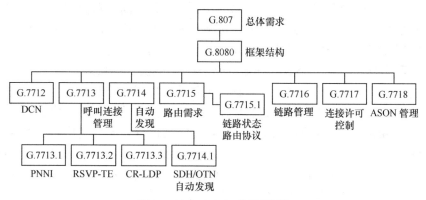

图 8-8 ITU-T ASON 的系列标准

8.3.2 自动交换光网络的体系结构

下面从 ASON 的层次结构和功能结构两个角度介绍 ASON 的体系结构，从水平方向对全球 ASON 进行分割是 ASON 的层次结构；从垂直方向对网络进行分解是 ASON 的功能结构。

1. 自动交换光网络的层次结构

图 8-9 所示是 ASON 的层次结构。ASON 在结构上采用了层次性的、可划分为多个自治域的概念性结构。此结构可以允许设计者根据多种具体条件限制和策略要求来构建一个 ASON。在不同自治域之间的互作用是通过标准抽象接口来完成的，而把一个抽象接口映射到具体协议中就可以实现物理接口，并且多个抽象接口可以同时复用在一个物理接口上。

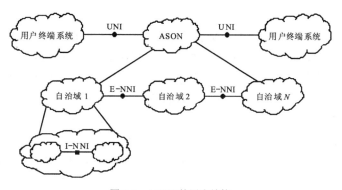

图 8-9 ASON 的层次结构

引入自治域的概念使 ASON 具备了良好的规模性和可扩展性，这保证了将来网络的平稳升级。标准接口的引入使多厂商设备的互联互通成为可能。

（1）UNI

UNI 是用户与网络间的接口，是不同域、不同层面之间的信令接口。通常在这个接口传递的信息包括呼叫控制、资源发现、连接控制和连接选择。UNI 不支持选路功能，主要任务包括连接的建立、连接的拆除、状态信息交换、自动发现和实现用户业务传送。

（2）外部网络节点接口（E-NNI，Exterior Network Node Interface）

E-NNI 是属于不同管理域且无托管关系的控制面实体之间的双向信令接口。E-NNI 接口信令将屏蔽网络内部的拓扑等信息，它支持选路功能。通过这个接口信令，ASON 可以被划分为几个子网管理域，E-NNI 可以实现这几个域间的端到端的连接控制。

（3）内部网络节点接口（I-NNI，Interior Network Node Interface）

I-NNI 是属于同一管理域或多个具有托管关系的管理域的控制面实体之间的双向信令接口。该接口重点规范的是信令与选路，提供网络内部的拓扑等信息，所传递的信息将被用来进行选路和确定路由。通过这个接口信令，ASON 可实现域内的端到端的连接控制。

可见，ASON 可通过 E-NNI、I-NNI 的引入使 ASON 具备良好的层次性结构。通过 E-NNI 来传递网络消息，可以满足不同自治域之间的消息互通的要求；通过对外引入 I-NNI，就能屏蔽网络内部的具体消息，保证了网络安全性的需求。

2. 自动交换光网络的功能结构

在此结构中，传统的光传送网管理体系被基于管理平面、控制平面和信令网络的新型多层面管理结构所替代。其总体结构由传送平面（TP，Transport Plane）、CP、管理平面（MP，Management Plane）组成，如图 8-10 所示。

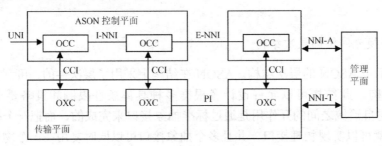

图 8-10　ASON 的功能结构

TP 负责业务的传送，但这时传送层的动作却是在 MP 和 CP 的作用之下进行的；MP 在结构中是作为高层管理者的作用出现的，在 MP 中存在着 3 个管理器，分别是 CP 管理器、TP 管理器和资源管理器，这 3 个管理器是实现管理平面同其他平面之间实现管理功能的代理；CP 通过信令的交互完成对用户平面的控制。用户平面用于转发和传递用户数据。这就构成了一个集成化管理与分布式智能相结合、面向运营者（MP）的维护管理需求与面向客户层（CP）的动态服务需求相结合的综合化光网络管理方案。

ASON 由请求代理（RA，Request Agent）、光连接控制器（OCC，Optical Connection Controller）、管理域（AD，Administrative Domain）和接口 4 类基本网络结构元件构成。其中 RA 通过 OCC 协商请求接入 TP 内的资源；OCC 的逻辑功能是负责完成连接请求的接受、发现、选路和连接；管理域所包含的实体不仅包含在管理域，而且也分布在传送平面和管理平面；接口主要完成各网络平面和功能实体之间的连接。

3. 自动交换光网络的控制平面

ASON 的这种分布式管理是通过智能化的分布式控制软件平台来实现的。控制平面应该是可靠的、可扩展的和高效的，原则上能适用于不同技术、不同业务需要和不同的功能分布。

因此控制平面结构应将技术有关方面与技术无关方面隔离开，同时可以将控制平面划分为不同的元件，允许厂家和业务提供者决定这些元件的具体位置以及元件的安全和策略控制。控制平面包括资源发现、状态信息传播、通道选择和通道管理等元件，这些相互无关的功能元件协同工作形成一个完整的控制平面，如图8-11所示。

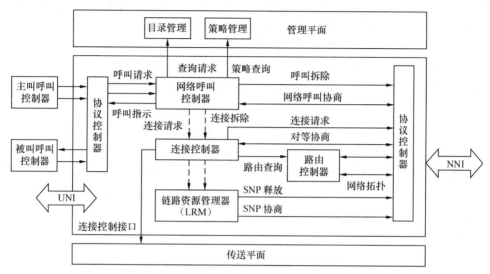

图 8-11　ITU-T 定义的控制平面组件

控制平面是 ASON 技术的核心部分。控制平面并不是要代替目前的网管系统，它的主要工作是实现对业务呼叫和连接的有效实时配置和控制，而未来的网管系统将提供性能检测和管理，两者是相辅相成的。控制平面中的功能块之间的通信是通过标准的接口信令方式实现的。这些接口代表了控制平面实体间的逻辑关系并且由跨越这些实体间的信息流来规定。因此可以说，ASON 的具体实施的关键是对接口的定义和具体接口之间的协议方案。这些接口可以灵活地支持不同的网络模型和网络连接。

4. 自动交换光网络控制平面的主要功能

ASON 控制平面的主要目的是简化传送层网络内的快速、有效的连接配置以支持交换连接和软永久连接，对已经建立呼叫的连接进行重配置、修改和恢复等。其主要功能有呼叫控制、呼叫许可控制、连接控制、连接许可控制、路由选择功能、协议控制功能、链路资源管理等。

ASON 控制平面支持基于用户请求的交换连接和基于管理请求的软永久连接的建立和拆除。在 ASON 中，呼叫和连接控制是分开处理的，这样可以减少中间连接控制节点的冗余呼叫控制信息，去除解码和解释全部消息及其参数的负担，因此呼叫控制可以仅仅在网络入口或在网关和网络边界处提供，中间网元仅仅需要提供一定的程序来支持交换连接。

① 呼叫控制。呼叫控制是用来控制连接建立、释放、修改和维护而存在于一个或多个用户应用和网络之间的信令联系。呼叫控制用来保持实体之间的联系。

② 呼叫许可控制。发端呼叫许可控制负责确认用户名的有效性和提供合适的参数。终端呼叫许可控制负责确认被叫方有权接受此呼叫，此确认是基于主叫方与被叫方的协议合约

进行的。

③ 连接控制。连接控制负责对所有连接的控制。连接控制与链路控制是息息相关的。所有的连接控制都是通过与建立和释放连接及连接状态维护相关的协议来执行的。

④ 连接许可控制。连接许可控制用来确定链路上是否有足够的资源以接纳新的连接请求。如果成立，则允许处理该连接请求，否则通知连接请求发起者该连接被拒绝。连接可能会因为没有足够的空闲资源被拒绝，也可能因为优先级或其他策略而被拒绝。

⑤ 路由选择功能。路由是控制平面为建立通过一个或多个运营者网络的连接而选择路径的功能。在静态路由中，路由表是由人工建立与修改的。而在动态路由网络中，需要自动对路由表进行更新并进行分发。路由表更新功能包括将本地路由表的内容传播给各邻居节点，从邻居节点那里接收路由表信息并对本地路由表作出相应的更新。

⑥ 链路资源管理功能。该功能对分配给连接的链路资源的状况进行跟踪。它需要与连接接纳控制功能、策略功能、连接控制功能相交互。

⑦ 协议控制功能。该功能负责控制信息在网络中的可靠传输，主要由协议控制器来实现。它将控制平面接口参数映射为协议消息以支持接口互连，允许对控制信息进行跟踪以保证能接收到预期的响应或是返回给发起者一个异常。协议控制功能传送的信息主要包括路由表更新信息、链路资源管理信息和连接控制信息。

5. 自动交换光网络控制平面的功能结构组件

ITU-T 的建议把控制平面节点的核心结构组件分成六大类：连接控制器（CC，Connection Controller）、路由控制器（RC，Routing Controller）、链路资源管理器（LRM，Link Resource Manager）、流量策略器、呼叫控制器（CallC，Call Controller）和协议控制器（PC，Protocol Controller）。这些组件分工合作，共同完成控制平面的功能。

① CC。CC 是整个节点功能结构的核心。它负责完成连接请求的接受、发现选路和连接，负责协调 LRM、RC 以及对等或者下层 CC，以便达到管理和监测连接的建立、释放和修改已建立连接参数的目的。

② RC。RC 响应来自连接控制器对建立连接所需路由信息的请求，所需信息可以是端到端的（如源选路），也可以是下一跳信息。此外，还要响应用于网管目的的拓扑信息请求。

③ LRM。LRM 主要负责子网点池（SNPP，SubNetwork Point Pool）链路的管理，其中包括子网点（SNP，SubNetwork Point）链路连接的分配和去分配，提供拓扑和状态信息。目前主要有两种 LRM，即 A 端链路资源管理器（LRMA，Link Resource Manager-A）和 Z 端链路资源管理器（LMRZ，Link Resource Manager-Z），SNPP 链路由一对 LRMA 和 LRMZ 来管理，分别管理链路的每一端，申请分配 SNP 链路连接的请求仅指向 LRMA。

④ 流量策略器。流量策略器是策略端口的子类，其目的是检查输入用户连接是否按照约定参数发送业务，当连接违背约定的参数时，流量策略器可以纠正它。在连续比特流传送网中，由于业务流只能按照事先分配的带宽通道传送，因此不需要上述流量策略器。

⑤ CallC。有两类 CallC 即主叫/被叫 CallC 和网络 CallC。前者与呼叫结束有关，可以与末端系统共处一端或处于远端，其作用是作为末端系统的代理，它既可以扮演主叫或被叫 CallC 的角色，又可以同时扮演两者的角色。网络 CallC 的主要功能是输入呼叫请求的处理，输出呼叫请求的生成，呼叫终结请求的生成，呼叫终结请求的处理，基于确认呼叫参数、用

户权利和接入网络资源策略的呼叫许可控制以及呼叫状态管理等。

⑥ PC。PC 的作用是把控制组件的抽象接口参数映射到消息中，然后通过协议承载的消息完成接口的互操作。各个组件协调工作，达到连接的自动建立、修改、维持及释放。

8.3.3 自动交换光网络的关键技术

从发展趋势来看，网络资源管理的智能化将集中在业务层上，而光学资源的管理将通过一个由业务层和光传输层所共享的集成控制平面提供。ASON 的实现依赖于 GMPLS 等控制协议所构建的控制平面的完善和智能化光层网络节点，如 OXC、OADM 和波长路由器的真正实现。其中的关键技术主要有如下几种。

1. 交换技术

ASON 采用光交换将使透明光网络成为可能，并可以动态地进行光开关交换矩阵的倒换，实现按需动态配置波长，从而在透明光网络中建立端到端的光通道。而以动态可重配置的、多粒度的光交换设备为主构建的智能化的透明光网络极大地简化了网络和节点的体系结构，降低了运营成本，简化了网络管理，易于实现动态有效的带宽分配和光通道建立的智能性。未来 ASON 中作为光交换主角的将是 OXC、OADM 和波长路由器等节点设备。

波长路由器又称光路由器，它和 OXC 没有本质的区别。一般而言，当 OXC 能够实现动态波长选路功能时就可称为波长路由器。或者说，在进行波长选路时，波长路由器是动态的，而 OXC 是静态或半固定的。波长路由器主要由波长选择器件和 OXC 控制模块两部分组成，前者是负责光通路倒换的光开关矩阵/OXC 交换机构，后者负责对 OXC 倒换进行管理。OXC 中各光波长通道之间通过 GMPLS 协议和波长选路协议进行控制，实现选路交换快速形成，提供动态连接。在光联网技术中综合了先进的 MPLS 业务量工程控制层技术，可以大大简化网络管理的复杂性，因此特别适合于由 OADM 和 OXC 组成的光因特网系统。

2. 网络的智能化控制和管理

传统光传送网的 CP 由网管实现，它存在一些根本性的缺点，如当遇到光纤断裂等故障时收敛较慢。在这种情况下加速业务恢复的唯一方式是预先划分专用的保护通道，而且不能使用分布式动态路由控制功能。这不仅难以满足 ASON 实时配置资源和动态波长分配的要求，而且资源的预留对网络资源也造成了浪费。因此，关键的问题是如何实现光网络的智能化控制和管理，以使各种网络设备如路由器、ATM 交换机、DWDM 传输系统和光交换机能够协同工作共同构建智能化的光网络，同时为不同厂商、不同技术网络的互操作提供更好的方式。其中主要包括：网络拓扑和资源的自动发现、智能化的光 RWA 算法、各种不同业务的接入和整合技术、光管理信息的编码和分发、网络生存性策略和自动保护恢复等技术。

在 ASON 中，提出了全新的 CP 概念。CP 涉及接口、协议和信令 3 个方面的问题，负责连接的提供、维护以及网络资源的管理。网络中连接的提供需要路由选择算法、沿被选路由的请求和建立连接的信令机制。一旦一个连接被成功地建立起来，它就需按照业务等级协议进行维护。而获得网络的拓扑以及可用资源的信息是网络操作的基本功能。理想地说，网络的拓扑和可用资源应该自动发现，有效的网络资源的利用要求维护一个网络总体的当前可用网络资源信息，这都是完成 CP 功能、实现连接动态提供的基础。ASON 正是有了这样的 CP，有了接口，通过协议和信令系统动态地交换网络拓扑状态信息、路由信息及其他控制信息，才具备了实现光通道的动态建立和拆除的能力，具备了自动交换的能力。

3. 传输网络生存性的提升

高效灵活的保护与恢复手段是新一代 ASON 必须具备的重要特征。光纤骨干网络交换的粒度一般比较大，网络的瞬时失效将引起业务量的严重损失。网络拓扑和多波长联网技术的应用为保护恢复机制的设计提供了灵活性，重要的问题是如何将这些机制引入 MPLS CP 中。同样，在一个各自有保护恢复策略的多层网络中，如何解决网络各层生存性机制间的协调将是十分重要的问题。光纤复用波长数的增加和单波长速率的提高使得光纤链路故障的影响面十分巨大，也使得光传输网的恢复远比 SDH 等其他层的保护恢复困难。一般说，保护恢复越靠近物理媒质层，受影响层面的备用容量以及涉及的传送实体数越小，保护恢复的效率就越高。由于光层恢复具有恢复可靠性高、恢复速度快、恢复成本低、占用网络带宽资源少等优势，所以光层恢复性的研究对 ASON 生存能力的提升至关重要。

4. 自动交换光网络的其他关键性技术

ASON 功能的实现依赖于其控制机制，包括自动发现功能、路由、信令、呼叫和连接控制。

（1）自动发现功能

ASON 的自动发现功能分为 3 种：邻居发现、资源发现和服务发现。邻居发现主要是负责监控本地节点同所有相邻节点的链路连接状态，用于自动发现和维护相邻设备。

（2）路由机制

计算其路由时必须考虑信号的传输损耗问题，由于网络规模较大，协议必须尽可能简化，以减少占用网络带宽资源。ITU-T 已经对 ASON 的路由协议作了建议，包括路由协议的体系结构、选路的功能模块、路由协议的属性、抽象信息以及状态表等。

（3）信令

信令是指所有通信实体之间的控制信息。信令协议主要用于建立、维护、恢复和释放连接，它对于网络故障的快速反应和恢复至关重要。信令协议的可靠性会直接影响网络的可靠性和 QoS。基于 GMPLS 的 ASON 信令协议主要有 3 种：基于受限路由的标签分发协议（CR2LDP）、扩展的资源预留协议（RSVP2TE）和专用网间接口协议（PNN-I）。

（4）呼叫和连接控制

在 ASON 体系结构中，呼叫和连接控制是独立的，支持多业务传输，包括动态的带宽需求、多链路传输、多重连接、多媒体服务等。

第9章 主动网络

主动网络是一种区别于传统网络被动传输数据的全新网络计算模型和平台，是下一代网络体系结构的理想解决方案，为网络的研究提出了新方向，为加快网络的发展提供了一个契机。主动网络赋予网络可编程性、计算性、开放性、灵活性，允许用户向网络节点插入定制的程序或在报文中插入程序代码，以便修改、存储或重定向网络中的数据流。利用主动网络提供的编程环境，用户可通过网络中的节点动态地注入所需的业务，更易于配置、优化和扩展现有的业务、功能及其协议，开发新的业务与协议。主动网络大大改进了网络的性能，提高了适应新应用的能力和对异常事件的反应能力，具有广阔的应用前景。

9.1 主动网络简介

9.1.1 主动网络的研究背景

主动网络（AN，Active Network）的概念最早是美国国防部高级研究计划署（DARPA，Defense Advanced Research Projects Arrange）于 1994—1995 年讨论网络系统的未来发展方向时提出的。AN 出现的原因一是活跃用户的引导，二是主动及移动计算技术的推动。活跃用户如防火墙、Web 代理、流动路由器、传输网关等的程序设计模型用来满足应用的需要。

早期，国外 AN 技术研究组织主要有 3 家：DARPA AN 研究组、IEEEP 1520 工作组和 IN 研究组。DARPA AN 研究组是当前最主要的 AN 研究组织，其成员包括 MIT、Bellcore、XEROX 等大学和企业研究机构 30 多家，共有大小不同的 57 个研究小组。他们对 AN 的研究取得了丰硕的成果：AN 传输系统（ANTS，Active Network Transport System）、SANT、SwitchWare 和 AN 编程语言（PLAN，Programming Language for Active Networks），并建立了 AN 的试验床 Abone。IEEEP 1520 工作组是从 OPENSIG 研究组织中分离出来的，其研究重点为 AN API，旨在为第三方开发的增值服务提供便捷的接口。IN 工作组将 IN 概念引入了 AN。IN 本身并不属于 AN 范畴，但该工作组在研究基于互联网的 IN 时，自然而然地融入了 AN 研究。

国内对 AN 的研究还处于起步阶段，但 AN 已经引起了有关方面的注意，例如国家"十五" 863 计划中信息技术领域通信技术主题新一代信息网创新技术研究开放课题将 AN 技术列为首位，国内许多大学和研究机构进行了广泛的研究，已开发出了许多自己的 AN 原型系统。

AN 许多方面的问题还有待进一步的研究。需要进一步研究的重点有：①安全性；②性能；③互操作性；④网络管理；⑤通信协议；⑥AN 与主动节点（ANN，AN Node）体系结构及代码运行环境；⑦可编程的计算模型；⑧ANN 操作系统（OS，Operating System）的设计与实现；⑨AN 技术在互联网络上的应用研究；⑩AN 环境下的新概念、新技术和新方法研究；⑪AN 平台的实现与评价；⑫主动软件的开发语言及编译器；⑬具有跨平台解释能力的语言模型；⑭网络配置的主动控制机制及算法；⑮展示 AN 能力的中间件服务。

9.1.2 主动网络的基本概念

1. 主动网络的定义

AN 有两个含义：一是被称为 ANN 的网络中间节点（如路由器、交换机），不仅完成存储转发等网络级的功能，而且可以对包含数据和代码的所谓主动包和普通包进行计算；具有计算能力的网络节点从网络设备接收数据包后执行相应的程序，对该数据包进行处理（如路由选择、数据合并、数据解包等），然后将数据包发送给其他网络节点。二是用户根据网络应用和服务的要求可以对网络进行编程以完成这些计算。可编程性是指 AN 的信包、体系结构和服务等都可以用一种或多种语言描述，使它具有灵活扩展功能的能力；可编程性着重解决互操作性问题，即通过标准化网络节点的编程和节点资源的描述与分配，使得新协议的开发无需标准化机构仲裁；这样，通过对网络进行编程，对在网络中流通的数据进行修改、存储和重新定向。这些可编程的网络为今后的应用提供了更多的新途径，而这对于传统网络来说是不可想象的。例如，在视频多路广播中，每个节点的视频压缩方式都会基于对每个节点的计算和根据网络的有效带宽而进行相应地改变。而对于用户来说，AN 可以动态地改变服务，并按照特殊的应用对服务进行优化；对于业务供应商来说，可以根据用户的需求动态地引入新的协议，与此同时对原有系统的协议没有任何影响；对于研究人员来说，动态可编程的网络提供一个平台，用以在现有网络上实现新的网络服务而不中断正常的网络服务，从而节约大量的资金用于新的服务的开发和应用。

简单地说，AN 是一种可编程的分组交换网络，通过各种主动技术和移动计算技术，使传统网络从被动的字节传送模式向更一般化的网络计算模式转换，提高数据网络传输速度、动态定制及网络新服务的能力。

具有智能的 ANN 可为不同的应用提供不同的服务，例如根据线路状况寻找最佳路径，根据不同的消息激活不同的处理，允许用户按需创建自己的服务并分布到网络中去。对网络服务和信息能自我复制，自我再生，自我发展，自我保护，例如能主动避开受到破坏的节点。当 ANN 缺少服务时，相邻节点能复制自己，把备份传给它；AN 上执行的移动代码能自动扩展，自动消失，其扩散方式可以像细胞分裂、流体扩散，只要其中的一个节点有备份，它就能扩展；当网上的站点、中间节点受到攻击时能自动启动保护程序。

2. 主动网络的优点

AN 有以下优点。

（1）大大加快网络基础结构的更新步伐

在 AN 中，可以把网络结构和技术的更新工作分配给所有的用户而不再仅仅是网络专家。网络中也不再需要为每一种新的功能制定新的标准，只需要制定 AN 语言的标准，即接口标准。任何新功能或新协议的开发都是编制新的 AN 应用程序的过程。这些新协议和功能的发布和应用也简化到只是把程序代码发送到需要扩展这一功能的节点上的过程，只要用户有需要，就可以开发新的业务，并马上投入使用。显然，AN 技术更新要快得多。

（2）使用户参加的网络保护成为可能

AN 可以很好地解决网络保护问题。因为 AN 的体系结构是硬件与软件分离的。AN 试图设计一个一体机制来统一管理网络上的所有资源和在网络上传输的数据。这样就允许我们在每个应用或每个用户的基础上定制自己的安全策略，其意义由 AN 严格定义的语言及其扩展功能来解释。生产商只需要生产带有用户希望的基本功能并对网络语言有强大支持的设备，而设备的扩展功能软件可以由用户自己来添加，即向网络节点注入用户程序。

（3）提高了网络互操作性的抽象层次

在因特网中，IP 的语义与语法有详细的规范，所有网络节点对流经它们的分组实现相同的计算。而 ANN 对不同的应用可实现不同的计算（也就是执行不同的程序）。网络层的互操作性是基于统一的编程和计算模型，取代 IP 网络中标准化分组格式和固定计算。

（4）提供功能强大的网络平台

AN 使从传统的软件和硬件捆绑在一起的主机模式转变为软件和硬件分离的虚拟模式，允许第三方开发新的软件而无需定制它们的专用平台，从而形成了功能强大的网络平台。

（5）提供智能化网络管理

为了提供最有用的网络管理数据，网络必须有一定的智能，以便滤掉对特定用户没有用的网络事件。AN 技术可以用来实现网络监视和事件过滤的智能，AN 的路由器甚至可以通过向它们的相邻节点注入自定义的监视和分析程序来对网络事件进行分析和过滤。

（6）可移动性

AN 能够传递具有可执行程序代码的主动分组，主动分组可以在 ANN 中移动，流经的 ANN 可获取主动分组中的代码而执行，以便有目的地收集并处理被管资源的数据。

（7）动态配置性

用户开发的新业务可以通过主动分组动态地安装到被管设备，从而可以减少新网络业务的开发和加载时间，减少了对网络维护的开销。

（8）灵活性非常好

在获得权限后，任何用户都可把自己的程序发送到节点上并要求执行，任何用户的程序都可视为是对节点功能的扩充。因此，可使用户在一个更细的粒度层面上创建和裁减服务。

3．主动网络存在的不足

AN 毕竟是一门新兴的技术，在增大网络灵活性的同时也增加了网络节点的计算开销；AN 不再区分端系统和中间节点，中间节点处理大量信息使网络难以控制和维护；同时主动信包能够携带对网络节点资源进行访问的程序，它们可以对节点资源进行调用，改变节点的状态，这种开放的系统结构使得它很容易受到代码的恶意攻击；另外，ANN 可以通过动态下载可执行代码来改变或定制为用户应用所提供的服务，在此情况下整个网络的行为很难得到保障。所以未来 AN 技术的发展将集中在实现统一的执行环境（EE，Execution Environment）接口，探索高效率的 ANN OS 实现方式上，以提供更加有效的安全机制。

4．传统网络和主动网络的比较

AN 对现有网络结构进行了比较灵活地调整。

① 在 AN 中，网络节点对数据包地处理都是针对用户、应用或者其他需求的，网络内部的计算能力得到充分的体现。

② 多种网络协议可以并存，提供增加新的协议处理程序，网络协议的兼容性和更新能

力都得到更好地支持，从而也增加了网络的互操作性。

③ 通过提供实现新的服务的程序，AN 就能为用户提供这种新的服务，这样，网络服务的更新就可取决于市场的接受能力，而不是网络设备厂家的产品更新能力。

④ AN 使得网络结构从传统的软件和硬件捆绑在一起的"主机"模式转变为软件和硬件分离的"虚拟"模式，从而形成功能强大的网络平台。

传统网络和 AN 的比较如表 9-1 所示。

表 9-1　　　　　　　　　　　传统网络和主动网络的比较

比　较　点	传　统　网　络	主　动　网　络
传输模式	存储—转发	存储—计算—转发
数据包处理机制	转发数据包	执行代码—访问方法—处理数据包
可编程接口	不提供	提供
新业务动态加载	不支持	支持
新业务适应性	慢	快
网络控制灵活性	差	好
系统模式	软件和硬件捆绑	软件和硬件分离
全网络运行效率	差	好
单节点运行效率	好	差

9.1.3　主动网络的基本原理

在 AN 中传输的数据包不只带有数据信息和数据包头部信息，而且可以携带一段程序代码。AN 中能够携带程序代码的分组被称为主动分组或封装包（Capsule），能够处理主动分组并执行主动分组中携带的代码的节点被称为 ANN，例如主动路由器或可编程交换机。网络节点不仅具有分组路由的处理能力而且能对分组的内容进行计算处理，使分组在传送过程中可以被修改、存储或重定向。AN 允许用户向网络节点插入定制的程序，网络节点在处理数据报时激活并执行这些程序，以此来修改或扩展网络的基础配置，从而实现快速、动态地设定和配置网络，使网络更具有灵活性和可扩展性。

AN 的基本思想是将程序嵌入数据包，使程序随数据包一起在网络上传输；网络的中间节点运行数据包中的程序，利用中间节点的计算能力，对数据包中的数据进行一定地处理；然后根据用户定制的要求，决定数据包转发方向或返回的数据包类型及其数据，从而将传统网络中"存储—转发"的处理模式改变为"存储—计算—转发"的处理模式。AN 使用一种可移动的程序代码替换现在的 IP 报头，网络的中间节点提供一个运行环境解释并执行数据包中携带的程序或利用其携带的参数执行已在节点上的程序。每个用户、每个包都可将特定的协议注入协议栈，由此决定对数据包的具体操作处理。用户不但可以完成传统网络的数据传送功能，而且可以传送程序代码以供中间节点或远程主机在本地执行。

AN 中包含许多连接网络的节点，这些网络节点并不一定都是 ANN。每一个 ANN 都有节点操作系统（NOS，Node Operating System）和一个或多个 EE。NOS 负责分配和调度节点的资源，包括链路带宽、CPU 周期和存储器等。每一个 EE 实现了一个虚拟机来解释本节点的主动分组,不同的 EE 实现的是不同的虚拟机。用户通过主动应用(AA, Active Applications)来获得 AN 提供的服务,AA 通过虚拟机进行编程(定制)来提供端到端的服务。

在 AN 中,路由器或交换机对经过它们的信包进行定制处理。图 9-1 所示为信包在同时包含主动路由器和传统路由器的网络中传输的情况。

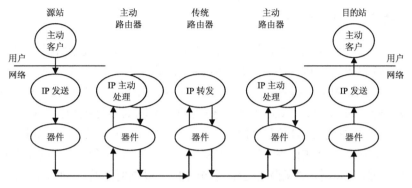

图 9-1 信包在包含主动路由器和传统路由器网络中的传输情况

网络服务应当尽可能地在网络内部实现,因为直接使用网络内部信息能够提高服务效率,而一旦服务性能得到提高,网络内部信息也会更易于获取,这种良性循环必然会导致网络整体性能的提高。而 AN 正是适应了这种要求,通过下载服务代码到中间节点上执行,使网络服务在网络内部实现,因此,从传统网络转变到 AN 能够极大地提高网络性能。

9.2 主动网络的体系结构

9.2.1 主动网络的构成

图 9-2 所示是一个典型 AN 的构成。ANN 通过链路层通道彼此相连,构成了网络的主要框架。这些节点具有 IP 路由器的基本功能和特殊的主动性,即能够分解主动包,并为主动程序提供运行环境。主动包可携带用户定制的程序代码或指定的代码标识符,因此,当需要向网络中添加新服务时,只需由终端应用程序创建相应的主动包并送入网络中传输即可。

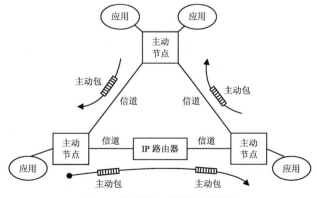

图 9-2 典型的主动网络体系结构

由此可见,AN 的"主动性"主要体现在两个方面:一方面,网络中介节点(路由器和交换机）能对通过的数据流进行主动地处理工作；另一方面，应用程序可以由主动包携带传送，通过让这些程序在中介节点上执行可动态编程的网络任务。与之相适应，AN 的实施也可以从两个方面来进行：一是预先将用户定制的程序存放到 ANN（如路由器）上，即对 ANN "预编程"；二是将应用程序代码和用户数据封装到数据包内，即"数据包封装编程"。

9.2.2　主动节点的体系结构

在 DARPA 所提出的 ANN 体系结构中，终端用户能够根据 AN 所提供的功能定制自己所需要的各种服务和应用。其设计思想是使体系结构同时支持多个网络应用编程接口。依据这一设计思想，在 AN 中可以提供多个共存的具备不同功能和特征的网络应用编程接口，传统的网络体系结构（如 IPv4、IPv6）可同时作为两种不同的网络编程接口被引入到这一 AN 的体系结构中。ANN 中的实体按照功能可以划分为 NOS、EE 以及 AA，如图 9-3 所示。

NOS 通过固定的接口为 EE 提供服务。EE 是一个与平台无关的透明的可编程空间，它运行在网络中各个 ANN 和用户终端节点上。多个 EE 可以同时运行在同一个 ANN 上。EE 为上层应用提供了各种各样的网络应用接口。所有的使用者通过 EE 来访问节点的资源。每个节点有一个管理 EE，它的功能包括：维持节点安全策略数据库；装载新的 EE 或更新和配置存在的 EE；支持远程管理网络服务。AA 是一系列用户定义的程序，它透过 EE 提供的网络应用接口 API 获取运行程序所需的相关资源，实现特定的功能。

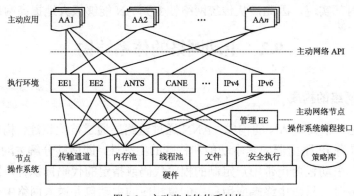

图 9-3　主动节点的体系结构

1．节点操作系统（NOS）

NOS 类似于一般的 OS，为系统的正常运行提供 CPU 管理、存储器管理、文件管理等资源管理功能。此外，NOS 还为 EE 提供了一个固定接口。这个接口提供了一系列的底层的基本函数，上层的 EE 利用这些函数产生更高层次的网络 API。通过 API，NOS 将上层的 EE 与底层资源管理的具体实现隔离开来，从而使得 EE 不必关心底层的资源管理如何实现。同时，NOS 也保证了各个 EE 相互独立，避免了 EE 间的交叉联系。另外，EE 将它们与各个用户应用交互细节的绝大部分对 NOS 隐藏起来，从而 NOS 不必关心每个具体的应用。

NOS 接口定义了 6 个抽象结构：线程池（Thread Pool）、内存池（Memory pool）、通道（Channels）、文件（Files）、流（Plows）和安全执行机制，如图 9-3 所示。前 4 个抽象结构定义节点资源（包括计算、内存、带宽）如何为每一个流所使用。每一个流拥有若干文件、若干通道、一个线程池和一个内存池。这些元素定义了流可使用的资源。其中通道用于发送和接收主动包。

NOS 能够限制任何一个指定流所获得的资源。为了平衡各个 EE 的资源分配，保障网络安全，所有的 EE 都必须通过 NOS 才能获取节点资源。

2. 执行环境

EE 和下层的 NOS 接口为上层的 AA 层提供服务。EE 是 AN 的 AA 在 ANN 上执行的一个临时环境。一个主动路由器可有多个 EE，每个 EE 完成一种特定的功能。EE 为上层的 AA 层提供可编程的 API 或者一种虚拟机，当 AN 的应用和报文到达时，完成必要的处理。EE 一般由 EE 开发商完成。每一个 ANN 都具有一个拥有最高权限的 EE，它是来管理所有 EE 的。利用它可以方便地对其他 EE 进行加载、修改和删除等操作。利用 EE 可以方便地开发新的技术和协议，普通用户也可以通过设计和开发自己的 EE 来对网络编程，这样用户可以设置个性化网络。

3. 主动应用

AA 是在特定网络 EE 中运行的，实现某种特定用户业务的可执行代码。在 AN 中，AA 的概念是从用户具备定制网络服务的角度提出的。AA 不仅是指位于传统网络中通常意义的高层应用，更重要的是，它还涵盖了传送层、网络层甚至是数据链路层中所设计的各种算法、策略和协议等。终端用户应用的各种特定计算处理是 AA 利用 EE 所提供的网络 API 实现的，EE 最终决定了其上层 AA 所具备的各种特性，如代码加载、语法特性等。

目前 AN 应用研究的热点及其相关技术主要有网络缓存、主动虚拟网络、多媒体编码转换、可扩展可靠多播、网络安全、网络管理等。

9.2.3 主动网络中的通信机制

AN 由于中间节点允许编程，对特定用户，如对 EE、AA 或管理执行环境（MEE，Management Execution Environment）编程的用户，而言，除要考虑 ANN 之间的通信外，还要考虑 ANN 内部的通信。

1. 节点之间的通信

ANN 之间的通信主要是指主动数据包的发送与接收。AN 封装协议（ANEP，Active Network Encapsulation Protocol）结合传统的通信协议（如 TCP、UDP、IP）为它提供了通信支撑。

（1）数据包的转发

数据包的转发是通过通道（属于 NOS）完成的。一些通道固定在某个 EE 上，通过使用这些固定的通道可以在 EE 和支撑通信底层之间发送数据。而其他的通道则是直通式的，即它们通过 ANN 在端与端设备之间转发数据包，无需 EE 的介入和处理。使用更为原始的"积木"组件协议模块来定义通道，此协议模块实现了一些严格定义的原语通信服务。例如，ANEP、TCP、UDP、IP、以太网驱动程序和 ATM 以太网驱动程序都是意义明确的协议模块；协议模块可以相互堆叠，以构成更为复杂的通信服务。对于给定的 NOS，不需实现由协议模块构筑而成的通道，但它可以提升系统，实现支持可扩展的通道。除了定义一系列通道属性之外，EE 也必须给 NOS 提供足够的信息，以便让 NOS 对进入的数据包进行分类，并把它们分解到相应的输入或直通式通道。包分类信息可分成两种形式，即非受托 EE 和受托 EE。非受托 EE 定义了一种将由 NOS 进行解释的分类形式；而受托 EE 则被允许提供有关代码段，然后由 NOS 运行把包分解到相应的通道上；NOS 的责任是根据 EE 所提供的信息把每个进入的包进行分类。对于任何与已定义通道不匹配的包，NOS 都将予以丢弃。

（2）流动应用之间的通信

AN 用户可以插入一些网络应用到 ANN 中，这些应用在网络中可以流动。严格地说，安装的应用本身不具有流动性，此处所讲的流动性，是由于特殊的主动数据包所引起的。比如，为了监视网络故障，用户可以发送一些"巡视"主动数据包在网络中不停地循环流动，当该数据包到达出现故障的节点时，需要下载相应的故障处理管理应用。当"巡视"数据包到达不同的故障节点时，该管理应用也相应地在不同的节点上加载，于是可看成该应用在流动。在某种特殊的情况下，一个流动应用需要与另一个移动应用通信。它们之间通信的难点在于如何对流动应用进行定位。因为应用是流动的，通信方无法知道对方的位置。为了解决这个问题，需要建立一个当前位置服务器（CLS，Current Location Server）。每当流动到达一个新的节点时（实质上是主动数据包到达一个新的节点），就向 CLS 报告其所在的节点位置。这样，通信方可以通过询问 CLS 获得通信对方的当前位置。

2. 节点内部的通信

数据包在 ANN 中的处理需要在 ANN 中的各个相关部件中流动，从而引起 ANN 内部各个组件之间的通信，主要是 NOS 与 EE、EE 与 AA、EE 与 EE 之间的通信。

（1）EE 与 NOS 间的通信

NOS 和 EE 之间的通信接口并不影响传输线路上的位流，且对末端用户不透明，但对 ANN 是可见的。接口可以以面向特定节点的方法实现，就像 OS 的系统接口调用一样。此接口的规范由 NOS 提供给环境的系统调用组成。

（2）EE 与 AA 间的通信

EE 与 AA 间的通信接口是面向特定 EE 定义的。然而，此接口必须被精确定义，这有利于 EE 的实施。一些环境可通过通用、独立于语言的接口提供可访问的服务；其他的则需要把 AA 和网络代码集成，或者用一种特殊的语言（如 Java）来书写。所有这些的主要意图是接口应该或多或少地独立于底层支撑的 AN 基础设施。

（3）EE 之间的通信

EE 之间是相互独立的，对于某个较为复杂的任务，需要多个 EE 之间的合作才能完成，此时 EE 必须能够通信。EE 之间的通信必须解决的问题是一个 EE 发送的数据包必须能够被对方 EE 识别并解释，ANEP 提供了这种保证。例如，一个运行于 EE1 的 AA 需要与同一节点中的 EE2 通信，此时 EE 在发送数据包时，只需包含 EE2 对应的 ANEP 数据包头即可。不同节点之间 EE 的通信机制也较为简单，只需要在主动数据包中包含对方对应的 ANEP 数据包头和目的标识符即可。

9.2.4 主动节点中的数据包处理

EE 通过通道发送和接收数据包，NOS 通过各种技术实现这些通道，包括底层网络技术（如 Ethernet、ATM）以及高层的网络协议（如 TCP、UDP、IP）。数据包的处理过程如下：

当一个数据包从物理链路到达时，它首先被送到包分类器；包分类器根据数据包头的信息以及各个输入通道在包分类器中注册的包过滤规则（主要是由协议、地址信息以及解多路复用关键字信息），决定将数据包发往哪个输入通道。EE 可以控制接收数据包的规则，在图 9-4 所示的例子中，EE1 接收封装在 UDP 数据报中的 ANEP 数据包；EE2 也接收类似的数据包，但 UDP 端口号和 ANEP 报头中的 TypeID 可能不同，另外 EE2 还接收普通的 UDP 数据包、封装在 IP 中的 ANEP 数据包和 IP 数据包（特殊的协议号或指定的源目的地址对）。头中的 TypeID 可用来区分不同的 EE。凡是报头中含有 ANEP 的都被认为是主动包（当然非主动包也可以由 EE 来处理），这类包需要经过逐跳完整性检查来确保数据包在传输过程中没有被修改过，然后通过信任状管理模块对所携带的信任状的有效性进行认证。

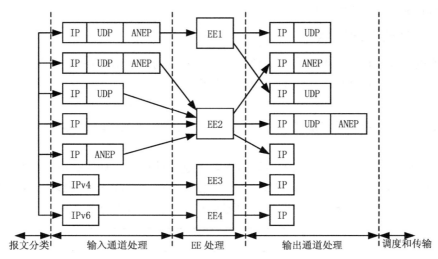

图 9-4　通过主动节点的报文流

在输出这一侧，EE 将处理过的信包送入输出通道，在输出通道内要完成协议处理和输出队列调度。这样，一个完整的处理过程需要经过这些步骤：链路输入、分类、输入协议处理、EE/AA 处理、输出协议处理、输出调度、链路输出。需要强调的是，并不是每一个输入的信包都对应一个输出信包，因为 EE 可能会将若干个信包的内容聚合起来作为一个信包，或是自己产生信包送出。NOS 需要对本节点的计算和传输资源进行合理的管理以防止某一个出错的 EE 占用所有的资源。

为了提供对 QoS 的支持，NOS 提供了各种相应的调度机制以便于控制和管理不同 EE 对节点计算和传输资源的访问。这些调度机制将不同 EE 之间的数据处理相互隔离，使他们之间不相互影响，例如确保行为不端的 EE 不会大量占用和耗尽节点的资源。在建立通道时，EE 通过调度器详细地描述所需要的处理，这些处理可能包括为通道中的数据流预留一定的带宽，将其与其他数据流分离开来或者与其他数据流共享有效的网络带宽等。输入通道仅仅对计算资源进行调度，而输出通道需要同时对计算资源和传输资源进行调度。关于分类模式，管道创建请求定义不同的调度要服从节点安全策略。

AN 的报文除了可访问临时 EE 中的所有数据外，还可以通过以下 3 种方法访问外部资源。
（1）通过基本组件访问外部资源
基本组件是节点中的一个模块，它向注入的报文提供对节点资源的受控访问。节点基本组件向程序提供节点运行时刻的 API，向内置的多种基本类提供对路由表等资源的访问。

（2）通过活动存储访问外部资源

活动存储是指单元在节点执行完毕后，存储在节点的非临时存储区中。这主要是因为一次连接传输的单元之间往往是相互关联的，通过非临时存储区的信息交换可提高效率。

（3）通过程序扩展访问外部资源

程序扩展的方法使报文可以在网络节点中置入无命名冲突的类和方法，以提供给其他流的报文使用，这使得大多数报文看起来简单明了。它们可能只是一条语句，用来激发其他报文提供的方法。节点可以通过下面两种策略来存储这些方法：一种是报文直接把要提供的方法装入到非临时存储区；另一种是节点只在缓存中记录已知的方法，采用一种机制在需要的时候再动态的定位并装入该方法。

9.2.5 主动节点处理流程

主动节点处理流程如图 9-5 所示。该体系结构同时勾画了信包在 ANN 中的处理流程。下面对该体系结构中各个软件模块的功能做一些说明。

（1）通信模块

通信模块建立在数据链路层之上，负责接收/发送信包（主动或非主动信包）。

（2）仲裁模块

仲裁模块负责判别主动信包与非主动信包。上层软件根据仲裁的结果实施不同的处理机制。若该信包需要在 ANN 处计算，则进入安全检测模块，如图 9-5 中实线所示；否则就通过通信模块转发到其直接"下一跳"节点，如图 9-5 中到通信模块的虚线所示。

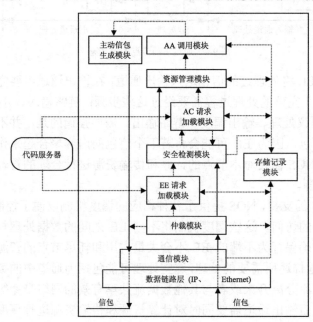

图 9-5 ANN 处理流程

（3）安全检测模块

该模块负责整个系统的安全保证，具体包括对主动信包的身份认证、合法性检测，数据完整性检测，临时加载的 AA/EE 的身份、合法性、数据完整性的检测，主动代码（AC, Active

Code）执行时对资源（CPU 时间、内存、带宽、数据等）访问的安全性等。具体的安全机制可从策略库中获取。

（4）EE 请求加载模块

当发现解释主动信包的 EE 在本节点不存在时，通过该模块请求从代码服务器中加载。

（5）AC 请求加载模块

当发现主动信包所指示的 AC 在本节点不存在时，通过该模块请求从代码服务器中下载。

（6）AA 调用模块

EE 调用相应的 AA 对信包加以处理。AC 可从本地代码库获得或临时从代码服务器（CS，Code Server）中加载。相关数据、状态参数等从主动信包中提取。

（7）主动信包生成模块

该模块负责封装新的主动信包。以下原因促使生成新的主动信包。

① 在 AC 执行过程中，需要与其他的 EE 通信合作完成某项比较复杂的任务。

② 在 AC 执行过程中，可能需要与其他的 ANN 通信。

③ 在 AC 执行后，其状态参数可能发生改变，在将信包发送到下一个节点时，需要重新封装主动信包中的状态参数等。

④ 在 AC 执行过程中或执行后，需要向信包源节点或管理节点反馈某些信息。

（8）存储记录模块

该模块记录在处理信包过程中的各种状态变化、资源使用情况和 AC 等，同时应向用户提供可编程的管理 API。

（9）代码服务器

CS 负责提供必须的 AA 和 EE。

（10）资源管理模块

该模块负责节点资源的分配、监视与管理。

9.3 主动节点的封包协议

封装是把程序和数据包捆绑在一起发送，每一个主动报文都包含一段程序和一组数据。当这些包到达 ANN 时，ANN 将执行这些程序，处理包内数据。用户数据也可以插入在封包中，对已有的报文格式进行重新安排。当封包通过 ANN 时，其所含的程序内容可以执行，以此调用各种方法、访问环境，完成不同的功能，从而扩展网络功能。

9.3.1 代码嵌入方式

按主动包携带代码的方式，代码嵌入方式可分为 3 种，如图 9-6 所示。第（a）种方法是将代码嵌入数据包中，使之随主动包的传输到达各个节点，这是封装中采用的方式，也是我们下面讨论研究的焦点。第（b）种方法是在包头中加入一个指针，代码从一个已定义的代码服务器中取得。事实上，它是先将带有代码的包传送到节点，然后再传送包含指针的包来调用先前传来的代码。第

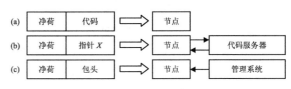

图 9-6 代码嵌入方式

（c）种方法是装载事先由网络管理员已加入到网络节点上的代码。这种方法只需在包头中添加新的特定网络服务就可以实现，但它仅限于网络管理员使用。

9.3.2 智能包方案

在该方案中采取了两项重要措施。

① 为了在不造成 ANN 过重的计算负担的前提下，为主动信息包提供一个丰富、灵活的程序 EE，并同时保证不影响节点自身的安全性，要求可执行的程序代码必须完整地包含在一个信息包中。因此，代码长度不得大于 1kB。

② ANN 必须采取必要的安全措施以预防可执行代码对其造成伤害，如在系统资源的调用与分配、访问底层基础模块等操作中设置限制条件和访问权限。当有多个程序代码包需要同时处理时，应对各个 EE 实施有效隔离。

上述决定导致了 ANEP 的诞生。该协议详细规定程序代码信息包——智能包的结构。完整的可执行程序被以"胶囊"的形式封装在一个 IP 包内，它可以被直接传送到网络中的某个 ANN 中，待其程序代码被执行完毕后，运算结果可直接传回智能包的发送者或者其他指定的目的地中。智能包中的程序还可以以"蛙跳"方式执行，即它的程序代码在其所经过的所有中间节点中运行，以此改变整个网络中部分节点的设置或工作状态。

智能包中的代码由两种程序语言编程实现。一种是类似于 C 语言的高级语言 Sprocket，另一种是被称作 Spanner 的汇编语言。用 Sprocket 语言编写的程序可被编译成 Spanner 汇编程序，进而被转换成二进制代码并以"胶囊"形式封装到一个智能包内。不采用 C 语言或 Java 等编程的主要原因是通用的编程语言所生成程序代码一般都超出 1kB，很难满足 ANEP 的要求。可见，智能包方案在实际应用方面将受到诸多的限制。

智能包的结构如图 9-7 所示，包头有 4 个域：版本号、类型、上下文和序列号。版本号用来标记语言的升级和包格式的改变。类型域标记下列 4 种类型之一：程序包、数据包、错误包或消息包。程序包将代码传送到某个特定主机执行后由数据包携带其执行结果返回源网络管理程序。上下文中标记包的发送者，它的值由 ANEP 为每个客户设置唯一的值。当程序包在网络中传送并产生一个或多个数据包、错误包或消息包时，此值用于标记每个客户所响应的源程序。序列号用于标记相同上下文之间的消息。

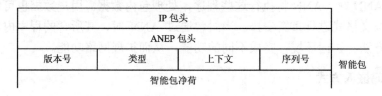

图 9-7　智能包帧格式

9.3.3 主动节点封装协议

客户向 ANN 插入业务是通过主动包来实现的。主动包中封装了数据和程序代码。它可以在 AN 中移动，ANN 提供 EE 对它解释执行。它的格式由 AN 封装协议定义。

为了保证一定的互操作性，能动态加载和执行定制的程序和对现有网络的有效利用，IETF 的 AN 工作组制定了 AN 的帧封装协议 ANEP，尽可能一般化地定义封装 AN 帧格式，以支持在不同的介质上传输。这种格式可以使用 IPv4、IPv6 或者在链路层上传输。

提出 ANEP 主要有以下 3 个原因。

① 当 ANN 接收到一个包后，它必须能够快速决定调用哪个 EE 对这个信包进行处理。

② 当输入信包不能和 EE 所创建的通道匹配时，允许最小化地对该信包进行缺省处理。

③ 一些信息（如安全信息等）无法放在嵌入的程序中，可以放在 ANEP 定义的头部里。

该信包的格式是一种通用的、可扩展的，适于各种 ANEE 的主动信包格式。如图 9-8 所示，主动封装包由包头和负荷两部分组成。包头中各个字段的含义如下。

（1）版本号

8bit 长度，用来指定协议版本。目前版本为 1。若以后 ANEP 的格式变化，该字段的值会随之改变。如果 ANN 收到版本号不能识别的包，则简单丢弃该包。

（2）标志位

8bit 长度，用来指定 ANN 对接收包的缺省处理。目前版本只使用了最高位。当 ANN 收到类型 ID 无法识别的包时，ANN 检查该标志位。如果该位为 0，则 ANN 会根据该包中包头可选项字段内的信息考虑采用缺省路由机制转发该包；如果该位为 1，ANN 则简单地丢弃该包。建议主动封装包的发送者将该标志位设置为 0。

（3）类型 ID

16bit 长度，对应 ANN 的不同 EE。不同的类型 ID 表明主动封装包需要不同的 EE 来解释执行。该字段的值由 AN 号码指定机构来分配。目前类型 ID 字段中的零值保留，用于将来处理网络层的错误信息或其他一些信息。如果 ANN 接收到该字段的值无法识别的包，它将检查标志位以决定如何处理该包。

（4）ANEP 包头长度

16bit 长度，定义 ANEP 包头的长度（以 32bit 为单位）。如果没有可选项存在，则该值为 2。

（5）ANEP 包长度

16bit 长度，定义了包括负荷在内的整个包长度（以 8bit 为单位）。如果主动封装包在低层传输时被分解，可利用该字段进行恢复。

（6）可选项

用来定义源地址标识、目的地址标识和审计等信息，其格式如图 9-9 所示。

图 9-8 ANEP 数据包封装格式

图 9-9 可选项格式

① FLG 为可选项标志位，2bit（比特 0 和 1），比特 0 专用于指示可选项类型在指定的类型标识符 ID 中是否有意义。如果比特置位，ANN 不分析主动封装包的可选项。比特 1 用于定义当 ANN 不知如何处理所指示的可选项类型时如何处理主动封装包；0 表示忽

略可选项，并继续处理包头，建议 ANN 记录这事件；1 表示丢弃该包，建议 ANN 记录这事件。

② 可选项类型。14bit 长度，用于定义可选项的类型。该类型的值决定了 ANN 如何处理可选项负荷。如下值已经保留，源地址标识符：1；目的地址标识符：2。

由于 ANEP 中的程序代码可以在网络中移动，所以它应采用解释性语言如 Java 支持，因为 Java 不依赖于具体平台支持，具有良好的面向对象和安全特性。

为方便用户的使用，可为一些较为通用的 EE（如 TCP/IP）赋予众所周知的号码。如果在 ANN 上已经安装了某个 EE，并且输入包中存在有效的 ANEP 包头，且其中的类型标识符与此 EE 对应，那么将该包放入与此 EE 相连的通道。需要解释的是，并非所有需要某个 EE 处理的包都必须包含一个 ANEP 头。EE 只需创建相应的通道，就可以处理由非主动软件发送的传统包（如由 IPv4 的转发业务产生的包）。

除了具有寻址功能以外，ANEP 还提供了如下一些其他服务。

① 错误控制。当主动包不能到达指定的 EE 时，NOS 所执行的操作可以由用户通过 ANEP 头来决定。如可以丢弃包，转发包，也可以发送一些错误信息。后面两种情况需要 ANEP 头中至少包含一个 NOS 可以解析的地址。

② 安全管理。ANEP 的"可选项"域为安全管理留下了足够的空间。

③ 分段和重组。当底层通道的 ANEP 不能满足高层协议的要求时，这种功能是必需的。

9.3.4 Active IP 报文

Active IP 与 ANEP 不同，Wetherall 等人提出了一种称为"Active IP"的报文格式，如图 9-10 所示。该方案是将 AA 程序作为可选项嵌入于 IP 信包的可选项域中。传统的路由器将其视为一般的负载，而主动路由器却能识别并加以执行。传统报文中的 IP 选项主要用于诸如网络检测与度量等网络应用。主动选项的加入使得报文经由路径上的主动路由器，能够提取并执行报文所携带的定制程序，从而增强了传统报文的主动能力。这一机制虽然以较小的开销为网络提供了主动处理的能力，但其扩展性差，很难进一步实施实际应用中所必需的安全策略。而对于 ANEP 而言，扩展它的选项域即可解决这个问题。

在 IP 数据报的基础之上，扩展 IP 选项的定义，使之可携带程序代码。定义 3 类 AN 封包类，定义相应的选项号如下：100 是查询；101 是 Java 程序代码；102 是 Tcl 程序代码。

图 9-10 所示为一个使用 Java 程序作为描述语言的 Active IP 选项域。

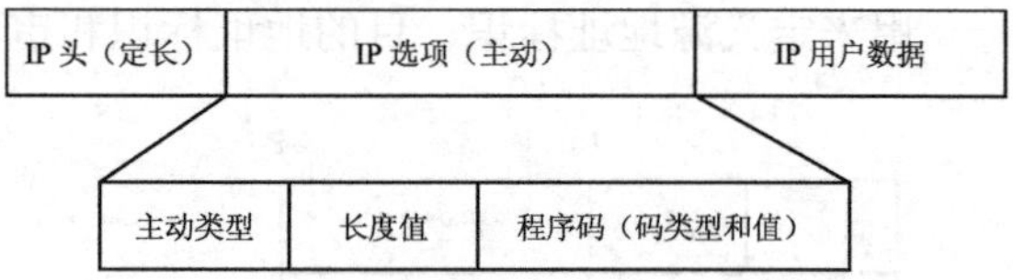

图 9-10 Active IP 报文格式

这样定义的 Active IP 选项将 IP 选项与程序语言集成在一起。在 AN 类型定义中，类型码 100 用于查询某个 ANN 所支持的语言，它是一个固定的原语。根据查询结果，在向该节点发送封包时就可确定相应的语言类型并记录在类型域中。

AN 封包的处理机制位于 IP 层，在 IP 数据报通过该层时被调用。需要注意的是，处理机制并非形成一个新的协议层次，因此不需要点对点的逻辑模式，而 TCP/IP 各协议层之间是一一对应的。处理过程在 AN 信源、AN 信宿以及 AN 路由器中通过调用 ANN 提供的各种原语进行。对于非 ANN，相应的网络节点将放弃该数据报。用户代码可以使用网络套接字系统调用对 IP 数据报进行存取，嵌入 Active IP 选项程序，如使用 Java.net 提供了与网络有关的类 Datagram Socket 和 Datagram Packet 等。

　　传统的网络技术以数据报和点对点的通信为基础，无法适应网络分布式计算的要求。AN 技术涉及到了编程语言扩展、OS 和网络技术的结合，使得网络有着更强的灵活性和应用性。除了封包及程序交换结构外，目前这方面的研究领域还有高级 OS、动态编译、网络脚本语言、"Liquid" 软件、协议部件（用软件部件程序替代传统的协议栈）等，这些不仅将大大提高网络计算的层次和复杂度，而且可以解决用户网络需求的加速与网络结构发展速度之间的矛盾。

第 10 章　下一代网络与软交换

当前的网络，不管是电话网、计算机网，还是互联网、移动网，都不能适应未来的发展趋势，一定要走向下一代网络。下一代网络（NGN）正是在信息产业面临巨大压力的前提下提出的一种关于网络发展的总体设想和思路。NGN 是一种全新的网络架构，涉及下一代固网和移动网等多个领域，实际上它好像一把大伞，涵盖了互联网、核心网、业务网、承载网、交换网、接入网、传输网、城域网、用户驻地网、家庭网络等许多内容。NGN 在很多技术方面还需不断成熟和完善。近年来，以软交换为核心的 NGN 成为我国高技术重点研究领域，开发下一代的可持续发展的网络已成为国家和众多网络运营商的战略目标和选择。

10.1　下一代网络

NGN 代表了未来网络发展的主流趋势，标志着新一代网络时代的到来。本节先介绍 NGN 的基本概念，然后再介绍 NGN 的组成、功能、模型、原理和技术，最后介绍 NGN 的网关。

10.1.1　下一代网络简介

1. 下一代网络的基本概念

NGN 泛指不同于目前一代的，大量利用创新技术，以 IP 为中心，采用分层、开放和标准体系结构，支持多种接入技术，将多种业务融合的综合网络。NGN 能够容纳各种形式的信息，在统一的管理平台下，实现音频、视频、数据信号的传输和管理，提供各种宽带应用和传统电信业务，是一个真正实现宽带窄带一体化、有线无线一体化、有源无源一体化、传输接入一体化的综合业务网络。一方面，NGN 不是现有电信网和 IP 网的简单延伸和叠加，而应是两者的融合；所涉及的是整个网络的框架，是一种整体网络解决方案。另一方面，NGN 的出现与发展不是革命，而是演进，即在继承现有网络优势的基础上实现的平滑过渡。

NGN 可以看作是全球信息基础设施的具体实现和网络主体。作为国家通信信息基础设施的网络主体，其要素为：安全、可信任，可以保证消费者的权益，确保国家安全和社会稳定；可持续、良性发展，有良好的可扩展性；与现有的主流技术可互通、共存、平滑演进；是人人可以参与创新的网络平台。

NGN 的内涵十分广泛，如果特指业务网层面，NGN 指下一代业务网；对于数据网，NGN 指下一代互联网；而对于移动网，NGN 指 3G 网和 4G 网；如果特指传送网层面，NGN 则指下一代传送网，特别是光网络。泛指的 NGN 实际包容了所有新一代网络技术，而狭义的 NGN 往往特指以软交换为控制层，兼容所有三网技术的开放体系架构。

从 NGN 的概念出发，可以看到 NGN 的核心思想：媒体与业务分离，媒体与控制分离，业务与网络分离。用户可以自行配置和定义自己的业务特征而不必关心承载业务的网络形式及终端类型，使得业务和应用的提供有较大的灵活性，以满足用户不断发展更新的业务需求，也使网络具备了可扩展性和快速部署新业务的能力，使网络运营者更具竞争力。

2. 下一代网络的目标和基本特征

NGN 的目标是：推动公平竞争，鼓励投资，定义网络体系和能力框架以满足不同的网络管制要求和新的通信需求，提供开放的网络接口，不断提高对各种业务的创建、实现和管理的能力，建设一个能够提供话音、数据、多媒体等多种业务的，集通信、信息、电子商务、娱乐于一体，满足自由通信的分组融合网络。

综合以上观点，NGN 的主要特点可以简述如下。

① 采用开放式体系架构和标准接口。

② 各网络功能模块分离并独立发展：呼叫控制与媒体层和业务层分离、控制功能与承载能力分离、呼叫与会晤分离、应用与服务分离、业务提供与网络分离。目标是使业务真正独立于网络，灵活有效地实现业务提供。

③ 具有高速物理层、高速链路层和高速网络层。

④ 网络层趋向使用统一的 IP 实现业务融合。

⑤ 链路层趋向采用电信级大容量分组交换节点。

⑥ 传送层趋向实现光联网，可提供巨大而廉价的网络带宽和较低的网络成本，网络结构可持续发展，并可透明支持任何业务和信号。

⑦ 接入层采用多元化的宽带无缝接入技术。

⑧ 是业务驱动的网络，支持业务的多样化，给用户提供自由选择业务的能力。

⑨ 基于分组传送，与传统网很好地配合互通。

⑩ 具有通用移动性，即允许用户作为单个人始终如一地使用和管理其业务而不考虑其采用何种接入技术。

⑪ 保证质量，有很高的安全性与可靠性。

NGN 只有具备了这些特征，才能更好地满足业务提供商以及终端用户的需求。

3. 下一代网络的研究内容和技术

NGN 研究的领域包括 IPv6、光网、接入网、有线与无线的融合、业务、卫星通信、移动通信、互操作性等。NGN 研究的内容为 NGN 的通用框架模型、NGN 的功能体系结构模型、端到端业务质量、业务平台与模型、内容与网络的管理和安全、网络控制体系、NGN 中业务和网间的互操作性、新业务及应用、网络传送的基础设施、网络融合技术、新型的控制管理和运维机制、新的网络协议、新的测试技术等。

支撑 NGN 的主要技术包括 IPv6、大容量光传送技术、高速路由/交换技术、光交换与智能光网络、宽带接入、城域网、软交换、3G 和 4G、IP 终端、网络安全技术等。

4. 下一代网络提供的新业务

NGN 在原有的 PSTN、ISDN 和智能网等业务的基础上又增加了如下自己特有的业务。

① 入口业务。主要是针对用户的终端环境，为其提供监控，协调等功能，并能为用户

提供个性化的业务环境。

② 增强型多媒体会话业务。保持多方多媒体会话，而不会因为有会话方的加入或离开以及会话方终端的变换而终止会话。

③ 可视电话。能建立在移动/固定、移动/移动、固定/固定电话之间的可视呼叫。

④ Click to Dial。能在个人业务环境或 Web 会话中提供 Click to Dial 的业务，直接对在线用户或服务器发出呼叫。

⑤ Web 会议业务。能通过 Web browser 来组织多方的多媒体会议。

⑥ 增强型会话等待。允许用户处理实时的呼叫（如实时的呼叫屏等）。

⑦ 语音识别业务。能自动识别语音并相应地做出标准的或用户事先设定的操作。

⑧ Text->Speech->Text。支持文本到语音双向转换。

⑨ 基本定位业务。主要用在手机上，提供实际的地理位置。

⑩ 个人路由选择策略。根据不同的时间，系统对照用户的路由选择方案有选择地把入呼叫转移到不同的话机上。

⑪ 视频点播业务。用户可以根据需要订阅不同的视频流服务。

⑫ 增强型的呼叫功能。因为呼叫类型的增加，参与呼叫用户类型的增加，从而相应的呼叫/会话的转移等业务也得到了相应的加强。同时还增加了会话合并功能，即两个出呼叫或入呼叫可以整合成一个三方会话。

5. 下一代网络支持的协议

NGN 功能实体之间需要采用标准的通信协议。这些协议主要由 ITU-T 和 IETF 等国际标准化组织定义。NGN 体系中主要涉及的协议有如下几种。

（1）呼叫控制协议

呼叫控制协议包括 SIP、SIP-T 和承载无关的呼叫控制（BICC，Bearer Independent Call Control）协议。

会话发起协议由 IETF 制定，用来建立、修改和终结多媒体会话的应用层协议，有较好的扩展能力。

SIP-T（电话 SIP）将传统电话网信令通过"封装"和"翻译"转化为 SIP 消息，提供了用 SIP 实现传统 PSTN 与 SIP 网络的互连机制。在 NGN 中，SIP 终端同软交换之间、软交换同应用服务器之间运行 SIP；同时 SIP（SIP-T）已被软交换接受为通用接口标准。

BICC 协议由 ITU-T 制定，源于 N-ISUP 信令。BICC 协议解决了呼叫控制和承载控制分离的问题，使呼叫控制信令可在各种网络上承载。

H.323 是一套在分组网上提供实时音频、视频和数据通信的标准，是 ITU-T 制定的在各种网络上提供多媒体通信的系列协议 H.32x 的一部分。

（2）媒体网关控制协议

媒体网关控制协议包括 MGCP 和 Megaco/H.248 协议。

MGCP 是 IETF 的一个草案，是目前使用最多的媒体网关控制协议。

Megaco/H.248 协议由 IETF 和 ITU-T 联合开发的，它是在 MGCP 基础上，结合了其他媒体网关控制协议的一些特点发展而成。它提供了控制媒体建立、连接、修改、释放的命令与保证这些信令执行的机制，同时也可携带一些随路呼叫信令，支持网络终端呼叫。

（3）基于 IP 的媒体传送协议

NGN 使用 RTP/RTCP 作为媒体传送协议。

（4）业务层协议/API

该类型协议包括 SIP、Parlay、JAIN，软交换设备还应支持 INAP。

（5）基于 IP 的 PSTN 信令传送协议

该类型协议包括 IUA、M3UA、M2PA。

（6）其他类型协议

其他类型协议包括 SNMP、普通开放策略服务（COPS，Common 0pen Policy Service）、NTP、远端鉴权拨入用户服务（RADIUS，Remote Authentication Dial In User Service）。

10.1.2 下一代网络的功能模型

NGN 功能模型如图 10-1 所示，包含四个层面，每个层面又可包含子层或其他部分。不同平面之间可以互相通信，具体如下。

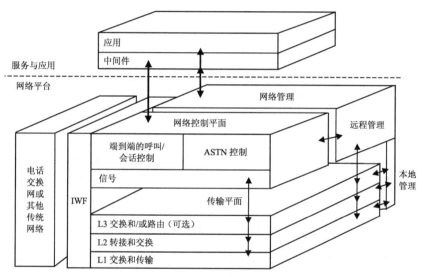

图 10-1 NGN 功能模块

（1）应用平面：该平面由应用和中间件两部分组成。其中中间件是一些通用软件。典型的中间件组件如鉴权、计费、目录、安全、浏览、查找、导航、格式转换等。应用平面不仅向大众用户提供服务，还向运营支撑系统和业务提供者提供服务支撑。

（2）网络控制平面：该平面提供端到端的呼叫/会话控制，底层 ASTN 的控制及信令处理功能。

（3）传输平面：该平面包含网络的下三层功能，第一层的交换和传输，第二层的转接和交换以及第三层的交换和/或路由选择功能（可选）。

（4）管理平面：该平面提供远程和本地管理能力。

NGN 体系还需具备与现有的电路交换网的互通功能（IWF，InterWorking Function）。

10.1.3 下一代网络的网络结构

NGN 是一个融合的网络，不再是以核心网络设备的功能纵向划分网络，而是按照信息在网络传输与交换的逻辑过程来横向划分网络。可以把网络为终端提供业务的逻辑过程分为承载信息的产生、接入、传输、交换及应用恢复等若干个过程。为了使分组网络能够适应各种业务的需要，NGN 网络将业务和呼叫控制从承载网络中分离出来。因此 NGN 的体系结构实际上是一个分层的网络。目前对下一代网络比较公认的体系结构如图 10-2 所示。

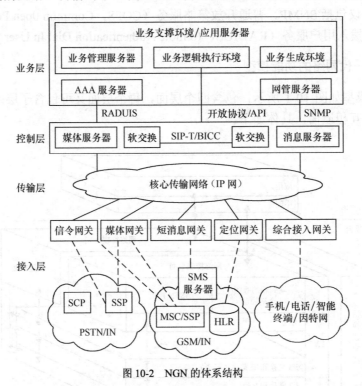

图 10-2　NGN 的体系结构

从图中可以看出，NGN 从功能上可以分为资源接入层、传输层、控制层和业务层等几个层面。NGN 体系结构中各层的组成形式和作用如下。

（1）资源接入层。该层面提供各种网络资源接入到核心骨干网的方式和手段，进行媒体格式及信令格式的转换，主要由各种接入网关/中继网关以及智能终端组成，这里的网关主要是信令网关、媒体网关、短消息网关、定位网关和综合接入网关等多种网关接入设备。

（2）传输层。该层面负责提供各种信令流和媒体流传输的通道。NGN 的核心传输网是宽带 IP 分组网络，信息打包为 IP 分组统一在网上传输，主要传输设备为高速路由器、交换机等。

（3）控制层。该层面主要提供呼叫控制、连接控制、协议处理、媒体资源提供、消息处理等能力，并为业务层提供访问底层各种网络资源的开放接口。该层主要包括软交换、媒体服务器、消息服务器等设备。其中，软交换是该层的核心实体，它实现了业务控制与呼叫控制分离，呼叫控制与承载控制分离，主要提供呼叫/会话控制服务和用户交互服务。控制层的作用是隔离业务层和资源接入层，从而使得业务的开发与底层的基础网络无关。

（4）业务层。该层面为用户提供丰富的网络业务，实现业务的客户化，快速提供增值业务。主要设备有应用服务器、网管服务器、AAA 服务器等。其中应用服务器是该层的核心实体，主要提供业务执行环境的功能，对业务生成和业务管理给予支持。

与传统的分级体系结构相比，NGN 这种分层的体系结构具有如下优点。

① 将一个复杂的网络分解为若干互相独立的层面，简化了网络规划与设计。

② 各个独立的层面便于独立地引入新技术、新拓扑、新业务和新应用。

③ 使网络规范与具体实施方法无关，使通道层和物理层等规范保持相对稳定，不随电路组成和技术的变化而轻易变化。

④ 可以采用统一的操作和维护系统，也可以每层都有独立的 OAM&P。

⑤ 支持业务和网络分离的变革趋势。

可见，NGN 采用融合、分层、开放的体系结构，完全体现了业务驱动的思想和理念，很好地实现了多网融合，提供了开放灵活的业务提供体系，是对传统网络的一次彻底变革。

10.1.4 下一代网络的关键构件

NGN 的组成非常复杂，包括许多设备、器件和网元，其中关键的构件有以下几个方面。

（1）软交换。软交换有时也称为媒体网关控制器，负责呼叫控制（呼叫连接的建立、监视和拆除）。软交换只负责呼叫处理、信令和呼叫控制，没有传输功能（即两个用户间通信），只有在呼叫建立和断开时，通过信令和软交换发生交互，其他时候，信息流并不经过软交换。

（2）接入设备。接入设备包括接入媒体网关和 IAD，它的功能是实现最终用户的接入，除了原有的模数转换功能外，还必须能够完成一般数字信号和能够在分组网上传送的数据包之间的格式转换；另外，它还必须能够把原来用户所处理的一些基本呼叫信令（比如摘机、拨号、挂机等）转换成分组网上能够传送的协议，从而实现接入设备和软交换之间的交互。

（3）分组传送网。在 NGN 中，整个 NGN 的所有信息传送转发都依赖于统一的分组传送网。它涵盖了 PSTN 网中交换机内的交换网板、信令网板以及传输网络的功能。NGN 采用分组网来实现统一的信息承载，其目的就是为了在统一的基础网络上实现多业务的融合。从发展趋势看，基于 IP 技术的网络已经成为事实标准。可以说，目前传送网的技术发展已经成为制约或者促进 NGN 发展、成熟的一个很关键的因素。

（4）中继网关和信令网关。在一个纯粹的 NGN 中，中继网关和信令网关可以说是没有必要存在的，但是，在由 PSTN 过渡到 NGN 时期，需要 NGN 和 PSTN 共存。而共存的网络就需要互通，中继网关和信令网关就是为了实现 NGN 和 PSTN 互通的设备。所谓中继网关，就是完成电路中继和分组网上的媒体流的转换；所谓信令网关，就是完成基于电路中继的七号信令系统和基于分组网（IP 承载）的信令传输协议的信令系统的转换。

（5）媒体资源服务器。电路交换机中，有一个专门的部件，来完成所谓放音、收号功能，实现一些特殊的业务，比如我们常常听到的"您所呼叫的用户正在忙……"。在 NGN 体系下，把所有交换机里边的这个部件都拿出来，形成一个公共的、独立的构件，就是所谓的媒体资源服务器。它能够为 NGN 提供基于 IP 网络的媒体资源。

比起交换机中的放音收号框，NGN 的媒体资源服务器功能更强大，扩展性更强，它不仅能够提供基本的放音收号功能，而且可以提供视频资源以及多媒体会议资源，实现文语转换和语音识别功能等，为 NGN 的很多特色业务提供支持。

（6）业务服务器。在 NGN 中，业务服务器的位置和功能类似于传统电信网络中的智能网，其作用是为 NGN 中的用户提供增值服务。目前直接由 NGN 增值业务服务器可提供的增值业务包括 SIP 预付费、Web800、点击拨号、点击传真、统一消息、即时消息等。

在 NGN 的增值业务提供上，有一个重要理念是开放的第三方业务接口。由此接口可以实现由第三方进行的增值业务开发，从而使得个性化的业务定制成为可能。此接口目前的标准为 PARLAY。PARLAY 的基本理念，是通过封装技术，把 NGN 中的细节屏蔽掉，抽象成各种能力集，然后通过 API 提供给第三方，使第三方在开发业务时，不必关心基础网络的具体设备、厂家等细节，只要调用相应的 API 就能够开发业务。这种第三方业务开发接口被认为是 NGN 最具吸引力的方面，可以彻底解决传统网络业务提供能力不足的顽疾。

10.1.5　下一代网络中的网关

网关的主要作用就是实现两个异构网络之间的通信。考虑到网关功能的灵活性、可扩展性和高效性，业界提出了分解的网关功能的概念。IETF 的 RFC 2719 给出了网关的总体模型，将网关分解为 3 个功能实体：媒体网关（MG，Media Gateway）功能、媒体网关控制器（MGC，Media Gateway Controller）功能和信令网关（SG，Signalling Gateway）功能，如图 10-3 所示，SCN 这里指交换电路网（SCN，Switched Circuit Network）。

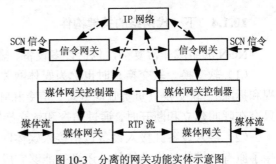

图 10-3　分离的网关功能实体示意图

1. 媒体网关

在 Megaco/H.248 协议中，MG 被定义为"实现将一种网络中的媒体格式转换成另一种网络所要求的媒体格式的功能设备"。MG 在 NGN 中扮演着重要的角色。如果说软交换是 NGN 的"神经"，应用层是 NGN 的"大脑"，那么 MG 就是 NGN 的"四肢"。

MG 主要完成以下 5 种功能。

（1）用户或网络接入功能。MG 负责接入网络的综合接入，如普通电话用户、ISDN 用户、ADSL 接入、以太网用户接入或 PSTN/ISDN 接入、V5 接入和 3G 网络接入等。

（2）接入核心媒体网络功能。MG 以宽带接入手段接入核心媒体网络。目前接入核心媒体网络主要通过 ATM 或 IP 接入。

（3）媒体流的映射功能。在 NGN 中，任何业务数据都被抽象成媒体流（如音频、视频信息和综合的数据信息）。由于用户接入和核心媒体之间的网络传送机制的不一致性，因而需要将一种媒体流映射成另一种网络要求的媒体流格式。但由于业务和网络的复杂性，媒体流映射涉及媒体编码格式、数据压缩算法、资源预约和分配、特殊资源的检测处理、媒体流的保密等多项与媒体流属性相关的内容。此外，对不同的业务特性又有其特殊的要求，如话音业务对回声抑制、静音压缩、舒适噪声插入等有其特别要求。

（4）受控操作功能。MG 受软交换的控制，它绝大部分的动作，特别是与业务相关的动作都是在软交换的控制下完成的，如编码、压缩算法的选择，呼叫的建立、释放、中断，资源的分配和释放，特殊信号的检测和处理等。

（5）管理和统计功能。MG 也要向软交换或网管系统报告相关的统计信息。

根据 MG 设备在网络中的位置，可以将其分为如下几类。

（1）中继媒体网关（TMG，Trunk Media Gateway）。TMG 负责 PSTN/ISDN 的 C4 或 C5 的汇接接入，将其接入到 ATM 或 IP 网络，主要实现 ATM 语音或 VoIP 功能。

（2）综合接入 MG。综合接入 MG 负责各种用户或接入网的综合接入，如直接将 PSTN/ISDN 用户、以太网用户、ADSL 用户或 V5 用户接入。这类综合接入 MG 一般放置在靠近用户的端局，同时它还具有拨号 Modem 数据业务分流的功能。

（3）小区或企业用 MG。目前，放置在用户住宅小区或企业的 MG 主要解决用户话音和数据（主要指互联网数据）的综合接入，未来可能还会解决视频业务的接入。

2．媒体网关控制器

MGC 能控制整个网络，监视各种资源并控制所有连接，负责用户认证和网络安全，发起和终结所有的传令控制。实际上，MGC 主要是进行 SG 功能的信令翻译。MG 控制器功能和 SG 控制器功能通常集成在同一个设备中。

软交换、MGC 和网守都是 NGN 相关技术中重要的概念，它们的含义在一定程度上容易引起混淆，这里有必要解释一下这些术语。网守是 H.323 系统中的功能实体，它控制一个或多个网关，控制不同网络之间话音电路的建立与终止。MGC 所起的作用基本上和网守相同，但 MGC 使用的协议是媒体网关控制器协议（MGCP，Media Gateway Controller Protocol）。MGC 和软交换之间的关系，可认为 MGC 是软交换的一个子集。软交换除了提供呼叫控制功能外，还可以提供计费、认证、路由、资源管理和分配、协议处理等功能。

Megaco/H.248 和 MGCP 都是 MG 控制协议，能够支持多种复杂的功能，并且能够在标准的、开放的组件上实现业务。MG 控制器主要完成以下功能。

① 资源控制。能够为每一个呼叫动态地分配媒体资源；能够获取 MG 中各种资源的每一个连接，可以根据终端类型的不同建立不同类型的连接。

② 媒体处理功能。能够对每一个呼叫中的媒体流参数进行设定或调整。

③ 信号与事件处理。能命令 MG 对不同媒体流所应监视的事件及其相关的信号进行监测，并报告给 MGC。

④ 连接管理。网关控制协议能在 MGC 和 MG 之间建立一种控制关系，一个 MGC 能管理一个或多个 MG，一个 MG 也可以被多个 MGC 所管理。

⑤ 安全。MGCP 必须保证 MGC 和 MG 之间的通信安全。

⑥ 应用支持。为方便应用的扩展，MGCP 应尽可能允许 MGC 提供各种附加业务。

3．信令网关

要实现 SCN 和 IP 网络业务的互通就需要 SG 实现 SCN 的信令和 IP 网络的互通，SG 就是 SG 功能或接入网关信令功能的物理实现。SG 负责信令的转换和传递，它将 PSTN 中的七号信令转换为 IP 网对应的信令协议，如 H.323 消息。通过流控制传输协议（SCTP，Stream Control Transmission Protocol）与软交换通信，SCTP 用于 IP 网上七号信令用户部分信息的可靠传输，SG 通过 SCTP 将转化后的信令消息传递给软交换；反过来，从软交换接收 IP 网上的信令消息，转换为七号信令消息后通过 PSTN 信令接口传递到 PSTN 信令网上。SG 的参考功能模型如图 10-4 所示。

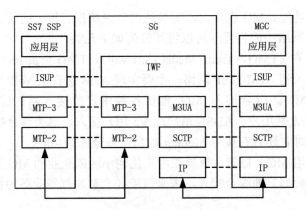

图 10-4　SG 功能参考模型示意图

SG 可分为两种：七号 SG 和 IP SG。七号 SG 中继七号信令协议的高层信息跨越 IP 网络。七号 SG 终结来自 PSTN 的七号信令消息，并通过 IP 信令传输协议终结七号信令高层协议。通常，七号 SG 只提供有限的路由能力，完整的路由能力由软交换机或特殊协议设备提供。在业务应用中主要有两种情况需要 IP SG 提供 IP 到 IP 的信令转换：一是出于对安全的考虑，需要隐藏位于信令消息内部的服务商 IP 地址，IP SG 可以看作是部署在分组网络之间的应用层网关；二是 IP SG 也提供网络地址翻译（NAT，Network Address Translation）能力，当数据包穿过网络边界的时候，在传输层把公共 IP 地址转化为私有地址。

SG 提供的信令协议包括：七号信令消息传递部分第二级（MTP-2，Message Transfer Part Level 2）、七号信令消息传递部分第三级（MTP-3，Message Transfer Part Level 3）、七号信令消息信令连接控制部分（SCCP，Signaling Connection Control Part）、七号信令 MTP-3 用户适配层（M3UA，MTP-3 User Adaptation Layer）、七号信令 MTP-2 对等适配层（M2PA，MTP-2 Peer-To-Peer Adaptation Layer）、SCTP 和 IP。SG 是使用 M3UA 还是 M2PA 应根据其特点和应用业务来考虑。如果 SG 是提供 SCN 和 IP 网的电话互通，采用 M3UA 比较合适，因为使用 M3UA 就不需要 IP 网的节点提供 MTP-3。而 M2PA 的 SG 适用于需要 IP 网提供七号信令网的情况，采用 M2PA 的 SG 可以作为 IP 网中七号信令网的信令转接点。

10.1.6　下一代网络的发展趋势与展望

NGN 的发展趋势体现在以下几个方面。

（1）业务和承载分离是下一代网络发展和网络融合的要求

建立在对 PTSN 改造之上的软交换技术是分离的第一步，IMS 是崭新的技术平台，不能建立在现有网络之上，所以目前软交换仍是主导。软交换是初级阶段，IMS 是最终目标体系，以重叠网的方式引入，软交换和 IMS 将以互通方式长期共存，最终 IMS 将融合软交换。

（2）基础网络发展趋势

基础网络的建设和 IP 化是非常重要的，IP 网络已经成为融合业务传送的公共承载网络，IP 承载网络发展的趋势是大容量，网络架构扁平化，并在网络边缘增强资源控制能力。实现从 IPv4 到 IPv6 技术的过渡，进而完全发展到 IPv6。IP 承载网包括 IP 城域网和 IP 骨干网，IP 骨干网提供大流量汇聚和差异化传送功能。IP 城域网从架构上分为业务接入控制层和城域核心层。业务接入控制层的组成设备为大容量宽带接入网关，其发展趋势是宽带接入服务器与业务路由器的集成化。城域核心层实现网络的扁平化要求城域核心路由设备实现大容量和高带宽的转发,在较大的局点引入集群路由器和40Gbit/s接口。

（3）未来的物理承载是多样化的网络

光纤承载将成为NGN理想的承载网络;电话网络还将在NGN的演化中扮演重要的角色;IPTV的发展极大挖掘了有线电视网络的潜力,在IPTV之上可以发展多种多媒体扩展业务,有线电视宽带技术得到应用,有线电视网也将是NGN的重要承载手段。

（4）扩展网络的边界

随着信息技术领域的向外拓展,先是将移动用户囊括其中,后来又延伸到越来越小的移动和嵌入式设备,数据体系结构、通信、网络和存储也必将随之变化,以适应这种扩张,网络边界将向外扩展。网络边界的扩张还将导致计算方式的重大变革。光是跟踪网络边缘设备就已成为一个问题,另外,还必须对大量信息进行存储、搜索、校对、汇编、分析,有时还要了解它们的意义。网络边界的数据上传和下载将转变成对存储、处理、内容管理、交换、安全以及实现这一切所需的所有集成和软件的需求。

（5）业务需求的发展趋势

NGN是业务驱动的网络,随着网络IP化和技术IT化,传统意义上互联网络、有线电视、移动、固网的行业界限日趋模糊;分业经营格局正在被融合、开放的新经营模式所突破;未来是综合信息服务提供的竞争。互联网络应用、视频应用、信息与通信技术综合解决方案、固定移动融合成为运营商综合信息服务提供的四大重点拓展领域。运营商需要融合多种技术和业务模式,通过开放融合的业务架构和环境实现综合信息服务,才能应对全方位竞争。

客户需求总体趋势向多样化、高层次、融合化方向发展,用户希望得到方便快捷并能够进行关联的多样化服务,比如短信与电子邮件,手机与视频监控业务,电视与多媒体交互业务,这些业务的关联和组合需要具备可以灵活生成业务的融合业务平台。

（6）业务网络发展趋势

业务网络是由各种业务平台有机构成的网络,建立在基础网络之上。业务网络总体架构包括用户数据管理、业务管理、业务能力及能力开放、业务控制,其中业务能力可以分为语音类、视频类、资源类、消息类、信息类、其他类。提供融合的业务就是使业务平台能够对不同的业务能力、不同的需求进行灵活的组合、关联和嵌入,从而形成新的业务产品,业务网络能够对这些新的业务产品进行管理、认证和计费。

（7）集中的用户数据管理和综合业务管理平台

用户数据管理的发展目标是对包含业务管理平台（包括用户业务订购关系等）、业务能力平台、业务控制/核心网数据库、接入数据库在内的各种用户数据进行统一集中管理。统一集中管理并不是将用户数据集中存储,而是建立起分布、协同的统一用户数据视图。

目前运营商的竞争焦点已经从单纯的业务和网络的比拼转向对用户、业务、服务、网络、渠道、内容提供商/服务提供商资源的全方面争夺。为了提供融合业务以及对内容提供商/服务提供商和用户的统一管控,运营商有必要向统一的综合业务管理平台演进。

（8）提供以用户为中心的业务生成环境

构建开放的业务环境,运营商还需要向第三方提供软件开发工具包以及业务生成环境等专用开发工具,降低业务开发门槛。构建以用户为中心的业务生成环境,让普通用户可以生成自己的业务和内容并共享,补充社交网络属性。在传统电信智能网中包含了智能网业务生成环境，而在 NGN 中包含 NGN 开放接口的业务生成环境。

（9）提供多媒体业务控制

业务控制除了提供业务的认证鉴权、计费采集、网关控制、业务触发等控制功能外，还作为业务网络与基础网络交互的接口调度底层网络承载资源。不同类型业务（会话类、流媒体类和 Web 类等）采取不同业务控制模型。IPTV 等流媒体业务主要采用实时流媒体协议，访问电子节目指南采用 HTTP，而通信会话及终端接入等流程采用 SIP 等协议。

（10）标识管理

标识管理是构建安全可信的 NGN 的重要组成。标识管理的主要功能是对各种标识的完整生命周期（注册、验证和注销等）进行安全管理，在 NGN 不同管理域之间安全地交换用户标识。标识管理提供的统一认证管理，能够大大简化业务开发和认证流程，提升用户体验，同时还可以通过对行业用户信息的有效管理提供行业增值业务，从而快速推广业务。

国际标准化组织正积极推进标识管理的工作，包括标识体系框架、标识构成、需求、能力、应用、互通、功能和接口等。ITU-T 标识管理的应用实体包括普通用户、用户组、组织、联盟、企业、CP/SP 以及终端、网络设备、系统等。

NGN 的总体趋势是技术 IP 化和 IT 化；业务融合化、开放化；承载宽带化、差异化；架构水平化、扁平化；管理智能化和集中化。NGN 在业务网络层面的主要趋势是融合和开放，加强用户数据的统一管理，支撑融合、多样化信息服务的灵活提供和信息标识管理；在基础网络层面不断增加 IP 承载网络和接入网络的容量与带宽，提高网络的 QoS 保证水平以及多业务支撑能力。

10.2　软　交　换

10.2.1　软交换的基本概念

1. 软交换的定义

软交换是一个基于软件的分布式交换/控制平台，是网络演进及 NGN 的核心设备之一，是一种提供了呼叫控制功能的软件实体。其核心思想是硬件软件化，通过软件的方式来实现原来交换机的控制、接续和业务处理等功能，各实体之间通过标准的协议进行接续和通信。软交换包含许多功能，主要完成网关管理、呼叫控制、带宽管理、资源分配、协议处理、路由、认证、计费等主要任务，同时提供现有电路交换机所能提供的所有业务，并向第三方提供可编程能力。从广义来看，软交换体系包含了 NGN 的各个组成部分，代表着整个网络的技术体系架构，利用该结构可以建立 NGN 框架。从狭义来看，软交换指的是软交换设备定位于控制层。软交换的基本含义就是把呼叫控制功能从媒体网关（传输层）中分离出来，实现基本呼叫控制功能，包含呼叫选路、管理控制、连接控制（建立会话、拆除会话）、信令互通，使得业务提供者可以方便地将传输业务与控制协议结合起来，实现业务转移。图 10-5 所示为软交换的基本概念。

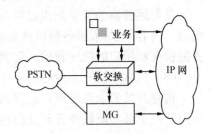

图 10-5　软交换的基本概念

2. 软交换的优越性

软交换作为 NGN 的发展方向，具有充分的优越性。①软交换在具体实现上相互独立、互不影响，又能有机组合成一个整体，实现互连互通。②软交换体系架构允许业务通过多种物理网关来实现，为网络的建设提供了多样的解决方案。③软交换体系各组成部分在网络结构上和物理位置上是分布式的，软交换各种设备完全可以放在不同的地方，从而节省相当的网络建设成本和运输费用。④通过远程访问可以充分发挥应用服务器、策略管理等设备的集中管理能力，减少运营商的反复投资。⑤软交换体系对新业务实现的简洁性和快速性使得业务提供成本更低，减少了网络运营的长期投入成本。⑥软交换体系提供标准的全开放的应用平台，增加新业务的方式可以是通过应用服务器升级，也可以采用第三方组件，从而为运营商取得竞争优势，为新的收入来源提供了途径。⑦软交换体系采用基于策略的网络管理机制，实现了传统的静态网管到动态网管的飞跃。⑧软交换体系能够与现有的各种网络进行完好的互通互用，使得终端用户可完全屏蔽网络变革所带来的影响。

3. 软交换的技术发展情况

目前，软交换技术得到长足的发展，其基本框架结构、主要功能、性能、应用范围等方面已经基本确定。具体表现在以下几方面。

① 在结构方面，软交换采用分层结构模型，所有设备之间通过标准接口互通，提供基于策略的运营支撑系统和通用业务平台，并支持平面组网方式。

② 在功能方面，软交换完成呼叫处理、协议适配、媒体接入、网络资源管理、业务代理、互联互通、策略支持等功能，支持业务编程。

③ 在性能方面，软交换满足电信级设备要求，在处理能力、高负荷话务量、冗余备份、动态切换、呼叫保护等方面部分达到了指定标准。

④ 在覆盖范围方面，软交换定位于 NGN，当前主要解决现有通信网络，如 PSTN、公众陆地移动网（PLMN，Public Land Mobile Network）、IN、互联网和有线电视等的融合问题，并和 3G 协同，最终完成在骨干包交换网中提供综合多媒体业务。

⑤ 许多建立在软交换技术基础上的电话及其高级智能业务相关标准在不断的完成。

⑥ 多业务软交换技术已经取得了很大发展，其体系结构成为目前研究的热门话题。

⑦ 提供长途电话业务用于取代 C4 电话交换网的软交换系统已经得到广泛的应用。

⑧ 基于局域网的 IP 电话和基于互联网的 IP 电话应用在不断增多。

⑨ 无线通信网络采用软交换技术，提供移动电话业务已经有很多应用。

⑩ 对于软交换技术在 C5 应用的研究正在积极开展。

4. 软交换的标准化情况

目前，ITU-T、IETF、ISC 等国际组织正在合作制定和完善相关的协议和标准。中国通信标准化协会各技术工作委员会研究制订我国软交换的相关标准，为我国软交换网络的建设、演进，设备的开发、研制和引进做好充分准备。

（1）软交换组网总体技术方面

已开始研究软交换网络框架体系，内容包括软交换网络的体系模型、组网技术、业务模型、网络性能和 QoS、综合网管、网络的编址、网络互通和业务互通、网络安全要求等。

（2）组网设备方面

已经完成以下设备规范的制订：①软交换设备总体技术要求以及修订版；②移动软交换设备技术规范；③软交换设备测试规范；④MG 技术规范——ATM 中继 MG；⑤MG 技术规范——IP 中继 MG；⑥MG 技术规范——综合接入 MG；⑦MG 技术规范——支持多媒体业务部分；⑧MG 技术规范——支持移动业务部分；⑨MG 测试规范——ATM 中继 MG；⑩MG 测试规范——IP 中继 MG；⑪MG 测试规范——综合接入 MG；⑫MG 控制器技术规范；⑬SG 设备技术规范；⑭SG 设备测试规范；⑮基于软交换的应用服务器技术规范；⑯基于软交换的媒体服务器技术规范；⑰基于软交换的综合接入设备（IAD，Integrated Accesss Device）技术规范；⑱基于软交换的 IAD 测试规范。

目前正在进行以下设备规范的制订：①IP 智能终端技术规范和测试规范；②基于软交换的位置服务器测试规范；③基于软交换的应用服务器测试规范；④MGC 测试规范等。

（3）组网协议方面

已经完成以下协议标准的制订：①基于 H.248 的 MGCP 技术规范；②BICC 协议技术规范；③SCTP 技术规范；④M3UA 协议技术规范；⑤M2UA 协议技术规范；⑥MGCP 技术规范；⑦SIP 与 H.323 协议互通技术要求；⑧Parlay 协议技术要求；⑨M2PA 协议技术规范；⑩ISDN 用户适配层（IUA，ISDN User Adaptation Layer）协议技术规范；⑪V5 用户适配层（V5UA，V5 User Adaptation Layer）协议技术规范。

目前正在进行以下协议标准的制订：①IP 网络 DIAMETER 协议技术规范；②在 IP 上的电话路由（TRIP，Telephony Routing Over IP）协议技术规范；③基于会话起始协议（SIP）的呼叫控制技术规范；④基于 H.248 的 MG 控制协议技术规范（修订）；⑤Parlay x Web 服务器技术要求；⑥SIP 穿越 NAT 技术要求；⑦MGCP 穿越 NAT 技术要求；⑧H.323 协议穿越 NAT 技术要求；⑨H.248 协议穿越 NAT 技术要求等。

（4）网络管理方面

目前正在进行以下标准的制订：①综合接入设备管理系统（IADMS，Integrated Access Device Management System）技术要求；②基于软交换的综合网络管理系统（NMS，Network Management System）技术要求等。

（5）业务方面

目前正在进行以下基于软交换标准的制订：①业务体系技术要求；②号码显示类业务技术规范；③呼叫前转类业务技术规范；④多方通话类业务技术规范；⑤点击拨号类业务技术规范；⑥视频多媒体业务技术规范等。

5. 软交换的功能实体

软交换为 NGN 提供具有实时性要求的业务的呼叫控制和连接控制功能，是 NGN 呼叫与控制的核心。图 10-6 是软交换设备的功能实体图。

软交换提供的主要功能如下。

① 呼叫控制和处理功能：为基本呼叫的建立、维持和释放提供控制功能，包括呼叫处理、连接控制、智能呼叫、触发检测和资源控制等；能够与 SG 配合完成整个呼叫的建立与释放功能；提供多方呼叫控制、二次拨号功能，支持拨号运营商的计划。

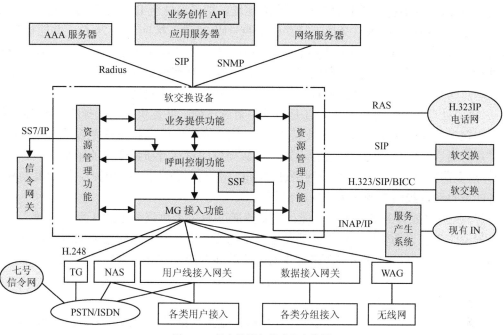

图 10-6　软交换设备的功能实体图

②　MG 接入功能。软交换可以连接各种 MG，如 PSTN/ISDN IP TMG、ATM MG、用户 MG、无线 MG 和综合接入网关等；支持 H.248 MGCP 来实现对 MG 的控制、接入和管理。

③　提供支持多种信令协议接口：包括 H.248、SCTP、ISUP、电话用户部分（TUP，Telephony User Part）、INAP、H.323、RADIUS、SNMP、SIP、M2UA、M3UA、MGCP、BICC、ISDN、1 号数字用户信令（DSS1，Digital Subscriber Signaling No.1）、V5.2、IUA、V5UA、DIAMETER（是 RADIUS 协议的升级）等的接口，采用标准协议与各种 MG、终端和网络进行通信。实现 PSTN 和 IP 网/ATM 网间的信令互通和不同网关的互操作。

④　业务提供功能：软交换能够提供语音业务、移动业务、多媒体业务；能够提供 PSTN/ISDN 交换机提供的全部业务，包括基本业务和补充业务；可以与现有 IN 配合提供现有 IN 的业务；可以与第三方合作，提供多种增值业务和智能业务。

⑤　互通功能：通过 SG 实现分组网与现有七号信令网的互通；通过 SG 与 IN 互通，提供多种智能业务；采用登记、接纳和状态（RAS，Registration，Admission and Status）协议实现与 H.323 网络的互通；采用 SIP 实现与 SIP 网络的互通；通过 SIP 或 BICC 实现软交换设备之间的互通；提供网内 H.248 终端，SIP 终端和 MGCP 终端间的互通。

⑥　操作维护功能：主要包括业务统计和告警等。

⑦　资源管理功能：对系统中的各种资源进行集中的管理，如资源的分配、释放和控制，资源状态的检测，资源使用情况统计，设置资源的使用门限等。软交换可以根据业务类型或等级属性来控制相应的媒体流带宽分配，控制媒体服务器上的各种媒体资源，为智能终端/MG 设备提供到所需媒体资源的承载连接，如播放录音、通知、语音信箱等。

⑧　计费功能：具有采集详细话单及复式计次功能，并能够按照运营商的需求将话单传送到相应计费中心。当使用记账卡等业务时，软交换应具备实时断线的功能。

⑨　认证与授权功能：将管辖区域内的用户、MG 信息送给认证中心进行认证与授权。

⑩ 地址解析功能：完成 E.164 地址至 IP 地址、别名地址至 IP 地址的转换功能，同时也可完成重定向的功能；要求软交换支持存储主叫号码 20 位、被叫号码 24 位，并能扩充到 28 位号码的能力，具有分析 10 位号码然后选取路由的能力，具有在任意位置增、删号码的能力，具有处理同一地区不等位长度号码的能力；建议软交换具有配置多区号的能力，支持对不同区号的用户间有相对独立的业务属性，支持显示不同的区号等功能。

⑪ 语音处理功能：可以控制 MG 是否采用语音压缩，并提供可以选择的语音压缩算法，算法至少包括 G.729、G.723.1，可选支持 G.726。软交换应可以控制 MG 是否采用回声抵消技术，并可对语音包缓存区的大小进行设置，以减少抖动对话音质量带来的影响。

⑫ 过负荷控制能力：在系统或网络过负荷时，具有对负荷控制的能力，例如限制某些方向的呼叫或自动逐级限制普通用户的呼出等。

⑬ 与数据/多媒体业务相关的功能：能支持通过 H.323 协议与 H.323 系统互通，并能完成 SIP 与 H.323 协议的转换；能够透明传输终端与服务器、终端与终端间的所有信息，包括文本与语音等；可以控制媒体资源来提供对网络终端的媒体业务，包括网络录音通知、双方音频和视频的呼叫、会议呼叫等；负责控制语音码型变换、混合、有效负荷处理，并协商针对不同媒体类型的底层控制机制。

⑭ 利用黑白名单进行呼出过滤功能：能够根据主叫用户号码或入中继标识码，禁止/允许某些主叫用户或从某一入中继的来话对一些目的码的呼叫。

⑮ 呼叫鉴权功能：能够对呼叫进行鉴权，判断用户是否有权限使用本网络的业务。

⑯ 呼叫拦截功能：能够对不允许的呼叫给予拦截并送相应的录音通知。

10.2.2 软交换支持的主要协议

软交换设备需要支持众多的互通协议，如 TUP、ISUP、H.248、DSS1、SCTP、M3UA、Magaco、信令传输（SIGTRAN，Signaling Transport）、INAP、SNMP、COPS、SCCP、事务处理应用部分（TCAP，Transaction Capabilities Application Part）、H.323、RADIUS、BICC、MGCP、SIP（SIP-T）、Parlay 等。这些协议的层次结构如图 10-7 所示。

其中主要的协议有下列几种。

① H.323：软交换与智能终端、VoIP 网关或网守之间的协议。

② SIP：软交换与 SIP 终端或 SIP 服务器之间的控制协议。

③ MGCP/Megaco/H.248：软交换与媒体

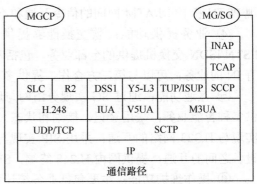

图 10-7 相关协议的层次关系

网关之间的协议，用于控制媒体网关的动作；也可以用于软交换和媒体服务器之间，实现对媒体服务器的访问控制和资源管理功能。

④ SIGTRAN：软交换与 SG 间的协议，用于软交换和信令网关间七号信令的交互。

⑤ SIP-T、BICC：软交换系统之间互通采用的协议。

⑥ INAP：软交换与智能网 SCP 之间的协议，用于软交换和智能网之间的互通。

⑦ COPS：软交换与策略服务器间的协议，该服务器由 COPS 对软交换的 QoS 进行管理。

⑧ RADIUS：软交换与 AAA 服务器之间的协议，完成用户的鉴权、认证及计费等功能。

上述这些协议或者接口可以分为以下几个类别。

① 呼叫控制类协议，如应用服务器接口 Parlay、API、INAP 等相关协议。

② 网间互通协议，如 H.323、TUP、ISUP、R2、BICC、SIP-T、SIGTRAN 等相关协议。

③ 软交换系统之间的互通协议，可以通过 BICC、SIP-T 实现软交换之间的互通。

④ 媒体网关控制协议类，如 Magaco/H.248、MGCP 等相关协议，软交换通过 Magaco/H.248、MGCP 控制媒体网关或媒体服务器，来达到媒体和信令分离的目的。

⑤ 设备接入协议，如 V5.2、DSS1，这两协议主要完成 V5.2 接口和 ISDN 设备的接入。

10.2.3　软交换系统结构与对外接口

1. 软交换系统的参考模型

软交换系统的系统参考模型如图 10-8 所示。

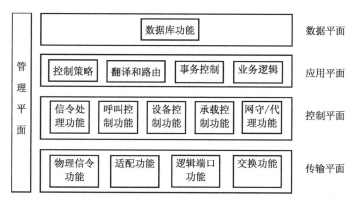

图 10-8　软交换系统的参考模型

传送平面完成信令的物理终结、适配、逻辑端口、交换功能。控制平面完成信令处理、呼叫控制、承载连接控制、设备控制、网守/代理功能。应用平面完成会话控制、业务逻辑、路由、策略等功能。数据平面完成数据库、数据仓储、计费等功能。管理平面提供各平面的管理功能，包括对网络操作/控制、网络鉴权、网络维护和网络实体等管理。

2. 软交换的系统结构

软交换系统是一个复杂的功能实体集合，基于分布式技术，各功能实体以一定的规则组织一起，相互作用实现各种类型的呼叫业务。图 10-9 所示为软交换的软件架构。

软交换系统从整体结构上可以划分为系统前台和系统后台两个部分。前台包括系统支撑模块、外部通信模块、窄带信令处理模块、宽带信令处理模块、呼叫业务处理模块、中央数据库模块、资源管理以及公共模块。其中，业务处理模块根据功能不同又可划分为多个子模块：网关功能模块、各类型用户模块、各类型中继模块、呼叫控制模块、计费模块以及话务台模块等；公共模块包括话务统计模块、系统维护模块、系统告警模块、设备管理模块以及系统备份模块等。后台包括数据服务器、操作维护客户端、话单管理、话务统计管理后台、告警管理后台以及网络管理。

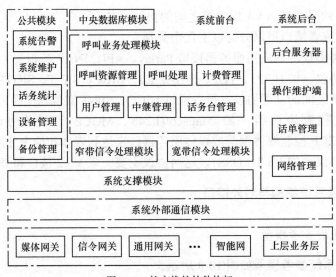

图 10-9　软交换的软件构架

3. 软交换的对外接口

作为 NGN 中的核心设备，软交换必须采用标准开放的接口与网络中很多的功能实体间进行交互，系统和设备与接口的连接关系如图 10-10 所示。

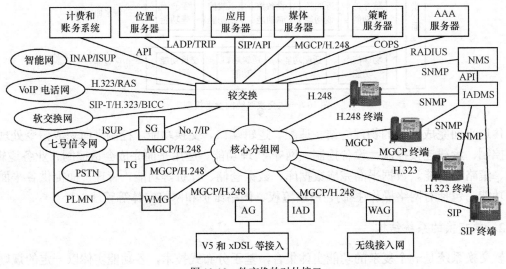

图 10-10　软交换的对外接口

（1）软交换与信令网关 SG 之间的关系

SG 是七号信令网与分组网的边缘接收和发送信令消息的信令代理，完成 PSTN/ISDN 侧的七号信令网的消息传递部分与 IP 侧信令传输的转换功能，而对高层七号信令用户部分进行透明传输。软交换与信令网关之间的接口主要用于传递它们之间的信令信息。

（2）软交换与媒体网关 MG 之间的接口

MG 负责将各种终端和接入网络接入核心分组网络，主要用于将一种网络中的媒体格式转换成另一种网络所要求的媒体格式，完成数据格式和协议的转换，将接入的所有媒体信息流均转换为采用 IP 的数据包在软交换中传输。

中继网关 TG 主要用于软交换和 PSTN/ISDN/PLMN 通过 E1 中继互通时，完成电路交换网的承载通道和分组网的媒体流之间的转换处理功能，提供媒体映射和代码转换能力。

接入网关 AG 位于软交换网络的媒体接入层，用于直接与电话用户和 PC 终端连接。

无线接入网关（WAG，Wireless Access Gateway）完成移动用户的接入。

网络接入服务器 NAS 主要为电话网用户和与软交换网的直接用户提供拨号上网业务。

软交换与媒体网关（TG/AG/WAG/NAS）之间的控制信令接口用于软交换对媒体网关的承载控制、资源控制及管理，可以采用 MGCP 或 Megaco/H.248 协议。

（3）软交换与综合接入设备 IAD 之间的接口

IAD 将用户的语音、数据及视频等应用接入到分组交换网络中，在分组交换网络中完成响应的功能，软交换与 IAD 之间的控制信令接口可以采用 H.248 或 MGCP。

（4）软交换与智能终端之间的接口

用户智能终端完成用户的接入和语音编解码和媒体流的传输。目前智能终端主要采用的是 H.323 终端、SIP 终端、H.248 终端和 MGCP 终端。软交换与智能终端的控制信令接口，可以采用 SIP 或 H.323、H.248、MGCP。

（5）软交换与媒体服务器之间的接口

媒体服务器是软交换网络中提供专用媒体资源功能的独立设备，提供增值业务执行所需要的网络公共资源。软交换与媒体服务器间的接口协议一般采用 MGCP、H.248 协议。

（6）软交换与应用服务器之间的接口

应用服务器提供业务执行环境，负责为用户提供增值智能业务、各种个性化业务和各种开放的 API，为第三方业务的开放提供创作平台。软交换与应用服务器之间的接口提供对第三方应用和各种增值业务的支持功能。被广泛接受的接口协议是 SIP，也可是 API。

（7）软交换与位置服务器之间的接口

位置服务器记录所有软交换网络用户的用户信息，包括用户位置、属性等。IADMS 作为网管系统与综合接入设备之间的代理，为软交换网络中大量的 IAD 设备提供网管功能。软交换与位置服务器之间的接口可采用轻量目录访问协议 LADP、TRIP 等。

（8）软交换与软交换之间的接口

软交换位于网络的控制层，提供各种业务的呼叫控制、连接以及部分应用业务，接收正在处理呼叫的相关信息，指示媒体网关完成呼叫。此接口可采用 SIP-T、H.323 或 BICC 协议，用于不同软交换间的交互。

（9）软交换与策略服务器之间的接口

策略服务器完成策略管理功能，定义各种资源接入和使用标准，分配标签，控制接入等。软交换与策略服务器间用 COPS 协议提供对网络设备的工作进行动态干预的功能。

（10）软交换与网管服务器之间的接口

网络管理系统 NMS 提供所有软交换框架体系下设备的网络管理功能。IADMS 为软交换网络中大量的 IAD 设备提供网管功能。IADMS 与软交换网络终端以及网管系统与软交换网络设备之间的管理接口可使用 SNMP。

（11）软交换与计费账务系统之间的接口

计费和账务系统提供软交换框架体系下所有终端开户、业务的计费处理、账单生成与交互功能。软交换与计费账务系统间的接口以及 NMS 与 IADMS 间的接口为各种 API。

（12）软交换与智能网之间的接口

智能网完成业务的提供，将呼叫连接和业务提供相分离。智能网与软交换之间的接口采用 INAP 或 ISUP 协议。

（13）软交换与 VoIP 之间的接口

VoIP 可以在 IP 网络上廉价地传输语音、传真、视频和数据等业务。VoIP 电话网与软交换之间的接口可采用 H.323 的注册、许可和 RAS 协议。

（14）软交换与 AAA 服务器之间的接口

AAA 服务器通过与软交换的交互完成用户的认证、鉴权、计费等功能。软交换与 AAA 服务器之间的接口采用 RADIUS 协议。

10.2.4　软交换网络的关键技术

1.　软交换技术的组成要素

① IP 网络层互连采用 IP 网络技术实现不同终端和不同业务的端到端通信。

② 分层结构的核心是呼叫/会话控制与传送控制分离，业务提供与网络服务分离。

③ 分布式网络体系结构的核心是网络实体之间的接口标准协议。

④ 以 SIP＋H.248/MGCP 为核心的通信控制协议。

⑤ 以 Parlay API 为核心的开放式业务结构。

2.　软交换网络的关键技术

（1）软交换设备

软交换网络的核心设备就是软交换系统，该系统应具有很强的话务处理能力、可伸缩的系统扩充能力和电信级的高度可靠性。软交换系统的核心功能是呼叫控制，应能提供现有电信网所能提供的所有基本业务和补充业务，实现传统电信网信令和 IP 网络控制协议的映射转换，接入各种类型的通信终端、MG 和 H.323 终端。软交换系统还应具有智能业务触发功能，提供传统 IN 业务和新的增值业务。我国已制定了详尽的软交换系统的技术规范。

（2）软交换组网技术

软交换组网需要研究解决下列问题。

① 网络总体结构：包括网络的分层结构、实体和功能、接口协议以及联网形式。

② 寻址和选路：包括网络的地址形式和解析、解析协议和数据库结构以及终端寻路。

③ IP 地址扩展：必须考虑具有良好可扩展性和较低复杂度的简单实用的地址扩展。

④ 业务提供平台：包括业务结构、业务分类实现、网络融合业务实现及 API 技术。

⑤ 网络互通：包括互通网络结构、策略要求及协议映射，考虑与 H.323 网络的互通。

（3）网络互通技术

软交换网络必须保证与现有 IP 电话网互通，支持网络的平滑过渡。要解决的问题除了地址解析和选路外，主要是协议的转换和配合。在传送平面，可设置 MG 完成不同媒体上信息格式的转换；在控制平面，设置互通单元以完成呼叫控制过程的配合；在应用平面，应构建一个独立的开放式业务平台。此外，软交换还应支持与其他软交换系统间的互通。

（4）软交换网络 QoS 技术

软交换网络的关键是网络能否提供可与现有电信网比拟的 QoS，这是大规模部署软交换网络面临的最大挑战。目前尚无切实有效的解决方案，必须采用分阶段逐步实现的策略。

开始时着重考虑目前广泛使用的 VoIP 应用。在网关之间配置足够的带宽资源，边缘严格控制实时业务流量，用溢出量回流 PSTN 的方法保证其 QoS。下一步可考虑多业务共享网络资源，保证各类业务的 QoS。其后，采用动态资源分配技术、基于软交换系统和边缘层结合的呼叫接纳控制和区分服务分组分类传送，进一步提高网络资源利用率，保证业务 QoS。同时，还需研究有效的拥塞检测技术和业务量工程技术，保证 QoS。

总体上说，软交换 QoS 是一个多域、多层、多平面端到端解决方案。需要管理平面、控制平面和用户平面的协调一致，业务应用层、呼叫控制层、媒体控制层和传送层的相互配合，接入到核心网、城域网到骨干网及不同运营域之间的多域协同控制才能有效实现。

缩 略 语

缩写	英文全称	中文
3DES	Triple DES	三重数据加密标准
3GPP	third-generation partnership project	第三代合作计划组织
AA	Active Applications	主动应用
AAA	Authentication、Authorization、Accounting	认证、授权及计费
ABR	Associativity-Based Routing	基于关联性路由
AC	Active Code	主动代码
ACL	Agent Communication Language	代理通信语言
AD	ADjunct	附加设备
AD	Administrative Domain	管理域
ADC	Analog to Digital Converter	模/数转换器
ADM	Add and Drop Multiplexer	分插复用器
ADSL	Asymmetrical Digital Subscriber Line	非对称数字用户环线
AES	Advanced Encryption Standard	先进加密标准
AG	Access Gateway	接入网关
AH	Authentication Header	认证头标
AI	Artificial Intelligence	人工智能
AMS	Agent Management System	代理管理系统
AN	Access Network	接入网
AN	Active Network	主动网络
AN	Auto-Negotiation	自协商
AND	Automatic Near-Node Discover	自动相邻节点发现
ANEP	Active Network Encapsulation Protocol	主动网络封装协议
ANN	AN Node	主动节点
ANSI	American National Standards Institute	美国国家标准化组织
ANTS	Active Network Transport System	主动网络传输系统
AODV	Ad hoc On Demand distance Vector routing	Ad hoc 网络的距离矢量路由算法
AP	Access Point	接入点
API	Application Programming Interface	应用编程接口
APIT	Approximate Point In Triangle	近似三角形中的点
APON	ATM PON	ATM 无源光网络
APRIL	Agent PRocess Internet Language	因特网代理过程语言
ARP	Address Resolution Protocol	地址解析协议

ASD	Automatic Service Discover	自动业务发现
ASIC	Application Specific Integrated Circuit	专用集成电路
ASON	Automatic Switched Optical Network	自动交换光网络
ASPF	Application Specific Packet Filter	应用层报文过滤
ASTN	Automatic Switched Transport Network	自动交换传送网
ATM	Asynchronous Transfer Mode	异步转移模式
ATP	Agent Transfer Protocol	代理传输协议
BCP	Basic Call Processing	基本呼叫处理
BICC	Bearer Independent Call Control	承载无关的呼叫控制
B-ISDN	Broadband ISDN	宽带综合业务数字网
BSC	Base Station Controller	基站控制器
BSS	Base Station Subsystem	基站子系统
BTS	Base Transceiver Station	收发基站
BWA	Broad-band Wireless Access	宽带无线接入
CallC	Call Controller	呼叫控制器
CAMEL	Customized Application Mobile network Enhanced Logic	移动网增强逻辑客户化应用
CAMP	Core Assisted Mesh Protocol	核心的网格协议
CAP	Carrierless Amplitude-Phase modulation	无载波幅度—相位调制
CAP	CAMEL Application protocol	CAMEL 应用协议
CC	Connection Controller	连接控制器
CCAF	Call Control Agent Function	呼叫控制代理功能
CCD	Computer Controlled Display	计算机控制显示器
CCF	Call Control Function	呼叫控制功能
CCP	Channel Creation Protocol	通道建立协议
CDMA	Code Division Multiple Access	码分多址
CDR	Clock Data Recovery	时钟数据恢复
CDSL	Consumer DSL	消费数字用户环线
CEDAR	Core Extraction Distributed Ad hoc Routing	核心提取的分布式 Ad hoc 路由
CF	Core Function	核心功能
CGI	Common Gateway Interface	公共网关接口
CGSR	Cluster-head Gateway Switch Routing	分簇网关交换路由
CLS	Current Location Server	当前位置服务器
CM	Cable Modem	电缆调制解调器
CMOS	Complementary Metal-Oxide Semiconductor	互补金属氧化物半导体
CMTS	Cable Modem Termination System	电缆调制解调器终端系统
CN	Core Network	核心网
COPS	Common Open Policy Service	普通开放策略服务

CORBA	Common Object Request Broker Architecture	公共对象请求代理体系结构
CP	Control Plane	控制平面
CPN	Customer Premises Network	用户驻地网
CPU	Central Processing Unit	中央处理器
CRC	Cyclic Redundancy Check	循环冗余校验运算
CR-LDP	Constrained Routing Label Distribution Protocol	路由受限—标签分配协议
CRM	Customer Relationship Management	客户关系管理
CS	Code Server	代码服务器
CS-1	Capability Set-1	能力集 1
CSMA/CA	Carrier Sense Multiple Access with Collision Avoidance	载波监听多路访问/冲突避免
CSMA/CD	Carrier Sense Multiple Access with Collision Detection	载波监听多路访问/冲突检测
CTS	Clear to Send	发送清除
CWDM	Coarse WDM	粗波分复用
DA	Destination Address	目的地址
DAB	Digital-Audio Broadcasting	数位音频广播
DAFS	Direct Access File System	直接访问文件系统
DAI	Distributed AI	分布式人工智能
DARPA	Defense Advanced Research Projects Arrange	国防部高级研究计划署
DAS	Direct Attached Storage	直接附加存储系统
DCF	Distributed Coordination Function	分布式协调功能
DCM	Distributed Connection Management	分布式连接管理
DCOM	Distribute Component Object Model	分布式组件对象模型
DDN	Digital Data Network	数字数据网
DDR	Double Data Rate	双倍的数据速率
DECT	Digital European Cordless Telecommunication	欧洲数字无绳电话标准
DF	Directory Facility	目录设施
DHCP	Dynamic Host Configuration Protocol	动态主机配置协议
DLNA	Digital Living Network Alliance	数字生活网络联盟
DMT	Discrete Multitone	离散多频调制
DNS	Domain Name Server	域名服务器
DREAM	Distance Routing Effect Algorithm for Mobility	机动性距离路由效应算法
DS-CDMA	Direct-Sequence CDMA	直序扩频—码分多址
DSDV	Destination Sequenced Distance Vector	目标序列距离路由矢量算法
DSL	Digital Subscriber Line	数字用户环线
DSLAM	DSL Access Multiplexer	DSL 接入复用器
DSP	Digital Signal Processor	数字信号处理器
DSR	Dynamic Source Routing	动态源路由协议

DSRC	Dedicated Short Range Communications	专用短程通信
DSS1	Digital Subscriber Signaling No.1	1 号数字用户信令
DSSS	Direct Sequence Spread Spectrum	直接序列扩频
DTD	Document Data Type	文档数据类型
DTMF	Dual Tone Multiple Frequency	双音多频
DVB	Digital Video Broadcast	数字视频广播
DWDM	Dense Wavelength Division Multiplexing	密集波分复用
DWMT	Discrete Wavelet Multi-Tone	离散子播多音调制
DXC	Digital Cross Connection	数字交叉连接设备
EDCA	Enhanced Distributed Channel Access	增强的分布式信道接入
EDFA	Erbium-Doped Fiber Amplifier	掺铒光纤放大器
EDGE	Enhanced Data rates for Global Evolution	增强型数据传输的全球演进
EDSL	Ethernet DSL	以太网数字用户环线
EE	Execution Environments	执行环境
EIA	Electronic Industries Association	电子工业协会
E-NNI	Exterior Network Node Interface	外部网络节点接口
EPON	Ethernet PON	以太网无源光网络
ESCON	Enterprise Systems Connection	企业系统连接
ESD	End of Stream Delimiter	数据流结束标识符
ESP	Encapsulating Security Payload	封装安全载荷
ESS	Extended Service Set	扩展业务集
ETSI	European Telecommunication Standards Instituate	欧洲电信标准研究所
FC	Fibre Channel	光纤通道
FCIP	Fibre Channel over IP	基于 IP 的光纤通路
FCS	Frame Check Sequence	帧校验序列
FC-SAN	Fibre Channel SAN	光纤通路存储区域网络
FDD	Freguency Division Duplex	频分双工
FDDI	Fiber Distributed Data Interface	光纤分布式数据接口
FDMA	Frequency Division Multiple Access	频分多址
FE	Functional Entity	功能实体
FEA	Functional Entity Action	功能实体动作
FEC	Forward Error Correction	前向错误纠正
FEXT	Far-End Crosstalk	远端串扰
FFD	Full Function Device	完整功能装置
FFT	Fast Fourier transform	快速傅里叶变换
FIFO	First In First Out	先入先出
FIPA	Foundation of Intelligent Physical Agent	智能物理代理基金会
FP-SAN	Fibre Path SAN	光纤通道存储区域网络

FR	Frame Relay	帧中继
FSAN	Full Service Access Networks	全业务接入网
FSK	Frequency Shift Keying	频移键控
FSLS	Fuzzy Sighted Link State	模糊可视链路状态
FSR	Fisheye State Routing protcol	鱼眼状态路由协议
FTP	File Transfer Protocol	文件传送协议
FTSP	Flooding Time Synchronization Protocol	泛洪时间同步协议
FTTB	Fiber To The Building	光纤到大楼
FTTC	Fiber To The Curb	光纤到路边
FTTH	Fiber To The Home	光纤到户
FTTO	Fiber To The Office	光纤到办公室
FTTR	Fiber To The Remote unit	光纤到远端单元
FTTZ	Fiber To The Zone	光纤到小区
GbE	Gigabit Ethernet	吉比特以太网
GeoCast	Geographic Addressing and Routing	地理寻址和路由
GIS	Grid Information Service	网格信息服务
GloMo	Globle Mobile Information System	全球移动信息系统
GMII	Gigabits Medium Independent Interface	吉比特媒体独立接口
GML	Geography Markup Language	地理标记语言
GMPLS	Generalized Multiple Protocol Label Switching	通用多协议标签交换
GPON	Gigabit-capable PON	吉比特无源光网络
GPRS	General Packet Radio Services	通用分组无线业务
GPSR	Greedy Perimeter Stateless Routing	贪婪边界无状态路由算法
GSM	Global System for Mobile Communication	全球移动通信系统
GUI	Graphics User Interface	图形用户界面
HCA	Host Channel Adapter	主机通路适配器
HDSL	High data rate Digital Subscriber Line	高数据率数字用户环线
HDTV	High-Definition TV	高清晰度电视
HEC	Header Error Check	帧头错误校验
HFC	Hybrid Fiber Coaxial	混合光纤同轴电缆（网）
HIPERLAN	High Performance Radio LAN	高性能无线局域网
HomePNA	Home Phoneline Network Alliance	用户线接入多路复用器
HSCSD	High-Speed Circuit-Switched Data	高速电路交换数据
HSIA	High Speed Internet Access	高速因特网接入
HSR	Hierarchical State Routing	分级状态路由
HSSG	High Speed Study Group	高速研究小组
HTML	Hypertext Markup Language	超文本标记语言
HTTP	Hypertext Transport Protocol	超文本传送协议
IA	Intelligent Agent	智能代理

IAC	Information Appliance Controller	信息家电控制器
IAD	Integrated Accesss Device	综合接入设备
IADMS	Integrated Access Device Management System	综合接入设备管理系统
IAP	Intelligent Access Point	智能接入点
IARP	IntrAzone Routing Protocol	区域内路由协议
ICMP	Internet Control Messages Protocol	因特网控制报文协议
ID	IDentifier	标识符
IDL	Interface Description Language	接口描述语言
IDSL	ISDN DSL	ISDN 数字用户环线
IERP	IntERzone Routing Protocol	区域间路由协议
IETF	Internet Engineering Task Force	互联网工程任务组
IF	Information Flow	信息流
iFCP	Internet Fibre Channel Protocol	因特网光纤通路协议
IFFT	Inverse Fast Fourier transform	快速傅里叶反变换
IFG	Interframe Gap	帧间隔
IGMP	Internet Group Management Protocol	因特网组管理协议
IKM	Internet Key Management	因特网密钥管理
IMA	Inverse Multiplexing for ATM	ATM 反向多路复用
IMS	IP Multimedia Subsystem	IP 多媒体子系统
IN	Intelligent Network	智能网
INAP	IN Application protocol	智能网应用协议
I-NNI	Interior Network Node Interface	内部网络节点接口
IP	Internet Protocol	因特网协议
IP	Intelligent Peripheral	智能外设
IPSec	IP Security Protocol	IP 安全协议
IPTV	Internet Protocol Television	网络电视
IPv4	IP version 4	IP 版本 4
IPv6	IP version 6	IP 版本 6
IR	Intelligent Router	智能路由器
iSCSI	Internet SCSI	因特网小型计算机系统接口
ISDN	Integrated Services Digital Network	综合业务数字网
ISI	Inter-Symbol Interference	码间干扰
IS-IS	Intermediate System to Intermediate System	中间系统—中间系统
ISM	Industrial Scientific Medical	工业、科学和医疗
ISO	International Organization for Standardization	国际标准组织
ISP	Internet Service Provider	互联网服务提供商
ISUP	ISDN User Part	ISDN 用户部分
ITU	International Telecommunication Union	国际电信联盟
ITU-T	International Telecommunication	国际电信联盟电信标准化部

	Union-Telecommunication Standardization Sector	门
IUA	ISDN User Adaptation Layer	ISDN 用户适配层
IWF	InterWorking Function	互通功能
KA	Knowledge Area	知识块
KIF	Knowledge Interchange Format	知识交换格式
KQML	Knowledge Query and Manipulation Language	知识询问和操纵语言
LAN	Local Area Network	局域网
LANMAR	Landmark Routing Protocol	陆标路由协议
LAR	Location aided Routing	位置辅助路由
LCD	Liquid Crystal Display	液晶显示器
LDPC	Low Density Parity Check	低密度奇偶校验
LEACH	Low Energy Adaptive Clustering Hierarchy	低能量自适应分群
LLC	Logical Link Control	逻辑链路控制
LMAC	Lightweight MAC	轻量级 MAC
LMDS	Local Multipoint Distribution Service	本地多点分配业务
LMR	Lightweight Mobile Routing Algorithm	轻量级移动路由协议
LMRZ	Link Resource Manager-Z	Z 端链路资源管理器
LRM	Link Resource Manager	链路资源管理器
LRMA	Link Resource Manager-A	A 端链路资源管理器
LRP	Location Register Protocol	位置注册协议
LTS	Lightweight Time Synchronization	轻量级时间同步
LVDS	Low-Voltage Differential Signals	低电压差分信号
M2PA	MTP-2 Peer-To-Peer Adaptation Layer	MTP-2 对等适配层
M3UA	MTP-3 User Adaptation Laye	MTP-3 用户适配层
MA	Mobile Agent	移动代理
MAC	Medium Access Control	媒介访问控制
MAE	Mobile Agent Environment	移动代理环境
MAN	Metropolitan Area Network	城域网
MANET	Mobile Ad hoc Network	移动自组网
MAODV	Multicast AODV	多播 AODV
MAP	Mobile Application Protocol	移动应用协议
MASIF	Mobile Agent System Interoperability Facility	移动代理系统互操作公共设施
MCF	Medium Coordination Function	媒体调和功能
MCM	Multi-Carrier Modulation	多载波调制
MCPS-SAP	MAC Common Part Sublayer-SAP	MAC 通用部分子层 SAP
MDA	Message Digest Algorithm	消息摘录算法
MDI	Media Dependent Interface	介质相关接口

MDSL	Multi-rate Digital Subscriber Line	多速率数字用户环线
MEE	Management Execution Environment	管理执行环境
MG	Media Gateway	媒体网关
MGC	Media Gateway Controller	媒体网关控制器
MGCP	Media Gateway Controller Protocol	媒体网关控制器协议
MHP	Multimedia Home Platform	多媒体家庭平台
MHS	Message Handlling System	消息处理系统
MII	Medium Independent Interface	介质无关接口
MLD	Multicast Listener Discovery	多播监听发现
MLME-SAP	MAC Layer Management Entity-SAP	MAC 层管理实体-SAP
MMF	Multi Mode Fiber	多模光纤
MM	Mobility Management	移动性管理
MMDS	Multichannel Multipiont Distribution Service	多信道多点分配业务
MN	Mobile Node	移动节点
MOH	Multiplexing Section Overhead	复用段开销
MP	Management Plane	管理平面
MPEG-4	Moving Picture Experts Group 4	第 4 动态图像专家组
MPLS	Multiprotocol Label Switching	多协议标签交换
MPP	Massively Parallel Processing	大规模并行处理
MR-LQSR	Multi-Radio Link Quality Source Routing	多射频链路质量源路由
MS	Mobile Station	移动台
MSC	Mobile Services Switching Center	移动业务交换中心
MSTP	Multi-ServiceTransport Platform	多业务传输平台
MT	Mobile Terminal	移动终端
MTP-2	Message Transfer Part Level 2	消息传递部分第二级
MTP-3	Message Transfer Part Level 3	消息传递部分第三级
MWIF	Mobile Wireless Internet Forum	移动无线因特网论坛
NAP	Network Access Point	网络接入点
NAS	Network Attached Storage	网络附加存储
NAS	Network Access Server	网络接入服务器
NAT	Network Address Translators	网络地址翻译器
NAT	Network Address Translation	网络地址翻译
NDFA	Niobium-Doped Fiber Amplifier	掺铌光纤放大器
NEXT	Near-End Crosstalk	近端串扰
NGI	Next Generation Internet	下一代互联网
NGN	Next Generation Network	下一代网络
NIU	Network Interface Unit	网络接口单元
NLA	Next Level Aggregator	下级聚合体
NLoS	Non-Line-of-Sight	非视距

NMS	Network Management System	网络管理系统
NNI	Network-Network Interface	网络—网络接口
NOS	Node Operating System	节点操作系统
NS	Name Space	命名空间
NSF	National Science Foundation	国家科学基金会
NTP	Network Time Protocol	网络时间协议
OADM	Optical Add and Drop Multiplexer	光分插复用器
OAM&P	Operation，Administration，Maintainance and Provisioning	操作维护管理与提供
OAN	Optical Access Network	光接入网
OCC	Optical Connection Controller	光连接控制器
ODMRP	On-Demand Multicast Routing Protocol	按需多播路由协议
ODN	Optical Distribution Network	光配线网
ODSI	Optical Domain Service Interconnect	光域业务互连
OFDM	Orthogonal Frequency Division Multiplexing	正交频分复用
OGP	Optical Gateway Protocol	光网关协议
OGSA	Open Grid Services Architecture	开放式网格服务体系结构
OIF	Optical Internetworking Forum	光互联网论坛
OLSR	Optimized Link State Routing Protocol	优化的链路状态路由协议
OLT	Optical Line Terminal	光线路终端
OMG	Object Management Group	对象管理组织
ONU	Optical Network Unit	光网络单元
OS	Operating System	操作系统
OSI/RM	Open System Interconnect Reference Model	开放系统互连参考模型
OSPF	Open Shortest Path First	优先开放最短路径
OT	Optical Terminal	光终端
OTDM	Optical Time Division Multiplexing	光时分复用
OTN	Optical Transport Networks	光传送网
OXC	Optical Cross Connector	光交叉连接器
PACS	Personal Access Communications System	个人访问通信系统
PAM	Pulse Amplitude Modulation	脉冲幅度调制
PC	Protocol Controller	协议控制器
PCI	Peripheral Component Interconnection	周边元件扩展接口
PCM	Pulse Code Modulation	脉冲编码调制
PCS	Physical Coding Sublayer	物理编码子层
PDA	Personal Digital Assistant	个人数字助理
PDFA	Praseodymium-Doped Fiber Amplifier	掺镨光纤放大器
PDH	Pseudo-Synchronous Digital Hierarchy	准同步数字序列
PDU	Protocol Data Units	协议数据单元

PE	Physical Entity	物理实体
PGN	Partitioned Group Number	分区组号码
PHS	Personal Handyphone System	小灵通
PHY	Physical Layer	物理层
PLAN	Programming Language for Active Networks	AN 编程语言
PLMN	Public Land Mobile Network	公众陆地移动网
PLS	Physical Layer Signaling	物理层信令
PMA	Physical Media Attachment	物理介质附件
PMD	Physical Medium Dependent sublayer	物理介质相关子层
PMP	Point to Mult-Point	点对多点
PNNI	Private Network-Node Interface	专用网络节点接口
POH	Path Overhead	通道开销
POI	Point Of Initiation	起始点
PON	Passive Optical Network	无源光网络
POR	Point of Return	返回点
POS	Personal Operating Space	个人操作范围
PRNET	Packet Radio Network	分组无线网
PRS	Procedural Reasoning System	过程推理系统
PSTN	Public Switched Telephone Network	公众交换电话网
PTR	Pointer	指针
PWRP	Predictive Wireless Routing Protocol	可预测的无线路由协议
QAM	Quadrature Amplitude Modulation	正交幅度调制
QDMA	Quadra Division Multi-Access	正交分割多址接入
QoS	Quality of Service	服务质量保证
RA	Request Agent	请求代理
RADIUS	Remote Authentication Dial In User Service	远端鉴权拨入用户服务
RADSL	Rate Adaptive Digital Subscriber Line	速率自适应数字用户环线
RAID	Redundant Arrays of Independent Disks	独立磁盘冗余阵列
RAN	Radio Access Network	无线接入网
RAS	Registration, Admission and Status	登记、接纳和状态
RC	Routing Controller	路由控制器
RDF	Resource Description Framework	资源描述框架
RDMA	Remote Direct Memory Access	远程直接内存存取
RFD	Reduced Function Device	精简功能装置
RFID	Radio Frequency IDentifier	射频标识符
RG	Residential Gateway	家庭网关
RLU	Remote Line Unit	远端用户线单元
RMI	Remote Method Invocation	远程方法调用
RMON	Remote MONitoring	远程监控

ROH	Regenerator Section Overhead	中继段开销
RPC	Remote Procedure Call	远程过程调用
RS	Relation Sublayer	协调子层
RSVP	Resource ReSerVation Protocol	资源预留协议
RTCP	Realtime Transport Control Protocol	实时传输控制协议
RTP	Realtime Transport Protocol	实时传输协议
RTS	Repuest To Send	发送请求
RWA	Routing and Wavelength Assignment	路由和波长分配
RXCLK	Receive Clock	接收时钟
SA	Source Address	源地址
SAN	Storage Area Network	存储区域网络
SAP	Service Access point	服务访问点
SAR	Sequential Assignment Routing	连续分配路由协议
SAS	Server Attached Storage	服务器附加存储
SCCP	Signaling Connection Control Part	信令连接控制部分
SCE	Service Creation Environment	业务生成环境
SCEF	Service Creation Environment Function	业务生成环境功能
SCF	Service Control Function	业务控制功能
SCN	Switched Circuit Network	交换电路网
SCP	Service Control Point	业务控制点
SCSI	Small Computer System Interface	小型计算机系统接口
SCTP	Stream Control Transmission Protocol	流控制传输协议
SDF	Service Data Function	业务数据功能
SDH	Synchronous Digital Hierarchy	同步数字序列
SDP	Service Data Point	业务数据点
SDR	Software Defined Radio	软件无线电
SDSL	Symmetric Digital Subscriber Line	对称数字用户环线
SG	Signalling Gateway	信令网关
SGML	Standard Generalized Markup Language	标准通用标志语言
SHDSL	Single-line HDSL	单线对 HDSL
SIB	Service Independent Building Block	与业务无关的构成块
SIGTRAN	Signaling Transport	信令传输
SIM	Subscriber Identify Module	用户识别模块
SIP	Session Initiation Protocol	会话发起协议
SLA	Site Level Aggregator	节点级聚合体
SLP	Service Location Protocol	服务定位协议
S-MAC	Sensor-MAC	传感器—媒体访问控制
SMAF	Service Management Access Function	业务管理接入功能
SMF	System Management Function	系统管理功能

SMF	Single Mode Fiber	单模光纤
SMF	Service Management Function	业务管理功能
SMP	Service Management Point	业务管理点
SMP	Sensor Management Protocol	传感器管理协议
SMS	Short Messaging Service	短消息业务
SMS	Service Management System	业务管理系统
SMTP	Simple Mail Transfer Protocol	简单邮件传输协议
SN	Service Node	业务节点
SNI	Service Node Interface	业务节点接口
SNMP	Simple Network Management Protocol	简单网络管理协议
SNP	SubNetwork Point	子网点
SNPP	SubNetwork Point Pool	子网点池
SOA	Semiconductor Optical Amplifier	半导体光放大器
SOAP	Simple Object Access Protocol	简单对象访问协议
SOF	Start Of Frame	帧起始符
SONET	Synchronous Opitcal Network	同步光纤网络
SPF	Service Port Function	业务口功能
SPIN	Sensor Protocols for Information via Negotiation	通过协商的传感器协议
SQDDP	Sensor Query and Data Dissemination Protocol	传感器查询及数据分发协议
SRF	Specialised Resource Function	专用资源功能
SS7	Signalling System No. 7	七号信令系统
SSCP	Service Switching Control Point	业务交换控制点
SSD	Start of Stream Delimiter	数据流起始标识符
SSF	Service Switching Function	业务交换功能
SSL	Secure Socket Layer	安全套接层
SSP	Service Switching Point	业务交换点
SSR	Signal Stability Routing	信号稳定度路由
SSS	Switching Sub-System	交换子系统
STARA	System and Traffic Depending Adaptive Routing Algorithm	系统和通行相关适应性路由算法
STB	Set Top Box	机顶盒
STM	Synchronous Transfer Mode	同步转移模式
STP	Signalling Transfer Point	信令转接点
SURAN	Survivable Adaptive Network	可生存自适应网络
TADAP	Task Assignment and Data Advertisement Protocol	任务分配与数据公告协议
TBP	Ticket-Based Probing	基于标签探测
TBRPF	Topology Broadcast based on Reverse Path Forwarding	基于拓扑广播的反向路径转发

TCA	Target Channel Adapter	目标通道适配器
TCAP	Transaction Capabilities Application Part	事务处理应用部分
TCL	Tool Command Language	工具命令语言
TCP	Transport Control Protocol	传输控制协议
TDM	Time Division Multiplexing	时分复用
TDMA	Time Division Multiple Access	时分多路访问
TD-SCDMA	Time Division Synchronous Code Division Multiple Access	时分同步码分多址
TEEN	Threshold sensitive Energy Efficient sensor Network protocol	门限敏感的传感器网络节能协议
TF	Transport Function	传送功能
TG	Trunk Gateway	中继网关
TLA	Top Level Aggregator	顶级聚合体
T-MAC	Timing-MAC	定时—媒体访问控制
TMG	Trunk Media Gateway	中继媒体网关
TMN	Telecommunication Management Network	电信管理网
TORA	Temporally-Ordered Routing Algorithm	临时顺序路由算法
TP	Transport Plane	传送平面
TPSN	Timing-sync Protocol for Sensor Network	传感器网络定时同步协议
TRIP	Telephony Routing Over IP	在 IP 上的电话路由
TUP	Telephony User Part	电话用户部分
UDP	User Datagram Protocol	用户数据报协议
UDS	Universal Device Sequence	统一设备序列号
UDSL	Ultrahigh bit-rate DSL	超高速数字用户环线
UIM	User Identify Module	用户识别模块
UMTS	Universal Mobile Telecommunication System	通用移动通信系统
UNI	User-Network Interface	用户—网络接口
UPF	User Port Function	用户口功能
URI	Uniform Resource Identifier	统一资源定位符
URL	Uniform Resource Locator	统一资源定位器
UTP	Unshielded Twisted Paired	非屏蔽双绞线
UTRAN	UMTS Terrestrial Radio Access Network	UMTS 地面无线接入网
UWB	Ultra Wideband	超宽带
V5UA	V5 User Adaptation Layer	V5 用户适配层
VDSL	Very-high-bit-rate Digital Subscriber loop	甚高速数字用户环线
VLAN	Virtual Local Area Network	虚拟局域网
VOD	Video on Demand	视频点播
VoIP	Voice over IP	在 IP 上的话音
VoWLAN	Voice over WLAN	在无线局域网上的话音

VPN	Virtual Private Network	虚拟专用网
VSAT	Very Small Aperture Terminal	甚小口径终端
W3C	World Wide Web Consortium	万维网联盟
WAG	Wireless Access Gateway	无线接入网关
WAN	Wide Area Network	广域网
WAP	Wireless Application Protocol	无线应用协议
WCDMA	Wideband CDMA	宽带码分多址
WDM	Wavelength Division Multiplexing	波分复用
WEP	Wired Equivalent Privacy	有线等效私隐
WiFi	Wireless Fidelity	无线保真
WiMAX	Worldwide Interoperability for Microwave Access	全球微波接入的互操作性
WIS	WAN Interface Sub-layer	广域网接口子层
WLAN	Wireless LAN	无线局域网
WLL	Wireless Local Loop	无线本地环
WML	Wireless Markup Language	无线标记语言
WMN	Wireless Mesh Network	无线 Mesh 网络
WMR	Wireless Mesh Routing	无线网状路由
WPA	Wi-Fi Protected Access	Wi-Fi 保护接入
WRP	Wireless Routing Protocol	无线路由协议
WRS	Wavelength Route Switch	波长路由交换
WSN	Wireless Sensor Network	无线传感器网络
WWDM	Wide Wavelength Division Multiplexing	宽波分复用
WWW	World-Wide-Web	万维网
XAUI	10 Gigabit Ethernet Attachment Unit Interface	10 吉比特以太网附加单元接口
xDSL	x Digital Subscriber Line	x 数字用户环线
XGMII	10 Gigabit Media Independent Interface	与介质无关的 10 吉比特接口
XGXS	XAUI Extender Sublayer	XAUI 扩展子层
XML	eXtensible Markup Language	可扩展标记语言
XSBI	10G Sixteen Bit Interface	10 吉比特 16 比特接口
ZRP	Zone Routing Protocol	区域路由协议

参 考 文 献

[1]   贾卓生. 网络新技术与应用研讨会论文集. 北京：电子工业出版社，2005.

[2]   (加) Regis Desmeules. Cisco IPv6 网络实现技术. 王玲芳，等译. 北京：人民邮电出版社，2004.

[3]   张云勇，刘韵洁，张智江. 基于 IPv6 的下一代互联网. 北京：电子工业出版社，2004.

[4]   原荣. 宽带光接入网. 北京：电子工业出版社，2003.

[5]   陶智勇，等. 综合宽带接入技术. 北京：北京邮电大学出版社，2002.

[6]   刘广钟. Agent 技术及其应用. 北京：电子科技大学出版社，2002.

[7]   张云勇，刘锦德. 移动 agent 技术. 北京：清华大学出版社，2003.

[8]   桂小林. 网格技术导论. 北京：北京邮电大学出版社，2005.

[9]   Joseph J，Fellenstein C. 网格计算. 李化译. 北京：清华大学出版社，2004.

[10]   周敬利，余胜生. 网络存储原理于技术. 北京：清华大学出版社，2005.

[11]   Barker R 著. 存储区域网络精华深入理解 SAN. 舒继武译. 北京：电子工业出版社，2004.

[12]   黎连业. 十兆百兆千兆万兆以太网技术及组网方案. 北京：机械工业出版社，2003.

[13]   杨淑雯. 全光光纤通信网. 北京：科学出版社，2004.

[14]   张宝富，等. 全光网络. 北京：人民邮电出版社，2002.

[15]   赵学军，等. 软交换技术与应用. 北京：人民邮电出版社，2004.

[16]   上海伟功网络通信技术有限公司. 软交换应用技术. 北京：电子工业出版社，2004.

[17]   赵慧玲，叶华. 以软交换为核心的下一代网络技术. 北京：人民邮电出版社，2002.

[18]   刘韵洁，张智江. 下一代网络技术应用与实践. 北京：人民邮电出版社，2005.

[19]   张云勇，张智江，刘韵洁. 下一代网络业务开发技术. 北京：电子工业出版社，2004.

[20]   余浩，张欢，宋锐，等. 下一代网络原理与技术. 北京：电子工业出版社，2007.

[21]   鲁士皮. 下一代因特网的移动支持技术. 北京：北方交通大学出版社，2006.

[22]   鲁士文. 发展中的通信网络新技术. 北京：北方交通大学出版社，2006.

[23]   《NGI 与 IPv6》编写组. NGI 与 IPv6. 北京：人民邮电出版社，2008.

[24]   马为公. 互联网的新时代. 北京：中国国际广播出版社，2007.

[25]   于宏毅，等. 无线传感器网络理论、技术与实现. 北京：国防工业出版社，2008.

[26]   徐鹏，杨放春. 基于软交换的下一代网络解决方案. 北京：北京邮电大学出版社，2007.

[27]   敖志刚. 万兆位以太网及其实用技术. 北京：电子工业出版社，2007.

[28]   敖志刚. 主动网络及其实现技术. 北京：中国水利水电出版社，2007.

[29]   IPv6 技术白皮书.

[30]   樊宁. 网络体系结构概述. http://www.51cto.com，2006-11-29.

[31]   王海涛. 未来无线通信的关键技术——移动 Ad hoc 网络. http://tech.csai.cn/net/N0000040.htm，2005-06-26.

[32]   详解下一代网络：NGN 的关键构件有哪些. www.ccidcom.com，2007-12-17.